自然人文统一性理论
The Unified Theory of Nature and Humanities

本书获中央高校基本科研业务费——高水平后期资助项目培育专项（I
国家社会科学基金项目一般项目"认知变换不变性的哲学源生机制研究"（I

数理心理学
——心物神经表征信息学

The Mathematical Principle of Psychology
—The Neural Presentation Informatics of Psychophysics

高 闯 ◎ 著

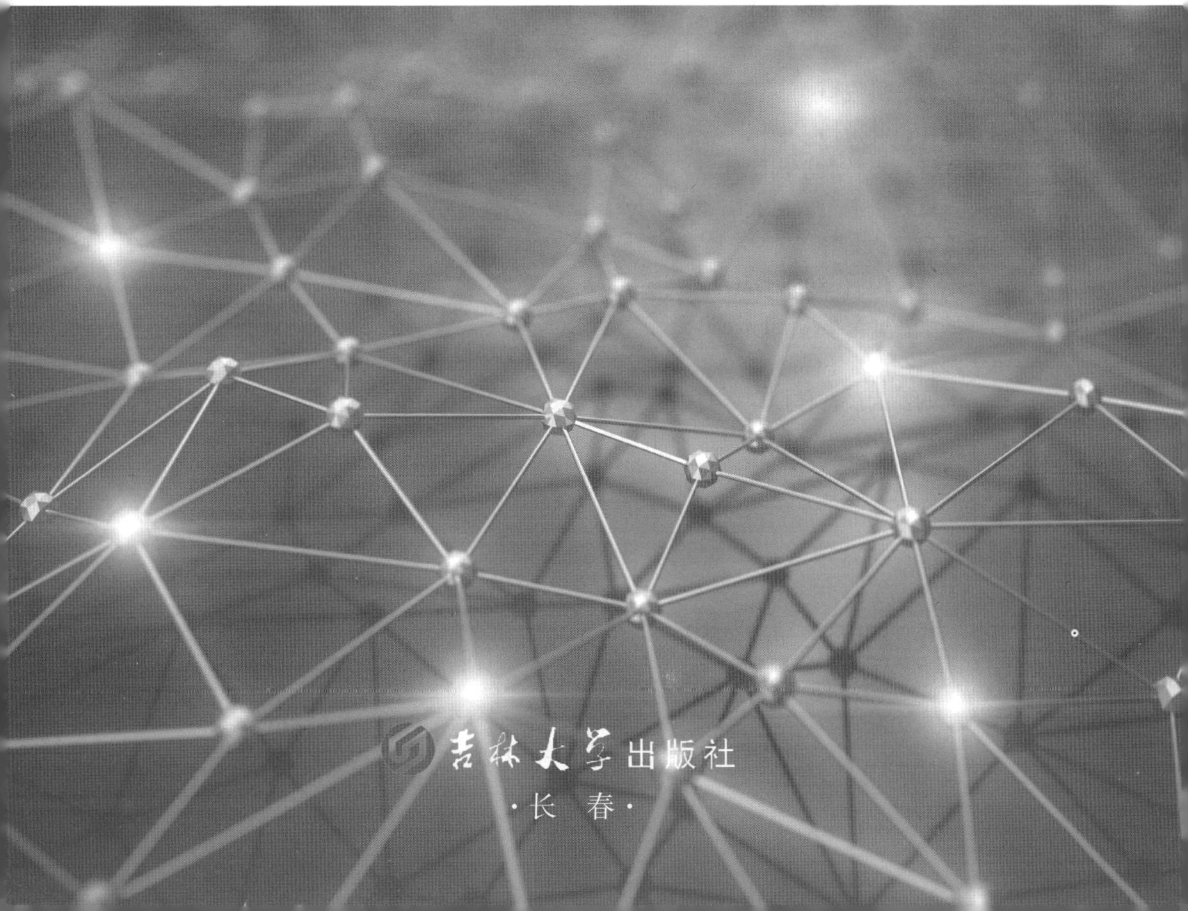

吉林大学出版社
·长春·

图书在版编目（CIP）数据

数理心理学. 心物神经表征信息学 / 高闯著. -- 长春：吉林大学出版社，2023.10
ISBN 978-7-5768-2620-3

Ⅰ. ①数… Ⅱ. ①高… Ⅲ. ①数理心理学 Ⅳ. ① B841.2

中国国家版本馆 CIP 数据核字（2023）第 229895 号

书　　名：	数理心理学：心物神经表征信息学
	SHULI XINLIXUE：XIN-WU SHENJING BIAOZHENG XINXIXUE
作　　者：	高　闯
策划编辑：	卢　婵
责任编辑：	卢　婵
责任校对：	樊俊恒
装帧设计：	叶扬扬
出版发行：	吉林大学出版社
社　　址：	长春市人民大街 4059 号
邮政编码：	130021
发行电话：	0431-89580021/28
网　　址：	http://www.jlup.com.cn
电子邮箱：	jldxcbs@sina.com
印　　刷：	武汉鑫佳捷印务有限公司
开　　本：	787mm × 1092mm　　1/16
印　　张：	34.5
字　　数：	500 千字
版　　次：	2023 年 10 月　第 1 版
印　　次：	2024 年 6 月　第 1 次
书　　号：	ISBN 978-7-5768-2620-3
定　　价：	168.00 元

版权所有　翻印必究

序

"数理心理学"在推出后,按照一种可行的数理路线,开始在"人"为物质对象的知识体系中寻找公理性逻辑。而人的精神性是建立在神经通信的基础上的,这就提出了一个最为基础的问题,即心理的精神功能与神经之间的逻辑关系是什么?神经的哪些基础机制可以揭示这一机制?这就需要回到神经功能的本质去寻找答案。

神经首先是一个信息系统,其最终的功能是实现人的精神功能。为了理解精神系统功能,神经科学、生理学和心理科学已经独立发展多年,并且物理学和通信科学也渗透到了生物科学领域。通过这些交叉学科的研究,人的物理性和生物性得到了打通,这在生物物理、生物化学和神经信息等交叉学科的泉涌式爆发中得到了体现。

这样,人的生物结构学和功能学开始得以深入理解,各功能结构被发现的碎片化知识因人的自身运作逻辑在各个独立知识点扩张中,知识之间的距离逐渐缩小,从而慢慢把我们推向对人的知识的全貌性理解。"心物神经表征信息学"(The Neural Presentation Informatics of Psychophysics)恰逢了这一时机。

数理心理学在数理逻辑上确立了人的几个根本性的动力系统,包括生理动力系统、精神动力系统和思维惯性动力系统等。这些动力系统的运作都建立在神经信息基础之上。沿着这一逻辑,人的精神功能在精神和神经两个层次上的关键基础底层和关键基础逻辑也就会暴露出来。

HH（Hodgkin-Huxley，霍奇金－赫胥黎）方程是神经科学研究中的一个关键性理论发现，它将神经的生化机制用物理学的方式简化了出来。这一进展使得人类在将神经作为信息功能底层进行研究时能够理解其作为通信器件的机制。我们对神经作为通信器件并不陌生，它是神经模拟信号产生的机制之一，即 0 和 1 的产生机制。

而将神经元模型推向通信的第二个关键工作，则源于计算神经的进展。神经元逻辑运算模型的出现确立了神经层次的数字运算逻辑，从而展现了神经的数字编码逻辑。这为网络化研究神经奠定了基础。在这个基础上产生的"神经计算"学科开始表现出它的强大动力，并使得这些方法在工程学上表现优异。尽管这一工程技术受制于基础学科进展缓慢，但却寻找到了自己在工程学上独立解决问题的方法。

将上述两个机制和生物结构结合在一起，就构成了关于生物控制的理解，生物控制系统的逻辑得以展现，这构成了关于人的研究的一个重要方向。对神经的信息的理解走向了更高级、更系统的层次，或者说更靠近精神功能层次的研究。

心理物理学与神经信息之间的关联研究也就成为一个必然的探索方向。其本质是研究心理量（或称精神功能量）与神经编码之间的内在关系。也就是说，在神经上传输的信息的本质仍然是精神活动的，或者精神活动诱发的相关联的信号。从而，心理量、神经编码、神经结构与功能的逻辑性关系问题就被提了出来。它构成了神经传输的内容的本质与功能逻辑问题。这一问题的解决需要确立起神经生理的通信底层、生物的功能结构和心理量之间的数理逻辑关系。

能量换码方程是本书的重要发现，受制于"能量守恒"约束的神经，利用能量实现编码的数理逻辑，从而建立起了心理物理量、神经编码量和符号量之间的关键逻辑连接。从这一关键逻辑切入，人的神经与精神功能的连接桥梁就被找到。

这样，神经加工的信息的内容、神经提供的信息传递的载体及其结构都指向了心理功能的揭示，这些发现之间的逻辑，通过公理化方式，确立它们之间的数理逻辑架构，也就成为一种可行的方式。它在以往的学科术语中都难以承载，我们将其命名为"心物神经表征信息学"，这是该学科产生的基本根源。

因此，寻找或确立"心物神经表征信息学"的基本理论架构体系，并确立该领域的基本方程，演绎出心理与神经之间的数理体系，成为必然之举。

因此，本书将从通信的逻辑出发，建立以下逻辑体系：

（1）人的各个神经通道的信息调制模型。确立心理物理信号被调制的基本机制。

（2）人的各个神经通道的 A/D 变换模型。确立各个神经通道的模拟信号如何转换为数字信号，以实现神经编码。

（3）人的解码机制。确立各个神经通道的神经信号如何转换为人能感知的心理信号，即解码关系。

（4）人的身心控制机制。确立各个拮抗控制系统的神经信号的控制关系。

（5）精神信号的编码机制。即物理的能量编码如何转换为符号编码。

（6）认知神经的心物、心身通信接口。

（7）认知神经的控制与反馈系统机制。

本书的成文涉及多个学科知识的逻辑整合，不可避免地存在一些错误，恳请读者见谅。

高　闯

2021.4.23 于华中师范大学南湖

2021.10.15 再修于华中师范大学南湖

目　录

第一部分　心物表征问题

第1章　心物神经表征概论 …………………………………… 2
1.1　心物神经表征性质 ……………………………………………… 3
1.2　心物神经表征信息学的理论层次 …………………………… 10

第2章　心物表征基本问题 ………………………………… 15
2.1　心物问题统一逻辑 …………………………………………… 16
2.2　心物神经表征信息的逻辑 …………………………………… 21
2.3　心物神经编译基本问题 ……………………………………… 25

第二部分　人类信息学原理

第3章　客体属性构型表征 ………………………………… 32
3.1　认知功能信号基本问题 ……………………………………… 33
3.2　物质属性表征空间 …………………………………………… 34

3.3 客体属性构型生成原理	37
3.4 信源布尔运算	39

第4章 事件属性构型表征 ········· 43

4.1 事件属性构型	43
4.2 事件布尔运算意义	49

第5章 事件属性构型信号 ········· 52

5.1 客体与事件信源	52
5.2 模拟信号	56
5.3 事件空间降维	60
5.4 心物信号关系问题	61

第6章 认知变换不变性 ········· 64

6.1 认知对称性原理	65
6.2 认知对称性属性	68
6.3 认知变换守恒律	70

第7章 信能关系 ········· 73

7.1 信号变换过程	74
7.2 信息流模型	75

第8章 认知信息通信模型 ········· 80

8.1 信息通信模型	80
8.2 信息调制模型	83

8.3 事件属性与分类 ··· 93

第三部分　神经表征原理

第9章　神经换能原理 ··· 100
9.1 物质守恒律 ··· 101
9.2 神经换能方程 ··· 104
9.3 神经循环通信方程 ··· 109

第10章　神经数电原理 ··· 114
10.1 神经编码方程 ··· 115
10.2 神经元加法方程 ·· 120
10.3 神经元乘法方程 ·· 127
10.4 神经轴突通信方程 ··· 132
10.5 神经突触控制方程 ··· 134

第11章　神经模电原理 ··· 140
11.1 神经模拟电路 ··· 140
11.2 神经模拟信号 ··· 148
11.3 神经轴突电缆电路 ··· 151
11.4 神经量子信号表征 ··· 154
11.5 人工神经元局限性 ··· 158

第12章　神经控制原理 ··· 162
12.1 神经突触生化 ··· 162

12.2 神经控制方程 ………………………………………… 165

第四部分　感觉调制原理

第 13 章　感觉器变换模型 ………………………………… 170
13.1 感觉器变换模型 ………………………………………… 170
13.2 感觉变换矩阵 …………………………………………… 172

第 14 章　感觉器换能编码 ………………………………… 176
14.1 物理编码 ………………………………………………… 177
14.2 感觉钝化与锐化 ………………………………………… 178

第 15 章　视觉通道信号调制 ……………………………… 181
15.1 光学介质属性 …………………………………………… 182
15.2 客体光学属性信号调制 ………………………………… 185
15.3 客体空间属性信号调制 ………………………………… 197
15.4 深度调制方程 …………………………………………… 219

第 16 章　视觉能量信号模数变换 ………………………… 222
16.1 视网膜换能编码 ………………………………………… 224
16.2 视网膜光信号滤波 ……………………………………… 230
16.3 视网膜功能电路 ………………………………………… 235
16.4 视网膜光信号编码 ……………………………………… 237
16.5 全光谱信号 A/D 变换 …………………………………… 260

第17章　视觉空间信号模数变换 ········· 262

17.1 视觉空间滤波功能 ········· 263
17.2 视觉空间滤波机制 ········· 269
17.3 空间信号视网膜表征 ········· 286

第18章　视觉感觉器图像逻辑控制 ········· 294

18.1 视网膜空间基元 ········· 294
18.2 视网膜空间信号控制 ········· 298

第19章　视觉感觉器图像分辨与滤波 ········· 303

19.1 视光分辨性能 ········· 303
19.2 景深分辨性能 ········· 306
19.3 视网膜图像采样率 ········· 309

第五部分　知觉解调原理

第20章　心物属性映射分装原理 ········· 316

20.1 心物属性映射分解原理 ········· 317
20.2 心物属性映射组装原理 ········· 320

第21章　神经基元信息表征 ········· 323

21.1 基元信号 ········· 324
21.2 神经元基元信号 ········· 328

第 22 章 神经映射通信编码 ········ 331

- 22.1 神经调制映射 ········ 332
- 22.2 神经并行映射与编码 ········ 338
- 22.3 心物神经表征基本问题 ········ 343

第 23 章 视觉神经映射通信编码 ········ 345

- 23.1 视觉神经通路 ········ 346
- 23.2 感受野能量信号 ········ 351

第 24 章 视觉几何学信号运算 ········ 359

- 24.1 线元信号解调 ········ 360
- 24.2 面元信号解调 ········ 373

第 25 章 视觉单眼信号解调运算 ········ 379

- 25.1 拮抗性数理本质 ········ 379
- 25.2 布尔运算机理 ········ 382
- 25.3 单眼布尔几何运算原理 ········ 385

第 26 章 视觉双眼信号逻辑运算 ········ 395

- 26.1 中央眼单视像 ········ 396
- 26.2 双眼图像亮度叠加 ········ 403
- 26.3 深度基准面 ········ 411
- 26.4 Panum 融合区 ········ 415
- 26.5 深度解调方程 ········ 419

第六部分　感知反馈控制原理

第 27 章　认知反馈控制原理 ····················· 426

- 27.1　神经反馈控制模型 ···················· 426
- 27.2　肌肉差动效应器模型 ················· 430

第 28 章　视觉图像反馈控制 ····················· 433

- 28.1　人眼图像质量因素 ···················· 434
- 28.2　人眼图像质量调制控制 ·············· 439
- 28.3　人眼光圈神经环路 ···················· 442
- 28.4　人眼光圈神经编码 ···················· 446

第七部分　感知运算原理

第 29 章　心物基元信号 ··························· 454

- 29.1　三基元模拟信号 ······················· 455
- 29.2　认知对称不变性 ······················· 457

第 30 章　认知布尔加工原理 ····················· 460

- 30.1　认知布尔加工原理 ···················· 460
- 30.2　认知布尔运算 ·························· 462
- 30.3　知觉布尔采样 ·························· 465
- 30.4　事件布尔运算 ·························· 467

第八部分　心物信能原理

第31章　信能关系方程 ……………………………………………… 470
31.1　物质守恒律 …………………………………………………… 470
31.2　信能关系方程 ………………………………………………… 473
31.3　信能关系应用 ………………………………………………… 478
31.4　系统信能特性 ………………………………………………… 481

第32章　心物信息变换 ……………………………………………… 483
32.1　信号调制函数 ………………………………………………… 483
32.2　神经编码信息量 ……………………………………………… 486
32.3　感知信息变换 ………………………………………………… 487
32.4　符号信息量 …………………………………………………… 492

第33章　心物记忆暂态过程 ………………………………………… 497
33.1　记忆模型 ……………………………………………………… 497
33.2　掩蔽效应 ……………………………………………………… 499

第九部分　心物神经表征统一性

第34章　人类信息加工架构 ………………………………………… 504
34.1　神经事件功能对应性 ………………………………………… 505
34.2　高级阶段神经功能对应性 …………………………………… 509

第35章　心物统一性 …… 511

35.1　心理学统一性数学 …… 511
35.2　心理学的统一方程 …… 513
35.3　神经计算统一方程 …… 517
35.4　认知计算统一算理 …… 521

参考文献 …… 523
结束语 …… 531

第一部分

心物表征问题

第1章　心物神经表征概论

以"人"为物质对象，数理心理学将脑的精神功能作为统摄，进行人的运行机制的统一性理论架构。其建立的两个分支——心理空间几何学和人类动力学——已经确立了人的精神功能运作的统一性理论架构。它解决了SOR（即刺激－个体生理、心理－反应）模式的基本功能逻辑，即精神运作的因果律。

以"人"为物质对象，SOR模式建立在S–O的神经通信与O–R的神经控制、人体生化代谢控制的通信之上。因此，① S–O的心物神经表征，② O–R的心身电－化控制，③ O的思维操作信号机制，构成了完成SOR精神功能的底层通信。

第一个问题，我们称为"心物神经表征信息学"。第二个问题，我们称为"心身动力电化控制学"。第三个问题，我们称为"广义认知自洽信息理论"。它们构成了人的信息加工底层的基本规律。

在这个底层中，人的信息系统的本质开始显露。它意味着心理学、生物学、物理学、信息学知识在"人"的载体上，进行整体、系统的架构。它的成功，暗示了一个新的总逻辑，即以人为物质载体、以人脑为信息统摄的心理学和生物学两学科开始走向数理理论架构的统一。显然，它是分水岭性质的，也是革命性质的。

本专著的设计目的就是要回答关于"心物"的"神经表征"问题，它构成了一个独立问题。本专著侧重于"数理心理学"理论构造的总问题逻辑、知识体系的独立性质、问题的数理本质、学科对象性质。而"认知神经"这一术语显然无法承载这一数理含义，由此，在本书的开篇，我们将对"心物问题"的展开进行总论。

1.1 心物神经表征性质

在"数理心理学"中，我们确立了人的研究对象的基本哲学方法——还原论方法，它是现代自然科学成功的关键，也是心理学精神功能统一性成功的一个关键。

在生物学研究中，通过逐级向下分解与还原，可以了解生物亚系统工作的基理。还原论方法简单而有效。而生物系统的功能是建立在生物还原系统之上的功能。这就需要我们在子系统的基础上逐级恢复它的系统功能，这种方法被称为整体论方法或系统方法。在"神经表征"和"心身控制"的两类机制中，整体论方法将贯穿始终。

因此，我们有必要回顾还原论的哲学方法，而在这一哲学的反向，试着去讨论整体论的哲学方法。这就构成了生物与心理统一性机制运作中不可回避的一个关键问题。

把"人"作为物质研究对象，并将其视为"未知物"，可采用"黑箱"方法。从这一基点出发，我们构建了人的系统功能，并把"心物神经表征""心身动力电化控制"的问题，从总体中慢慢分离出来。在分离中，我们可以看到它们与数理心理学的总体研究路线之间的逻辑关系。为了理清这一关系，我们需要清晰地讨论神经功能的亚层次方法构建，即神经功能与心理功能机制之间的逻辑关系和路径。

1.1.1 人的黑箱模型

把人作为一个黑箱，它包含几个基本的系统：供能系统、运动系统和认知控制系统（高闯，2022）[483-512]。

供能系统为整个人体的生理活动提供基本能量，运动系统是人作为机械系统时完成机械制动所需的构成，而认知系统构成的通信系统，则实现了精神的控制与人体供能、精神活动、运动的整体运行与反馈控制。

这一切离不开人的认知系统。而认知系统的本质就是由人的神经构成的数字通信系统。

人的认知系统，包含感觉、知觉、推理、判断、决策等认知功能性环节，构成了人的认知功能的基本单位。这些功能单位的实现需建立在神经功能单元构成的系统之上。这意味着我们需要进一步将精神的认知功能单元分解为神经功能单元进行研究。这也实现了对精神功能单元信息加工机制的研究。寻找每一个功能单元背后的神经功能单元的结构和机制，就构成了我们的基本问题。因此，将认知的神经功能单元独立出来，作为我们研究的对象，就构成了新的黑箱，即神经黑箱。而对这个黑箱进行拆解的方法即为还原方法。

1.1.2 人的研究还原层次

在不同层次上对人这一个系统进行拆解，构成了不同层次的研究。在科学界，对人的研究，在本质上坚持了这一方法，它的研究主要包括4个层次：精神功能层次、神经功能层次、细胞生物学层次和基因层次，如图1.1所示。

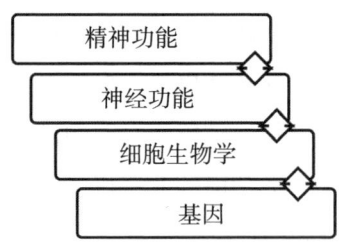

图1.1 对人研究的4个功能层次

对人的研究层次进行划分是在不同层次上对人的功能系统的划分。这需要我们进一步明确不同层次的功能本质，并找出这些系统的边界，并在边界划分中寻找连接它们的桥梁。这个桥梁是我们将心理学发现和神经科学发现搭建成知识链的必然关键。

1.1.2.1 精神功能层次

把人作为一个物质的整体，它与物质世界发生互动关系，并产生相互作用。人类个体作为整体的人，需要处理与物质世界的相互作用关系问题。整体意义上的"人"不需要任何划分，它要完成与物质世界的互动，这就构成了人类的"精神功能"。它与世界的互动性行为也就构成了"行为的互动"。

1.1.2.1.1 精神功能

在这个层次，人类要完成对物质世界的理解，并对物质世界产生反向作用，包含两个基本的作用关系：心物关系和身心关系。前者反映了人对物质世界的认知，后者反映了人在经验知识指导下对物质世界的改造。它们构成了人类认知与改造世界的"认知闭环"。物质世界的信息成为人类认知的核心内容，也就构成了人类认知的"物质论"部分，它是人类哲学的核心内容之一。从本质上讲，物质世界认知的内容是各类形式的"因果律"。它们分别构成了物理学、生物学、心理学与社会学，以及在这些学科指导下进行的应用学科。在因果律的指导下进行身心互动就构成了心物关系，它是人类对物质世界认知的"验证和纠错"，构成了知识经验的检测部分。在西方哲学中，物质论、认识论、知识论、目的论是这一关系问题的准确表达。而在中国哲学中，人与物的关系、人与人（包括人与社会）的关系是这一关系的总体概括。这些关系指导人与物质世界的互动关系。

因此，在整体的人与物质世界的互动关系中，人要处理互动关系的功能被称为精神功能，它是作为整体的人所具有的功能。

1.1.2.1.2 精神功能结构

要实现精神的功能，人类个体的精神结构可以被划分为感觉、知觉、推理、判断、决策、动机、评价、学习与记忆等。通过这些功能单元，获取当前事件信息、预测与执行未来事件信息、保存历史事件信息，形成人类认知控制闭环，并习得经验知识。它们也构成了人类精神赖以运行的功能结构，是精神功能得以实现的底层结构，即"认知功能结构"。

在精神层次，人与人之间的交流需要借助"语言"作为载体传递精神的信息。语言是人类精神信息的编码和表征，也是物质世界的表征方式和手段。心理语言学和计算语言学承担了这一机制的关键性研究。

1.1.2.2 神经层次

精神结构中的功能单位，均需要有对应的人的神经信息系统作为底层的器官或器件来实现，这就构成了"官能性研究"。从官能性的生物器官出发，揭示人的系统，使得心理学的研究必然地走向精神产生的内部机制。

1.1.2.2.1 神经官能层次

精神的功能单位必然与器官的功能单位相连接。解剖学是最初承担这一任务的学科。通过对器官的官能研究，科学走向了对生物器件的理解，它和神经系统之间的信息提取与控制关系也就慢慢形成完备性理解。

例如，人类的眼球是获取视觉信息的重要感觉器件。通过光学成像装置，眼球将视觉信号投射到视网膜上，并通过视网膜的三层结构，实现物理信号向神经信号的数字编码转换。通过反馈神经、运动神经和动眼肌的联结，构成了人类视觉获取信号的调制、模拟信号与数字信号转换的系统（后文我们将详细讨论）。

1.1.2.2.2 神经结构层次

人的生物器官总是与神经系统相连接。通过神经系统的组织，实现了对器官信号的采集与控制。这就需要在器官功能的基础上，在神经与器官之间的功能性协同中，理解神经的工作机制。例如，眼球采集外界物质的信号是通过视网膜上的三层结构实现的。每个层次的细胞具有不同的功能。这些细胞之间构成了神经的电路结构，实现对外界信号的采集。通过细胞对数字信号的模拟，形成了数字电路。而每个器官的控制问题则由与之相联系的神经网络形成的数字电路机制来回答。因此，由神经网络构成的数字电路控制问题，就构成了神经网络结构问题。

1.1.2.3 细胞层次

神经实现的是将模拟信号转换为数字信号,并利用数字信号进行信息的传递。模拟信号与数字信号之间的转换关系,或者反变换关系(把数字信号转换为模拟信号),均通过神经的生化机制来实现。生化机制与数字编码之间的关系,则由 HH 方程来回答。这一层次,也就是细胞生物学层次。即单个的神经工作的机制,它依赖生物物质构成的生化机制,并派生了细胞生物学。在对神经细胞生化机制理解的基础上,HH 方程得以发现,派生了对神经通信信号模拟机制的理解,使得神经电信号促发、传递机制得以被揭示,并在这些机制的基础上,产生神经的逻辑计算模型,并最终导致了计算神经学科的出现,使得这些机制延伸到人工智能领域。

1.1.2.4 基因层次

即基因如何实现细胞层次的信息的复制、传递和遗传。在生物学、行为心理学等交叉的领域,延伸出这两个因素关联的研究领域。

1.1.2.5 心理与神经关联桥梁

官能是对精神功能的直接实现。器官的官能构成了系统的功能,也就是精神功能实现的物质载体。而官能同时又连接了神经的信号控制问题。因此,生物学意义上的器官连接了精神和神经的双重机制。它的连接,成为心理机制与神经机制过渡的桥梁。在后续章节中,我们将利用这个连接关系,建立心理与神经之间的连接关系,从而阐述心理的神经机制,并同时阐述神经对应的心理功能。这将是一个非常有意义的尝试。这样,认知心理学与认知神经科学事实上的连接路线图也就被找到了。

综上所述,对人的研究的每一个亚层次都是上一层次结构和功能产生的内因和内生的动力机制。在对人的精神功能的揭示中,每一层次都试图确立其所在层次的功能与精神功能、行为表现之间的逻辑关系。这在事实上表现出极大的困难,这与不同层次之间的内在的数理逻辑存在关联。也就是还原论的本质决定了层次之间的内因关系。忽视这一方法学的规定性是在各个层次上研究得出的内因不能被有效挖掘出数理本质的原因。这一现象目前仍然大量存在，需要在方法学上进行修正。

1.1.3 人类行为模式基本问题

人类功能行为模式，可以概述为 SOR 模式。这是心理学在功能学基础上的经典发现之一。如果把 SOR 模式按照神经的底层进行展开，就得到了图 1.2 所示的模式。从通信层次来看，SOR 模式被拆解为三个基本问题。

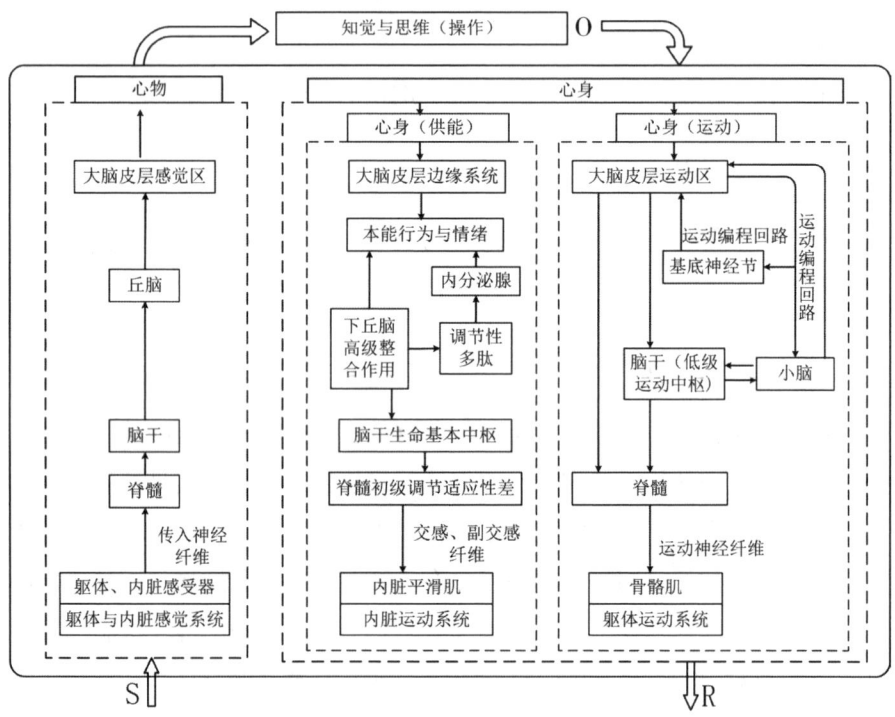

图 1.2 人的 SOR 模式的分解

1.1.3.1 心物神经表征

S-O 是外源性信号进入感觉器，并促发感觉器进行反应的过程。它是来自物质世界的信号（含本体）。这类信号进入人的高级系统被识别而成为知觉信号，从而参与人的高级精神功能的加工活动。它主要通过人的"心物"的神经系统来实现。因此，我们将其概括为"心物神经表征信息学"。之所以将其作为一个分支，主要基于以下理由：

（1）S-O 功能，构成了"心物关系"。

（2）物质世界属性信号是功能信号，通过换能而成为神经电信号。神经电信号对功能进行编码、加工和表征。

（3）心物的神经表征构成了基本的神经通信，其规则构成了心物的"信息学"。

基于 S-O 对应的物质对象（神经通信系统），以及基于上述三个功能与通信问题，而把心物及其神经机制问题命名为"心物神经表征信息学"，使之构成一个独立分支。

1.1.3.2 心身电化控制

O-R 是精神的制动信号，它既要对人的行为系统进行制动，也要对人的供能系统进行制动。这个过程通过两个信号系统实现控制：神经电信号控制和人体内分泌的代谢生化控制。因此，它包含了 3 个关键问题：

（1）人体供能系统的工作原理。

（2）人体运动系统的制动原理。

（3）上述两个系统的神经与生化控制原理。

由此，它具有严格的"物质对象"：供能系统、运动系统、电-化控制系统。以上构成了又一个基本的独立问题，命名为"心身动力电化控制学"，使之构成一个独立的分支。

1.1.3.3 认知操作机制

O 是人的精神操作，它构成了人类精神功能运作的核心。它在刺激事件、知觉和思维操作的基础上，实现了人的精神功能与外界操作的互动。在"数理心理学"的两个分支中，已经确立了它的统一性理论，概述为一个统一的方程组（高闯，2021；2022）。

$$\begin{cases} E_{\text{phy}} = w_1 + w_2 + i + e + t + w_3 + c_0 \\ E_{\text{psy}} = w_1 + w_2 + i + e + t + w_3 + \text{bt} + \text{mt} + c_0 \\ \boldsymbol{S'} = \boldsymbol{TS} \\ A = V + \Delta V \\ F = PA \end{cases} \quad (1.1)$$

其中，w_1、w_2、i、t、w_3、bt、mt、c_0、e 分别表示客体 1、客体 2、相互作用介质、时间、空间位置、行为动机目标物、内在动机目标物、初始条件、效应，均可以用属性值 p_i 的集合来表示 $\{p_i\}$。p_i 构成信号，加号为布尔运算。前两个方程分别表示物理事件、社会或心理事件。A 表示个体对任意事件要素属性的功能评价，V 表示客体价值，ΔV 表示评价与价值偏差，由客体的特征差异引起。评价决定行为。价值观念支配评价，决定行为。价值大小是对需要的度量。常模是价值的社会标尺与度量衡。P 表示人格，A 表示个体评价，共同决定精神动力 F 的大小。S 表示人的任意一级的信号功能单元的输入矢量，S' 表示该信号单元的输出矢量。T 表示该单元的信号变换矩阵。则上述方程依次被称为"物理事件结构方程""社会或心理事件结构方程""认知操作变换方程""行为模式方程""人的心理动力方程"。该方程组构成了对精神功能的总概括。

1.2 心物神经表征信息学的理论层次

认知神经确立的基本问题是对认知神经研究层次的一个根本性定位，并确立了与精神功能、细胞功能、基因功能之间的数理逻辑关系。

这一定位也在事实上产生了一个根本性的内在诉求，即对长期以来的、认知神经领域及其相关领域的"唯象学"研究进行逻辑梳理，建立各类唯象学发现之间的内在逻辑，并确立这些内生逻辑之间的数理关系。这样，一个全新意义的数理架构就可能被搭建起来了。自洽的认知神经的数理架构体系，就成为这一领域追求的根本性目标。这一本质，也决定了认知神经科学的发现，必然以 4 个层次表现出来。

1.2.1　实验发现

自文艺复兴以来,实验方法已成为一种科学的知识系统,进而渗透到各个学科,并延伸至各个领域。实验方法也成为判断一个学科是否进入科学领域的关键性标志。

在前科学时代,人类经验的获取方法,主要来自自发的自然观察与总结、自发实践、上帝天启或神学、前人经验继承、人类的自我思辨。

然而,实验方法与前科学时代的认知方法在本质上存在区别。实验方法是对人类认知方法的系统性构造,使得认知方法更系统、更完备、更具有逻辑性,并打破权威控制而以事实为依据。

由实验方法发展起来的科学、科技文化传统、科学精神,是人类对这一方法体系建立的价值理念,也是科技行为模式的传承式管理。它代表了人类认知方法的进步。

这一进步性,使得实验发展出来的认知方法学更加高效而科学,更加理性与客观,知识的获取速度更加快速,这一现象在文艺复兴之后的科学蓬勃发展的浪潮中得以观察到。科学在社会的洗礼中,逐步成为一种价值信仰。

而推动科学发展的最源生力量,则来源于实验的经典发现,即通过对某种现象的发现来揭示内生的道理,这是实验科学长期发展的持续动力。由此,实验发现是人类科学知识获取中必然经历的原初阶段。

1.2.2　唯象学理论

基于实验发现的现象,就可以对现象背后的机制进行假设和假说,也称为唯象学理论(phenomenological theory)。它是基于系列实验对研究对象的某一局部机制进行的探索,一旦其背后的因素被找到,并建立了这一局部领域的模型,对该问题的唯象学研究也就基本成熟了。

在这一领域中,揭示内在因素的关键实验与结果,也就成为这一领域的经典发现。在实验科学领域,进行关键实验研究,并提出关键唯象假设,是实验科学家源源不断的根本动力,唯象学在知识上的发现和积累,使得各个局部领域之间联系的鸿沟逐渐缩小。更大范围的唯象学理论的整合就会发生。

1.2.3 理论架构

唯象学建立了局部的实验现象的理论,是对局部领域的关键机制的理解。当关键的统合发生之后,就可能根据几个基本公设,打通唯象学之间的内在逻辑。即根据几个关键性的公设和假设,通过演绎的形式进行推理,形成基本的数理逻辑。这就成为基本的理论架构。

根据事件结构式,客体与客体之间的相互作用构成了力学。客体之间的相互作用及其效应、时间、空间的关系构成了运动学。运动学与力学之间的关系构成了动力学,也就是因果律。

一个具有普适意义的研究对象及其相互作用的规律,包含了力学、运动学(或者现象学、动力学)。在社会科学和自然科学中,它成为一种普适架构,进而成为经验理论构造的默认结构。理论架构一旦清晰,理论结构的全貌就会显现出来。

1.2.4 数理表达

在理论架构的基础上,对力学、运动学和动力学进行数学形式的表达是理论科学的最高阶段。只有在数理的基础上,才能对现象进行精确预测,对变量进行控制。理论的基本优越性才能得以体现。从唯象学理论、理论架构到数理表达,也就构成了理论研究学科。理论科学的成熟与否反映了这一学科发展的成熟程度。

从上述基本体系来看,数理心理学属于理论建构的理论体系。心理神经表征信息学是这一理论的延续。它是在神经与功能领域对这一问题进行亚系统的理论建构。

1.2.5 心物神经表征信息学的逻辑路线

心理神经表征信息学,要从神经机制上架构关于精神功能的总逻辑,需要沿着四条功能逻辑路线来实现它的理论体系的构建。

1.2.5.1 事件信息结构逻辑

事件是人类认知系统加工信息的内容。事件的信息结构式是这一内容的数理表达。它是人的精神功能的直接反映。神经功能单元的每个层级都围绕事件进行信息的调制、编码、解码和运算。因此,事件结构化信息的内容是神经运算的本质,也构成了神经运算内容的功能逻辑。这一逻辑是心物神经表征信息学架构中首先考虑的基本逻辑。

1.2.5.2 认知对称性结构逻辑

事件信息结构中的每个要素都通过基本的物质属性和人的感觉器发生作用,并利用相互作用的属性关系,实现对属性量的编码。属性量的维度,通过编码被对应的神经信息进行表征,从而使得事件信息结构化的信息被对称地转换到神经表征中,从而具有对称性质,这就使得心理的表征与事件的物质表征之间具有了对称性。数理心理学的认知对称性原理是对这一关系的揭示。在神经表征中,必然受到这一原理的约束。因此,心物神经表征信息学必然需要在神经原理上找到这种机制,一旦成功实现,就能在精神功能上反过来验证这一原理。因此,认知对称性结构逻辑是心物神经表征信息学在数理逻辑架构中需要遵循的第二个基本逻辑。

1.2.5.3 认知熵增逻辑结构

认知的每个精神功能环节的增加,均满足熵增原理。这在神经的信息结构中也理应剥离出来,这就构成了认知熵增的又一基本逻辑,它是认知对称性逻辑之后的又一逻辑。

1.2.5.4 神经信息通信逻辑结构

神经传递的内容是信息，这一性质决定了我们对神经机制的数理性理解，基于心理量的同时，还需要回到"信息学""通信科学"的机制来揭示它的通信机制。包括心理量的编码、传输、解码、运算等一系列机制，并同时考虑到信息编码机制得以实现的生物结构、神经结构的物质支撑。

上述4类逻辑涉及众多学科的交叉，例如"心理空间几何学""人类动力学""生物物理学""认知心理学""神经心理学""生物结构学""信息科学""数字电路""模拟电路""编码学""物理学"等，极富挑战性，这也恰恰体现了"心物神经表征信息学"的高度整合性，从而更具有理论意义。

第 2 章 心物表征基本问题

从神经机制中剥离出"心物问题",并作为"数理心理学"的一个基本分支,已在前文中进行了讨论。而围绕"心物"问题如何实现心物机制建立,就构成了"心物神经表征"的核心问题。它需要在 4 个关键问题上进行考察:

(1)心理物理层面。即心理物理学的关键路径。

(2)官能结构层面。心物依赖人的各种器官或者器件,实现信号变换。它是心物信号表征的第一层机制。

(3)神经信息表征层面。各种器件依赖于神经的连接,实现信号的编码、传输、表征。

(4)数理心理学层面。数理心理学建立的关于内容、信号变换的机制。

这 4 个信号与功能层面之间的关联关系构成了心物机制理论架构的核心。在此基础上,切入它们统一性的关键逻辑,或者说基础问题,我们可以建立"心物神经表征信息学"的统一性的理论架构,这就构成了"心物神经表征"的基本问题。

在数理心理学中,事件信息结构式、认知对称性原理、人类动力提供了基本切入点。事件信息结构式是人类认知系统加工的内容,串联了人类认知加工的信息总逻辑。认知对称性原理事实上对信息加工的基本功能规则进行了约束。而人类动力则是人的动力系统的目的和归宿。这些方面都以信息内容为运作基础，即以事件信息结构式表达的内容为基础。

事件信息结构式回答了人类认知系统加工的变量问题，认知对称性原理则回答了人类认知系统运行的精神表征变量之间的关系，它们构成了物质世界的信号、心理表征的信号（高闯，2021）[324-339]。这样，人类加工的信息对象就找到了。

这些变量经神经系统进行编码，以数字通信和运算的形式在认知系统中运行，构成了神经通信的内容。这样，以事件结构信号变量为基石，以神经的电活动为编码，形成了神经的通信活动。这就构成了"心物神经表征信息学"要揭示的基本内容。因此，围绕这一基本内容，心物神经表征信息学需要确立一个基本的行进路径，并遵循这一路径来确立这一路径中的基本问题。并按照内在的数理逻辑，为后续建立统一性的神经机制逻辑打下基础。它也就构成了本章论述的内在动机。

2.1 心物问题统一逻辑

心物问题是指物理量与心理量之间的关系问题。它的唯象学发现，涉及哲学、心理学、生物学、物理学，而它的统一性关系，又涉及数理心理学的前期发现。因此，它的统一机制需要建立在上述已有发现的基础上，构建统一的数理逻辑，并找到关键问题的数理逻辑链条。

SOR 模式是人的精神功能的总逻辑，同时也是其生物载体功能的体现，两者本质上是相同的。数理总逻辑如图 2.1 所示。串联这个逻辑的是：人的信号通信串联起来的工作机制。

它包含三个基本关系——心物关系、心身关系、精神功能——在第一章中已经进行了讨论。仅就心物关系而言，物理学、心理学、生物学三学科，在不同层次、不同深度上揭示了它的不同机制。

2.1.1 物理学对物质属性揭示

物理科学揭示了客观物质世界的属性和动力学规则。这一机制脱离了人的主观性而具有了客观性尺度，使得物理学建立在第三方观察尺度上，可以客观地观察整个世界。而物质属性量的信息，又可以通过信息介质与感觉器作用，把物理信号转换为神经信号。因此，物理学的物质属性的揭示，使得刺激的物质属性被揭示出来，这就解决了"心物"问题需要揭示的"始端"要素，使得心物对应性关系的研究成为可能。

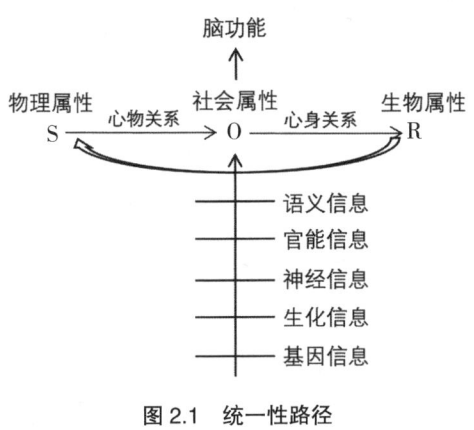

图 2.1 统一性路径

2.1.2 心理物理学对心理量属性揭示

心理学与物理学的交叉产生了"心物"的揭示机制。在物理学向外延伸的关键领域，均具有物理学家工作的身影。

牛顿对光的分解，使得可见光的成分观念被确立了起来。而"可见"就是"主观"的反应。因为光的成分在物理世界中的描述量只有波长或者频率，而不是色，而"颜色"则是人的主观的"模拟量"。之后，托马斯·杨根据光的成分，提出"视网膜三色细胞说"，这一假说被生理学家证实，这是物理学向生命科学延伸的结果。确切地讲，是物理学向心理物理延伸的结果。

在此之后建立的光度学、色度学是物理学延伸的典范，尽管这些学科在其之后，引入了大量人的心理量及其发生的机制，例如黑林的拮抗说等。同样的情况也发生在声学等学科。

物理学的延伸和生理学的介入，使得和主观性有关的学科开始剥离出

数理心理学：心物神经表征信息学

"心理物理学"。韦伯和费希纳的工作促成了这一"学科术语"的诞生。

韦伯定律和韦伯-费希纳定律，奠基性地揭示了物理量与心理量之间的变换关系。这是对"能量"变量（物理强度）作为"信号量"的揭示。此外，B.C.布鲁克斯提出的空间信息熵，则找到了空间信号进入人的认知系统后，人对空间信息量的度量。香农语义熵则成为信息科学创立的基本依据，它建构了人类语义编码的信息的量度。

能量阈值模型、相对阈值、绝对阈值是信号反应的特性描述。之后，各个感觉通道的掩蔽效应、双通道整合、衰减效应、叠加效应等，都是对能量信号的功能性效应的揭示。

在知觉领域，信号组织的格式塔、错觉、守恒律（亮度守恒、颜色守恒、大小守恒、形状守恒等），均是心理量解码之后，对物理量和心理量对应性关系的揭示。

从信息加工的角度看，心理物理建立了心理量和物理量之间的关系。格式塔则建立了信号的组织关系，心理旋转则暴露了不依赖现场的符号操作运算。这些成果的发现，都在指向一个基本的数理关系，即从精神层到神经层的信息关系。而进入人的认知系统的信号包含能量信号、空间信号、几何学信号和事件信号。这就意味着在精神层、神经层两个层次上，都需要对上述信号进行功能性处理和编码。围绕这些信息加工机制的唯象学发现，在心理学和生物学的各个分支上，均已经孕育成熟，这就为"心物神经表征信息学"的统一性做好了预备。

上述的经典实验发现，构成了心理物理学在这一领域的辉煌奠基。它的性质和物理学联系在一起，完成了S-O两头的功能效应的发现。这构成了心理学对"心物"本质的研究内核。

心理物理学这一学科分支的剥离是一种必然。它的诞生必然要回答心物映射关系问题。

2.1.3 生物学对心理量属性揭示

人的信息系统可以分为不同的层次：语义信息、官能信息、神经信息、生化信息和基因信息。要实现人的精神功能与生物通信系统之间的信息机制的统一理论架构，从本质上讲，就是要建立语义、官能、神经、生化、基因信息之间的相互通信的本质联系。在心物问题上，生物学主要集中在官能和神经两个领域。

神经是认知通信的底层，也是认知功能实现的底座。一旦锁定了这一属性，就决定了"心物神经表征问题"发起的起点。而这一体系的建立需要在心理和神经两个层次上建立关于人的通信机制的理解。

从精神层次的运作进入神经信息层次的运作，并建立二者之间的数理关系，才能实现"心理与神经"两个层次之间的统一。这需要建立关键性逻辑节点。从本质上讲，它需要建立以神经为通信基础，心理量和神经编码机制之间的数理关系。

2.1.3.1 神经元电化机制

神经是人类认知通信的底层，这已经是一个共识。神经元是神经通信中的基本单位。神经元最早由 Santiago Ramóny Cajal 提出，并由此获得诺贝尔奖（Cajal，1906）。之后，神经元的缝隙、神经动作电位、HH 方程等成果被发现，神经元的电化学机制建立。神经的生化反应以及神经静息电位、动作电位、传输、释放等之间的关系也得以揭示。神经元作为电信号传输的基本单元器件也就得以确立。这是人类对神经通信器件理解的一次深入。

同时，人工神经元也被提出。在这个模型中，科学界沿着逻辑电路的方向，开始建构这一逻辑。神经元膜电容首先被等价为加法器，神经动作电位等价为输出编码，神经阈值和发放的关系函数等价为编码函数。但是，输入信号的机制仍不清楚，目前采用的是权重方法来平衡输入的关系问题。虽然这一做法尚未获得神经科学界的认可，但却发展出了神经网络计算的方法，并沿袭至今。

2.1.3.2 神经核团和官能器件

神经和神经之间的连接往往形成关键性的神经加工机构,或者是核团。神经核团的本质是神经电路上的关键器件。神经元通过某种逻辑进行垒砌,就形成了神经的官能器件,例如眼睛的视网膜。在神经科学中,视觉通道、听觉通道等各路神经通道中的器件官能的唯象学发现,积累日盛,并形成了一定的规模,尤其是在知觉之前的神经器件的研究,已经形成的关键性发现的成果,已经为神经科学家所接受。这成为理解神经官能层次处理信息的一个关键基础。

2.1.3.3 神经环路机制

神经由感觉器开始,向后传输,并经低级中枢加工后,反馈到传出神经、通过运动神经元,促发肌肉制动。低级中枢信号又传入高级中枢,经加工后对外反馈。神经环路是闭环或者开环控制的核心。它从根本上解释了人类认知的两个基本闭环模式 S-R 和 S-O-R。这在事实上、在行为模式上与行为主义达成了一致。

生物学关于人的外源性和内源性刺激诱发的各类行为的神经环路的确定,为理解人类认知系统的控制奠定了基础。

2.1.3.4 计算神经

以上述神经生物学的发现为基础,对神经建模或者进行计算的研究,也就进入了科学的视野,计算视觉、计算神经和神经网络等计算学科开始慢慢凸显,并不断利用神经科学发展的成果,实现对这些成果的模拟。尽管其中有些模拟成果并不被神经科学界所认同,但是它所表现出的巨大价值也足以令人震惊。例如,人工神经元模型尽管不被神经科学界所承认,但是在计算机和人工智能领域,它的应用性价值仍然不容忽视,即它的底层暗含了某种我们尚未揭示的机制。

2.1.4 心物问题统一性路径

综上所述,在心物问题上,找到这三类研究的统一性路径,就成为核心。从本质上来说,我们认为:

(1)生物的官能、神经系统是心身的通信系统。

(2)神经与官能的功能效应,是心物功能效应。

由此,就可以得到"心物问题"解决的核心关键:建立神经的功能方程,也就是建立神经的物理信号的表征机制,进而建立心理物理学、物理学和生物学在心物问题上的底层机制。统一路径中所涉及的问题构成了心物表征的基本问题。

2.2 心物神经表征信息的逻辑

按照什么样的框架来架构心物神经表征信息学,这是一个关键性的科学路线图问题。它的本质实际上也涉及心物神经表征信息学得以产生的数理根源性、这一学科的内在逻辑性、心理变量和神经之间的关联性逻辑构建。因此,需要从心物神经表征信息产生的基本问题开始,阐述其基本逻辑。

2.2.1 人类认知的逻辑闭环

人类认知活动的本质既是心理学关注的问题,也是哲学关注的基本问题,可以追溯到古希腊时期,并一直延续至今(车文博,2002;张东荪,2017;Pecere,2020)。从哲学的角度来看,它涵盖了4个基本问题。

2.2.1.1 物质论问题

即物质是什么?它是一个最古老的哲学问题之一,起源于古希腊时期。在唯物哲学中,物质被作为客观存在,构成了基本的哲学观(李秀林 等,2004)。

物质客体之间,发生相互作用,诱发相互作用的效应,也就构成了事件。事件的信息,通过中介的信息介质,与人的感觉器发生作用,从而向人的认知系统进行传递，事件的信息得以表达。

事件的信息结构表达式是物质世界信息的基本表达形式。它的数理表述形式，明确了物质世界的数理本质，并同时回答了人的认知系统加工的信息结构。这是数理心理学的基本贡献之一。

2.2.1.2 认知论问题

人类如何认知外部世界？这是一个古老的哲学命题（罗素，2007），实际上也是关于心理机制的问题。它的本质是人的认知机制，认知科学使得这一命题更加深入。认知对称律和认知熵增原理事实上回答了这一基本的数理逻辑，使得认知的统一性机制的全貌得以暴露出来。从这一基本原理出发，我们将更加快速地靠近这一问题的本质。而在事实上，这一问题的回答还需要神经科学的机制，也是本书努力的目标之一。

2.2.1.3 知识论问题

物质世界的存在物，按照物质性质来划分，包括物理物、生物、人与社会。它是物质世界的基本客观存在。

基于上述四类对象物，人类认知到这些对象物之间的相互作用关系，并分别形成了物理学、生物学、心理学和社会学。这四类对象之间的相互作用关系及其诱发的事件，都可以用事件结构式来描述。

从事件结构式出发形成的基本关系可以分为运动学或者现象学、力学和因果律。它是事件结构要素之间的关系。因此，从事件结构式出发的人的知识内容，也就包括三类知识：运动学或者现象学知识、力学知识、因果律知识。它普适于任何一类物质对象的研究。

2.2.1.4 目的论问题

即人类拥有知识后，人类生存的目的是什么？它是人的基本价值的问题，也构成了人类社会人与人之间的基本伦理问题。目的论的问题必然通过人与物质世界之间的互动产生，它的本质也就构成了"身心问题"。

因此，这4个基本问题从事件信息进入人的认知系统，到在人的知识驱动下执行行为的事件，就构成了人类认知系统的闭环。

从人类动力学的角度看，它构成了人类认知控制的反馈系统，以"事件信息结构"贯穿人的认知加工的始终。而事件信息结构式则是贯穿这一认知闭环的基本内容。

2.2.2 人类认知信息逻辑

从人的整体角度看，人的系统包括生物机械运动系统、生物供能系统和认知与控制信息系统。这三个系统构成了人类系统的全部（高闯，2022）[483-512]。

生物机械系统构成了人的物质外壳，供能系统则为生物机械系统的运作提供源源不断的动力，并同步为自身和认知控制系统提供生理活动所需的能量。而认知系统则是人的整个信息的主动与自动控制系统。

从信息与通信的角度考察，人类的认知系统还包括信号的调制、信息的采集、信息的编码、信息的传输、信息的解码、信息的运算等一系列过程。它的通信底层依靠神经的编码机制来实现，构成了人类通信的物质基础。确立信息加工的基本逻辑是人的精神机制介质的基本基石。

2.2.3 信息的度量逻辑

人的认知系统的本质是一个信息系统。它在客观上要求基于神经基础，需要建立关于信息的三个基本问题。

2.2.3.1 信号的本质

在神经上传递的是事件属性的信息，这就需要根据事件的属性变量来定义"信号变量"，从而使得通信的内容得以界定。在数理心理学中，事件结构的信息表达式已经确立了这一基本方向。在不同的神经通道中，它的信号变量也不相同，这需要在后续的各个神经通道中找到对应的信号的变量。

2.2.3.2 信号的探测

人的生物信息结构围绕探测不同的物质属性的信息，进化出了不同的探测感觉器的单元，这就需要通过生物器件的物质属性来确立生物器件对信号的探测能力的描述，确立感觉器转换信号的基本逻辑和能力的度量。

2.2.3.3 信息量度量

在任意神经构成的信息通道中，在传递信息的过程中，生物器件的属性使得对信号的转换能力并不相同，这就需要对传递信号的能力进行度量，也就是信息量的大小。在信息科学中，韦伯-费希纳定律（Fechner，1966）、布鲁斯定律（Brookes，1980）、香农信息熵（Shannon，1948）等都是度量不同情况下信息的表述形式。而它们度量的信号恰恰是人的认知加工的信号，这需要在神经的机制中，确立信息度量的基本逻辑，并把这些信息表达形式的机制分离出来。这样，信息科学的基本公设或原理也被统一到了这一科学体系中，这也是我们努力的目标之一。

综上所述，上述三个基本逻辑构成了构建心物神经表征信息学的基本行进逻辑。在后续的章节中，我们将按照这三个并行的逻辑，在各个神经通道中构建它们的普适性的科学规则。

2.2.4 生物结构与功能逻辑

人的信息处理功能的实现离不开神经的生物学结构。大量的神经单元组合在一起构成了具有特定功能的信息处理器件。在生物的解剖学结构中可以大量观察到这一现象（如图2.2所示）。这就意味着心物神经之间的关联功能逻辑的数理机制的揭示，必须与神经的结构学和功能学联系在一起。这一逻辑构成了心物神经信息建构中的又一个基本逻辑。

第 2 章 心物表征基本问题

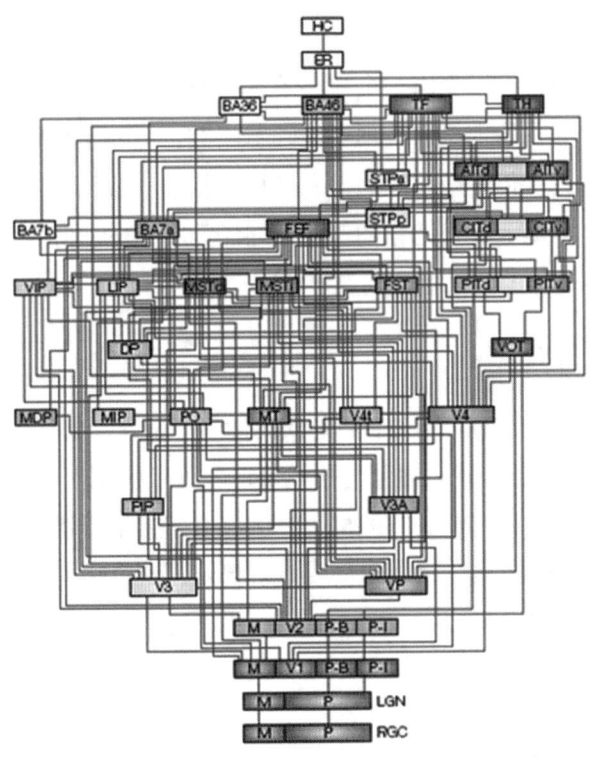

图 2.2 脑神经通路

注：神经功能器件之间，依赖神经联系在一起，形成脑的通路。要实现对心理认知机制的理解，离不开对神经器件和连接关系的双重机制的揭示（Felleman，1991）。

2.3 心物神经编译基本问题

上述四个关键性逻辑需要找到它们在神经的生物结构机制、神经的生化机制、神经的模拟信号机制、神经的编译机制以及心理量的编码等机制中的逻辑层次关系，才有可能打破这种原理上的瓶颈。因此，结构为信息编码提供物质基础、编码为心理加工提供编码基础的逻辑结构才能浮现出来，这就构成了"心物神经编译"的核心基本问题。而人的功能结构又会按照信息通信的功能、认知闭环的逻辑进行展开。这样我们就可以将心物神经编译的问题转换为这两个逻辑进行展开。

2.3.1 神经编译

基于上述理解，暴露出一个核心关键问题，即人脑认知系统的各个功能单元需要建立在物理量、心理量编码基础上。将心理量和物理量编译成神经的电脉冲进行传递是神经通信和计算的基础。然而，人类无法知觉神经的脉冲，在客观上要求把脉冲信号"翻译"成心理量信号。这两个问题就构成了神经通信的两大基本问题。

2.3.1.1 神经编码

神经是基本的通信介质，它将物质属性量"翻译"成"神经电脉冲"，即"神经编码"。这意味着心理量与神经编码之间存在数理上的"逻辑"关联。神经事实上存在一种"编码"的机构，例如人的感觉器就担负了把物理量编译成神经编码的工作。这一机制一旦被揭示，将意味着神经编码将能够被解读。

2.3.1.2 神经解码

只有将神经编码"翻译"成心理量，才能被人类知觉和觉知，从而产生精神性行为。神经的解码就构成了一类关键机制问题。它遍布在人的所有认知过程中。从本质上讲，神经解码是人的神经编码的逆过程。

而以神经编码和解码为基础的精神活动，则成为人的认知系统表现出来的功能现象。因此，这两个基本问题构成了神经机制研究中最为核心的基本问题。围绕这两个核心问题派生的其他问题，将会因为这两个问题的突破而得到推进。

2.3.2 神经编译功能逻辑

从信息、通信、生物与心理功能结构等综合角度来看，人的神经编译机制可以归结为以下几个核心环节。

2.3.2.1 认知信号调制

外界物质世界中客体的属性信号通过介质和人的感觉器发生作用。属性信号如何在介质上加载构成了对人的认知理解的第一个核心问题，也是认知信息的起源，尽管有些信息通道是通过客体对感觉器发生直接的作用。这个问题构成了"物质信号调制问题"。

对人的各个神经通道建立普适性的调制模型来揭示人的各个神经通道认知信息的起源是理解心物神经编译机制的关键第一步。

2.3.2.2 认知信号模数变换

经感觉器接收的信号是外界的连续信号，它需要经过感觉器的采集，把连续的信号转换为神经传输的电脉冲信号，并实现神经编码。连续的信号称为模拟信号，而神经传输的信号称为数字信号。这个过程被称为认知信号的模数变换。

在这个过程中，外界的物质属性量按照某种规则，进行了数字编码。数字的编码也就构成了认知信号模数变换的核心机制，它是神经编译机制研究的第二个核心机制问题。

2.3.2.3 认知信号平滑变换

外界的物质信号是变动的，即事件的信号需要不断进行切换。前后变换的信号之间需要信号的平稳切换，这构成了物质属性信号的平滑问题。在神经的电路构成中，对信号进行平滑是基本的问题之一，它涉及神经的生物结构学、模拟电路和数字电路的基本功能。在平滑过程中的信号变换也就是这一通信功能的直接表述。

2.3.2.4 认知信号解码变换

人类个体所看到的信号并不是神经传输的电脉冲，这意味着神经需要将电脉冲信号转换为心理量信号，这就构成了神经解码机制。原则来说，神经解码是感觉编码的逆过程。由于逆过程的存在，才有可能忠实地恢复对外界的客观认知。因此，对认知信号的调制的理解会直接促使对认知信号解码变换的理解，反之亦然。这一本质决定了在认知信号的解码过程中，需要构建关于认知信号解码的信号变换的转换机制。

2.3.2.5 认知信号语义变换

基于外界物质能量的信号编码，需要从一般的物理特征性转换为普遍性编码，并在知觉中进行语义的变换，即语言编码。

在换码之后，物质的特征量才能转换为思维操作的语言符号，思维机制才能得以操作。这一问题意味着存在认知信号的语言换码机制，将物质属性量的编码转换为语言编码。我们将这一机制称为语义换码。这时，对物质世界的表征成为具有普适意义上的符号，符号所具有的普适性语义也就得以体现。这可能是有限性的学习转换为广域经验使用的普适性机制的根本原因。

2.3.2.6 思维符号编码运算

符号化了的事件需要进行运算，需要基于符号的编码来进行基于神经编码的运算，从而构成了心物神经的符号运算。它的运算规则即为神经编码的运算规则。这就意味着需要建立符号运算和编码运算之间的数理逻辑关系，我们将这种关系称为思维符号编码运算。

由于思维运算的神经底层，人的社会认知活动的各种表征也得以运算。人的高级精神的思维活动也因此能够实现。

2.3.2.7 身心编码运算

人类基于认知操作开始执行各类事件。这需要精神驱动人的身体进行事实的运行。大脑的精神变量，即心理量，需要对应的促发身体的供能系统和运动系统来进行运作。这两大系统接收的量来自心理量编码的神经脉冲的数字控制。这意味着心理量需要被编译为行动执行的神经电脉冲变量，促发生物机械系统的制动。这一关系的变换构成了身心编码的运算机制。

2.3.2.8 自动反馈编码运算

人类的身体系统除了进行上述高级精神活动外，还可以自动地对外部的物质信号进行反映，即进行自我反馈活动。这时，信号通过上行通路经过低级神经中枢，反馈到和运动系统、供能系统相联系的效应器，促发效应器反应。这种自动反馈性构成了自动反馈编码的运算机制，它是人类认知系统中很重要的一类控制关系。

综上所述，上述 8 类神经的编译机制与心理量之间的功能逻辑，构成了人类认知加工中的信息通信的基本数理逻辑。它的数理性一旦确立，心理与神经之间的编码和译码关系将得到解决。人的通信底层的机理揭示将直接促发人工智能领域和仿生领域的技术发生根本性革命。这一基础性质和路径构成了本书数理逻辑架构中最为核心的数理逻辑关系。

第二部分

人类信息学原理

第3章 客体属性构型表征

心物、心身、认知操作的3个机理问题，本质是人的认知信号的逻辑运算与控制问题。认知信号建立在人的物质通信系统之上，包括生物信号系统、通信机制、信号逻辑运算、信息变换与度量。

它必然会涉及人的通信系统的以下问题：

（1）人的通信系统的信号本质。

（2）人的通信系统的电路原理。

（3）人的通信系统的信号的编码、解码和信息度量。

（4）人的认知信号逻辑运算原理。

我们将这4个核心问题统称为"人类信息学原理"。要建立人的通信与信息系统工作原理，需要建立信号单元、信息内容结构、通信器件和信息变换的计量等基础原理。

显然，这并非易事。Miller曾尝试将信息科学的成果直接应用于脑的信息加工中，即利用香农信息熵的成果，对人的信息机制进行诠释，却遭遇困难（Miller，2003）。该问题我们称之为"脑熵不相容问题"。它暴露了人的通信与信息的底层接近的困难。

高闯提出的事件结构式、认知变换方程和认知熵增原理，是对事件结构化信息、人的信号加工原则和信息度量的总概括（高闯，2021a）[114-142, 504-517]。

它直逼刺激S的数学表述和信息结构，并贯穿人的信息加工内容的底层。人加工的内容及其结构显现，突破了认知科学的"无头公设"：信息与信息加工的数理表述的缺乏。基于这一工作基础，建立了人类信息学内容机理，并为后续人的神经通信系统的通信原理奠定了基础。

3.1 认知功能信号基本问题

认知是信号加工的功能现象，用数理语言来描述，就是对信号逻辑运算的功能表现。这也表明，认知信号是人类信息系统逻辑运算的"对象"。它的处理结果，构成了各种形式的"信息功能"，也就是认知功能，驱动人体运作，实现与物质世界的交互。因此，认知信号也可以称为认知功能信号或精神信号。要建立认知信号处理的基本机制，就需要明确其基本问题和展开的基本路径，这就构成了"人类信息学"的基本问题。

3.1.1 信号内容基本问题

人类信息学的第一个基本问题就是要弄清楚什么是人的认知系统加工的对象，或者说人的认知系统逻辑运算的"对象"是什么。它是人类信息学的基本问题，也构成了信息的基本内容，这一问题，我们称之为"信号内容问题"。

高闯提出的事件结构式指明了信号产生的物质对象"客体"，同时也指明了信息的内容结构构成（高闯，2021a；高闯 等，2021b）。它准确地对人的"刺激"进行了数理表达。这一内容机制的建立为厘清人的信息的逻辑运算机制提供了一个切入契机。在本章，我们将解决这个基本问题。

3.1.2 信号生成逻辑基本问题

物质对象发出的信号具有空间和时间特性。它们在空间和介质中搭载传播，依据物理学原理，在空间中产生映射，使得信号在空间和时间特性上进行复合运算，形成多样性信号或生成信号。这就构成了信号的生成逻辑，我们将这个问题称为"信号生成逻辑问题"。寻找信号生成逻辑的基本原理构成了解决这一问题的基本任务。

3.1.3 信号的神经逻辑运算基本问题

进入人的认知系统的信号，神经是重要的信号加工与通信底层。确切地说，神经构成了"逻辑运算系统"。这意味着要建立人的认知加工的基本原理，首先需要建立神经的"逻辑运算原理"。这个问题被称为"信号的神经逻辑运算基本问题"。解决这一问题需要建立在人的官能结构、神经元结构、神经环路和神经反馈控制等基础的通信底层之上。而神经系统的结构性问题主要由生物学来完成的。除此之外，生物学通过膜片钳、毁创类实验，建立了编码、解码的神经记录和信号之间的关联，例如功能柱实验、墨西哥草帽模型等。这些都是对神经通信底层进行的探索。这是一类最靠近信号编码本质的探索。

3.1.4 认知信号逻辑运算基本问题

经神经逻辑底层运算的信号，就成为人的表征信号，而这些表征信号之间构成了认知信号的逻辑运算。在格式塔心理学、错觉、守恒量等心理物理学的经典研究中，认知信号运算的逻辑赫然存在于其中。这意味着在精神层面，人类信息系统对认知信号进行操作，构成了认知信号的逻辑运算。这个问题被称为"认知信号逻辑运算问题"。

上述 4 个问题是人类信息系统需要解决的 4 个基本核心问题。在本著作中，按照人的信息加工的基本逻辑，我们将逐次讨论这 4 个问题。而在本部分，我们首先讨论信号和信号的逻辑运算问题。

3.2 物质属性表征空间

人类接收信息的本质是接收关于"物质对象"的"属性变量"的变化。如果将客体作为"信息源"，客体属性变量及其变化的特征值就构成了发出的"信号"。这就意味着信息天然地与客体的属性量和特征量联系在一起。因此，要建立"信息"的普适性理论，首先要建立"信息内容"的理论，也就是建立关于物质对象的"信号"的数理描述。本质上就是建立"客体属性"表述的描述体系。这也构成了对"信源"的数理描述体系。在人的认知机制研究中,这是至关重要的第一步。这一问题可以展开为以下几个问题:

(1) 如何对客体进行数理表征或表示?

(2) 客体属性和信号之间的关系是什么?

(3) 什么是基元信号?

(4) 客体基元信号的生成机制是什么?

以上问题构成了人的信息加工中最为本源的问题。接下来,我们将逐一解决这些问题。

3.2.1 客体

世界是物质的,是物质的客体,具有各种属性。不同的物体属性所具有值的大小,称为"特征值"。换句话说,"特征值"是对应的属性量的大小,也是对不同物体的区分。因此,特征值是客体区别于其他物体的差异性。

我们把客体属性量记为 P^O,描述客体属性的个数为 N。每个属性特征值记为 v_i,则客体属性特征可以用集合 V^O 来表示:

$$V^O = \{v_i | i = 1, 2, ..., N\} \tag{3.1}$$

这个集合称为"客体特征集"。

3.2.2 物质属性表征空间

世界是物质的,处于物质世界中的"物理物",具有"物质属性"。由此,定义:物质客体的三类独立变量为物质材料属性 P^O、空间位置 W_3、时间 T^O。以这三类独立变量为维度,就构成了一个空间,记为 R_p^M,称为"物质属性表征空间"(M 表示由三类独立变量构成的总维度个数),如图 3.1 所示。物质材料属性 P^O 是多元且独立的。材料属性构成的空间是该空间的一个子空间。在考虑社会属性时,这个空间可以进一步扩充为材料属性与社会属性两个子空间。

W_3是描述客体运动的空间位置的空间,也可以是其运动现象的表征空间。例如,通常意义的位置空间,用x、y、z三个维度来表征,也就是"笛卡儿空间"。在高速情况下,可以采用4维的"闵可夫斯基空间",而在量子力学中,则是用波函数作为"基矢"的"表象空间"或者"表征空间"。因此,空间位置W_3也是该空间的一个子空间,它并不局限于我们熟知的三维空间。

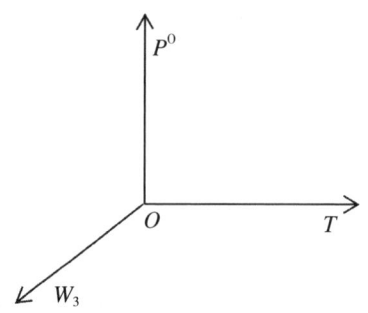

图3.1 物质信号表征空间

注:物质属性、空间位置、时间作为描述信号的三个基元维度,构成了信号空间。

在牛顿时空观中,空间W_3与时间T^O不依赖于物质客体而独立存在。这时的信息基元采取上述形式。而在相对论时空中,空间W_3、时间T^O与物质客体联系在一起。牛顿时空中W_3的位置时空被扩充为4维时空,但仍然未改变上述类属性变量空间性质。在物理学中,对时空问题的讨论构成了"时空观念",在这里,我们将不展开讨论这一问题。

而人主要生活在低速的时空中,或者说是生活在"牛顿时空"中。因此,我们讨论的空间问题将主要在"笛卡儿空间"中进行,以探讨人的信息加工问题。

3.2.3 质点物质信号矢量

在物质属性表征空间R_p^M中,一个空间无形状的质点,它所具有的属性的特征值是以三类属性变量值为坐标构成的矢量,称为物质信号矢量,

记为 S^{MP}，则

$$S^{MP} = \left(p^{MP}, w_3^{MP}, t^{MP}\right) \quad (3.2)$$

其中，p^{MP} 为质点的物质材料属性的特征量；w_3^{MP} 表示质点所在空间的坐标值；t^{MP} 表示时间。上标 MP 是质点 mass of point 的缩写。

这样，物质客体的属性就可以在物质属性表征空间中，用一个矢量表示出来。信号矢量在物质属性表征空间中的位置变化，反映了信号变量变化。更简约地，如果我们将每个维度上的特征值记为 v_i，则上述矢量还可以表示为

$$S^{MP} = \begin{pmatrix} v_1 & \cdots & v_i & \cdots & v_M \end{pmatrix} \quad (3.3)$$

下标 M 表示三类独立变量构成的维度总个数。

3.3 客体属性构型生成原理

在实际的物理环境中，客体并不是一个"点"，而是具有空间形状的物体，其形状可以发生变化。例如，弹簧在压缩和伸张中，其形状就发生了变化。因此，客体的形状不仅与"空间"有关，还与"时间"有关。我们将物体的形状在空间中的分布称为"构型"（configuration），而把空间构型随时间的变化称为"构象"（conformation）。即客体在空间和时间上均具有形状。这种表现为形状的空间、时间变化就是"构型"和"构象"。举例来说，在人体肌肉拉伸的过程中，钙离子与位点结合，引起肌丝构象发生变化，肌肉开始收缩。

考虑到"客体"的构型和构象，我们需要建立属性与空间、时间的描述关系，利用前面的质点属性描述，我们可以建立客体构型和构象描述的生成原理。

3.3.1 客体属性构型生成原理

三类属性变量，设定了三类变量值，它们的特征值被传递出去就构成了要传递出去的"信号"。由此，这三类"信号"也就构成了三类"基

元信号",我们称之为"属性基元信号"。基于这三类基元信号,我们就可以建立关于信号的生成原理,为复杂信号运算提供基础。

"质点"信源具有三个独立特征值:物质材料属性 p^{MP}、空间位置 w_3^{MP}、时间 t^{MP},从质点出发,就可以生成任意客体信号。

物质客体信号以物质为载体。若在基元信号的基础上,可以生成信号。两两组合,生成的信号构型包括:

(1)属性量 p^{MP} 与空间位置 w_3^{MP} 建立联系,生成属性量的空间信号,记为 $p^{MP}(w_3^{MP})$。这类属性被称为"属性空间构型"。

(2)属性量 p^{MP} 与 t^{MP} 建立联系,生成属性量的时间关系,记为 $p^{MP}(t^{MP})$。这类属性被称为"属性时间构型"。

这两个生成规则,我们称为"信号构型生成原理"。

3.3.2 客体构型布尔运算原理

根据构型生成原理,如果一个客体,它在空间中由"质点"组成,而形成空间分布,则该客体的属性可以表示为 $p^{MP}(w_3^{MP})$,这个客体的属性的空间构型,就可以用一个集合 $S(w_3^{MP})$ 来表示:

$$S(w_3^{MP}) = \{p^{MP}(w_3^{MP})\} \quad (3.4)$$

若一个客体为 $S(w_3^{MP})_A$,另外一个客体为 $S(w_3^{MP})_B$,则两个客体组合在一起,形成新的客体时,满足

$$S(w_3^{MP})_A + S(w_3^{MP})_B = \{p^{MP}(w_3^{MP})\}_A + \{p^{MP}(w_3^{MP})\}_B \quad (3.5)$$

这里采用了集合的布尔运算。反之,若一个客体分解为两个客体,则满足布尔运算的减法。

同理,根据信号构型原理,如果一个客体在时间上用 $p^{MP}(t^{MP})$ 描述,则这个客体是"时间域"上的集合。例如,人说的一个句子,句子中的各个词是时间序列的。这些词形成的集合,就构成了"句子"(客体),词

是句子在时间上的构型和构象。因此，客体在时间上的构型 $p^{MP}(t^{MP})$ 就可以用一个集合来表示：

$$S(t^{MP}) = \{p^{MP}(t^{MP})\} \quad (3.6)$$

对于时间构型的两个先后发生的信号 $S(t^{MP})_A$ 和 $S(t^{MP})_B$，如果形成新的时间序列信号，

$$S(t^{MP})_A + S(t^{MP})_B = \{p^{MP}(t^{MP})\}_A + \{p^{MP}(t^{MP})\}_B \quad (3.7)$$

它同样满足布尔运算的求和运算。反之，如果一个客体的时间构型拆解为两个构型，则构成布尔运算的减法运算。

对于有些客体，它可能同时是空间和时间构型，则这个客体的属性构型集合就可以表示为 $S(w_3^{MP}, t^{MP})$，

$$S(w_3^{MP}, t^{MP}) = \{p^{MP}(w_3^{MP}, t^{MP})\} \quad (3.8)$$

同理可证，它也满足布尔运算。

3.4 信源布尔运算

根据上述描述，我们可以得到对客体属性的描述。属性三基元信息回答了一个基本事实，即任何作为信源的物质客体都具有这三种物质属性。而在物质空间中，空间中的物质个体，是具有空间形状构型的物质单位，它们因为属性量和特征量的不同而构成差异化的个体。这需要我们在属性三基元基础上，建立各种形式的具有个体特征意义描述的表述，来表达各类个体在属性量和特征量上的差异。本质是对客体的千变万化进行描述。因此，我们将从"质点"出发建立"信源"的数理描述。

3.4.1 质点基元描述

质点是一个物理学概念，即一个具有质量大小，而不需要考虑空间几何形状的点。换言之，它是具有"物质属性"意义的空间"点"。它所具

有的物质属性，用基元信号集合 V^{MP} 来表示，则可以表述为

$$V^{MP}=\{v_i|i=1,2,...,M\} \quad (3.9)$$

其中，M 为物质属性个数。由于每个属性对应着一个独立变量，如果把这里的每个属性作为一个维度，则质点物质属性的特征值 V_p^{MP} 可以用坐标形式表示为 $V_p^{MP}(v_1,\cdots,v_i,\cdots,v_M)$。在这个属性空间中，上述坐标对应着一个点。从零点出发，指向该点，可以建立一个矢量 V_p^{MP}，表示为

$$V_p^{MP}=\begin{pmatrix} v_1 \\ \vdots \\ v_i \\ \vdots \\ v_M \end{pmatrix} \quad (3.10)$$

在三维空间中，它的位元 w_3^{MP} 对应的矢量可以表示为

$$\boldsymbol{w}_3^{MP}=\begin{pmatrix} x \\ y \\ z \end{pmatrix} \quad (3.11)$$

这里，需要说明的是：在很多种情况下，可以表示为

$$t^{MP}=t \quad (3.12)$$

这三个基元是独立的变量。如果用空间来描述的话，则构成了一个属性空间，即三基元属性空间。因为上述所有属性变量均是独立量，所以用"属性量"作为维度。

3.4.2 客体质点布尔运算

对于任意一个具有客体意义的"质点"，它的任意一个属性都具有一个特征值。在"物质属性空间"中，该质点可以用一组特征值来描述。我们将这组特征值用坐标的形式表示为 $O_m(v_m,w_m,t_m)$。

实际中的物质客体并不是一个点，而是具有空间形状的几何体。从数理意义上来说，它是由多个"质点"构成的"点集"。由此，在客体上任

第3章 客体属性构型表征

意的一个质点记为 O_{mi}，i 表示第 i 个质点，则客体就可以表示为

$$O = \{O_{mi}(v_{mi}, w_{mi}, t_m) | i = 1, \cdots, k\} \quad (3.13)$$

其中，k 表示客体中包含的质点个数。例如，图 3.2 所示的几何体是一个立方体。对于立方体内的任何一个质点 p，可以用三基元构成的属性坐标 $p(v_{mi}, w_{mi}, t_{mi})$ 来描述。则整个立方体就可以表示为所有点的集合，也就是总体，可以用上式来表示。

在这个集合中，我们任意设定两个集合 A 和 B，则满足以下关系：

$$\begin{cases} A + B = C \subset O \\ A - B = C \subset O \end{cases} \quad (3.14)$$

这两个集合可以进行相加、相减、相交等运算。它的任何一个运算结果都是总体中的一个子集，如图 3.3 所示。换言之，由质点构成的客体，它们的属性量特征值集合，满足布尔运算。

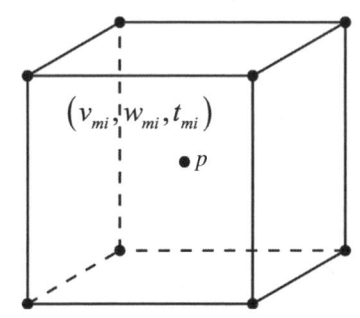

图 3.2 客体物质属性描述

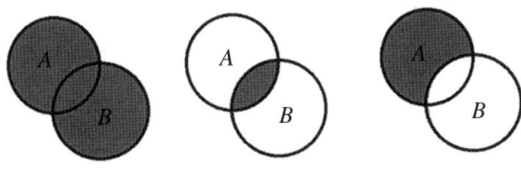

图 3.3 集合布尔运算

由于 O_{mi} 是关于三基元变量的点，对集合 A 和 B 的布尔运算，本质上也是对对应的三基元属性量和特征量进行布尔运算。因此，我们将这种布尔运算称为信号基元布尔运算。布尔运算是我们在对信源的属性描述中引

入的，它们的作用在后续信号运算中表现得尤为重要。例如，图 3.4 中的螺丝由两个核心部件组成——螺纹形状的柱体和旋转用的多面体。它们是由质点组成的两个集合。这两个集合相加，就构成了螺丝。满足布尔运算。

图 3.4　螺丝的集合

注：螺丝可以看作由螺纹构造的柱体和旋转用的多面体组成，它是两个集合相加形成的组合。

在物理世界中，信源之间可能存在信号的"遮挡"和"透明"关系，这就会导致传出的信号出现不同形式的布尔运算。这就需要根据实际的情况进行处理。但在此不进行详细展开。

3.4.3　客体布尔运算根源

为什么具有物质意义的质点及其集合能够满足布尔运算？这是由其物质根源性决定的。从三基元出发，任何一个具有物质意义的质点在时空中，总是有唯一性的坐标与之相对应。这种独立性使得不同的质点集在叠加时，在空域上不能具有排他性，而保持相容性所表现出来的属性。这一属性，对认知信息的调制、加载、传输、解码等影响重大。

第 4 章 事件属性构型表征

在物质世界中，客体从来都不是静止的。物质世界的客体之间会发生各种形式的"相互作用"，从而诱发事件。这是自然界普遍存在的现象。事件是相互作用形式和结果的反映。

事件构成了物质世界的核心内容。针对这一普遍现象，高闯提出了事件结构方程，并建立了事件结构的数理表述形式（高闯，2021）[128-142]。这样，通过客体属性构型以及它们之间的相互作用原则上可以描述事件表征，即事件属性的构型表征。

基于上述逻辑，在本章中，我们将建立关于相互作用的基本公设，并在此基础上建立客体间的相互作用联系，以揭示事件结构式背后的数理含义。这一数理基础的获得，也就为后续的人的认知信息内容奠定了基础。

4.1 事件属性构型

从客体单体，到客体与客体之间相互作用的事件，如何建立由单体到双体之间的联系，需要一个重要的公设，即客体之间的关系公设，也就是物质客体之间的相互作用的普遍性公设。在这个逻辑上，可实现两者之间的关联。

4.1.1 客体相互作用公设

物质化客体之间，总是在时空中发生各种形式的相互作用，也就是关系（或者联系），从而诱发事件。相互作用也就构成了普遍性的物质之间的联系，即关系。事件是物质世界中最为普遍的关系表现形式。我们将这种关系称为"客体相互作用公设"。在物质世界、社会世界以及精神世界中，我们都能够观察到这种现象。

自然界中的物质客体根据其物质属性可以分为物理客体、生物客体、精神客体和社会客体。那么，客体 A 与客体 B 之间的相互作用，既包括客体 A 对客体 B 的作用，也包括客体 B 对客体 A 的反作用。考虑到这种双向作用，我们可以列举出客体与客体之间的相互作用，如表 4.1 所示。

表 4.1 客体与客体相互作用

客体	物理物（o）	生物（b）	人（h）	社会（s）
物理物（o）	o ⟷ o	o ⟷ b	o ⟷ h	o ⟷ s
生物（b）		b ⟷ b	b ⟷ h	b ⟷ s
人（h）			b ⟷ h	h ⟷ s
社会（s）				s ⟷ s

不同的相互作用关系构成了不同类型的事件。在人类科学中，我们试图对各种类型的相互作用关系进行研究，从而形成了不同形式的学科。物与物的相互作用学科，形成了物理学。生物与生物的相互作用，形成了生物学。生物与物理物、人与物理物相互作用，就构成了生物与环境的互动，构成了生物与环境的适应性问题，它是生物进化的根本性动力。在我国民间，人与环境之间的关系通常被称为"风水"，它的一些结论影响了国人的日常行为，这是一个非常有趣的问题。人与人之间的相互作用构成了人际关系，它是精神动力的核心部分。此外，各种客体也可以与社会发生相互作用。物理物对社会的影响使得人产生了对环境适应的行为模式，这构成了"文化地理学"。人类个体与社会的互动形成了基于利益的"管理"问题，成为"社会管理"的内核。

在事件结构式中，客体之间的相互作用是一个独立的要素。这种普遍性可以在各种相互作用中观察到。例如，在物理相互作用中，质量为 m_1 和 m_2 的两个小球，同时又带有电荷 q_1 和 q_2，则这两个客体之间存在两种相互作用方式：

（1）库仑力作用。

（2）万有引力作用。

这是两种不同的作用力形式，并且可以单独发生相互作用。这意味着客体之间的相互作用是一个独立的要素。同样地，在人与人相互作用关系中，人与人之间的相互作用关系也可以有多种形式，并且每种人与人关系都可以单独发生相互作用。这也是相互作用关系 i 成为独立因素的基本原因。

4.1.2 事件结构方程

高闯捕捉到了客体之间相互作用的本质，并提出了事件结构式。他提出了物理事件、生物事件、社会事件的数学表达形式（高闯，2021）[114-142]。换言之，将上述形式进行合并，我们可以得到两种简化形式。我们将事件结构式以公式的形式表示如下：

$$\begin{cases} E_{\text{phy}} = w_1 + w_2 + i + e + t + w_3 + c_0 \\ E_{\text{psy}} = w_1 + w_2 + i + e + t + w_3 + \text{bt} + \text{mt} + c_0 \end{cases} \quad (4.1)$$

其中，w_1 和 w_2 表示两个相互作用的客体，可以是物理物、生物、人或社会群体；i 表示相互作用介质；e 表示相互作用的效应；bt 表示行为目标物；mt 表示内在动机目标物；w_3 表示事件发生时相互作用的客体构成的系统在观察系统中的位置坐标，即空间位置；t 表示事件发生的时间。如图 4.1 所示。

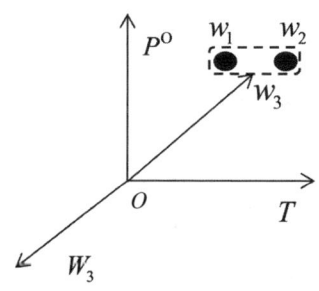

图 4.1　事件结构

4.1.3 事件物质基元描述

客体之间发生了相互作用。无论多么复杂，我们总是可以简化为双体相互作用的形式。将 w_1 作为一个客体，w_2 作为另一个客体，两者相互作用的物质介质记为 i。根据客体的属性描述生成原理，w_1、w_2、i 均具有物质属性，则它们均可以用属性的集合来表述。我们把它们的属性集合分别记为

$$S\left(w_1, w_3^{\mathrm{MP}}, t^{\mathrm{MP}}\right) = \left\{p^{\mathrm{MP}}\left(w_1, w_3^{\mathrm{MP}}, t^{\mathrm{MP}}\right)\right\} \quad (4.2)$$

$$S\left(w_2, w_3^{\mathrm{MP}}, t^{\mathrm{MP}}\right) = \left\{p^{\mathrm{MP}}\left(w_2, w_3^{\mathrm{MP}}, t^{\mathrm{MP}}\right)\right\} \quad (4.3)$$

$$S\left(i, w_3^{\mathrm{MP}}, t^{\mathrm{MP}}\right) = \left\{p^{\mathrm{MP}}\left(i, w_3^{\mathrm{MP}}, t^{\mathrm{MP}}\right)\right\} \quad (4.4)$$

$$S\left(\mathrm{bt}, w_3^{\mathrm{MP}}, t^{\mathrm{MP}}\right) = \left\{p^{\mathrm{MP}}\left(\mathrm{bt}, w_3^{\mathrm{MP}}, t^{\mathrm{MP}}\right)\right\} \quad (4.5)$$

$$S\left(\mathrm{mt}, w_3^{\mathrm{MP}}, t^{\mathrm{MP}}\right) = \left\{p^{\mathrm{MP}}\left(\mathrm{mt}, w_3^{\mathrm{MP}}, t^{\mathrm{MP}}\right)\right\} \quad (4.6)$$

4.1.4 事件时空要素描述

客体相互作用诱发了各种效应，从而构成了事件。事件的标记需要建立关于"事件"自身的时间、空间标记。w_3 表示事件发生时，相互作用的客体构成的系统在观察系统中的位置坐标。t 表示系统的时间。在事件发生的空域和时域内，事件结构式的这两个要素也构成了两个集合，分别记为

$$S\left(w_3, w_3^{\mathrm{MP}}, t^{\mathrm{MP}}\right) = \left\{p^{\mathrm{MP}}\left(w_3, w_3^{\mathrm{MP}}, t^{\mathrm{MP}}\right)\right\} \quad (4.7)$$

和

$$S\left(t, w_3^{\mathrm{MP}}, t^{\mathrm{MP}}\right) = \left\{p^{\mathrm{MP}}\left(t, w_3^{\mathrm{MP}}, t^{\mathrm{MP}}\right)\right\} \quad (4.8)$$

4.1.5 事件初始条件描述

客体之间的相互作用过程是一个动态的时间变化过程。在这个过程中，需要设定相互作用发生的初始值，即初始条件。初始条件是相互作用区别于同类相互作用的差异性特征，用 c_0 来表示。初始的时间记为 t_0，则上述

客体的初始值可以用集合的形式表示为

$$c_0 = \{w_1(t_0), w_2(t_0), i(t_0), w_3(t_0), t(t_0)\} \quad (4.9)$$

或者

$$c_0 = \{w_1(t_0), w_2(t_0), i(t_0), w_3(t_0), t(t_0), \mathrm{bt}(t_0), \mathrm{mt}(t_0)\} \quad (4.10)$$

其中，

$$\begin{cases} w_1(t_0) = p^{\mathrm{MP}}\left(w_1, w_3^{\mathrm{MP}}(t_0), t^{\mathrm{MP}}(t_0)\right) \\ w_2(t_0) = p^{\mathrm{MP}}\left(w_2, w_3^{\mathrm{MP}}(t_0), t^{\mathrm{MP}}(t_0)\right) \\ i(t_0) = p^{\mathrm{MP}}\left(i, w_3^{\mathrm{MP}}(t_0), t^{\mathrm{MP}}(t_0)\right) \\ w_3(t_0) = p^{\mathrm{MP}}\left(w_3, w_3^{\mathrm{MP}}(t_0), t^{\mathrm{MP}}(t_0)\right) \\ t(t_0) = p^{\mathrm{MP}}\left(t, w_3^{\mathrm{MP}}(t_0), t^{\mathrm{MP}}(t_0)\right) \\ \mathrm{bt}(t_0) = p^{\mathrm{MP}}\left(\mathrm{bt}, w_3^{\mathrm{MP}}(t_0), t^{\mathrm{MP}}(t_0)\right) \\ \mathrm{mt}(t_0) = p^{\mathrm{MP}}\left(\mathrm{mt}, w_3^{\mathrm{MP}}(t_0), t^{\mathrm{MP}}(t_0)\right) \end{cases} \quad (4.11)$$

根据上述论述，这个集合中的每个元素又可以表示为三基元的集合。例如，在物理学中，一个质量为 m 的物体，初速度为 v_0。当初速度方向为水平方向时，则做平抛运动，当初速度垂直向上时，则做竖直上抛运动。在心理学中，做事情的行为动机的大小，构成了不同的初始条件，初始动机越大，人的动力越强，反之，则较弱。

4.1.6 相互作用效应描述

相互作用一旦发生，就会在设定的初始条件的前提下发生时间上的演化，即产生时间上的演化结果。也就是在给定任意时间 t_e 时，三基元的值就是结果，用 e 来表示，即相互作用效应，或者称为结果。则上述客体的结果可用矢量的形式表示为

$$e(t_e) = \{w_1(t_e), w_2(t_e), i(t_e), w_3(t_e), t(t_e)\} \quad (4.12)$$

数理心理学：心物神经表征信息学

或者

$$e(t_e) = \{w_1(t_e), w_2(t_e), i(t_e), w_3(t_e), t(t_e), \text{bt}(t_e), \text{mt}(t_e)\}$$

（4.13）

同样，前者表示物理事件和生物事件（非精神性生物）的作用效应，后者表示心理事件和社会事件的作用效应。

其中，

$$\begin{cases} w_1(t_e) = p^{\text{MP}}\left(w_1, w_3^{\text{MP}}(t_e), t^{\text{MP}}(t_e)\right) \\ w_2(t_e) = p^{\text{MP}}\left(w_2, w_3^{\text{MP}}(t_e), t^{\text{MP}}(t_e)\right) \\ i(t_e) = p^{\text{MP}}\left(i, w_3^{\text{MP}}(t_e), t^{\text{MP}}(t_e)\right) \\ w_3(t_e) = p^{\text{MP}}\left(w_3, w_3^{\text{MP}}(t_e), t^{\text{MP}}(t_e)\right) \\ t(t_e) = p^{\text{MP}}\left(t, w_3^{\text{MP}}(t_e), t^{\text{MP}}(t_e)\right) \\ \text{bt}(t_e) = p^{\text{MP}}\left(\text{bt}, w_3^{\text{MP}}(t_e), t^{\text{MP}}(t_e)\right) \\ \text{mt}(t_e) = p^{\text{MP}}\left(\text{mt}, w_3^{\text{MP}}(t_e), t^{\text{MP}}(t_e)\right) \end{cases}$$

（4.14）

从数理形式看，初始条件和相互作用是等价的，它们分别是客体相互作用时在不同时刻的特征表现形式。

相互作用诱发的各种效应也就是产生的结果，即相对于初始状态而言，客体所处的状态发生了变化。状态的变化，即为相互作用效应。通俗地讲，相互作用效应都会有"现象学"的表现，即行为表现，或运动动作表现（action）。

在自然科学中，物质之间的相互作用效应的描述，称为运动学。物理学发明了一套系统的变量来描述由于相互作用而导致的客体的变化，或者说是客体状态的演化。

在社会科学中，这一概念被称为"现象学"。这些对应部分在人脑可观察的范围内也映射到对应的人脑的表征，即人脑中的这些事件也需要与之对应的发生的行为与结果。

基于上述内容，我们可以得到描述事件的空间，即"物质属性空间"。

4.1.7 事件信源布尔运算

根据上述的属性集合，在任意时刻要描述完整的事件，就需要对上述的所有属性的特征量进行集合求和。也就表述为各个要素的集合相加的形式。也就是 w_1、w_2、i、bt、mt、t 和 w_3（事件位置）等要写成相加的形式。由于这些要素均由各种属性变量组成，事件发生的信源是上述所有属性量的特征量形成的集合的总和，因此，事件结构表达式可以表述为"相加"的形式。这里的"加号"则表示布尔运算。高闯抓住了事件的这一本质属性，在考察了物质相互作用后，提出了物理事件、生物事件、社会事件的数学表达形式（高闯，2021）[114-142]。

综上所述，我们从单体客体信源出发建立了由客体到客体相互作用的事件的数理表述关系。在这里，我们再次强调事件结构式中的两个本质含义：

（1）"加号"的本质的数理含义：集合的布尔运算。

（2）事件结构式中的每一项均可以用属性三基元来表达。

在以后的数理表述中，我们将直接用事件结构式的形式来进行数理表达，而不是用它的集合形式来表达，这样的数理表述将更简洁，数理本质也更加清楚。

4.2 事件布尔运算意义

从物质的客体到客体之间的相互作用，我们得到了"事件"的结构形式。它是物质世界的属性量变化的普遍表述形式。这一结果令人鼓舞。这一形式使我们找到了"信息"发生的根源，即"信息源"的属性的数理表述。这就为讨论信号、通信、信息的普遍机制和联系奠定了基础，为我们建立人类信息学理论奠定了基础。

4.2.1 哲学根源性

自然世界的物质性、时空性和相互作用是三个基本属性，它们构成了我们建立关于人的信息加工的三个最为基本的前提公设。从这三个特性出发，我们找到了信源的三种对应性。

（1）物质性决定了客体的物质属性和特征性。

（2）时空性决定了客体的空间占位和过程性。

（3）相互作用决定了客体之间的关系和事件的发生。

由此哲学出发，我们得出了"信源"的2个基本推论。

（1）三基元推论：物元、位元、时元。

（2）事件信息结构表达式。

这是唯物哲学导致的必然的推论。

4.2.2 认知源起

从这个结构表达式中，我们可以看到由物质客体构成的信源，在相互作用中诱发作用效应，从而产生了事件。事件结构表达式的本质，就信源而言，则是它们相互作用的总概括。在这个结构式中，物质客体及其附着属性构成了物质的信源表达。它是对信源属性的总概括。而在信息通道中，由于传递的也是这个信息结构，所以同时也称为理解信息编码规则的信息结构式。

事件结构式的本质是物质客体相互作用的表达形式。在事件结构式中，客体 w_1、w_2、i 是具有物质属性意义的"物质客体"，它们可以用物质的属性的特征值集合 $V^O = \{v_i | i = 1, 2, ..., N\}$ 来表示。c_0 和 e 中关于这三个量的特征值，也是由特征值集合构成的。这类反映客体的物质属性的变量集合称为物质属性信号，即"物元信号"。

在事件结构式中，时间 t 是任何事件都具备的一个基本元素，也是一类基本信息，它独立于"物元信号"，构成了独立的信息单元，即"时元"信号。

第4章　事件属性构型表征

同样，在事件结构式中，空间位置 w_3 也是一类信息，它是独立于其他任何信息的一类独立信息单元。不能由其他信息生成，其本质就是位置基元信号，即"位元"信号。c_0 和 e 中也有关于时间和位置的特征值，它们由这两个信息基元生成。

综上所述，事件的信息结构式是在相互作用的基础上，由三基元信号生成的。从本质上讲，事件三基元的本质，源于物质世界的基本特性。

（1）世界是物质的。即它由物质组成。任何物质单元都构成了信息来源的一个"基元"，即"物元"。

（2）物质在时空中运动。运动依赖于时间和空间。因此，时间和空间构成了信息的两个基本"基元"，即"时元"和"位元"。

因此，物质属性也构成了人的知识的哲学属性。在事件结构式中，这一哲学属性，也就完备地体现了出来。

第 5 章 事件属性构型信号

事件结构式从本质上回答了物质世界运作过程中事件的结构要素。事件是人类信息的来源。从通信角度看，它构成了人类信息的"信息源"。这一普遍性形式的表达为我们寻找信号和信息的数理描述找到了物质的对象物。或者说，它是信息内容需要表达的对象（或者表示的对象）。

有了信息的对象，就可以借助介质，将信号输入人的神经功能单元中，实现人的信息功能单元的信号转换。在神经的功能单元之间，神经接受来自其他神经元的信息输入，并输出信息，不断实现信息的转换和运算。

因此，我们需要搞清楚事件的属性量、特征量和信号之间的数理关系。建立客体与事件的信号与信息描述体系。这构成了本章的重点。

5.1 客体与事件信源

进入人的认知系统的信息本质上都是关于事件的信息。事件是信息发生的源，以信息源为参照，就可以严格地界定进入人的各种物质属性的信息。这就为从信息机制揭示人的信息加工机制提供了可能。事件结构式的数理性描述也为这一机制奠定了良好的基础。

5.1.1 客体与事件信号

各类形式的物质客体都具有自己的物质属性。每个属性也是客体特征的体现。它们是客体区别于其他客体的标志。它们的大小被称为特征值或者特征量。客体需要向外传递的就是"属性的特征性"。属性构成了要传递的"信号"。"属性及特征值"就构成了要传递的内容,即"信息"。

由此定义出发,客体的信号可以用客体属性的特征值的集合来表示:

$$V(o)_s = \{v_i | i=1,2,...,N\} \quad (5.1)$$

s 是信号 signal 的缩写,$V(O)_s$ 表示客体信号的集合。以此类推,事件的信号的集合则可以表示为

$$V(E)_s = \{v_{ij} | i=1,2,...,N; j=1,2,...,M\} \quad (5.2)$$

s 是信号 signal 的缩写,E 是事件 event 的缩写,$V(E)_s$ 表示事件信号的集合。v_{ij} 表示事件结构中第 i 项的第 j 个属性的特征值。

5.1.2 客体与事件信号空间

根据上述定义,对客体与事件进行描述的信号的变量本质上就是客体与事件描述的属性量。

属性构成的空间 R_p^N 和信号描述的空间在本质上是等价的。我们把这一关系表示为

$$R_p^N \Leftrightarrow R_{ps}^N \quad (5.3)$$

其中,R_{ps}^N 表示信号的描述空间。这一关系,将为我们在未来讨论人的神经信息中,信息空间的忠实表达性提供便利性。每个事件要素都具有物质属性,我们把每个要素用 j 来区分,则每个要素的特征值的集合可以修改为

$$V = \{v_{ij} | i=1,2,...,N; j=1,2,...,M\} \quad (5.4)$$

其中,M 表示事件要素的个数。式(5.4)也可表示为

$$V = \{v_{ij}\} \quad (5.5)$$

5.1.3 信息本质

在自然世界中,无论物理的、生物的、人或者社会的客体都处于相互作用中,即彼此发生相互作用关系,引起客体属性特征量的变化,从而构成了事件。因此,客体与事件的特征信息就需要传递出去,这就构成了传递的内容,我们称之为"信息"。从数理的角度看,就是传递的客体与事件的属性及其特征值。

根据上述事件结构式,我们把任意一个属性的值用 v_{ij} 来表示的话,那么事件就可以用一个向量来表示:

$$V = \begin{pmatrix} v_{11} & \ldots & v_{ij} & \ldots & v_{NM} \end{pmatrix} \quad (5.6)$$

它也就是需要传递的信息内容之一。

对于同一个客体发生的事件,随着时间的推移,事件会发生演化,也就是事件效应 e 随着时间 T 发生了变化。前后效应之间构成了效应变化的关系,即事件的"运动关系"。如果用函数来表示的话,即

$$e(t) = m\big(w_1(T), i(T), w_2(T), t(T), w_3(T)\big) \quad (5.7)$$

或者

$$e(t) = m\big(w_1(T), i(T), w_2(T), t(T), w_3(T), \mathrm{bt}(T), \mathrm{mt}(T)\big)$$

$$(5.8)$$

其中,m 表示运动函数,是前后效应之间关系的描述,也是事件信息传递中,"关系"的信息内容之一。

根据广义力的定义,客体与客体之间发生相互作用,就是"力"(钱令希,1985)。根据客体的不同,力可以分为物理作用力、精神动力、社会力、进化作用力、适应力等。在后续的章节中,我们将讨论各种不同形式的力的产生。由于各种不同性质的力的存在,使得事件在力的作用下,各种形式的动力系统才能得以发展和演化,如图 5.1 所示。

第5章 事件属性构型信号

$$E_{\text{phy}} = \underbrace{\underbrace{\underbrace{\underbrace{w_1 + i + w_2}_{\text{力}} + e + t}_{\text{运动}} + w_3}_{\text{时空}} + c_0}_{\text{因果}}$$

（a）

$$E_{\text{psy}} = \underbrace{\underbrace{\underbrace{\underbrace{w_1 + i + w_2 + \text{bt} + \text{mt}}_{\text{力}} + e + t}_{\text{运动}} + w_3}_{\text{时空}} + c_0}_{\text{因果}}$$

（b）

图 5.1 物质世界关系结构

注：（a）非精神的事件中，包含4层物质属性关系：时空属性关系、运动属性关系、力属性关系、因果属性关系；（b）有精神运作的事件中，包含4层关系：时空属性关系、运动属性关系、力属性关系、因果属性关系。

例如，人类的个体在不同生长阶段发展出不同的功能，使得人类能够有效地存活。这是发展的基本动力。

如果我们把客体和客体之间发生的相互作用用 F 来表示，则可以表示为

$$i = F(w_1, w_2) \tag{5.9}$$

和

$$i = F(w_1, w_2, \text{bt}, \text{mt}) \tag{5.10}$$

这里的 F 表示力学关系，它也是事件的信息内容之一。

客体的力学属性是客体运动属性的动因，并受各种初始条件的限制。力学属性与运动属性之间的关系构成了事件发生的因果关系。这一关系通常被称为动力关系。在各个学科中，我们都观察到了这种关系。例如，物理学中的动力学、生物学中的生物动力学、社会学中的社会力学、心理学中的心理力学等。因此，动力属性的本质也是因果属性（高闯，2022）[84-105]。这一

关系可以表示为

$$e = f(i) \tag{5.11}$$

其中，f 表示事件结果与动力之间的关系，这一关系的本质就是事件产生的结果与相互作用的关系，即动力学关系。前者表示非精神动力系统的动力关系，后者表示精神系统的动力关系，如图 5.1 所示。

通过以上分析，我们找到了客体与客体相互作用中，经过事件需要传递的信息内容，包括：

（1）客体属性及其特征值；

（2）客体事件要素之间的关系。

这些变量的值的大小及其关系是人类认知系统需要获得的信息内容，为我们理解人类认知信号的本质奠定了基础。

5.2 模拟信号

客体的属性及其特征量，以及客体与其他客体相互作用形成的事件要素及其变量关系，构成了人类认知的核心内容。这些变量特征的值需要依赖一定的介质传递出去，这就构成了信息传递的过程，介质就成为信息传递中关键的一环。物理介质和神经系统都可以理解为介质，因此我们需要把信号传递中的基本概念梳理清楚，才可能为后续的神经信息的理论构建打好基础。

5.2.1 信号的模拟特性

物质的属性量的大小也是客体与事件要素的特征之一。通过与某种介质发生相互作用，物质属性特征值的大小被记录下来。

在介质上记录的物质属性量特征值的大小是对物质属性量特征的再现。换言之，它并不是客体本身，而是对客体特征的一种表示或模拟。

如图 5.2 所示，当车辆被冰层覆盖后，冰层记录下了车辆的外观特征值信息。即使车辆已经开走，车的特征值仍然可以被再现出来。它是对车

第 5 章　事件属性构型信号

辆形状的模拟。即使车辆不在场，我们仍然可以读取到有关车辆的信息。

图 5.2　车辆模拟信号（采自：www.maplestage.com）

5.2.2　客体的"像"

搭载在介质上的客体属性特征值构成了客体特征描述的"集合"，它是客体属性及其特征的描述，也可以看作对"客体"的模拟，或者说"模拟信号"。客体就构成了信号发出的源，即"信息源"。

客体属性的特征值被记录到了"介质"，也就构成了对"客体"属性特征的"模拟"，这个模拟信号形成了客体在介质中的映射，我们称为客体的"像"（image）。也就是客体在介质上印的"像"。像中包含的关于客体属性的特征值大小，也就是客体的属性的信息内容。因此，客体与事件在介质中产生的像可以用集合来表示。根据客体的特征集，客体的特征可以用一个矢量 $\boldsymbol{V}_i^o$ 来表示

$$\boldsymbol{V}_i^o = \begin{pmatrix} v_1 \\ \vdots \\ v_i \\ \vdots \\ v_N \end{pmatrix} \tag{5.12}$$

它在介质上投射的像则可以表示为

$$V_s^t = \begin{pmatrix} v_{1s} \\ \vdots \\ v_{is} \\ \vdots \\ v_{Ns} \end{pmatrix} \qquad (5.13)$$

其中，v_{is} 表示客体的特征量 v_i 在介质上的记录的量。从数学的角度来看，这两个矢量之间形成了数学上的一一映射关系。我们将这一映射关系表示为

$$\begin{pmatrix} v_1 \\ \vdots \\ v_i \\ \vdots \\ v_N \end{pmatrix} \to \begin{pmatrix} v_{1s} \\ \vdots \\ v_{is} \\ \vdots \\ v_{Ns} \end{pmatrix} \qquad (5.14)$$

建立物质属性向介质变换的关系是信息通信中必须解决的问题，在心物神经信息学中，这一问题也构成了一个心物神经机制中的核心问题之一。在某个时刻 T，对应的事件中的各个要素同样可以表示为

$$e(T)_s = m_s\left(w_1(T)_s, i(T)_s, w_2(T)_s, t(T)_s, w_3(T)_s\right) \qquad (5.15)$$

或者

$$e(T)_s = m_s\left(w_1(T)_s, i(T)_s, w_2(T)_s, t(T)_s, w_3(T)_s, \mathrm{bt}(T)_s, \mathrm{mt}(T)_s\right)$$
$$(5.16)$$

事件的结构要素由物体属性构成。同样，根据上述关系，我们可以得到事件结构要素的属性的矢量 V_s^E，它可以表示为

$$V_s^E = \begin{pmatrix} v_{i1} \\ \vdots \\ v_{ij} \\ \vdots \\ v_{iM} \end{pmatrix} \tag{5.17}$$

令 v_{ijs} 表示事件结构要素中 v_{ij} 在介质上记录的值，即 i 第个要素，第 j 个属性特征值，M 为特征值个数，也就是事件结构要素在介质上投射的像，则事件的矢量可以表示为

$$V_s^{IE} = \begin{pmatrix} v_{i1s} \\ \vdots \\ v_{ijs} \\ \vdots \\ v_{iMs} \end{pmatrix} \tag{5.18}$$

则事件结构要素属性的特征值在介质上的投射关系可以表示为

$$\begin{pmatrix} v_{i1} \\ \vdots \\ v_{ij} \\ \vdots \\ v_{iM} \end{pmatrix} \rightarrow \begin{pmatrix} v_{i1s} \\ \vdots \\ v_{ijs} \\ \vdots \\ v_{iMs} \end{pmatrix} \tag{5.19}$$

从这个关系中，我们已经可以看到一个基本的事实，客体与发生的事件属于"事件现场"部分，属于物质性存在。但是与之有关的变量信息，则可以通过介质与之发生的相互作用，将这些信号记录下来，并成为对"客体与现场"的模拟物而被传输出去，这就构成了"信息"内容的核心。模拟的本质是对现场的"仿真"。

客体的属性特征的变化通常是连续的，这使得要模拟的信号往往也是连续的。连续的信号往往表现为两种形式：空间连续信号和时间连续信号。

5.2.3 信号调制与解调

有了信号之后,信号就可以通过介质发送出去,将要传递的属性的特征量搭载、记录到介质上,就构成了信号调制,它是信号传递的基础。

将介质中搭载的客体属性的特征值取出,得到关于客体属性及其特征的描述,这就构成了解调。用特征值表示的"客体"就构成了客体的"模拟物",也就是客体的表示,或者表征。它并非客体本身,而是对物质特征信息的复原和再现。它是信号调制的逆过程。我们将在后续章节中讨论这一问题。

5.3 事件空间降维

在一般情况下,客体事件中的某些要素在一个时间段内保持稳定或具有常数值。这样,描述客体属性的空间维度就可以实现降维。通过降维处理,事件的描述可以得到简化。这一方法在物理事件、社会与心理事件的描述和处理中都会起到有效作用。

5.3.1 物理事件降维

在物理学中存在一些特殊的处理方法,从本质上可以对事件进行降维的描述。其中,"质点"是常用的概念。在这个观念指导下,客体本身的形状被忽视。描述客体的属性的值,只有质量 m。这时,客体 w_1、w_2,均可以认为保持了常数。事件的变化就体现在客体的时间和空间位置的变化。也就是初始值 c_0 和任意一个时刻 e 的时间和空间位置的变化。这时,就对事件描述的空间维度实现了降维。

而具有空间形状的客体,则是"质点"构成的点集。通过对点集进行布尔运算,可以实现对有形状的客体的物理事件的描述。

5.3.2 社会事件降维

这种思想同样可以用于社会事件描述的降维。对于人类个体来说,如果在某一个相对短的时间内，客体保持恒定，即具有一个常数值。这时，客体本身的物理属性、生物属性、心理和社会属性保持恒定。这时，事件的变化，就体现在客体的时间和空间位置的变化，即初始值 c_0 和任意一个时刻 e 的时间和空间位置的变化。这时，就对事件描述的空间维度实现了降维。

降维的处理能够迅速简化事件的描述，并在简单情况下得到处理。

5.4 心物信号关系问题

自然世界物理物（客体）之间发生相互作用形成了物质世界客体相互作用事件。事件是客体相互作用的运动形式，也是客体相互作用的动力表现形式，同时也显示了事件发生的基本条件和结果之间关系的表现形式。即事件集成了客体相互作用时的运动学信息、力学信息和因果关系信息。因此，事件构成了人对物质世界的认知本源。这时，心理变量与物质世界之间的关系问题变成了"心理量"和"物理量"之间的关系问题。

物质世界客观事件的信息通过人的感觉器实现信息调制、采集和物质能量转换，完成信息输入。经神经传输和解码，实现了对物质事件的信息表征，即心理表征。物质世界的客观信息与心理表征之间的关系构成了心物关系问题。

在数理心理学中，心理空间几何学、认知对称性变换和熵增原理，包含了基本的心物关系概括。它是人的认知功能的结果，而神经机制则是这一功能实现的信息底层和基础。它构成了上述功能实现内因。从通信本质看，它包含5个基本问题：

（1）认知系统的信号调制。

（2）认知系统的信号采集。

（3）认知系统的信号切换。

（4）认知系统的信号解码。

（5）感觉系统的信号控制。

5.4.1 信号调制问题

物质世界事件的信号通过客体与感觉器的作用而被调制到人的神经系统中。人的感觉系统的调制原理是理解人的信息处理的第一步。它的实现依赖一定的感觉器件，也就是调制器。不同的神经通道具有不同的调制器的物质工作机制。

调制器调制了哪些基本信息？如何把这些信息调制进去？这构成了心物关系的第一个基本问题。前者称为"what"问题，后者称为"how"问题。

而从数理上讲，则是能否在不同的调制器工作原理中，确立一个统一性的调制模型？本书根据这一基理来统一解决调制信息内容（也就是what），以及如何调制进入的数理描述、动力学机制问题。这一问题也就构成了心物关系中首要关注的数理问题。

5.4.2 信号采集问题

物质世界发生的事件的信息，本质上是客体事件的属性信息，即事件属性的特征量的变动信息。调制的本质是将物质的变量对应变换到人的感觉系统中，以备采集器进行采集。

对于人的神经信息系统而言，采集的本质是将物属性量对应的特征量转换成数字编码，即数字化。它是通过神经的频率发放来完成的。因此，信号采集的基本问题是神经如何对属性量的特征变量进行编制。这一基础构成了我们对神经通信理解的整个基本根基。它直接决定了我们能否从神经的脉冲电流中恢复特征量关系。这一关系也直接决定了我们是否能够理解人类进化的整个神经数字电路的基理。

5.4.3 信号切换问题

我们面临的世界是一个事件不断变化的世界。因此，输入到人的感觉系统的信号处于变动和波动之中。就神经而言，则是同一神经通道中的信号，前后时序上发生了变化，这就涉及信号的切换。切换中的信号平滑，才能使人在感知中不感到突兀。这就意味着，在人的认知系统中，信号切换的机制是感觉系统中的重要的神经通信机制之一。它构成了认知神经信息研究的又一基本问题。

5.4.4 信号解码问题

将传输的数字信号进行解码，即从数字信号中恢复关于事件的变量信息，就构成了神经信息处理中的一个核心问题。这就意味着神经系统需要对传输而来的各级信号进行逐级解码，获得关于客体的属性、客体相互作用的事件要素的信息、事件运动的信息等，并使得我们在功能层次形成一个完成的事件。这就构成了信号系统的解码问题。没有解码，就不可能有人类对事件的知觉。

5.4.5 信号控制问题

人类生活的世界并非静止的世界，这就意味着客体处于不断的变动中。这在事实上要求感觉系统需要和客体交互中完成与客体的互动。即随着客体在空间中的变化而进行变化。而信息的系统的自动化反馈就是互动的直接体现。我们还需要在人的信息的加工理解的基础上，建立基于感觉信号的低级的、自动化的反馈机制的理解。也就是说，人的低级信号系统，如何在人的高级意识没有参与的情况下，自动地实现信号的追踪和信号控制。

以上 5 个基本问题是人的低级神经加工系统阶段，信息处理的一个闭环。我们将在后续几个部分中，展开对心物问题的认知神经机制的讨论。

第 6 章　认知变换不变性

外界物质客体的属性量和特征量通过客体与通信介质相互作用，加载到了信息介质上，并由于相互作用，也同时将事件的结构信息加载到了信息通信的机制上，从而使属性量和特征量成为"信号"。脱离客体进入到与人通信的信息通道中，也就是"离岸"信息。离岸信息就成为恢复客体"属性量""特征量"的基础。

人的神经通信通道包含两类介质：物理介质和神经介质。在这个过程中，大量客体的信息加载到信息通道中，并通过各类生物官能器件和神经核团与器件的演算，实现特定的信息加工功能。

高闯提出了"认知变换不变性"和"认知熵增原理"（高闯，2021）[333-339, 509-514]，构成了人的信息通道中信息流加工变换的基本原理。以此原理为基础，并结合我们在前几个章节建立的基元信号理论，就可以讨论普适意义上的信号和信息变换问题。

基于信号和信息的变换，可以建立关于信号运算的算理。即大量的携带客体和事件的属性量、特征量的信号之间如何建立关系，即信号运算的数学原理是什么？

本章中我们将深入讨论这一核心问题：信号运算原理问题。

6.1 认知对称性原理

从信息源到人的高级认知系统,信息经过多级处理,实现对人的精神功能的支撑。每个处理过程都是一个信息输入和输出的变换过程,例如感觉、知觉、思维等。它的每一级都实现了输入信号和输出信号之间的某种对应性关系。

对于逐级实现的对应性及其功能,高闯提出了"认知对称性原理"(高闯,2021)[324-339],建立了对人的整个认知系统的信息加工的整体数理理解,认知的潜在规律得以显现。

认知对称性原理是对称性理论在人的科学中的具体体现,这一规律的发现必然满足对称性所确定的属性。由此,本书将在信源变量、信号和布尔运算的基础上,讨论在信息通道中,由于对称性变换,信息变换前后应该具有的基本属性。一旦建立人的认知过程中的普适性规律,将为我们揭示人的信息加工机制的普遍规则,为各个神经通道的机理研究铺平道路。

6.1.1 心理空间

物质属性空间 R^N,是物质客体属性描述的独立维度构成的空间。客体的位元、时元与之一起形成的物元、位元、时元的三元属性,构成了描述客体的完备空间维度。我们将这个空间称为"物质属性空间",统一记为 R_m^M。其中,M 表示物元、位元、时元的维度数目,m 是 material 的缩写。

与之相对应,物质属性空间中的变量,经信息通道与心理建立关系,物质属性空间映射为"心理空间",记为 $R_m^{M_m}$,M_m 表示心理空间的维度,m 是 mind 的缩写。如果我们把物质空间的维度视为全维度的话,那么人的"当前"的心理空间的维度小于该维度。即我们人的观察的有限性,使得表征的空间是物质空间的一个子集,即满足以下关系:

$$M \geqslant M_m \tag{6.1}$$

通过工具使得各种不可观察的事物进入人的观察范围,通过知识蓄积,不断扩充人的心理空间的维度,这是人类认知发展的一个关键命题,也是哲学的一个基本命题。这个关系式也提供了一个基本的约束条件，即人类知识的表征向物质空间逼近时满足的约束条件，我们称为"心理空间自然约束"。

对于一个客体，它的特征量记为 v_j，则在物质空间中，它可以用一个矢量来表示：

$$\boldsymbol{O}_\mathrm{m} = \begin{pmatrix} v_1 & \cdots & v_j & \cdots & v_M \end{pmatrix} \quad (6.2)$$

同理，它在心理空间中的映射可以表示为

$$\boldsymbol{O}'_\mathrm{m} = \begin{pmatrix} v'_1 & \cdots & v'_j & \cdots & v'_{M_\mathrm{m}} \end{pmatrix} \quad (6.3)$$

6.1.2 对称性变换

人类认知的系统由多级认知操作来完成（感觉、知觉、推理等），任何一级认知操作的功能单位，它的输入量是物质属性空间的一个子集，这个子集的维度记为 k。这个操作在数学上可以理解为一个变换操作，用矩阵表示，满足以下关系：

$$\begin{pmatrix} v'_1 \\ \vdots \\ v'_j \\ \vdots \\ v'_k \end{pmatrix} = \begin{pmatrix} & & \\ & T_\mathrm{C} & \\ & & \end{pmatrix} \begin{pmatrix} v_1 \\ \vdots \\ v_j \\ \vdots \\ v_k \end{pmatrix} \quad (6.4)$$

其中，T_C 表示认知操作。这个矩阵称为认知变换矩阵。例如，双眼的视觉系统（中央眼），可以把物质世界的3维信息进行变换。物理量和心理量之间的变换关系可以表述为

$$\begin{pmatrix} x' \\ y' \\ z' \end{pmatrix} = \begin{pmatrix} z_m/z & & \\ & z_m/z & \\ & & 1 \end{pmatrix} \begin{pmatrix} x \\ y \\ z \end{pmatrix} \quad (6.5)$$

6.1.3 认知对称性原理

高闯根据对称性理论提出了认知变换不变性原理，也称为认知对称性原理（高闯，2021）[324-339]。

参与认知加工的任何一个独立功能环节（如感觉、知觉、推理、决策等），在认知变换中，均遵循"对称变换"规则。即在功能层次上，实现输入事件某种属性信息和输出事件对应属性信息的对称性。上一级功能单位或平级功能单位又可能会产生破缺，由平级的或下一级功能单位解决信息的不对称性，实现输入事件信息和输出事件信息更高一级的对称性。

物质（属性）量是独立的正交变量，构成了物质（属性）空间。物质量经认知系统加工后，被心理表征转换为心理量，构成"心理空间"。物质空间的属性量包含物质量，经过感觉变换、知觉变换、推理变换、决策变换、学习变换、创新变换这几个独立的认知加工操作（认知变换），被转换成心理量，使得人认知整个物质世界（高闯，2021）[340-500]。

物质空间的属性量、认知变换和心理量之间的关系可以用如下矩阵变换来表示：

$$\begin{pmatrix} v_{p1}' \\ \vdots \\ v_{pl}' \\ v_{b1}' \\ \vdots \\ v_{bm}' \\ v_{s1}' \\ \vdots \\ v_{sn}' \end{pmatrix} = \begin{bmatrix} [T_{\text{sensory}}] & & & & & \\ & [T_{\text{perception}}] & & & & \\ & & [T_{\text{reasoning}}] & & & \\ & & & [T_{\text{decision}}] & & \\ & & & & [T_{\text{learning}}] & \\ & & & & & [T_{\text{creativity}}] \end{bmatrix} \begin{pmatrix} v_{p1} \\ \vdots \\ v_{pl} \\ v_{b1} \\ \vdots \\ v_{bm} \\ v_{s1} \\ \vdots \\ v_{sn} \end{pmatrix}$$

(6.6)

其中，v_p 表示物理属性特征量；v_b 表示生物属性特征量；v_s 表示社会属性特征量，加了上标的则表示对应的心理表征量；l、m、n 分别表示物理属性特征量 v_p、生物属性量 v_b、社会属性量 v_s 的完备集个数；T_{sensory}、$T_{\text{perception}}$、

$T_{reasoning}$、$T_{decision}$、$T_{learning}$、$T_{creativity}$ 表示不同的认知变换单元，分别为感觉变换、知觉变换、推理变换、决策变换、学习变换、创新变换。它由人脑的认知系统的加工机制来决定。

如果将每个独立的功能单位看作一个"黑箱"，是一个参与认知加工的功能性器件，是输入事件信息、对事件信息进行加工、输出事件信息的信息系统，即"认知加工的黑箱模型"。如果将认知加工用函数 f 来表示，则输入事件 E_i 与输出事件 E_0 满足：

$$E_0 = f(E_i) \tag{6.7}$$

当输入的事件信息和输出的事件信息满足对称性关系时，即"对称性变换"；反之，即"对称性破缺"。若上一级认知加工单元出现对称性破缺，则在下一级的认知功能单元中会实现对称（高闯，2021）[514]。

6.2 认知对称性属性

信源可以分为质点信源、具有几何形状的客体信源和事件信源。信源将属性量和特征量加载到信息介质中，实现对人的信息通道的信息的加载，并以信源作为始端，信息的每个变换环节均遵循对称性变换。认知对称性变换回答了变换前后的属性量和特征量的映射关系。

在物质空间中，物质客体之间的属性关系如何在信息通信系统中进行变换？或者说它的变换的规则是什么？具体来说，客体之间的属性关系包括：

（1）物质客体属性量与特征量布尔运算关系。

（2）事件结构要素之间的关系。

本节中，我们将基于认知对称性变换来讨论上述变换中的属性，即认知对称性属性。

6.2.1 信源布尔运算变换

对于任意两个客体 A 和 B，它们的属性量用 p_i 来表示，对应的特征值

记为 v_i，则描述物体矢量可以表示为

$$c_A = \begin{pmatrix} v_{A1} & \cdots & v_{Ai} & \cdots & v_{Am} \end{pmatrix}$$
$$c_B = \begin{pmatrix} v_{B i} & \cdots & v_{B i} & \cdots & v_{Bm} \end{pmatrix} \quad (6.8)$$

经过同一个认知变换 T，如果有 m（m 小于或等于所有属性的总个数）个属性量被转换，则输出的信号为

$$c'_A = \begin{pmatrix} v'_{A1} & \cdots & v'_{Ai} & \cdots & v'_{Am} \end{pmatrix}$$
$$c'_B = \begin{pmatrix} v'_{B1} & \cdots & v'_{Bi} & \cdots & v'_{Bm} \end{pmatrix} \quad (6.9)$$

根据认知对称性原理，则满足以下关系：

$$c'_A = Tc_A$$
$$c'_B = Tc_B \quad (6.10)$$

把上面两式相加或相减，则可以得到

$$c'_A + c'_B = T(c_A + c_B) \quad (6.11)$$

或者

$$c'_A - c'_B = T(c_A - c_B) \quad (6.12)$$

前者我们称为信号加法原则，后者我们称为信号减法原则。c_A 和 c_B 的本质是信号系统中的输入信号，c'_A 和 c'_B 是信号系统中的输出信号。

加法原则和减法原则表明，输入信号在叠加中，信号叠加特性会等价地被变换到输出信号中。这意味着，在信息的对称性变换中，它会把信源的布尔运算法则对等地变换到认知变换的每个环节中。

6.2.2 信源布尔运算变换意义

信源满足的布尔运算是物质属性空间中表现出来的物质属性。这是不依赖于信息通道的特性而存在的客观性。通过对称性变换，这一"运算"的规则得以在变换中转换到信息系统中。它具有以下几个方面的意义。

（1）心物对应性的物质根源性得以揭示。物质属性量通过对称性变换而成为认知量。认知对称性首先揭示了物质属性量和认知量之间的数理映射关系。

（2）物质世界的信源关系得以变换。这一关系使得在物质世界的布尔运算等价地成为认知信号中的对应变换关系，这一关系的存在使得在神经的认知量中能够找到对应的操作。这就为信号的运算和操作的机制提供了理论支撑。

基于上述的数理机制，我们将在后续人的认知系统的各个认知环节建立不同级别的信号对应性关系。

6.3 认知变换守恒律

由认知对称性必然产生对应的守恒律，这一属性是由对称性决定的。高闯在精神功能层利用对称性规则，在事实上已经解决了这一数理上的关系问题（高闯，2021）[324-339]。在神经通信过程中，需要建立认知对称性的物质机制，从而揭示认知对称性中守恒律存在的必然性。例如亮度守恒、颜色守恒、大小守恒和形状守恒等。

认知对称性和布尔运算为我们提供了研究普遍性信号的工具和桥梁。利用这种机制，我们可以建立关于守恒量的普适机制，为后续各个神经通道中的守恒性铺平数理理论的道路。本节我们将基于三基元来建立关于守恒律的数理基础。

6.3.1 质点属性变换不变性

物质质点客体具有的物质性的属性，以物质客体为载体平台，形成了属性的变量集合，也就构成了物元，它是信源的一种。

对于一个信息变换 T_m，它可以实现的物元属性的变量个数为 m（它的个数小于等于物元属性的总个数），则 m 个属性的特征量构成的矢量记为 A，则经变换后的矢量记为 A'，则两者满足

$$A' = T_m A \tag{6.13}$$

当 A 保持恒定，也就是特征量不发生变化时，则 A' 并不发生变化，这个特性，反映了物质属性在变换时保持的不变性，我们称之为"物质属性

守恒律"或"物元变换不变性"。

6.3.2 质点位元变换不变性

在空间中的两个质点的位置为 $P_A(x_A, y_A, z_A)$ 和 $P_B(x_B, y_B, z_B)$ ，若两者均满足某种位置信号变换 T_1，则具有以下关系：

$$\begin{cases} P'_A(x'_A, y'_A, z'_A) = T_1 P_A(x_A, y_A, z_A) \\ P'_B(x'_B, y'_B, z'_B) = T_1 P_B(x_B, y_B, z_B) \end{cases} \quad (6.14)$$

其中，$P'_A(x'_A, y'_A, z'_A)$ 和 $P'_B(x'_B, y'_B, z'_B)$ 分别表示变换之后的属性变量。则它们的相对位置矢量 $\boldsymbol{P}_{AB}$ 经变换后为 $\boldsymbol{P}'_{AB}$，分别可以表示为

$$\boldsymbol{P}_{AB} = \begin{pmatrix} x_A \\ y_A \\ z_A \end{pmatrix} - \begin{pmatrix} x_B \\ y_B \\ z_B \end{pmatrix} = \begin{pmatrix} x_A - x_B \\ y_A - y_B \\ z_A - z_B \end{pmatrix} \quad (6.15)$$

$$\boldsymbol{P}'_{AB} = \begin{pmatrix} x'_A \\ y'_A \\ z'_A \end{pmatrix} - \begin{pmatrix} x'_B \\ y'_B \\ z'_B \end{pmatrix} = \begin{pmatrix} x'_A - x'_B \\ y'_A - y'_B \\ z'_A - z'_B \end{pmatrix} \quad (6.16)$$

则根据变换，可以满足以下关系：

$$\boldsymbol{P}'_{AB} = T_1 \boldsymbol{P}_{AB} \quad (6.17)$$

由此，我们可以得到一个特性，在物质空间中，如果两个点之间保持相对位置不变，也就是 $\boldsymbol{P}_{AB}$ 保持相对位置不变，则变换之后 $\boldsymbol{P}'_{AB}$ 的相对位置保持恒定。这个守恒律，我们称为"几何守恒律"或"位元变换不变性"。

6.3.3 客体布尔运算不变性

物质空间的几何客体由物质质点"点集"来构成，即对点集进行求和。如果存在信息通道的变换满足对质点物质属性、位元属性进行求和变换，则满足

数理心理学：心物神经表征信息学

$$\sum A' = \sum T_m A \qquad (6.18)$$

$\sum T_m A$ 是客体的多个属性，当这多个属性不变时，其变换之后的信号也保持恒定。同样，这一规则也满足位元信号变换：

$$\sum P'_{AB} = \sum T_1 P_{AB} \qquad (6.19)$$

这两个式子清晰地表明，物质客体的属性集是质点集的累加，满足布尔运算。在对称性变换后，布尔运算规则同样经历了对等的变换。这个特性，我们称为"客体布尔运算不变性"。

综上所述，在人的信息通信中，围绕上述进行的信号变换，会产生对应的守恒律，在后文的推导中，我们将逐步根据各个神经通道进行守恒律的探索。守恒性属性也成为指导我们进行信息通道特性研究的一个根本性方向。

第 7 章　信能关系

在人的信息加工过程中，认知变换在于把人通信系统中的"神经器件、核团等"具有信息加工能力和运算能力的功能器件，均简化为一个"变换过程"。换言之，我们不再纠缠信号加工器件的信号传输、解码、译码等信号处理过程，而是关注整个变换系统的输入和输出关系，这就极大地便利了我们找到"信息"发生的功能本质。

这样，我们可以从一般意义上讨论信号变换过程。从纯物理学角度来看，任何信号变换都建立在物质相互作用关系与能量流动的基础上，即物质的相互作用往往伴随着能量的变化。这意味着，在信号变换过程中，能量也会发生变化。这就暗示了一个潜在的关系：信号变换和能量之间存在约束关系，即信息的过程必然伴随能量约束。显然，它是一个深入到信息科学底层的基础问题。

为此，我们需要利用信号变量建立信号变化和能量之间的变化关系及其度量关系。在此基础上，寻找"信息"的数理本质，并建立关于信息的度量方法。

这就构成了信号关系之后的又一核心"数理问题"。我们将这个关系称为"信能关系"。通过这一问题的普适性机制建立来解决人的信息系统中信息的数理描述，为后续心身信息过程的机制的揭示建立基础底层。

7.1 信号变换过程

通信的过程可以有各种形式和环节，而不论是哪类形式，都伴随了物理意义上的相互作用过程，这就给我们提供了一个最为基本的契机：通信的过程需要追溯到一般性质的相互作用关系。在通常情况下，相互作用关系的机制在物理学中又往往容易建立。在通信中，不论哪种形式的相互作用，我们都可把这种关系抽提出来，建立一种用于揭示通信底层关系的普适性原理。这也就构成了本节的重点。

7.1.1 介质相互作用模型

如图 7.1 所示，在通信过程中，任意一个通信器件或者环节，在 Δt 时间内，总是接收来自信息介质的能量输入 w_{in}。介质与该器件发生相互作用，消耗部分能量 w_{use}，并输出能量 w_{out}。器件的存储能量为 w_{save}，则根据能量守恒定律，我们就可以得到

$$w_{in} = w_{use} + w_{save} + w_{out} \tag{7.1}$$

两边同时除以 Δt，则上式可以得到

$$p_{in} = p_{use} + p_{save} + p_{out} \tag{7.2}$$

其中，p_{in} 为输入功率；p_{use} 为消耗功率；p_{save} 为存储功率；p_{out} 为输出功率。如果输入的功率发生变化，则输出的功率也会随着时间发生变化。因此，能量与功率是一类特殊的"信号"，即物质属性信号。这个模型我们称为"介质相互作用"模型。能量和功率守恒关系也构成信息传递过程中的约束条件。

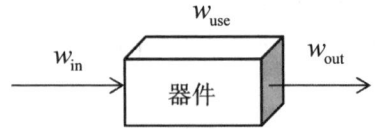

图 7.1 介质相互作用模型

7.1.2 信号传递

在相互作用过程中，介质作为一种客体，具有某种属性，用属性量 p_i

来表示，也就是它的第 i 个属性量，其对应的特征值为 v_i。经介质的相互作用后，器件输出的属性特征量为 v_i'，则存在以下可能。

（1）如果 v_i 发生变化，v_i' 发生变化，则 v_i 特征量经器件后被传递，信号被传输出去。

（2）如果 v_i 发生变化，v_i' 不发生变化，而保持常量，则 v_i 特征量不能被器件传递，信号无法被传递。

综上所述，属性量的特征量构成了信号，特征量的值不断发生变化，导致映射值对应发生变化，构成了信号的传递。信号量的变化构成了信息，没有变动就没有信息。

7.1.3 信号采样定理

经介质和通信器件的传递使物质属性量的特征量被传递出去，而信号又可以分为三类基元信号：物元、位元、时元信号。它的本质构成了两个核心的过程：

（1）物元属性信号随空间的变化。

（2）物元属性信号随时间的变化。

对于这个过程，经器件传递的信号如果不失真，就构成了采样问题。对这个问题进行采样的定理，称为"香农采样定理"或者"奈奎斯特（Nyquist）采样定理"。

频带为 F 的连续信号 $f(t)$ 可用一系列离散的采样值 $f(t_1)$，$f(t_1 \pm \Delta t)$，$f(t_1 \pm 2\Delta t)$，…来表示，只要这些采样点的时间间隔 $\Delta t \leq 1/2F$，便可根据各采样值完全恢复原来的信号 $f(t)$。

7.2 信息流模型

把信号调制后输入和把信号编码后输出，是神经功能单元的两个关键环节，也构成了信息内容传递的两个关口。

这两个关口是客体与事件属性量交换的关口，也是属性变量内容交换的关口，即信息交换的关口。它的属性量交换的多少，就构成了信息交换的大小。因此，信息量的大小必然与调制关系、编码关系联系在一起。调制机制和编码机制的本质是信息转换功能的实现。因此，我们将从一般调制和编码的一般性机制出发，找到信息量的机制。

7.2.1 信息流模型

无论调制的函数还是编码的函数，都是将物质属性量转换为神经功能单元的输入和输出量。为了便于讨论，我们将这些函数统称为信息转换。则物体或事件的任意一个属性量的特征值 v_i 经转换后的特征值记为 $v_{i(s)}$。这时的信息变换的函数记为 T_i，则信息变换关系就可以概述为

$$v_{i(s)} = T(v_i) \qquad (7.3)$$

这时，经调制和编码转换的客体或事件的属性量的特征值 v_{ijs} 的本质，是在神经通信系统中加载在神经电流上的信息流。用于转换的调制器或者编码器，本质上是具有选择性的过滤器。它们对不同的信号的过滤能力不同，并通过变换函数来体现，如图 7.2 所示，其中 $v_{i-\max}$ 和 $v_{i-\min}$ 表示输入的属性值的最小值和最大值。它表示的是被输入变量的值域范围，也称为带宽，用 B 来表示，则带宽可以表示为 $[v_{i-\min}, v_{i-\max}]$。

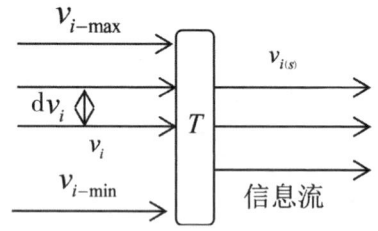

图 7.2　信息流量

注：输入的客体或者事件的属性值，是神经通信中"流淌"的信息流。它的值的大小，构成了信息带宽。神经的调制和编码，就构成了神经上的过滤器，其可对信号选择性过滤变换，控制输入或者输出的信息流的大小。

7.2.2 信息量计算

根据上述的信息流模型,在输入的值域内(即带宽内),一个微元 $\mathrm{d}v_{ij}$ 输入的信息流的流量大小可以表示为

$$\mathrm{d}v_{is} = T\mathrm{d}v_i \tag{7.4}$$

这个流量被定义为"信息量"。对这个式子进行积分后可以得到总的信息流量,即信息量,如图 7.3 所示。

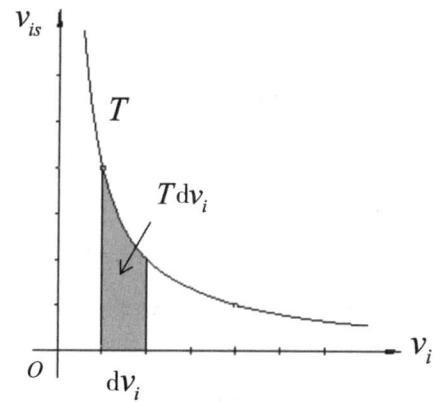

图 7.3 信息量定义

注:若 T 为转换函数,对输入的微元进行积分,就得到在信息通道内,也就是信息的输入宽度内,输入属性量的总量,也就是信息量。

$$v_{is} = \int T\mathrm{d}v_i \tag{7.5}$$

这样,由这一公式,神经上的信息流量的数理含义也就清楚了。我们将这个公式称为"信息量公式"。它是我们理解心理量、神经信息编码和加工的核心基础。从这一公式出发,我们将逐步建立起关于人的信息度量的理论架构。

这一公式的有趣性在于,在神经功能单元层次上,它连接了三种认知关系。

(1) T 是神经功能单元变换机制的反映,它由神经的底层机制来决定。

（2）v_i 则是由客体、事件结构式的属性量来决定。它是物质世界的信号，也就是人的认知的精神信号，更是人的信息加工的内容，是物质世界和心理活动的反映。

（3）s 是信息的量度，它是在以神经生化活动为基础的电活动中，以电活动为载体，在载体上承载的关于属性量内容大小的量度。

这样，神经加工对象的物质属性量、神经变换机制、精神活动的内容（事件）在数理上就被关联了起来。

7.2.3 信能关系

从能量守恒中，我们可以得到第一类变量之间的关系。在信息传递过程中，如果输入的能量发生变化，输出的能量也会跟随发生变化。因此，能量的变化可以通过输出的能量变化反映出来，则能量 w_{in} 或者功率 p_{in} 就构成了一类传输的属性变量。它发生在所有的信息传递过程中。也就是说，能量本身也构成了一类属性信号，我们将这类信号称为"能量信号"。

在前文中，我们找到了最为基础的三基元信号：物元、位元、时元。并把物元信号分为质点和客体两种情况下，进行了讨论。

根据前述的相互作用关系，通过介质同时传输的属性变量个数为 n，则传输的特征量集合就可以表示为

$$\{v_{ij} | j = 0, \cdots, n\} \tag{7.6}$$

这时，总的信息流量为

$$v_T = \iint_{ij} T \mathrm{d} v_{ij} \tag{7.7}$$

这时，对应输入能量功率关系满足能量守恒。定义 s_p 为"信息能量函数"：

$$s_p = \frac{v_T}{p_{in}} \tag{7.8}$$

则可以简化为

$$v_T = s_p p_{in} \tag{7.9}$$

第7章 信能关系

在信息传递的通道中，经常会出现和 v_T 并行的通信单元，这些通信单元通过并行的连接方式组合成新的变量。例如，人的神经的视网膜的感受野就是并行的结构。则由 v_T 变量生成新的变量 V_T，根据变量的布尔运算可以得到

$$V_T = \sum_k v_T = \sum_k s_{pk} p_{\text{in}k} \quad (7.10)$$

其中，k 表示并行单元的个数。

这个就是新生成的变量传输时其信息量和功率之间的表达式。这样，我们就得到了任意变量在发放时，信息量和能量之间的关系。

数理心理学：心物神经表征信息学

第8章 认知信息通信模型

以人为"对象"，人的功能系统可分为运动系统、供能系统、生殖系统和认知控制系统。对人的这几个系统的理解，心理、神经、生物物理等各个领域，从不同层次对之进行了揭示。心理学历经结构与功能主义、行为主义、人本主义、认知主义等各流派，锁定人的认知系统的本质是"信息加工"。在神经领域，从神经元模型建立、神经缝隙、神经电脉冲发现、HH方程建立的关于神经生化和动作电位关系，都指向了同一目标性。逻辑神经元模型的提出，则将神经科学推向了计算逻辑。而语言学则从心理编码的角度揭示了语言的编码结构。

由此，"信息及信息加工"已经成为认知科学"公设"。然而，信息的本质是什么？至今仍困扰着认知科学。在这里，我们将从最原始的通信模型出发，逐步建立人的认知信息通信模型，并为后续的人的信息加工奠定数理基础。

8.1 信息通信模型

信息科学是二战之后的产物。随着电子材料、二级制数学和计算机的出现，信息通信问题开始展露，信息通信过程描述和信息度量也在基础应用科学中显露出来。在对人的认知过程的理解中，我们有必要考察通信科学的关键理解和经典发现，并与神经系统的通信机制联系在一起，并揭示人的认知过程中通信底层的一般规律。

8.1.1 信息通信模型

香农和韦弗提出了通信过程模型（Shannon，Weaver，1948）。该模型抓住了通信过程中的关键要素，使得通信过程简洁地显现出来。在该模型中，信息通信要素包括信源、编码、信道、解码、接收和噪声等关键要素。

信源是产生各类信息的实体，信号产生（物）被称为信源，相对应的概念应该是信号接收（物）被称为信宿。信源也是"消息"的发送者。通过发送设备，将消息进行编码而成为"信号"。编码的信号通过介质的信息通道向外发送，并经接收器解码，而成为接收者（信宿）可以接收的"消息"。在信息的通道中，同时伴随着噪声的输入。噪声是指信息传递中的干扰，它对信息发送与接收产生影响，使两者信息意义发生改变。

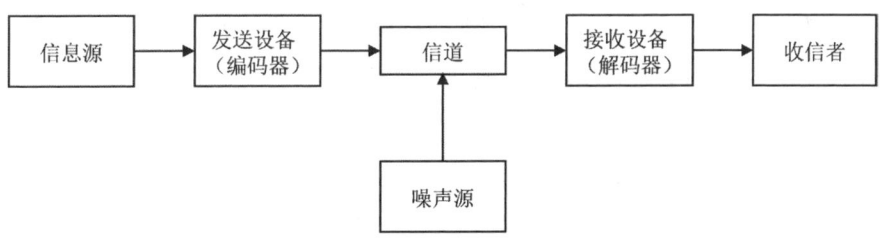

图 8.1　信息通信模型

注：在信息通信中，包括信源、信息的编码器、接收信号的解码器、信宿。在信息传输的通道中，会存在影响信号的噪声（Shannon、Weaver，1948）。

上述是简单的信息通信过程。在实际通信过程中，为完成这个过程，通常还涉及其他的环节，例如调制和解调。调制（modulation）就是将信号源的信息经过处理添加到信号介质上，使其变为适合于信道传输的过程。它发生在信号被传输到信道之前。有时，调制过程和编码过程同时进行。同样地，接收的解码过程和解调也是同时进行的。

解调是调制的逆过程。不同的调制方式有不同的解调方法。解调是从携带信息的已调信号中恢复消息的过程。只有当消息被恢复后，才能被有效地使用。

在通信过程中，除了上述过程外，还可能存在反馈的过程，即通过对通信过程的反馈调整，使得信息通信信号发生改变。

8.1.2 人的信息通信过程

人类个体通过物质介质和神经系统与物质世界之间发生信息交换活动。这一过程，同样可以用上述信息通信过程来描述（如图 8.2 所示）。外界物质客体与人的信息通道之间存在两个信息通道：

（1）物质信号进入人的传感器的信息通道。

（2）人的感觉器采集到能量信号后，向大脑传输的神经通道。

这两个神经通道构成了人的信道。对于它的理解，前者涉及自然科学，而后者则涉及神经科学。因此，对人的信息加工过程的理解需要多学科知识的交叉。

物质世界中的客观物，通过物理的信息通道携带物质客体信息的过程，从本质上而言，构成了物质客体属性信息被加载到介质上的过程，也就构成了一个信号的"调制过程"。例如，视觉通道的信号源于太阳光对客体的照射、反射、透射后光能量和光波成分的变化，而加载了客体的光属性的信息，调制得以完成。进入人的视觉系统后，经过能量转换成为神经电能，这是一个换码过程，即把光介质转换为神经电介质过程。到知觉阶段进行解码，信息为人类所识别。人的神经系统还具有反馈功能，通过调整感觉器获得不同的信号。

因此，对人的信息过程的理解相对复杂，但这并不影响我们对神经机制的理解，这也是我们从通信模型出发寻找人的信息通信本质的原因。

第 8 章　认知信息通信模型

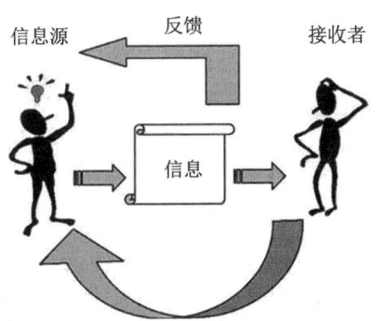

图 8.2　人的信息通信模型

注：人的通信过程除满足上述过程外，还包含两个信息通道：物理信息通道和神经信息通道，这使得外界的信号经传输后，还要经过神经通道才能被大脑接收而知觉解码。采自 https://sites.google.com/site/languagemcu/lesson-plan/6-model。

8.2　信息调制模型

我们生活在一个物质环境中，所有物质环境都是由各类的"物质客体"（objects）组成的。物质客体与人的感觉器发生作用，将客体的信息调制进入人的信息系统。对于人而言，则是通过感觉器的采集，使客体信息首先进入人的感觉系统中。调制进去的信息，我们称为客体（objects）的"事件"信息。这个过程也就是对客体信号的调制过程。由于调制，人的感觉系统才能收到各种变化的信号，并产生后续的心理加工行为。

外界客体与感觉器之间发生"物质作用"，这是人类各种感觉通道获取信息的根源。它是一种普遍性作用行为。

从通信角度看，物质客体与感觉器共同构成了信号的调制系统，将调制好的信号输入到神经通信系统中，并转换为神经脉冲信号（数字信号）。这暗示了两个基本的通信机制：

（1）感觉系统的感觉器和外界事物客体共同构成了信号调制系统。我们不再将客体和感觉系统孤立起来视为独立的系统，而是将其作为一个整体来看待。这将有助于揭示人的信号调制与感觉系统的工作机制（感觉系统的信号机制将在后续章节中讨论）。

（2）感觉系统及后续系统中存在一个信号的解码系统。把调制进来的信号进行解调，转换为我们精神的释义信号。

这在客观上要求我们：

（1）首先弄清楚外界物质客体如何对感觉器产生作用，并进行信号的调节与调制？

（2）调制进来的信号的构成，其数理本质是什么？

接下来，我们将提出两个关键性数理机制来回答这两个关键问题：

（1）信息调制模型。

（2）事件结构式。

8.2.1 客体与感觉器的作用介质

将人视为黑箱是我们在前文中确立的一个基本模型观念。在这个模型中，感觉器是其组成的第一个基本功能单元，它从属于感觉系统。外界物质客体对人的作用首先是对感觉器的作用。从本质上讲，任何一类客体对感觉器的作用都是客体通过物理介质与感觉器发生作用。

对于不同的感觉器，客体作用的介质并不相同。例如，视觉感觉器接收的是光学信号，光是客体对视觉感觉器作用的介质。听觉感觉器接收的是客体振动的声音信号，气体是客体对听觉感受器作用的介质。味觉感受器接收客体的酸、甜、苦、辣的化学信号，是客体溶解后对味觉感受器的直接作用等。表8.1列举了人体各个感觉器接收信号时所涉及的不同的作用介质，这些介质同时也携带了客体对应的物质属性。

表 8.1 客体对感觉器作用的介质

编号	介质	感觉器	客体属性或特性
1	光	视觉	光学属性
2	气体/液体/固体	听觉	振动属性
3	客体	味觉	化学属性
4	气体	嗅觉	化学属性
5	客体物理接触	肤觉	压力属性（触觉） 有害属性（痛觉） 热力属性（温度觉）
6	身体	体觉	身体方位属性

举例来说，客体的颜色信息通过光的传播和携带，被视觉系统感知，我们获得了客体的光学属性信息。客体振动表现出来的属性，通过气体等介质振动，被感觉系统所感知。

8.2.2 客体与感觉器的作用模型

要讨论清楚客体对感觉器作用的数理机制，就需要理解客体、相互作用和介质之间的关系。这类关系在自然科学中尤为常见。以一个放置在玻璃罩中的电铃为例，当电铃通电时，电铃会振动。振动通过空气介质传递出来，然后我们就听到了声音，但当抽干玻璃罩中的空气后，空气介质被切断，这时声波无法传播，我们就无法听到声音。在这个感知过程中，我们之所以能听到铃声，是因为空气是一个很重要的中间介质。

从这个例子中，我们可以看清楚客体对感觉器的作用机制。我们将这一事实抽提出来，就可以讨论一般情况下的客体与感觉器的数理机制，并理解外界刺激对感觉器的作用。在客体与感觉器的作用中，客体和感觉器是两个关键性要素，这两个要素要发生相互作用就需要介质，介质是连接两个客体相互作用的纽带，或者说是发生关系的物质载体。没有介质，客体之间就无法完成相互作用。

我们将客体与感觉器的作用简化为图 8.3 所示的作用关系，即外界的客体总是通过某种介质和人类感觉器发生作用，通过对介质的调谐，调制信号，使信号进入人的感觉器。在某种情况下，也可以通过直接和感觉器的作用，实现感觉器对信号的采集。

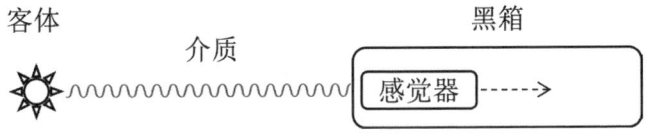

图 8.3 客体与感觉器作用

注：外界的客体与人类的感觉器总是通过一定的介质发生相互作用（也存在直接作用的情况）。

8.2.3 客体物质属性

我们将具有物质意义的"实体"称为"客体"。客体具有多方面的物质属性，或者说客体是物质属性的载体。

对客体的描述和刻画，也就是对物质属性的描述和刻画。从信息科学角度来看，物质客体的信息是通过物质作用把属性的信息传递出去的。例如，我们所看到的物体的颜色，是由客体自身发光或反射出去的光，被我们的感觉系统俘获，从而获得客体的光学属性信息、空间位置信息和大小信息等。这也间接地说明，人对客体的感知是从属性信息开始的。

8.2.4 感觉信号传递与调制变量

事件结构中的每个要素都是独立的变量，变量变化的信息构成了信息传递过程中调制信号的变量。人的感觉系统需要适应这一调制信号系统，共同构成一个调制的系统，才能把事件的信息转换为神经可以通信的信号，并为后续的解码做好准备。这就需要我们从通信科学的角度建立人的感觉系统的数理通信机制。

8.2.4.1 通信信号调制

信号调制是通信科学的一般性术语。在无线电通信中，信息传播的介质是无线电高频信号。把要传播的信息附加到这个介质信号上进行高频传递，就是信号调制的过程。图 8.4 展示了一般无线电广播中的信号调制过程。经天线发出的无线电信号是一个高频信号，它是传播信号的一种物质介质。介质信号由信号发生器促发。当没有调制信号时，无线电发出的信号就是信号发生器促发的信号。我们常用的话筒就是一个信号调制器，播音员说话时，改变了话筒的信号，这个信号叠加在信号发生器的高频信号上，成为调幅信号。这时，调幅的信号就被天线发送出去，只要接收者从高频信号中检出调制的信号，就实现了通信信息的发送。从这个意义上讲，话筒就构成了信号源，信号发生器及其传播装置就构成了信息传递的介质。

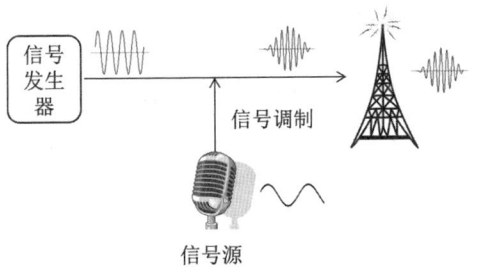

图 8.4 声音信号的调制过程

8.2.4.2 客体与感觉器调制模型

人的信息系统同样要遵循信息系统的普遍性规律。这也就需要从通信系统的角度来理解进入感觉系统的信号问题。

如果将感觉器理解为一个信号调制器,客体就是一个信号源。客体通过自然的物质介质(光学的、振动的等)对感觉器进行信号调制,使得感觉器的信号能够在神经信号中进行载波,这个过程也构成了神经信号的编码过程,实现了外界物理事件和精神活动之间的通信。这个模式,如图 8.5 所示,我们称为客体与感觉器的调制模式。

显然,客体和感觉器的调制机制是感觉器与物质作用相适应的结果。尽管具体的演化过往尚不清楚,但我们可以从数理角度考察这种适应性的数理完备性。

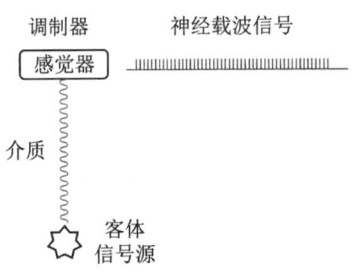

图 8.5 客体对介质信号的调制

注:客体是事件发生的主体,客体的信号要到达人的精神世界,需要神经通道进行编码和载波,也就是把事件的信号传输到人的高级活动中。从通信科学角度看,客体与感觉器之间构成了一个调制关系。感觉器就是神经通信的调制器,客体和感觉器之间的物理介质,是客体对感觉器调制的作用介质。

8.2.4.3 客体与感觉器的调制

当我们把客体与感觉器之间的作用关系抽提为一般性质的调制模型后，随即的问题是：什么样的信息需要经过调制，进入到人的神经通信系统？在通信模型中，并未回答消息的本质。在这里，我们认为消息就是"事件"。高闯提出了事件信息结构式（高闯，2021）[114-142]，统一解决了这一前提。这需要回到"事件"的结构定义式中来讨论这一问题。我们可以分两种情况：①物理事件，②语义事件。

8.2.4.3.1 物理事件调制

无论是物理事件还是社会事件，在其作为"物"存在时，它们的事件结构项是相同的，即都具有物质事件的结构：$E = w_1 + w_2 + i + e + t + w_3 + c_0$。这意味着这些结构要素的变量信息都需要经过客体与感觉器之间的调节，进入到感觉系统中成为神经可以传输的信号。如果客体要把完整的事件信息传递到感觉器中，至少需要两个关键环节：

（1）客体对感觉器调制的介质。

（2）事件结构信息变量和介质的调制关系。

从这个意义上讲，感觉通道获得的客体属性信息也对应着相应感觉通道介质的作用性质。从这些作用介质中，我们获取了事件中客体的特性或属性信息。这些信息合成在一起构成了我们对客体的刻画和认知。如果我们用 $p_o(i)$ 表示客体 o 的第 i 个属性或者特性，则物质客体的属性可以用一个数学集合来表示：

$$O = \{p_o(i) | i = 1, 2, \cdots, n\} \qquad (8.1)$$

需要说明的是，这里指的是客体的物质属性而不是社会属性。而社会属性则依赖于经验系统进一步赋予含义。

另外，从事件结构式来看，客体通过物质介质和感觉器的作用，还需要通过调制，传递空间和时间的信息。这是因为客体本身是占据空间的存在物，具有自己的空间"形状"，此外，客体的运动变化伴随着"空间位置"的变化。这类信息从几何学讲就是"空间信息"。而"时间"要素反映到事件上，则表现为事件发生的前后顺序，是在事件的序列中包含的一个量。从这个意义上讲，"时空信息"是客体与感觉器之间需要调制的关键要素信息。

从动态过程来看，由于相互作用或引起客体空间位置的变动，相互作用及其效应的描述也包含在"时空信息"中。这时，我们只要知道了前后事件的时空变动信息，就可以得到相互作用及其效应的信息。例如，做曲线运动的物体，在三维坐标系中，每个时刻都有自己的空间坐标$[x(t),y(t),z(t)]$，它们是时间的函数。它们在空间中运动的位置就构成了空间轨迹，这是物体和其他物体相互作用的效应。从这个意义上讲，作用效应是通过客体在空间运动的"客体"的时空数据中，即事件序列中得到的。

综上所述，在物理事件的调制中，主要包含两类信息：①客体属性信息，②客体时空信息。而时间要素的信息又包含在事件的时间序列中，因此空间信息就成为调制过程中的核心内容。我们将主要讨论空间信号的调制问题。

8.2.4.3.2　语义事件调制

与物理事件不同，语义编码是一类直接的心理编码。它包含两个种类：言语和非言语信息。这两类信息主要通过视觉通道和听觉通道对事件的信息进行传递。这个过程中，事件的信息被直接编码，进入人的经验系统，被经验识别。这个编码往往包含事件的所有结构信息。后续我们将在人际通信过程中讨论这个问题。

8.2.5　视觉信号调制

视觉通道是利用光学特性，将事件要素信息进行调制的人类信息通道。这需要我们在上述一般性调制模型基础上，讨论某特定通道的信号调制过程，并给出数理机制。

8.2.5.1　客体光学属性信息调制

客体和视觉感觉器构成了视觉的信号调制系统。信号传递的介质是光信号。客体具有的光学属性经光学信号携带，并通过感觉器的转换调制，转换为神经通信的脉冲通信信号。这依赖于人体眼球的特殊构造，它构成了人体的"视觉感觉器"。在人的眼球中，存在两类细胞：视杆和视锥细胞。其中视锥细胞又分为三种，分别采集光线中的三种颜色成分 R、G、B。换句话说，当不同材质的客体、光照条件（反射或者自身发光）不同时，光线就发生变化，这一变化会导致三种颜色的配比发生变化，从而实现不同的客体变化时客体光学信息的变化，实现不同客体的光学信号的输入，如图 8.6 所示。

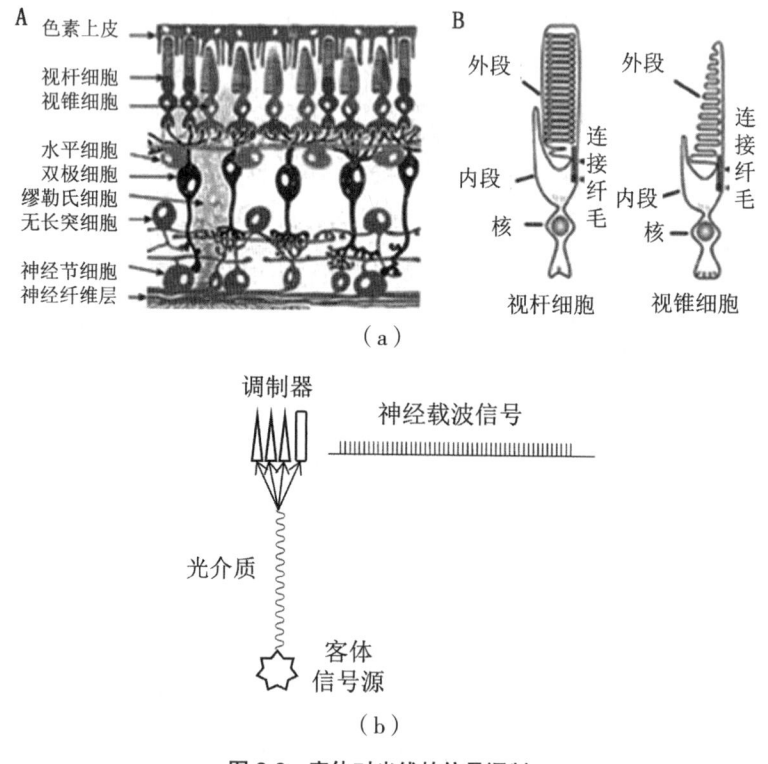

图 8.6　客体对光线的信号调制

注：（a）视网膜中的视锥与视杆细胞。锥形的为视锥细胞，上下粗细基本一致的为视杆细胞。（b）客体与眼球之间的调制关系。不同的客体，光源光照或者自身发光条件不同，导致传递到视觉细胞的光介质会发生配比变化，使得视觉感觉器发出的编码发生变化，加载到神经信号中去。由此，实现对神经信号的调制。

8.2.5.2 客体空间信息

空间信息是"事件"中客体属性、空间位置、作用效应等共通的基础信息。因此，空间信息是客体与视觉感觉器之间的一项重要调制变量。即空间位置变化需要引起视觉感觉器中对应量的变化。这个问题需要我们从眼球的光学系统中理解这一调制的数理过程。我们分为两个核心步骤：单眼调制和双眼调制。

8.2.5.2.1 单眼空间调制

人的眼球是一个物理光学系统，可以首先将其视为一个凸透镜，远处的物体经凸透镜在视网膜投射形成物理像（如图 8.7 所示）。满足物理几何学成像关系：

$$\frac{1}{u}+\frac{1}{v}=\frac{1}{f} \tag{8.2}$$

人的眼球是固定不变的，也就是相距 v 基本是恒定的，当物体距离眼球的距离（物距 u）不同时，只要调整焦距 f，就可以使获得的像保持清晰。这是一个生理过程，即获得清晰的像的生理过程。

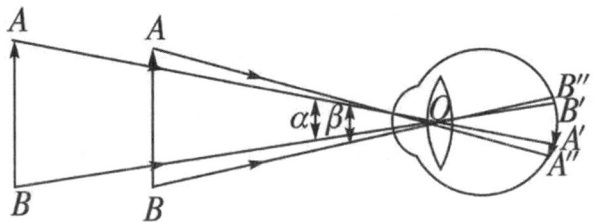

图 8.7 眼球光学系统

注：人的眼球可以看作一个物理光学系统，把眼球看作一个凸透镜，远处的物体投射到视网膜上，形成物理像。

对于客体而言，客体是占据空间的物质实体。空间几何表面的起伏会引起光线的光学参数变化（亮度和色度参数）。这个参数会通过介质传递到眼球中。上述生理机制，事实上是把客体的 3 维的空间光学分布关系，转换为了 2 维的平面关系。即把 3 维的光学量分布转换为了 2 维的投射分布（把客体的三维像投射到视网膜上成2维的分布）。我们把视网膜的像的光学量（亮度或者颜色）统一记为一个符号 l，则 l 是 x,y,z 的函数。记为 $l(x,y,z)$，从投射关系上看，我们无法从一幅图片中唯一地恢复3维的 z 量。如图8.8所示，是3维物体向视网膜投射的关系图，在虚线上的任何一点，B、C、D，都可以投射到视网膜上同一个点 A，因此我们无法从视网膜像上唯一地计算出空间对应的点。

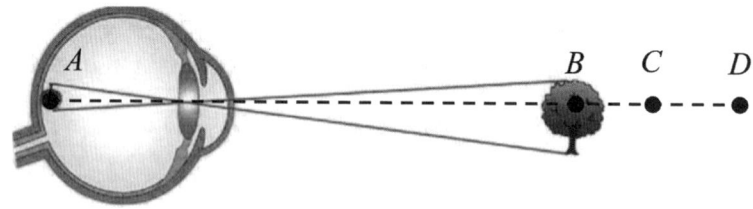

图8.8 深度唯一性问题

注：空间中的客体，经视网膜的凸透镜投射，形成视网膜像。空间信息，被携带进入到视网膜中。在虚线上，深度距离不同的3个物点 B、C、D，投射在同样一个像点 A。我们无法从像点推知客体的位置。

8.2.5.2.2 双眼空间调制

深度的唯一性问题导致我们无法通过单眼的调制，将深度信息输入到感觉系统中。这就需要考虑双眼调制问题。在双眼情况下，当双眼注视同一目标物时，同一客体位于两个光轴的交叉点（如图8.9所示）。这时由于双眼存在注视位置的差异，且光轴并不平行，因此视轴也就产生了交叉。也就是说，在单眼调节下，我们无法得到深度的唯一解，由于另外一个眼睛的加入，具有了一类约束条件，使得深度信息可以通过双眼得到调制而进入人的感觉系统。

第 8 章　认知信息通信模型

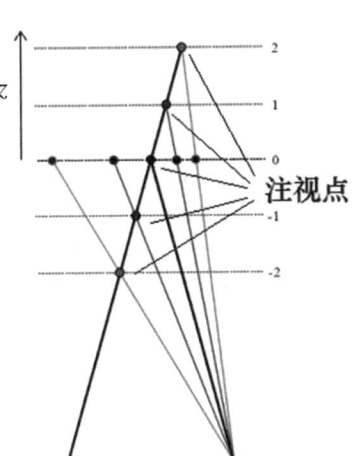

图 8.9　深度约束条件

注：在双眼情况下，客体位于两个视线的交叉点上，其中一个眼睛的视线成了一个约束条件。客体的空间位置可以进行唯一性调制。

在心理学中，还存在其他神经通道的调制过程。按照相同的思路，也可以拓展到其他感觉通道中。在这里，我们不再把这种调制的关系在每个通道中一一说明。

8.3　事件属性与分类

当我们明确了信息调制之后，我们回到一个最为原始的基本点：我们把物质性的、精神意义上的"人"作为研究对象时，把什么作为人的功能研究对象。一个基本的共识是：

（1）人的系统，是一个"信息"加工系统；

（2）神经系统，是人的信息加工的载体；

（3）认知活动，是神经系统的功能。或者说，人的精神是认知的功能体现。

这就回到了精神问题的本质：

（1）人脑加工的"信息"，其本质是什么？从数理科学而言，"信息"

的数理表达是什么？

（2）人脑精神现象，是人脑加工信息时呈现的功能现象。如何用数理的方式描述这一基本功能现象。

上述这两个问题中，任何一个问题，如果不能在数理意义上揭示其本质含义，就无法触及精神研究的本质。那么，从什么样的基本概念出发才能迅速理解和构建生物构造的信息加工的精神功能系统呢？

这两个核心问题都统一指向一个核心问题：进入人脑的信息本质是什么？这不是用一个抽象的"信息"词汇所能表达的。尽管这一词汇在认知心理学界已经深入人心，并延伸到其他科学界，如人工智能领域等。

为了实现人的精神活动功能，围绕人脑，人进化出了各种生物信息系统加工信息。确切地讲，是人的内源性与外源性的事件的信息传入到人脑，诱发人脑各类精神反应。这提示我们必须从"事件"的概念出发，首先确定人加工信息的本质。只有从这个基础出发才有可能真正意义上理解人的各个部分的功能。

8.3.1 人脑信息加工本质

在心理学界，进入人脑的事件被统称为"刺激"（stimuli），人的反应被称为"响应"（response）。从刺激不同属性出发，科学界赋予了刺激各种含义，例如客体、信息、能量等。但是，无论是内源性刺激还是外源性刺激，心理界都没有清晰界定出刺激的统一性定义。同样地，我们也无法深达人脑中加工的信息内容的本质。

这些基本概念的混淆反映了在心理学研究中，对进入人脑的"事件"这一基本概念认知不清。

从黑箱模型出发，进入人体的内源性刺激或外源性刺激都是具有"物质实体对象"所承载的"事件"。在心理学界，经常将承载事件的物质实体定义为"客体"，但这并不是"事件"的全部要素。

客体对应的事件的要素内容经人体俘获后进入人脑，进行精神活动。因此，人脑信息加工的本质是对事件内容的加工。

8.3.2 事件的物质属性与精神属性

在自然界中，物理事件以及社会生活中的事件，都会通过物质的信号与人体神经作用，转换为人可以觉知的"心理事件"，驱动精神并与精神活动发生互动。精神活动，也就是"事件"的活动。

进入人脑的事件，根据其性质可以分为两大类：物理事件和符号事件。物理事件是指具有物质客体属性，并在自然界中进行物质运动的事件，也就是通常物理学所定义的事件。这类事件涵盖了物质意义上的所有事件。第二类事件，是通过符号进行表达的事件，事件的客体是符号所指的"物质客体"，所指的事件是符号所示的物质客体的运动事件。

所有进入人脑的事件，在进入人的信息系统后，同时具有"物理事件"和"符号事件"的共同特性，这构成了"事件"的根本属性。

根据事件"客体"的不同，可以将事件分为自然物理事件（physical event）、生物事件（biology event）、社会事件（social event）、符号事件（symbol event）和心理事件（psychological event）。

这些事件又具有共同性和差异性：

（1）物质共生属性。上述所有事件，从物质本质而言，都是具有物质意义的实体作为载体的事件，这就意味着，事件在物质意义上应该遵循共通性。

（2）精神差异属性。作为精神存在物的人与动物，又与仅仅物质性的"物"不同，这导致事件在精神层面上，又要求与"物理事件"进行区分。这正是精神事件特异性的表现。换言之，物质性和精神性必须区分开来。

8.3.3 事件定义与分类

进入人脑的"物理事件"按物质客体的物质属性可以进一步分为自然物理事件、生物事件、社会事件、符号事件和心理事件。

经人脑识别后，所有事件都可以转化为符号表达的事件，即所有客体都具有了符号意义，也就是符号事件。

8.3.3.1 自然物理事件

在自然界，发生的物理事件按自然界物质运动方式运动，满足物理学定律。物理事件包括宏观运动和微观运动等事件。即，在物理学中，具有物质特性的、有形实体，在物理空间中发生空间的位置变动，表现为运动，也就是物理事件。发生事件的客体都是具有物质意义的实体（例如质点、刚体、杠杆等）。心理学中也将这类具有物质意义的实体称为"客体"。

8.3.3.2 生物活动事件

自然界的生物（植物或者动物）为了满足自身的生存需要，所进行的生物生长、生物交际（繁殖、动物社会交往等），构成了生物活动事件。这类事件符合生物学的运行规律，是生命体表现出来的一类事件。

8.3.3.3 社会活动事件

人在社会化活动中进行各种人类活动，如物质生产、社会改造、人际交往、社会运动（战争等），这些以人类为主体的活动构成了人类活动的事件。这类活动满足社会科学的普遍规律。

8.3.3.4 符号事件

人对所有事件进行语言和语义编码，并通过语言符号表达事件和交流。这类通过语言编码的事件，外化为"文字""语音"等形式，以物质形式表现出来。我们将这类事件称为符号事件。符号事件同时具有物质特性和符号的特性。

8.3.3.5 心理活动事件

上述所有事件都会通过人的感觉与知觉信息系统以及经验转换为可知觉到的心理事件。在心理活动中，根据机制和功能的不同，心理事件可以分为多类，例如①感觉事件，②知觉事件，③经验事件，④动机事件，⑤推理事件，⑥符号编码事件。其中，需要特别指出的是，自我也是一类客体，因此人对自我的感知构成了一类非常重要的心理事件。

由外界物理事件触发，转变成的心理事件被称为：心物事件。基于心物事件提供的信息，人脑根据自身已有的经验进行各类推理活动，形成了精神活动现象。这时就会发生一系列事件，包括推理事件、动机事件等。我们将这类事件统称为心理活动事件。对于这些具体事件，我们将在相应的心理学问题中进行讨论，并构建它们的机制和功能。

第三部分

神经表征原理

第 9 章　神经换能原理

神经系统是人类两大通信系统之一。神经元是构成神经信息系统的基本物质单位。人类信息内容被加载到神经上，成为神经表征的内容。神经构成了人的认知信号的通信底层。

神经元作为通信单位的性质，使得对人的通信机制的理解可以以神经元作为基石。这符合数理的逻辑，也符合还原论的基础逻辑。因为在基础单位的基础上，可以生成更复杂的信息处理单位，而人的物质器官、神经核团、神经环路的构造也确实符合这一逻辑，即通过神经元机制来构建整体性质的神经信号的处理功能，与生物学的结构逻辑也完全相符。

人类对神经元的理解，从神经元结构、缝隙、神经递质、动作电位到HH方程机制的提出，为神经元的功能机制的理解建立了最为底层的基础。这就为神经元的数字逻辑计算原理的揭示奠定了基础。

因此，将信号的内容与神经元单位联系在一起，就成为揭示神经逻辑运算的基础。它构成了理解神经逻辑运算的起点，包含了两个基本问题：

（1）神经所表征的信号与物理量、心理量之间互变关系是什么？

（2）神经之间信号互换逻辑是什么？或者说神经自身是否具有信息加工的普适性机制？它构成了神经信息的普遍性基础。

只有揭示了这两个基础问题，神经通信与编码问题才会变得清晰。目前神经科学发展至当代遭遇到的瓶颈问题，均可能通过这些底层机制的突破而得到回答，并带动计算神经的发展。这是因为：

（1）神经如果存在普适性的信号运算规则，这就意味着在复杂的网络和环路中，我们找到了普适性的基本功能单元，复杂的结构可以通过普适单元的简化来恢复整体功能。

（2）认知是神经的功能。神经一旦建立与心理量之间的互变关系，就意味着心理量可以通过神经来推演，反之同理。认知功能的关键机制就可以通过神经的编码关系、神经信号联系、生物结构器件的关系，建立生物结构功能、信号、心理量之间的关系，从而确定精神的功能。

在这一部分，我们要建立关于神经元的工作原理，它将分为下述几个关键部分：

（1）神经元通信功能的普遍性原理。

（2）神经元功能实现的电路原理。它主要由 HH 方程来回答。

（3）神经元的数字电路原理。即如何在模拟电路上，实现数字信号传输与编码。

（4）神经元的逻辑运算。在数字电路基础上，如何实现逻辑运算。

（5）神经元的逻辑控制。即把不同的神经元组合在一起时，形成神经控制的逻辑电路。它是大规模神经逻辑运算的基础。围绕这 5 个问题，我们将建立神经元的基础原理，进而使得这些基础原理成为人的神经系统功能揭示时的基础原理。

在本章中，我们将基于"物理学原理"，建立神经元和神经换能器件的换能方程，它是所有神经元信号变换中普遍遵循的一个方程。

9.1 物质守恒律

以"神经元"为基本信息单位，神经元在"生物材料"基质上构建了完备性的逻辑运算算理，它自身也构成了电信号处理的完备电器件，并成为人类信息系统搭建的基础。从哪些基本原理出发来寻找神经元工作的基本原理，成为一个关键问题。

确切地讲,神经元的信号处理建立在物理学的三个基本守恒律之上,完成神经元作为基本信息单位的构建,它包括:物质守恒、电荷守恒和能量守恒。

由此,我们将首先回顾物理学中这三个基本守恒律,并在这些基本原理的基础上建立关于物质信号变换的基本机制。

9.1.1 物理守恒律

物理学建立了三个关键性守恒律:物质守恒、电荷守恒和能量守恒。这三个守恒律被称为理解物质世界的基本和关键。在后期的发展中,物质守恒和能量守恒又发生合并,形成"质能守恒"。在低速状态下,我们仍然可以将其作为三个守恒律来使用。尤其在我们讨论生命信息时,我们将采用这三种守恒律。

物质守恒定律,也称为物质不灭定律,是自然界的基本定律之一。它是指:在任何与周围隔绝的物质系统(孤立系统)中,无论发生何种变化或过程,其总质量保持不变。换言之,变化只是改变了物质原有的形态和结构,却不能消除物质。

电荷守恒定律是指:对于一个孤立系统,无论发生什么变化,其中所有电荷的代数和永远保持不变。它是物理学的基本定律之一。

电荷的多少被称为电荷量,通常简称为电量,故电荷守恒定律又称电量守恒定律。在国际单位制中,电荷量用字母 Q 表示,单位为库仑(C)。通常正电荷的电荷量用正数表示,负电荷的电荷量用负数表示。

利用物质守恒,神经元完成了自身的生长和可塑,搭建信息通信层。利用电荷守恒,神经元实现了电信号的传送和控制,利用能量守恒,实现了信号强度大小的控制。

9.1.2 物理量变换

在神经元信号系统中,若存在某种物理或化学相互作用过程,使得在这个过程中发生物质、电荷和能量的转移,对这个系统输入的物质、电荷

第9章 神经换能原理

和能量记为 ΔM_I、ΔQ_I 和 ΔW_I，从这个系统输出的物质、电荷和能量为 ΔM_O、ΔQ_O 和 ΔW_O，则根据物理守恒律，可以得到下述变换：

$$\begin{pmatrix} \Delta M_O \\ \Delta Q_O \\ \Delta W_O \end{pmatrix} = \begin{pmatrix} 1 & & \\ & 1 & \\ & & 1 \end{pmatrix} \begin{pmatrix} \Delta M_I \\ \Delta Q_I \\ \Delta W_I \end{pmatrix} \quad (9.1)$$

这个形式也就是物质守恒律的体现。

9.1.3 物理信号守恒律

在这里，我们将质量、电荷和能量三个物理变量定义为"信号"。则 M_I 和 M_O 反映了三个物理量在转移过程中的变化大小。令

$$\boldsymbol{M}_I = \begin{pmatrix} \Delta M_I \\ \Delta Q_I \\ \Delta W_I \end{pmatrix} \quad (9.2)$$

$$\boldsymbol{M}_O = \begin{pmatrix} \Delta M_O \\ \Delta Q_O \\ \Delta W_O \end{pmatrix} \quad (9.3)$$

$\boldsymbol{M}_I$ 和 $\boldsymbol{M}_O$ 称为信号矢量。则（9.1）式可以简化为

$$\boldsymbol{M}_I = \boldsymbol{M}_O \quad (9.4)$$

这个式子被称为"物理信号守恒律"，它是我们理解信息变化的基础。当考虑信号矢量的一般性时，信号 $\boldsymbol{M}_I$ 和 $\boldsymbol{M}_O$ 均具有以下标准形式：

$$\boldsymbol{M} = \begin{pmatrix} \Delta M \\ \Delta Q \\ \Delta W \end{pmatrix} \quad (9.5)$$

$\boldsymbol{M}$ 表示物理变化过程中的信号矢量，ΔM、ΔQ、ΔW 分别表示转移过程中的质量、电荷、能量。

把物理过程中的变化量定义为信号，是将物理量转换为信息量的关键。它反映了物质世界物质的三个关键属性：质量属性、电属性和能量属性。这三个属性将渗透物理物质运作、生命信息运作和人的精神运作的信息底

层，构建信息规则的基石。这时我们将可以看到，当把信息作为一个基础物理属性时，物理信号虽然在物理守恒律的基础上构建，但是它是物质运作的一个新的基础属性。

由此，我们把"物理信号守恒律"作为一种新的定律提出来。这时，如表 9.1 所示，将具有 4 个并行的定律反映基础的物理运作过程。

表 9.1 守恒律与物质运作属性

守恒律	属性
质量守恒	质量属性
电荷守恒	电属性
能量守恒	能属性
信号守恒	信息属性

9.2 神经换能方程

神经元或由神经元垒砌构成的功能单位（例如视网膜），对信号处理的过程都可以理解为：在接收任何信号输入并对之进行处理后将其输送出去。无论什么性质的信号，它的底层都是基于能量的编码，即通过换能实现变量变动信息输送。换句话说，通过能量的转换，将外界的物质能量信号转化为电信号，与此同时，对物质属性的信息进行编制，使其进入到人的下一级神经信息系统。

这就逼近了一个基本事实：即以能量互换的物理机制将客体属性的特征量，实现由一种介质传递形式向另外一种介质传递形式的对称变换，从而实现外界客体的特征量向认知变量变换，也就是信息传递。

物理的能量变换中，就构成了神经信息逻辑运算中的一个基本约束。而能量的约束遵循"能量守恒律"，因此神经系统建立了一套以"能量守恒"为"约束条件"的信息处理关系，实现了外界与神经、神经与神经之间的信息传递。这一基本机理覆盖了人的所有神经通道。

因此，信号的神经编码问题成为理解人的神经核心机制的关键。它是人的所有神经信息加工的始端，影响后续神经加工的各个环节。

第9章 神经换能原理

从本质上来说，HH方程解释了两个层面的关系：①神经0与1的产生机制。②神经0与1的传输机制。即它是0与1信号的模拟机制。这是人类对神经数理机制理解上的基本奠基之一。

在这个基础上，我们还需要建立神经与物质属性量之间的编码机制，解决神经通信中的信号编码和译码原理。这样，在数理上我们自然地找到了理解神经编码关系的基本依据，也为从数理角度揭示人的神经编码开启了一个基础始点。以能量守恒为基础的神经编码关系也理应成为神经编码研究中的最为基础的问题之一。

9.2.1 神经单元换能方程

神经功能单元的通信底层，各种物质流驱动的能量流仍然是最基本的流动，这就为我们理解神经的编码机制提供了一个天然契机，即通过物理的能量关系来理解人的通信系统的编码关系。而任何神经单元的原初输入都是物理的，这样就使通过物理量的原始定标来理解心理量的编码成为可能，并进一步延伸至人的其他精神行为量的解释。

要讨论神经的信息编码问题，需要对神经系统进行简化。在人的神经系统中，存在各种独立的神经功能单位。无论哪一级别的神经结构单元，它们都接收外部信息的输入，并对外进行信息输出。

为了方便讨论，我们首先从整体角度将独立的功能采集单元视为一个整体。将神经元或者由神经元构成的信息单位（例如视网膜），或者神经元的某个部分独立信息处理单位（例如突触、胞体等）作为一个系统。该活体系统接收外界输入的信号，并对外输出信号，则该系统活动中的能量主要分为以下几种形式：

（1）外界刺激输入的能量 w_{si}。

（2）新陈代谢输入能 w_{bi}。

（3）存储的信号能量 w_s。

（4）噪声信号能量 w_w。

（5）对外信号输出能量 w_o。

（6）其他形式的信号能量 w_{oth}。

（7）维持自身代谢所消耗的能量 w_u。

则根据能量守恒，我们可以得到以下关系：

$$w_{si}+w_{bi} = w_s + w_u + w_w + w_o + w_{oth} \tag{9.6}$$

令

$$w_i = w_{si}+w_{bi} \tag{9.7}$$

则上式可以简化为

$$w_i = w_s + w_u + w_w + w_o + w_{oth} \tag{9.8}$$

这个方程式，我们称为"神经换能方程"。对上式进行时间微分，并令 p 表示功率，则可以得到它的功率表示形式：

$$p_{si} + p_{bi} = p_s + p_u + p_w + p_o + p_{oth} \tag{9.9}$$

和

$$p_i = p_s + p_u + p_w + p_o + p_{oth} \tag{9.10}$$

其中，$p_i = p_{si} + p_{bi}$。这两种形式，也称为"神经换能方程"。它与上述用能量形式的表述是等价的。

9.2.2 神经元耗能分解

输入到神经元的能量被神经元使用，并被分化为多种形式。刺激信号 w_{si} 输入的能量被转换为

（1）存储的信号能量 w_{ss}。

（2）噪声信号能量 w_{sw}。

（3）对外信号输出能量 w_{so}。

（4）其他形式的信号能量 w_{soth}，则可以得到

$$w_{si} = w_{ss} + w_{sw} + w_{soth} + w_{so} \tag{9.11}$$

同理，由新陈代谢输入的能量信号 w_{bi}，则主要转换为下述几种形式：

（1）从最低电位恢复到静息电位的静息电位能 w_{rs}。

（2）维持自身代谢所消耗的能量 w_{biu}。

(3) 代谢活动中噪声能量 w_{biw}。

(4) 其他形式能量 w_{bioth}。

(5) 对外信号输出能量 w_{bio}。由此，可以得到

$$w_{bi} = w_{rs} + w_{biu} + w_{biw} + w_{bioth} + w_{bio} \qquad (9.12)$$

代入（9.6）式，则可以得到

$$w_{si} + w_{bi} = (w_{rs} + w_{ss}) + w_{biu} + (w_{sw} + w_{biw}) + (w_{soth} + w_{bioth}) + (w_{so} + w_{bio}) \qquad (9.13)$$

这样，我们就找到了神经元输入信号和输出信号的能量去向。

9.2.3 神经换能方程组

在神经元中，存储的能量被用于编码并发放。由此，令

$$w_{code} = w_{rs} + w_{ss} \qquad (9.14)$$

则这一项代表了神经元从最低电位到达到阈值电位时，信号的编码过程中的能量变化。因此，我们将这一项称为"能量编码相"。

令

$$w_w = w_{sw} + w_{biw} \qquad (9.15)$$

这项代表了神经元刺激能量输入和代谢能量输入活动中，噪声存在引起的能量浪费部分。称为"噪声能量相"。

令

$$w_{oth} = w_{soth} + w_{bioth} \qquad (9.16)$$

这项代表转换为其他形式通信过程中的能量走向，称为"介导信使能量相"。

令

$$w_o = w_{so} + w_{bio} \qquad (9.17)$$

这些代表由刺激输入和代谢能量输入所贡献的神经元或者神经功能单位的总能量输出，称为"能量输出相"。

在这里，需要说明的是我们使用"相"这个定义，是因为这些能量项是一个随时间变化的过程。则由（9.13）式，就可以得到

$$w_{si}+w_{bi} = w_{code} + w_{biu} + w_w + w_{oth} + w_o \tag{9.18}$$

这个方程，是我们理解整个神经元机理的基础方程。对这个方程进行时间微分，则可以得到

$$p_{si}+p_{bi} = p_{code} + p_{biu} + p_w + p_{oth} + p_o \tag{9.19}$$

其中，p 表示功率。我们将这两个方程合并在一起，成为一个方程组：

$$\begin{cases} w_{si}+w_{bi} = w_{code} + w_{biu} + w_w + w_{oth} + w_o \\ p_{si}+p_{bi} = p_{code} + p_{biu} + p_w + p_{oth} + p_o \end{cases} \tag{9.20}$$

这个方程组，我们统称为"神经换能方程"。其本质是物理学的"能量守恒"的两种表现形式。

我们将会发现，建立这两个方程后，它们将会从神经表征和编码两个角度揭示神经元或功能单位的数理机理，并为人的神经系统的逻辑建立提供数理支撑。

9.2.4 神经生长与可塑相

上述方程是神经进行动态信息加工得到的方程组。神经每次对外输出时，神经还具有作为活体存在的一部分能量，它处于相对稳定状态，这部分能量我们记为 w_{biset}，把这一项能量代入能量方程的两边，则可以得到

$$w_{si}+w_{bi}+w_{biset} = w_{code} + (w_{biu} + w_{biset}) + w_w + w_{oth} + w_o \tag{9.21}$$

令

$$w_{gp} = w_{biu} + w_{biset} \tag{9.22}$$

w_{biset} 由细胞的遗传、生长、进化带来，称为"源相"，即它是细胞生命的基础。在此基础上，利用 w_{biu} 提供的能量实现神经细胞的生长和可塑。w_{gp} 称为"神经维持和可塑相"。则上式就可以简化为

$$w_{si}+w_{bi}+w_{biset} = w_{code} + w_{gp} + w_w + w_{oth} + w_o \tag{9.23}$$

gp 是生长和可塑性的英文缩写。同样地，对上式两边进行时间微分，就可

以得到

$$p_{si}+p_{bi}+p_{biset} = p_{code} + p_{gp} + p_w + p_{oth} + p_o \qquad (9.24)$$

这两个方程是包含了神经细胞生长、进化和可塑性在内的方程。它是一个具有更加普适意义的、理解细胞工作机制的方程。当我们不考虑生长因素的时候，则只考虑上面的换能方程组。

神经在生长的过程中，输入到神经的物质量记为 m_i，从神经元输出的物质量为 m_o，在神经元内存储的物质量为 m_g，则根据物质守恒，可以得到

$$m_i = m_g + m_o \qquad (9.25)$$

这个方程，我们称为神经元生长方程。在生长过程中，伴随着能量的变化。

9.3 神经循环通信方程

活体的神经元具有恢复到初始状态的能力，使得神经元可以往复循环运作。这构成了神经元运行的一个关键性的生物特征。如果不考虑神经元的老化，我们将这种神经元称为"理想神经元"，则它构成了神经元活动时的一个约束。在这一前提下，我们就可以简化神经元，对神经元的电活动和能量活动信号进行讨论。

9.3.1 神经元理想循环过程

神经元由胞体、轴突、树突和突触构成，在短时程来看（不考虑生长和可塑性），神经元的上述"每个部分"的活动都构成了一个"往复循环过程"。这样，神经元每个部位所承担的功能都可以简化为一个"循环过程"来处理。

假设在理想状态下，每次电活动后神经元都可以恢复到初始状态，我们将这个循环过程称为"神经元理想循环过程"。它维持了神经元信号加工的往复循环过程。

则根据物理学规律,上述的任意一个部分,输入到神经的电量、能量和输出的电量、能量均相等,即满足:

(1)能量守恒。

(2)电荷守恒。

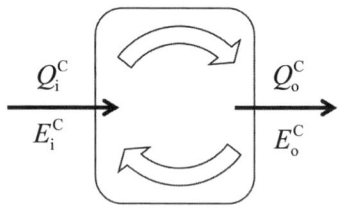

图 9.1 神经元复生循环

对于任意一个理想循环过程,设输入的电量为 Q_i^C,输入的能量为 E_i^C,输出的电量为 Q_o^C,输出的能量为 E_o^C。其中 C 是循环 circle 的缩写,则根据能量守恒和电荷守恒,可以得到输入和输出之间的关系为

$$\begin{pmatrix} Q_o^C \\ E_o^C \end{pmatrix} = \begin{pmatrix} 1 & \\ & 1 \end{pmatrix} \begin{pmatrix} Q_i^C \\ E_i^C \end{pmatrix} \quad (9.26)$$

这是胞体、树突、轴突和突触共同满足的统一循环方程。

令

$$\mathbf{S}_i^C = \begin{pmatrix} Q_i^C \\ E_i^C \end{pmatrix} \quad (9.27)$$

$$\mathbf{S}_o^C = \begin{pmatrix} Q_o^C \\ E_o^C \end{pmatrix} \quad (9.28)$$

$$\mathbf{T}^C = \begin{pmatrix} 1 & \\ & 1 \end{pmatrix} \quad (9.29)$$

其中,$\mathbf{S}_i^C$ 为循环输入矢量,$\mathbf{S}_o^C$ 为循环输出矢量,$\mathbf{T}^C$ 为循环变换矩阵,则可以得到

$$\mathbf{S}_o^C = \mathbf{T}^C \mathbf{S}_i^C \quad (9.30)$$

这个方程,我们称为"神经元循环通信方程",它是我们理解神经通

信的基础。

9.3.2 神经换能方程组

综上所述,我们就找到了神经在换能过程中的 3 个基础方程。统一记为

$$\begin{cases} w_{si}+w_{bi}+w_{biset} = w_{code}+w_{gp}+w_{w}+w_{oth}+w_{o} \\ m_i = m_g + m_o \\ \boldsymbol{S}_o^C = \boldsymbol{T}^C \boldsymbol{S}_i^C \end{cases} \quad (9.31)$$

这组方程被称为"神经换能方程组"。它分别表示了神经信号活动中的三个基本关系:能量信号关系、生长关系和信号关系。从这组方程出发,原则上我们可以推理神经的信号加工和信息通信问题。它是理解神经元"信息加工功能"最为基础的方程。

9.3.3 神经换能方程分解

神经元的结构包括突触、胞体、轴突和突触,在对信号的处理中,这些部分承担不同的功能。这些独立的部分行使了独立的信号处理功能。这就意味着,神经元的不同部分具有独立信息处理过程,它们也是独立的换能过程,则每一部分也必然满足换能方程。只是换能方程中的有些项的功能在上述各个部分时,由于不存在或者缺失而为 0。利用这个特征,就可以得到神经元器件各个部分的描述方程,从而为后续功能的讨论奠定基础。

9.3.3.1 膜电容存储信号过程

神经元的第一个独立过程是对输入的刺激信号进行求和运算,即刺激的信号被膜电容存储的过程。在这个过程中,不考虑生长、不考虑动作电位输出(均理解为 0),则神经换能方程就可以简化为

$$\begin{cases} w_{si}+\left[w_{bi}-\left(w_{biu}+w_{w}+w_{oth}\right)\right] = w_{code} \\ p_{si}+\left[p_{bi}-\left(p_{biu}+p_{w}+p_{oth}\right)\right] = p_{code} \end{cases} \quad (9.32)$$

它是对膜电容功能描述的独立方程,这里的任何一个能量的参数,均

数理心理学：心物神经表征信息学

对应膜电容系统的能量的输入、能量存储、使用、消耗和其他形式的转换。

9.3.3.2 动作电位点火过程

当膜电容存储电量达到阈值电位时，能量被转换为动作电位能量的输出，则在这个过程中，神经元活动的结果是将输入的刺激信号转换为输出的神经信号计算。同样根据能量守恒，可以得到

$$\begin{cases} w_{si} + \left[w_{bi} - \left(w_{biu} + w_w + w_{oth} \right) \right] = w_o \\ p_{si} + \left[p_{bi} - \left(p_{biu} + p_w + p_{oth} \right) \right] = p_o \end{cases} \quad (9.33)$$

它是对膜电容达到阈值，并释放动作电位的点火系统的整体描述。这里的任何一个能量的参数，均对应点火系统的能量的输入、能量输出、使用、消耗和其他形式的转换。

9.3.3.3 动作电位轴突通信过程

动作电位的能量，经轴突向末端进行传递。它由输入的能量转换，向神经后端传递，如果把神经轴突末端的信号作为输出信号，则轴突的神经传输的方程可以表述为

$$\begin{cases} w_{si} + \left[w_{bi} - \left(w_{biu} + w_w + w_{oth} \right) \right] = w_o \\ p_{si} + \left[p_{bi} - \left(p_{biu} + p_w + p_{oth} \right) \right] = p_o \end{cases} \quad (9.34)$$

它是动作电位激发后，被输入到轴突，并到达轴突末端传播，轴突整体系统的能量变换系统描述。这里任何一个能量参数，均对应点轴突系统能量的输入、能量输出、使用、消耗和其他形式的转换。

9.3.3.4 神经突触可塑过程

在神经末端的突触小体（突触前），接收来自轴突的刺激信号，并和下一级神经元的树突或胞体（突触后）在信号传递过程中进行互动，在这个过程中，神经进行可塑性修正，则它的方程可以表述为

$$\begin{cases} w_{si} + \left[w_{bi} + w_{set} - \left(w_w + w_{oth} \right) \right] = w_{gp} + w_o \\ p_{si} + \left[p_{bi} + p_{set} - \left(p_w + p_{oth} \right) \right] = p_{gp} + p_o \end{cases} \quad (9.35)$$

它是对突触系统所具有的可塑性能力进行描述的方程。这里的任何一个能量参数，均对应突触前后的能量的输入、能量存储、使用、消耗和其他形式的转换、存储。

9.3.3.5 神经突触通信过程

神经元的轴突末端分叉构成突触小体，与后一级神经元建立信号连接关系。在电活动中，胶质细胞活动也同时参与其中，实现对前后信号的干预。把三者看成一个系统，则可以得到关系：

$$\begin{cases} w_{si} + \left[w_{bi} - \left(w_w + w_{oth} \right) \right] = w_s + w_o \\ p_{si} + \left[p_{bi} - \left(p_w + p_{oth} \right) \right] = p_s + p_o \end{cases} \quad (9.36)$$

在这里储存的能量，主要表现为突触间隙的能量存储。这需要在后续数字编码逻辑中，建立突触前后的数理逻辑关系。

在上述神经元的每个部分，它们还均满足方程 $\boldsymbol{S}_o^C = \boldsymbol{T}^C \boldsymbol{S}_i^C$、$m_i = m_s + m_o$。

第 10 章 神经数电原理

根据"能量守恒"特性，建立的神经换能方程是神经元机制的基础方程。在这一物理约束下，神经将能量信号进行编码，构成神经信息系统加工和传输的材料。这时的能量信号就被转换为离散的"数字信号"，即以能量信号为基础的生成信号，也同时被数字化。因此，神经元的数字编码原理构成了神经元工作的核心机理。

神经元的数字化原理离不开神经元的物质载体。它在客观上要求，在神经物质数字电路上建立神经元的数字化信号的加工和处理机制。

神经数字化原理的揭示，涉及两个基本原理的建立："数位"和"数字进制"。它植根于神经元运作的两个基本原理：能量守恒和电量守恒。

即神经元电信号以"电荷"为载体，神经元利用自恢复特性，使得电信号活动在往复循环中，在 "电荷"的传递中，具有了"守恒性"，它成为理解神经元工作机制的关键。神经元利用自恢复特性，构成可以往复使用、可控电信号处理的电子元器件。

神经元作为电子元器件可以实现神经电信号数字输入、放大、编码和传输功能。这就是把神经作为数字电子器件的根源，因此，我们将这个问题统称为"数字神经元器件问题"。

神经元作为电子器件的功能，植根于它的电化学功能。我们将根据电化学来建立这个关键过程。我们首先建立它的"数字"工作机制，然后在后续的神经元的模拟电路机制中，寻找数字电路参量的建立的电化学机理。

在本章中，我们将根据神经元细胞的三个部分——细胞体、轴突和突触，建立神经元的数字电路原理。

10.1 神经编码方程

神经元将输入的信号的能量进行转换后，进行编码输出。并非所有的神经元都以动作电位形式输出编码（例如，视网膜中只有神经节才实现动作电位发放）。神经换能方程从"能量守恒"中，建立了神经间信号活动中的能量关系，即信号活动中的换能关系。

从这个角度出发，并根据神经的活动的特征"频率编码"，就可以建立神经元在信号处理中的功能机制。

10.1.1 神经换能编码

人的认知系统中，神经的功能单元利用物理学的"能量守恒"的约束条件，实现神经的编码控制，并担负了三种形式的功能作用。

（1）物理能量转换为神经电能。这时，物理能量被编辑为脉冲编码，实现物理属性信息向神经数字编码变换。

（2）神经电能转换为机械能。这时，神经的电脉冲被转换为人的机械系统可以制动的机械动作，实现对运动系统运作的控制。

（3）中枢控制。在人的神经系统中，经常存在一些神经节，接收来自不同神经系统的信号，在神经节中进行整合，而成为下一级的控制信号。

在这里，我们主要讨论第一种关系。后续两种关系将在后续相应的章节中进行讨论。

在通常情况下，神经功能单元利用输入的不同形式的物理能量进行频率编码，即神经功能的输出是神经的脉冲形式（有些功能单元则不输出神经脉冲，如视觉的视锥细胞、视杆细胞和双极细胞）。

对于神经元而言，如果能够促发神经内动作电位，则以神经胞体中的动作电位促发点为始点位置。首先考虑最简单的单脉冲动作电位，每份携带的能量为 E_u，在 Δt 时间内促发的电脉冲的个数为 n。n 是时间的函数，记为 $n(t)$。则这个时间段内，输出的总能量表示为

$$w_o = E_u n(t) \tag{10.1}$$

若 E_u 为一个常数，则对上式两边进行微分，则可以得到

$$\frac{dw_o}{dt} = E_u \frac{dn(t)}{dt} \tag{10.2}$$

令

$$f_u(t) = \frac{dn(t)}{dt} \tag{10.3}$$

也就是单位时间内发放的频率的个数，如果时间以"秒"为单位，则它的单位是"赫兹"。可以得到

$$p_o = E_u f_u(t) \tag{10.4}$$

这就是神经元的输出的编码。这样，我们就找到了输出的编码形式。这个方程，我们称为"神经换能编码方程"。它是一个以功率形式得到的编码方程。同样，对于输入到神经元的脉冲能量，这一形式同样适用。

10.1.2 神经元编码器

神经元的膜电容具有阈值电压，一旦达到阈值电压，则实现动作电位的点火。阈值是点火促发的根源。它的编码函数满足式（10.4），因此，阈值函数和功率编码构成了神经的信号编码器。它的信号发生机制并不是0-1的编码，而是能量编码。E_u 构成了最小能量单元，或者说是"量子化编码"。接下来，我们将讨论神经的量子化编码问题。在这里我们将阈值和功率编码合在一起的功能称为"神经元的编码器"，用图10.1来表示。

第10章 神经数电原理

$$\boxed{p_o = E_u f_u(t)}$$

编码器

图 10.1　编码器

10.1.3　神经编码器信息量

在神经编码中，频率编码是神经采用的基本形式。设频率发放的周期为 T，则满足

$$T = \frac{1}{f_u(t)} \quad (10.5)$$

神经发放的过程中，形成了"能量的信息流"。它的调制函数 T_u 就可以表示为

$$T_u = \frac{E_u}{T} \quad (10.6)$$

即神经利用不同的时间周期，发放出单位能量 E_u。则在一个微小的时间内，神经发放的能量 $\mathrm{d}w_o$ 可以表示为

$$-\mathrm{d}w_o = \frac{E_u}{T}\mathrm{d}t \quad (10.7)$$

两边同时积分，则可以得到

$$w_o = E_u \ln f_u(t) \quad (10.8)$$

这个公式反映了输出能量的状态。令 $S_u = \ln f_u(t)$，称为"神经编码信息熵"，则可以得到

$$w_o = E_u S_u \quad (10.9)$$

则如果出现一个能量变化 Δw_o 时，必然对应着 ΔS_u。它是由发放的时间周期变化而引起的，ΔS_u 则是这个变化的度量，我们称为"编码信息量"，满足

$$\Delta w_o = E_u \Delta S_u \quad (10.10)$$

频率或者周期，构成了对输入的能量信号进行调制的关键。即能量的输出是调频形式的。设频率的值域为 $[f_{\min}, f_{\max}]$，这就构成了能量信号传输的带宽。

10.1.4 神经单元编码成分

在神经换能中，输入的功率包含两个成分：①外界刺激信号的能量输入；②自身新陈代谢的能量交换。这两个成分均会引起神经功能单元的能量输出。根据神经频率编码式，上述神经的编码也就理应包含两个部分。

10.1.4.1 新陈代谢编码

根据 $w_o = w_{so} + w_{bio}$，两边对时间微分，可以得到输出的功率形式，有两个成分：

$$p_o = p_{so} + p_{bio} \tag{10.11}$$

如果没有外界刺激信号的输入，也就是 $p_{si} = 0$。这时神经元的能量仅仅由代谢输入产生。输出中 $p_{so} = 0$，这时新陈代谢的其他能量信号 w_{bioth} 中，如果有转换为存储信号，就可能会出现神经元信号的累加，从而促发频率发放。这时就会出现一个输出的信号：

$$p_o = p_{bio} \tag{10.12}$$

根据频率编码表达式，它贡献的频率表达部分，可以表示为

$$p_{bio} = E_u f(t)_{bio} \tag{10.13}$$

$f(t)_{bio}$ 为新陈代谢诱发的神经功能单元发放频率。它是在没有外界刺激信号时，神经功能单元自己发放的频率，称为"基频频率"。

10.1.4.2 刺激编码

令 $f_{so}(t)$ 表示由外界刺激输入引起的频率输出，则它输出的功率可以表示为

第 10 章 神经数电原理

$$p_{so} = E_u f_{so}(t) \quad (10.14)$$

则存在以下关系：

$$\begin{aligned}p_{so}+p_{bio} &= E_u\left[f_{so}(t)+f_{bio}(t)\right] \\ &= E_u f_u(t)\end{aligned} \quad (10.15)$$

由此，则神经功能单元的频率总输出可以表示为

$$f_u(t) = f_{so}(t)+f_{bio}(t) \quad (10.16)$$

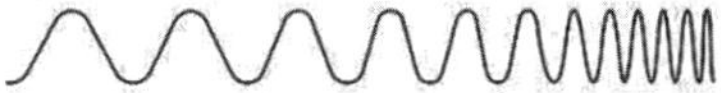

图 10.2 频率编码叠加关系

它是上述两个成分在时间序列上的叠加，这时，总的输出功率就可以表示为

$$p_o = E_u \cdot \left[f_{so}(t)+f_{bio}(t)\right] \quad (10.17)$$

这个关系就清晰地表明了人的神经通信中存在两个频段。根据上式，我们可以得到 $f_{so}(t)=f_u(t)-f_{bio}(t)$，而 $p_{so}=E_u f_{so}(t)$，则可以得到

$$p_{so} = E_u\left[f_u(t)-f_{bio}(t)\right] \quad (10.18)$$

这个关系式被称为"信号功率编码公式"，这是一个非常有趣的关系。这个关系给出了仅仅由外界刺激信号输入诱发的频率的关系。当外界输入功率为 0 时，$f_o(t)=f_{bio}(t)$。神经功能单元的输出频率即为基频频率。当外界开始有输入时，从基频开始，$f_u(t)$ 开始增加，神经功能单元的频率开始变大，由于它与基频比较接近，这时的信号被淹没在基频中而无法区分，如图 10.3 所示。

只有当 p_{si} 增加到某个值时，发放的频率 $f_u(t)$ 和 $f_{bio}(t)$ 才能区分开来，满足信号探测的要求。信号开始从基频中剥离出来，这时的值被称为阈值，记为 p_{To}，则满足以下关系：

$$p_{To} = E_u\left[f_{To}(t)-f_{bio}(t)\right] \quad (10.19)$$

其中，$f_{\text{To}}(t)$ 为阈值时的神经输出频率，这时，我们就可以得到临界的频率为

$$f_{\text{To}}(t) = \frac{p_{\text{To}}}{E_u} + f_{\text{bio}}(t) \quad (10.20)$$

这就意味着，尽管外界信号从 0 开始增加，但由于基频的存在，会使得频率的编码在整体上偏移了一个阈值，才能使得输入的物理量被区分开来。这个根源，可能是绝对阈值产生的核心根源。同样地，从任意一个值开始，到下一个值被区分出来，就是相对阈值产生的神经编码根源。

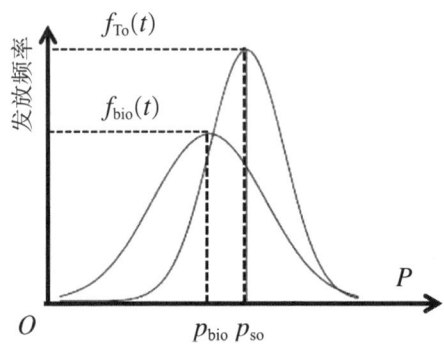

图 10.3　频率编码与能量关系

注：由于基频的存在，外界输入的能量引发神经功能单元频率发放编码。只有超过阈值时，刺激的编码才不会被基频噪声淹没。

10.2　神经元加法方程

根据 HH 方程所揭示的机制，神经元细胞的细胞膜构成了一个电容，能够接收来自外界的信号。膜电容在静息电位到发放编码之前，可以实现外部刺激电量的输入，实现外部信号电量的叠加，也就构成了加法器。

对于这个加法器，神经元树突是输入。它和上一级神经元的轴突末梢相连接，形成了上级神经元对下级神经元的控制。在轴突末梢和树突之间，通过特殊的生化环路，实现了神经递质的传递和恢复，使得信号得以忠实

地传递。

为了简化问题，我们首先不考虑从前突触到后突触的传递过程，而仅考虑输入到膜电容时的能量和电量过程。这使得膜电容的加法器的原理得以显现。

10.2.1 膜电容编码输入

用 j 来表示输入到膜电容的突触的标号，它输入到膜电容的每个电脉冲的能量为 E_{ji}^{SY}，电量为 Q_{ji}^{SY}，n_j 为第 j 个突触输入到膜电容的电脉冲的个数，或者是动作电位的个数。则可以得到下述关系：

$$\begin{pmatrix} n_1 E_{1i}^{\mathrm{SY}} \\ \vdots \\ n_j E_{ji}^{\mathrm{SY}} \\ \vdots \\ n_m E_{mi}^{\mathrm{SY}} \end{pmatrix} = \begin{pmatrix} E_{1i}^{\mathrm{SY}} & & & & \\ & \ddots & & & \\ & & E_{ji}^{\mathrm{SY}} & & \\ & & & \ddots & \\ & & & & E_{mi}^{\mathrm{SY}} \end{pmatrix} \begin{pmatrix} n_1 \\ \vdots \\ n_j \\ \vdots \\ n_m \end{pmatrix} \quad (10.21)$$

$$\begin{pmatrix} n_1 Q_{1i}^{\mathrm{SY}} \\ \vdots \\ n_j Q_{ji}^{\mathrm{SY}} \\ \vdots \\ n_m Q_{mi}^{\mathrm{SY}} \end{pmatrix} = \begin{pmatrix} Q_{1i}^{\mathrm{SY}} & & & & \\ & \ddots & & & \\ & & Q_{ji}^{\mathrm{SY}} & & \\ & & & \ddots & \\ & & & & Q_{mi}^{\mathrm{SY}} \end{pmatrix} \begin{pmatrix} n_1 \\ \vdots \\ n_j \\ \vdots \\ n_m \end{pmatrix} \quad (10.22)$$

对上式进行时间微分，则可以得到

$$\begin{pmatrix} P_{1i}^{\mathrm{SY}} \\ \vdots \\ P_{ji}^{\mathrm{SY}} \\ \vdots \\ P_{mi}^{\mathrm{SY}} \end{pmatrix} = \begin{pmatrix} E_{1i}^{\mathrm{SY}} & & & & \\ & \ddots & & & \\ & & E_{ji}^{\mathrm{SY}} & & \\ & & & \ddots & \\ & & & & E_{mi}^{\mathrm{SY}} \end{pmatrix} \begin{pmatrix} f_1 \\ \vdots \\ f_j \\ \vdots \\ f_m \end{pmatrix} \quad (10.23)$$

$$\begin{pmatrix} I_{1i}^{SY} \\ \vdots \\ I_{ji}^{SY} \\ \vdots \\ I_{mi}^{SY} \end{pmatrix} = \begin{pmatrix} Q_{1i}^{SY} & & & & \\ & \ddots & & & \\ & & Q_{ji}^{SY} & & \\ & & & \ddots & \\ & & & & Q_{mi}^{SY} \end{pmatrix} \begin{pmatrix} f_1 \\ \vdots \\ f_j \\ \vdots \\ f_m \end{pmatrix} \quad (10.24)$$

其中，P 表示功率，I 表示电流。

10.2.2 膜电容加法器原理

输入到膜电容加法器信号，在膜电容中进行求和。在未达到阈值的情况下，可以得到膜电容的总能量和总电量表示为

$$E_T^{SY} = \sum_{n_j=1} n_j E_{ji}^{SY} \quad (10.25)$$

$$Q_T^{SY} = \sum_{n_j=1} n_j Q_{ji}^{SY} \quad (10.26)$$

用矩阵可以表示为

$$E_T^{SY} = \begin{pmatrix} 1 & \cdots & 1 & \cdots & 1 \end{pmatrix} \begin{pmatrix} E_{1i}^{SY} & & & & \\ & \ddots & & & \\ & & E_{ji}^{SY} & & \\ & & & \ddots & \\ & & & & E_{mi}^{SY} \end{pmatrix} \begin{pmatrix} n_1 \\ \vdots \\ n_j \\ \vdots \\ n_m \end{pmatrix} \quad (10.27)$$

$$Q_T^{SY} = \begin{pmatrix} 1 & \cdots & 1 & \cdots & 1 \end{pmatrix} \begin{pmatrix} Q_{1i}^{SY} & & & & \\ & \ddots & & & \\ & & Q_{ji}^{SY} & & \\ & & & \ddots & \\ & & & & Q_{mi}^{SY} \end{pmatrix} \begin{pmatrix} n_1 \\ \vdots \\ n_j \\ \vdots \\ n_m \end{pmatrix} \quad (10.28)$$

对这两个式子进行时间微分，则可以得到

$$\boldsymbol{P}_\mathrm{T}^\mathrm{SY} = \begin{pmatrix} 1 & \cdots & 1 & \cdots & 1 \end{pmatrix} \begin{pmatrix} E_{1i}^\mathrm{SY} & & & & \\ & \ddots & & & \\ & & E_{ji}^\mathrm{SY} & & \\ & & & \ddots & \\ & & & & E_{mi}^\mathrm{SY} \end{pmatrix} \begin{pmatrix} f_1 \\ \vdots \\ f_j \\ \vdots \\ f_m \end{pmatrix} \quad (10.29)$$

$$\boldsymbol{I}_\mathrm{T}^\mathrm{SY} = \begin{pmatrix} 1 & \cdots & 1 & \cdots & 1 \end{pmatrix} \begin{pmatrix} Q_{1i}^\mathrm{SY} & & & & \\ & \ddots & & & \\ & & Q_{ji}^\mathrm{SY} & & \\ & & & \ddots & \\ & & & & Q_{mi}^\mathrm{SY} \end{pmatrix} \begin{pmatrix} f_1 \\ \vdots \\ f_j \\ \vdots \\ f_m \end{pmatrix} \quad (10.30)$$

令编码矢量为

$$\boldsymbol{F}_\mathrm{T}^\mathrm{SY} = \begin{pmatrix} f_1 \\ \vdots \\ f_j \\ \vdots \\ f_m \end{pmatrix} \quad (10.31)$$

令加法矢量为

$$\boldsymbol{T}_\mathrm{T}^\mathrm{SY} = \begin{pmatrix} 1 & \cdots & 1 & \cdots & 1 \end{pmatrix} \quad (10.32)$$

令"能量数位矩阵"为

$$\boldsymbol{E}_\mathrm{T}^\mathrm{SY} = \begin{pmatrix} E_{1i}^\mathrm{SY} & & & & \\ & \ddots & & & \\ & & E_{ji}^\mathrm{SY} & & \\ & & & \ddots & \\ & & & & E_{mi}^\mathrm{SY} \end{pmatrix} \quad (10.33)$$

令"电量数位矩阵"为

$$\boldsymbol{Q}_{\mathrm{T}}^{\mathrm{SY}} = \begin{pmatrix} Q_{1i}^{\mathrm{SY}} & & & & \\ & \ddots & & & \\ & & Q_{ji}^{\mathrm{SY}} & & \\ & & & \ddots & \\ & & & & Q_{mi}^{\mathrm{SY}} \end{pmatrix} \quad (10.34)$$

则我们就得到了膜电容加法器输入的工作原理：

$$\boldsymbol{P}_{\mathrm{T}}^{\mathrm{SY}} = \boldsymbol{T}_{\mathrm{T}}^{\mathrm{SY}} \boldsymbol{E}_{\mathrm{T}}^{\mathrm{SY}} \boldsymbol{F}_{\mathrm{T}}^{\mathrm{SY}} \quad (10.35)$$

$$\boldsymbol{I}_{\mathrm{T}}^{\mathrm{SY}} = \boldsymbol{T}_{\mathrm{T}}^{\mathrm{SY}} \boldsymbol{Q}_{\mathrm{T}}^{\mathrm{SY}} \boldsymbol{F}_{\mathrm{T}}^{\mathrm{SY}} \quad (10.36)$$

这个矩阵联系了神经的编码、输入能量和电量、加法三者之间，与输入的信号功率、电流之间的关系。接下来，我们将回答能量和电量的数理本质。

10.2.3 膜电容加法器数位假设

根据上述数理关系，可以得到下述关系：

$$\boldsymbol{E}_{\mathrm{T}}^{\mathrm{SY}} = \begin{pmatrix} E_{1i}^{\mathrm{SY}} & \cdots & E_{ji}^{\mathrm{SY}} & \cdots & E_{mi}^{\mathrm{SY}} \end{pmatrix} \begin{pmatrix} n_1 \\ \vdots \\ n_j \\ \vdots \\ n_m \end{pmatrix} \quad (10.37)$$

$$\boldsymbol{Q}_{\mathrm{T}}^{\mathrm{SY}} = \begin{pmatrix} Q_{1i}^{\mathrm{SY}} & \cdots & Q_{ji}^{\mathrm{SY}} & \cdots & Q_{mi}^{\mathrm{SY}} \end{pmatrix} \begin{pmatrix} n_1 \\ \vdots \\ n_j \\ \vdots \\ n_m \end{pmatrix} \quad (10.38)$$

设 E_{ji}^{SY} 或者 Q_{ji}^{SY} 作为一个"数位"，则每个突触输入的动作电位的个数就是它在这个数位上的"数字"。换句话说，膜电容实现的是"数字"

的计算。这个关系可以用中国的算盘来说明，在算盘上，E_{ji}^{SY} 或者 Q_{ji}^{SY} 表示数位，数位上的数字为 n_j。它表示的总和是数位和对应数位上的数字相乘的结果，如图 10.4 所示。

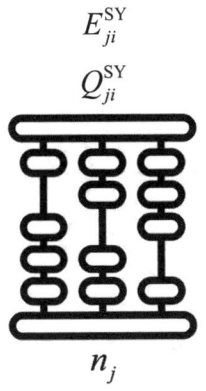

图 10.4　数位和数字关系

对上面的两个式子两边进行时间微分，则可以得到

$$\boldsymbol{P}_{T}^{SY} = \begin{pmatrix} E_{1i}^{SY} & \cdots & E_{ji}^{SY} & \cdots & E_{mi}^{SY} \end{pmatrix} \begin{pmatrix} f_1 \\ \vdots \\ f_j \\ \vdots \\ f_m \end{pmatrix} \quad (10.39)$$

$$\boldsymbol{I}_{T}^{SY} = \begin{pmatrix} Q_{1i}^{SY} & \cdots & Q_{ji}^{SY} & \cdots & Q_{mi}^{SY} \end{pmatrix} \begin{pmatrix} f_1 \\ \vdots \\ f_j \\ \vdots \\ f_m \end{pmatrix} \quad (10.40)$$

其中，$\boldsymbol{P}_{T}^{SY}$ 为功率；$\boldsymbol{I}_{T}^{SY}$ 为输入电流；f_j 为输入频率。

10.2.4　膜电容加法器

突触数位假设提供了一个基本的数学原理，即神经元利用了突触的电学原理来实现不同的输入的"重要性"的不同,即 E_{ji}^{SY} 和 Q_{ji}^{SY} 的不同,从而实现"求和"运算。这就使得膜电容成为一个"加法器"。它的这一形态可以用图 10.5 来表示。

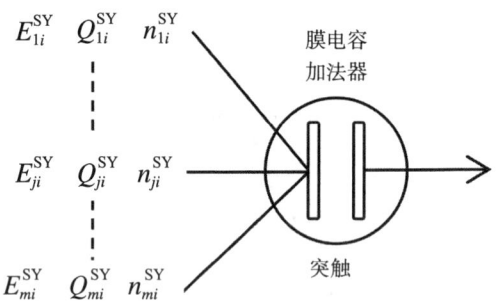

图 10.5　神经元加法器

它的信号的数理机制需要我们根据生化环路的信号传递的一般性规则来确立神经突触之间的能量和信号关系,这将是神经元信号传递与控制中的关键机制。

10.2.5　膜电容解码器

利用膜电容的加法器,可以实现对输入信号的解码。对于每个输入到膜电容的信号 E_{ji}^{SY} 和 Q_{ji}^{SY},设信号的输入频率为 $f_i(t)$,则对于第 j 个突触,输入到电容的功率为 P_{ji}^{SY},可以表示为

$$P_{ji}^{SY} = E_{ji}^{SY} f_i(t) \tag{10.41}$$

E_{ji}^{SY} 是输入到膜电容的动作电位的电量引起的,则根据电容能量表达式,可以得到

$$W = \frac{1}{2C}Q^2 \tag{10.42}$$

其中,C 为电容;Q 为电容电量。

10.3 神经元乘法方程

神经元的编码信号来源于神经元的膜电容的能量信号存储和叠加。神经元的膜电容的能量信号包含两个基本成分：外界刺激信号输入的能量和静息能量（神经细胞从最小电位恢复到静息电位所增加的能量）。这两个能量的叠加使得输入的刺激的信号被放大，从而成功编码并输出能量。这时，输入的信号被放大，神经细胞体就构成了一个电信号的放大器件。

这需要我们根据它的生化循环关系，建立神经细胞信号变换关系。

10.3.1 神经细胞体信息变换

根据细胞电生理学，神经元细胞不断进行着动作电位的发放。我们首先考虑静息电位的变化，在这个过程中，细胞内外的 Na^+ 和 K^+ 不断进行释放，并不断进行恢复，形成细胞膜上的静息电位。我们将所有粒子均统一记为 A，在 A 粒子释放时，静息电位消失，降低到细胞电位的最低值，我们把这时作为粒子的参考零点。它的释放和恢复过程就可以表示为

$$A \xrightarrow{放电} 0 - E^R \tag{10.43}$$

其中，E^R 为吸收的电能。同样，它的逆过程可以表示为

$$0 \xrightarrow{充电} A + E^R \tag{10.44}$$

由此，可以得到，在细胞体静息电位恢复的循环中，能量满足

$$E^R + (-E^R) = 0 \tag{10.45}$$

在这个过程中，冲入的电量和释放的电量满足

$$Q^R + (-Q^R) = 0 \tag{10.46}$$

也就是说细胞体可以作为一个能量和电量的转换机构。设输入到这个细胞的能量记为 E_i^R，输出的能量记为 E_o^R，输入的电量记为 Q_i^R，输出的电量记为 Q_o^R。根据上述关系，则可以得到以下关系：

$$\begin{pmatrix} E_o^R \\ Q_o^R \end{pmatrix} = \begin{pmatrix} 1 & \\ & 1 \end{pmatrix} \begin{pmatrix} E_i^R \\ Q_i^R \end{pmatrix} \tag{10.47}$$

同理，在静息电位的基础上，来自细胞外部的刺激信号的输入会使得膜电容的电量增加，并通过动作电位输出出去，它是在静息电位基础上达到阈值电位时释放的电量，之后再在阈值电位基础上进行的第二次充电过程。而这个生化过程与上述生化过程相同，它发生在从静息电位到阈值电位促发的过程中。由外界输入的能量在静息电压的基础上注入新的电量和电能。我们将这部分能量和电量称为点火能和点火电量，分别记为 E_i^F 和 Q_i^F。

这部分能量和电量也构成了神经细胞体的输出部分，我们将这部的输出记为 E_o^F 和 Q_o^F，则根据能量守恒和电荷守恒，可以得到

$$\begin{pmatrix} E_o^F \\ Q_o^F \end{pmatrix} = \begin{pmatrix} 1 & \\ & 1 \end{pmatrix} \begin{pmatrix} E_i^F \\ Q_i^F \end{pmatrix} \quad (10.48)$$

将上述两个成分相加，就得到了静息电能和点火能量，促发的动作电位的总能量和电量，表示为

$$\begin{pmatrix} E_o^R + E_o^F \\ Q_o^R + Q_o^F \end{pmatrix} = \begin{pmatrix} 1 & \\ & 1 \end{pmatrix} \begin{pmatrix} E_i^R + E_i^F \\ Q_i^R + Q_i^F \end{pmatrix} \quad (10.49)$$

令 $E_o^{CB} = E_o^R + E_o^F$，则 E_o^{CB} 就是动作电位输出的总能量，令 $Q_o^{CB} = Q_o^R + Q_i^F$。这样，这个式子就可以简化为

$$\begin{pmatrix} E_o^{CB} \\ Q_o^{CB} \end{pmatrix} = \begin{pmatrix} 1 & \\ & 1 \end{pmatrix} \begin{pmatrix} E_i^R + E_i^F \\ Q_i^R + Q_i^F \end{pmatrix} \quad (10.50)$$

10.3.2 细胞体放大效应

对于膜电容，因为具有加法能力，把静息电位增加过程中的能量和外界刺激输入的能量进行了求和，这样使得刺激的输入的能量和电量增加，也就构成了放大器，如图 10.6 所示。我们定义输出和输入之间的关系为放大率 A_P^{CB}，则可以得到

$$A_P^{CB} = \frac{E_o^{CB}}{E_i^F} \quad (10.51)$$

第10章 神经数电原理

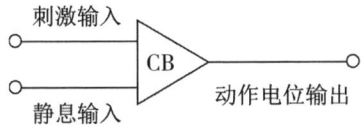

图 10.6　神经元细胞体放大器模型

根据电学原理，电容能量表达式为

$$W = \frac{1}{2}CU^2 = \frac{1}{2}\frac{Q^2}{C} \quad (10.52)$$

其中，W 为电容的能量；C 为电容；U 为电容电压；Q 为电容电量。则可以得到

$$\frac{E_o^{CB}}{E_i^F} = \frac{Q_o^{CB}}{Q_i^F} = \frac{U_o^{CB}}{U_i^F} = A_P^{CB} \quad (10.53)$$

根据加法器原理，输入到膜电容的刺激的总能量为 E_T^{SY}，总电量为 Q_T^{SY}，即

$$\begin{aligned} E_T^{SY} &= E_i^F \\ Q_T^{SY} &= Q_i^F \end{aligned} \quad (10.54)$$

则可以得到输入和输出之间的放大关系为

$$\begin{aligned} E_o^{CB} &= A_P^{CB} E_T^{SY} \\ Q_o^{CB} &= A_P^{CB} Q_T^{SY} \end{aligned} \quad (10.55)$$

10.3.3　神经元膜电容乘法器

根据放大关系，我们就得到了神经元膜电容的乘法原理，它的数学表述如下：

$$E_o^{CB} = A_P^{CB} E_T^{SY} = A_P^{CB} \begin{pmatrix} E_{1i}^{SY} & \cdots & E_{ji}^{SY} & \cdots & E_{mi}^{SY} \end{pmatrix} \begin{pmatrix} n_1 \\ \vdots \\ n_j \\ \vdots \\ n_m \end{pmatrix} \quad (10.56)$$

$$Q_o^{CB} = A_P^{CB} Q_T^{SY} = A_P^{CB} \begin{pmatrix} Q_{1i}^{SY} & \cdots & Q_{ji}^{SY} & \cdots & Q_{mi}^{SY} \end{pmatrix} \begin{pmatrix} n_1 \\ \vdots \\ n_j \\ \vdots \\ n_m \end{pmatrix} \quad (10.57)$$

从这个意义上来说，我们可以看出，细胞体作为一个信号处理的机构，由于静息电位的存在，引入了一部分能量和电量，使得输出的能量和电量变大，信号也就得到了放大。因此，细胞体就构成了一个"信号放大器"。由此，我们可以把细胞体用放大器符号来表示，如图10.7所示。由此，我们可以得到一个放大关系：

$$\begin{pmatrix} E_o^{CB} \\ Q_o^{CB} \end{pmatrix} = \begin{pmatrix} A_P^{CB} & \\ & A_P^{CB} \end{pmatrix} \begin{pmatrix} E_T^{SY} \\ Q_T^{SY} \end{pmatrix} \quad (10.58)$$

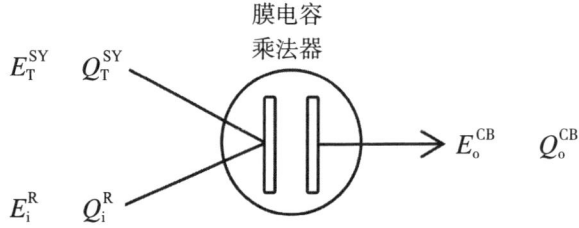

图 10.7 膜电容乘法器

放大器本质上是对输入信号的倍数的放大，放大倍数也就构成乘法的因子。因此，放大器就成了"乘法器"。

10.3.4 神经逻辑编码方程

在前面，我们已经找到了编码关系，下面对上述矩阵两侧同时乘以发放频率，则可以得到

$$\begin{pmatrix} E_o^{CB} f_u(t) \\ Q_o^{CB} f_u(t) \end{pmatrix} = \begin{pmatrix} A_P^{CB} f_u(t) & \\ & A_P^{CB} f_u(t) \end{pmatrix} \begin{pmatrix} E_i^{F} \\ Q_i^{F} \end{pmatrix} \quad (10.59)$$

第 10 章 神经数电原理

令 $P_o^{CB} = E_o^{CB} f_u(t)$，$I_o^{CB} = Q_o^{CB} f_u(t)$，

$$\begin{pmatrix} P_o^{CB} \\ I_o^{CB} \end{pmatrix} = \begin{pmatrix} A_P^{CB} f_u(t) & \\ & A_P^{CB} f_u(t) \end{pmatrix} \begin{pmatrix} E_T^{SY} \\ Q_T^{SY} \end{pmatrix} \quad (10.60)$$

前者表示神经细胞作为放大器件实现的量子信号放大机制，它是神经进行通信的基础。后者则是神经作为频率编码器件、电流放大的元器件实现的电信号放大机制，它是将神经电化学信号转变为神经频率编码，神经作为频率编码的放大器件。

$$\begin{pmatrix} P_o^{CB} \\ I_o^{CB} \end{pmatrix} = \begin{pmatrix} f_u(t) & \\ & f_u(t) \end{pmatrix} \begin{pmatrix} A_P^{CB} & \\ & A_P^{CB} \end{pmatrix} \begin{pmatrix} E_T^{SY} \\ Q_T^{SY} \end{pmatrix} \quad (10.61)$$

如果把右边展开，我们就得到了两个矩阵相乘的性质。令

$$\boldsymbol{A}^{CB} = \begin{pmatrix} A_P^{CB} & \\ & A_P^{CB} \end{pmatrix} \quad (10.62)$$

$$\boldsymbol{F}^{CB} = \begin{pmatrix} f_u(t) & \\ & f_u(t) \end{pmatrix} \quad (10.63)$$

$\boldsymbol{A}^{CB}$ 我们称为"信号放大矩"，$\boldsymbol{F}^{CB}$ 称为"神经发放矩"。$\boldsymbol{A}^{CB}$ 反映的是神经细胞体对信号的放大作用机制，而后者则反映的是神经细胞体的编码机制。

令

$$\boldsymbol{S}_i^{CB} = \begin{pmatrix} E_T^{SY} \\ Q_T^{SY} \end{pmatrix}, \boldsymbol{S}_o^{CB} = \begin{pmatrix} P_o^{CB} \\ I_o^{CB} \end{pmatrix} \quad (10.64)$$

则式（10.61）可以简化为

$$\boldsymbol{S}_o^{CB}\left(P_o^{CB}, I_o^{CB}\right) = \boldsymbol{F}^{CB} \boldsymbol{A}^{CB} \boldsymbol{S}_i^{CB}\left(E_T^{SY}, Q_T^{SY}\right) \quad (10.65)$$

在这个方程中，它包含了神经元的"加法运算""乘法运算"和"编码运算"。这样，我们就得到了神经元的"心物神经表征方程"。这一工

作性质令人惊讶，即在一个微小神经元的胞体集成了对信号处理、逻辑运算的强大功能。逻辑运算和编码输出之间的关系也就建立起来了。

10.3.5 数理意义

当我们建立了神经元的逻辑编码方程后，我们就可以清晰地看到它的基本含义。

（1）E_T^{SY} 和 Q_T^{SY} 是电容求和的基本能量和电量信号。它们由电容加法器来完成，并且是神经动作电位所表征的物理信号。

（2）这两个信号由于增加了静息电位能而被放大，成为输出信号。输出信号以功率信号的输出为标志。它们是神经动作电位信号被编码之后形成的物理信号。因此，这个方程包含了：神经脉冲表征信号、功率信号和编码信号这三层信号，由此，我们将这个方程称为"心物神经表征方程"。

（3）频率编码则构成了功率输出，也就构成了功率编码。

这三个基本机制构成了神经元信号编码的基本内核。

10.4 神经轴突通信方程

被编制的神经信号以动作电位形式沿轴突方向传播，到达轴突末端，从而形成向远端通信的数字信号，即轴突形成了信号通信"电缆"。因此，神经信号的通信机制也构成了神经元数电原理的一个内核。在这里，我们并不考虑轴突末梢形成的突触部分，这样有利于神经通信问题的简化和讨论，而突触部分有着它的另外的功能。

多数神经元的轴突由髓鞘包裹着，其中裸露部分称为郎飞节，每个节点可以看成一个"复生循环"的生化系统。轴突的复生循环系统的存在，如果是理想化的，这就意味着输入的能量和电量和输出的能量和电量相等。即等价能量信号和电量信号可以对等地被传递。

设动作峰电位传到轴突末端的能量为 E_o^{AX}，电量为 Q_o^{AX}，则根据生化环路原理，我们可以得到以下关系：

$$\begin{pmatrix} E_o^{AX} \\ Q_o^{AX} \end{pmatrix} = \begin{pmatrix} \alpha_d & \\ & 1 \end{pmatrix} \begin{pmatrix} E_o^{CB} \\ Q_o^{CB} \end{pmatrix} \quad (10.66)$$

α_d 表示传递过程中的能量衰减系数（部分能量传递中散失），即经过生化环路进行的信号传递，忠实实现了能量和电量信号的传递。如果两端同时乘以 $f_u(t)$，则可以得到

$$\begin{pmatrix} E_o^{AX} f_u(t) \\ Q_o^{AX} f_u(t) \end{pmatrix} = \begin{pmatrix} \alpha_d & \\ & 1 \end{pmatrix} \begin{pmatrix} E_o^{CB} f_u(t) \\ Q_o^{CB} f_u(t) \end{pmatrix} \quad (10.67)$$

令 $P_o^{AX} = E_o^{AX} f_u(t)$，$I_o^{AX} = Q_o^{AX} f_u(t)$，则可以得到下述关系：

$$\begin{pmatrix} P_o^{AX} \\ I_o^{AX} \end{pmatrix} = \begin{pmatrix} \alpha_d & \\ & 1 \end{pmatrix} \begin{pmatrix} P_o^{CB} \\ I_o^{CB} \end{pmatrix} \quad (10.68)$$

它是信号传递过程中的能量守恒和电流守恒的表达形式，这个方程，我们称为"轴突通信方程"。令

$$\boldsymbol{S}_o^{AX} = \begin{pmatrix} P_o^{AX} \\ I_o^{AX} \end{pmatrix} \quad (10.69)$$

$$\boldsymbol{T}^{AX} = \begin{pmatrix} \alpha_d & \\ & 1 \end{pmatrix} \quad (10.70)$$

则可以得到

$$\boldsymbol{S}_o^{AX} = \boldsymbol{T}^{AX} \boldsymbol{S}_o^{CB} \quad (10.71)$$

这个方程是矩阵表示的"轴突通信方程"。这样，轴突就可以看作一个衰减器，则我们就可以得到神经元逻辑模型，如图 10.8 所示。

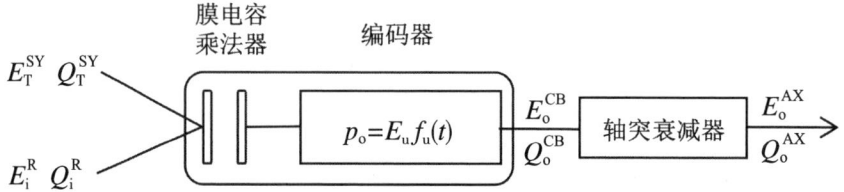

图 10.8　逻辑神经元模型

考虑到整个神经元，我们可以得到整个神经元方程为

$$S_o^{AX}\left(P_o^{AX},\ I_o^{AX}\right)=T^{AX}F^{CB}A^{CB}S_i^{CB}\left(E_T^{SY},\ Q_T^{SY}\right)\quad（10.72）$$

10.5　神经突触控制方程

神经元轴突末端分叉，形成突触小体，并与下一级神经元的胞体或树突相接触，共同构成突触。动作电位引起的内流电离子促发囊泡释放神经递质，神经递质和突触后膜的受体发生作用，电荷传入到突触后部。基于上述生理机制，可以建立突触前后的信号关系。

10.5.1　突触前分解方程

通常情况下，神经元的轴突末端会经历多次分支。设每个轴突分支的动作电位的能量为 E_{ko}^{AX}，电量为 Q_{ko}^{AX}，则可以得到关系式：

$$E_o^{AX}=\sum_{k=1}E_{ko}^{AX}\quad（10.73）$$

同理，可以得到电量表述形式为

$$Q_o^{AX}=\sum_{k=1}Q_{ko}^{AX}\quad（10.74）$$

这两个方程，我们称为"突触前信号分解方程"。

10.5.2　单突触通信方程

仅仅考虑单个突触内的连接关系。设第 k 个突触前和第 j 个突触后连接，如图 10.9 所示，且突触连接后的能量功效系数为 α_{kpp}，α_{kqq} 为电量功效系数，则可以得到

$$E_{ji}^{\mathrm{PSY}} = \alpha_{kpp} E_{ko}^{\mathrm{AX}} \qquad (10.75)$$

和

$$Q_{ji}^{\mathrm{PSY}} = \alpha_{kqq} Q_{ko}^{\mathrm{AX}} \qquad (10.76)$$

其中，E_{ji}^{PSY} 为突触输入到后一级神经元的膜电容的能量，Q_{ji}^{PSY} 为输入到后一级神经元的膜电容的电量。上两式两边同乘以 $f_u(t)$，则可以得到

$$P_{ji}^{\mathrm{PSY}} = \alpha_{kpp} P_{ko}^{\mathrm{AX}} \qquad (10.77)$$

$$I_{ji}^{\mathrm{PSY}} = \alpha_{kqq} I_{ko}^{\mathrm{AX}} \qquad (10.78)$$

I_{ko}^{AX} 为突触的输入电流，I_{ji}^{PSY} 为突触的输出电流。这样，我们就得到了突触前后的功率关系。把它们写成矩阵形式，则可以得到

$$\begin{pmatrix} P_{ji}^{\mathrm{PSY}} \\ I_{ji}^{\mathrm{PSY}} \\ f_u(t) \end{pmatrix} = \begin{pmatrix} \alpha_{kpp} & & \\ & \alpha_{kqq} & \\ & & 1 \end{pmatrix} \begin{pmatrix} P_{ko}^{\mathrm{AX}} \\ I_{ko}^{\mathrm{AX}} \\ f_u(t) \end{pmatrix} \qquad (10.79)$$

这样，我们就建立了突触前后的通信关系，这个方程，我们称为"单突触通信方程"。

10.5.3 神经突触通信方程

上面仅仅考虑了单个突触的连接关系。此处，我们考虑两个神经元的一一连接关系，即 m 个突触前和 m 个突触后连接，如图 10.9 所示。则由这 m 个突触前发到突触后的信号关系为

$$\begin{pmatrix} P_{ji}^{\mathrm{PSY}} \\ \vdots \\ P_{(j+m-1)i}^{\mathrm{PSY}} \end{pmatrix} = \begin{pmatrix} \alpha_{kpp} & & \\ & \ddots & \\ & & \alpha_{(k+m-1)pp} \end{pmatrix} \begin{pmatrix} P_{ko}^{\mathrm{AX}} \\ \vdots \\ P_{(k+m-1)o}^{\mathrm{AX}} \end{pmatrix} \qquad (10.80)$$

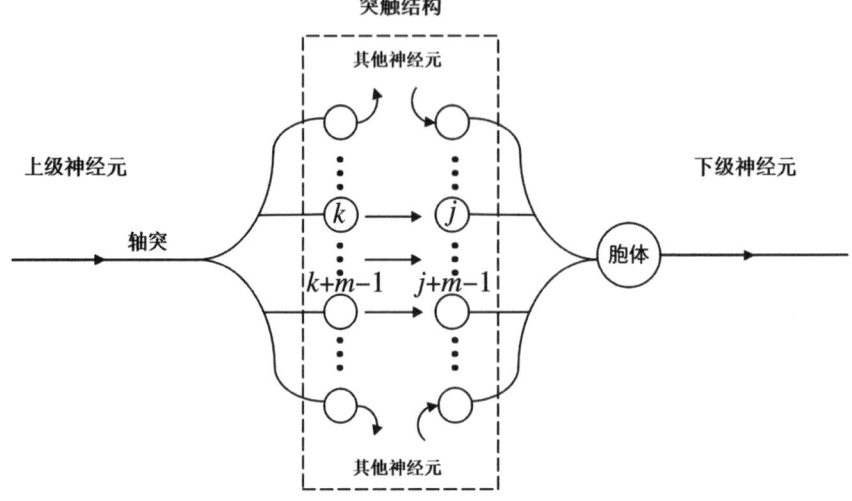

图 10.9　神经突触通信关系示意图

令

$$\alpha_{pp} = \begin{pmatrix} \alpha_{kpp} & & \\ & \ddots & \\ & & \alpha_{(k+m-1)pp} \end{pmatrix} \quad (10.81)$$

则这个矩阵，称为"突触功效矩阵"。

$$\sum_{j}^{j+m-1} P_{ji}^{PSY} = \sum_{k}^{k+m-1} \alpha_{kpp} P_{ko}^{AX} \quad (10.82)$$

这个式子可用矩阵的方式表示为

$$\boldsymbol{P}_{mi}^{PSY} = \begin{pmatrix} \alpha_{kpp} & \cdots & \alpha_{(k+m-1)pp} \end{pmatrix} \begin{pmatrix} P_{ko}^{AX} \\ \vdots \\ P_{(k+m-1)o}^{AX} \end{pmatrix} \quad (10.83)$$

其中，$\boldsymbol{P}_{mi}^{PSY}$ 表示 m 个突触输出到下一级神经元细胞体的总功率。

令 $P_{ko}^{AX} = E_{ko}^{AX} f_u(t)$，则上式就可以和加法器的表述形式相一致。

$$\boldsymbol{P}_{mi}^{\mathrm{PSY}} = \begin{pmatrix} 1 & \cdots & 1 \end{pmatrix} \begin{pmatrix} \alpha_{k\mathrm{pp}} E_{k\mathrm{o}}^{\mathrm{AX}} & & \\ & \ddots & \\ & & \alpha_{(k+m-1)\mathrm{pp}} E_{(k+m-1)\mathrm{o}}^{\mathrm{AX}} \end{pmatrix} \begin{pmatrix} f_{\mathrm{u}}(t) \\ \vdots \\ f_{\mathrm{u}}(t) \end{pmatrix}$$

（10.84）

而 $E_{ji}^{\mathrm{PSY}} = \alpha_{k\mathrm{pp}} E_{k\mathrm{o}}^{\mathrm{AX}}$，则上式可以表述为

$$\boldsymbol{P}_{mi}^{\mathrm{PSY}} = \begin{pmatrix} 1 & \cdots & 1 \end{pmatrix} \begin{pmatrix} E_{ji}^{\mathrm{PSY}} & & \\ & \ddots & \\ & & E_{(j+m-1)i}^{\mathrm{PSY}} \end{pmatrix} \begin{pmatrix} f_{\mathrm{u}}(t) \\ \vdots \\ f_{\mathrm{u}}(t) \end{pmatrix}$$

（10.85）

这样，联系神经元加法器论述可知，加法器中的"数位 E_{ji}^{PSY}"是由神经元的突触连接关系所决定的。同理，电量的关系也是如此。它们都蕴含在突触前后的连接关系中。

10.5.4 α_{pp} 的含义

α_{pp}、α_{qq} 是由神经突触前后的电路的生理性质所决定的，也就意味着神经突触前后的电路的结构改变会使得这个性质发生变化。神经突触的相关研究表明，在突触中存在学习性行为，并引起突触的生理结构的变化，进而引起功效的变化。而"功率信号关系"恰恰在数理层面表明了这一关系的存在。

E_{ji}^{PSY} 决定了突触后的输入的"数位"的大小，它的大小受 α_{pp} 调节。即神经突触结构的变化会引起突触后的输入的数位权重发生变化，从而影响突触后的膜电容能量的输入和计算。关于突触的生长机制，在此不进行讨论，我们主要关注神经的通信功能机制。

10.5.5 突触功效方程

设上级神经元轴突末端经突触传递到下一级的能量为 W_{T}。它的传递过程由囊泡释放的神经递质的粒子数来控制，即囊泡传输的粒子个数 n 影

响电荷传输，也即粒子个数调控了能量的传输。设粒子价为 m^e，则可以得到这个过程中信号传递时，能量和调制函数之间的关系：

$$dw = \frac{W_T}{n}dn \quad (10.86)$$

其中，$\frac{W_T}{n}$ 为信号调制函数，对上式进行积分，则可以得到

$$\Delta W = W_T \ln \frac{n_2}{n_1} \quad (10.87)$$

其中，n_2 为末状态的粒子数，而 n_1 为初状态的粒子数。由上式可以得到

$$\ln \frac{n_2}{n_1} = \ln \frac{\frac{n_2}{m^e}}{\frac{n_1}{m^e}} = \ln \frac{Q_2}{Q_1} = \ln \frac{I_2}{I_1} \quad (10.88)$$

其中，I 为电流。设这个过程中，信息量为 $W = W_T \ln n$，并令 $S = \ln n$，则可以得到粒子传输过程的信息和能量的关系为

$$\Delta W = W_T \Delta S \quad (10.89)$$

其中，$\Delta S = S_2 - S_1$，S_2 为末状态的粒子的信息熵，S_1 为初状态的信息熵。根据上述关系，则

$$\Delta S = \ln \frac{n_2}{n_1} = \ln \frac{Q_2}{Q_1} = \ln \frac{I_2}{I_1} \quad (10.90)$$

根据 $W = W_T \ln n$，对该式两边进行微分，则可以得到

$$P = W_T J_S \quad (10.91)$$

其中，P 为功率；$J_S = \frac{dS}{dt}$ 称为信息流速。由该式可以看出，要使突触系统的能量传输功率加大，需要对应地使信息流的流速加大，即信息量加大（如图10.10）。这就需要神经突触建立相关的机制改变信息量的流量，从而使得信号传导的功率加大，增加神经信号传输的功效。

第 10 章　神经数电原理

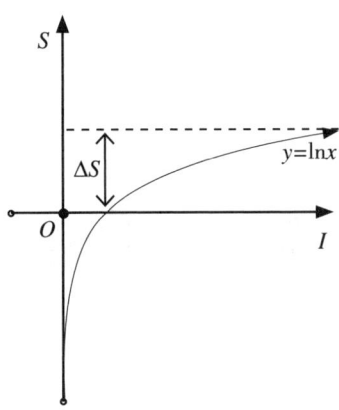

图 10.10　突触电流的信息熵关系

注：根据电流的信息熵，在初始电流一定的情况下，加大电流流量差，就会使得信息流量加大，从而改变功率的大小。

第11章 神经模电原理

神经元数电机制建立在神经元换能基理与动作电位编码之上。这一基理的实行又构建在神经元的模拟电路之上,它是以神经元生化活动为基础的。HH方程确立了神经元的电路机制。考虑到HH方程所揭示的功能学意义,我们将HH方程所揭示的生化电路机制称为神经模电方程。

在本章中,我们将综述神经元电化学发现的成果,并建立HH方程所揭示的神经元模拟电路参数与数字编码信号之间的联系,从而确立神经元数字电路的参数。神经元数电和模电关系的建立将是HH方程突破后神经科学在编码学上的一次突破。

11.1 神经模拟电路

在生物材料基底上,利用生化活动,神经元构建了神经元电路结构,使得神经元转变为电路结构,成为构建神经通信活动的基本元器件。

在神经元的不同部位:突触、树突、轴突、细胞体,它们的结构和生化活动并不完全相同,使得它们在神经元器件中承担的功能也不相同。细胞体的膜电路是神经元的重要电路。在此,我们要从热力学出发逐步建立它的电学机制。

11.1.1 神经元生物结构

在神经电路中，神经元是人类最早认识的功能单元，并建立了关于神经元器件功能机制的理解。Santiago Ramón y Cajal 首次提出了"神经元"（neuron）的概念（Cajal，1906）。通过神经染色方法证实了这一观念。Cajal 与银染色法发明人 Camillo Golgi 共享 1906 年的诺贝尔奖，而后者则是神经元的反对者。其后，神经元各种机制被发现，这一工作对神经科学的发展起到了奠基作用。

在人的神经系统中，神经元是基本的神经单位。尽管神经元具有各种形态，但它们都具有共同的基本结构：细胞体和突起。突起包含树突和轴突，轴突通常由髓鞘包裹着（Carnevale，Hines，2006）。

细胞体由细胞核、细胞膜和细胞质组成。突起有两种类型：树突和轴突。树突短而分枝多，它直接由细胞体扩张而产生，形成树枝状，用于接收其他神经元轴突传递来的神经冲动并传递给细胞体。

轴突长而分枝少，为粗细均匀的细长突起，常起于轴丘，其作用是将接收到的外界信号通过动作电位向下传输。轴突可以分出侧枝，也被称为旁路。在轴突末端，通常会形成树枝状的神经末梢。神经末梢一般分布于组织器官内，形成神经末梢装置。例如，感觉神经末梢形成各种感受器，而运动神经末梢则形成运动终板，分布在肌肉中，对肌肉产生控制。

11.1.2 膜电位生化机制

细胞膜在不同状态下对不同离子的通透性不同。在静息状态下，神经元细胞内部 K^+ 浓度高，膜外 Na^+ 浓度高，膜内外保持有数十毫伏的静息电位。在兴奋状态下。Na^+ 进入内部，K^+ 出现在外部，膜内电位升高，并促发动作电位，使得动作电位沿着轴突传导。这就包含多层机制：

（1）细胞膜的电位活动。

（2）神经轴突的电位活动。

（3）神经突触的电位活动。

数理心理学：心物神经表征信息学

在不考虑外来刺激信号的情况下，神经元的电活动主要就是膜的电位的电活动。根据物理学的热力学，我们可以对细胞膜的两端的电活动进行定量化的描述。

根据物理学，分子或者粒子在气体或者液体中运动，满足热力学的规律。当粒子在气体或者液体中时，会存在粒子的无规则、随机运动，也就是布朗运动（Brownian motion）。布朗运动是粒子的一种扩散现象（Mörters，Peres，2010）。

11.1.2.1　Fick 电离子扩散公式

在神经细胞内、外两侧，Na^+ 和 K^+ 由于浓度梯度，会出现跨膜运动，导致粒子沿着浓度高的一侧向低的一侧进行扩散。

设在神经细胞传输的电流粒子记为 X，在一维情况下，它沿膜的密度梯度为 $d[X]/dx$（在一维情况下），则电流粒子的通量 J_X，可以表示为下述形式：

$$J_{X,\text{diff}} = -D_X \frac{d[X]}{dx} \quad (11.1)$$

其中，D_X 表示扩散系数，它的单位是 $cm^2 \cdot s^{-1}$。1855 年，Fick 提出这一经验公式，也就是 Fick 电离子扩散公式（Fick，1855）。

11.1.2.2　Nernst-Planck 电粒子运动方程

除了扩散因素外，还要考虑到粒子在电场作用下造成的电扩散问题。Nernst 和 Planck 发展了上述方程，提出 Nernst-Planck 方程（Nerns，1888；Planck，1890）。

当电离子放置在电场中时，离子同样会在细胞膜的粒子通道上发生移动。在这种情况下，同样会产生电流通量。

设 z_X 是离子的化学价，R_g 为气体常数，T 为开尔文温度，F 为法拉第常数，U 是神经两端的电压，则由电场作用可以得到流量关系：

$$J_{X,\text{drift}} = -\frac{D_X F}{RT} z_X [X] \frac{dU}{dx} \quad (11.2)$$

对于电离子，同时考虑到扩散和电场作用，则它的总通量就可以表示为

$$J_X = J_{X,\text{diff}} + J_{X,\text{drift}} = -D_X \left(\frac{d[X]}{dx} + \frac{z_X F}{RT} [X] \frac{dU}{dx} \right) \quad (11.3)$$

这个方程也就是 Nernst-Planck 方程。这个方程也被用来描述离子通过神经膜的粒子的行为。这样，对粒子的跨膜的完整性的描述就找到了。

当得到了通量的完整的表述时，就可以建立通量和宏观电流之间的关系，根据物理学电学，电流强度是通过电路纵切面单位面积上的电流大小，则它可以被表示为

$$I_X = F z_X J_X \quad (11.4)$$

在神经中的粒子主要包括钠离子、钾离子和氯离子，将这些电流进行综合可以得到通过神经的膜的总电流 I：

$$I = I_{\text{Na}^+} + I_{\text{K}^+} + I_{\text{Cl}^-} = F z_{\text{Na}^+} J_{\text{Na}^+} + F z_{\text{K}^+} J_{\text{K}^+} + F z_{\text{Cl}^-} J_{\text{Cl}^-} \quad (11.5)$$

11.1.2.3 静息电位方程

当经过一段时间的扩散后，神经膜内外之间会达到电平衡状态，即静息状态。在这种情况下，神经膜内外之间将不会有电流流动。在这种情况下，$J_X = 0$。根据 Nernst-Planck 方程，我们可以得到以下公式：

$$\frac{d[X]}{dx} + \frac{z_X F}{RT} [X] \frac{dU}{dx} = 0 \quad (11.6)$$

通过化简后可以得到

$$\frac{d[X]}{[X]} = -\frac{z_X F}{RT} dU \quad (11.7)$$

对这个式子进行积分，则可以得到

$$\int_{E_m}^{0} -dU = \int_{[X]_{\text{in}}}^{[X]_{\text{out}}} \frac{RT}{z_X F [X]} d[X] \quad (11.8)$$

对上式进行计算，可以得到

$$E_\mathrm{m} = \frac{RT}{z_X F} \ln \frac{[X]_\mathrm{out}}{[X]_\mathrm{in}} \tag{11.9}$$

这个方程，即为 Nernst 方程。其中，$[X]_\mathrm{in}$ 和 $[X]_\mathrm{out}$ 是神经细胞内外的 X 粒子的浓度，E_m 是平衡时的电势，也称为 Nernst 电势，它描述了在平衡状态下膜内外之间的电势。

11.1.2.4 非静息电位方程

在非平衡状态下，为了描述半透性膜上的电流，Goldman，Hodgkin 和 Katz 发展了一种模型（Goldman，1943；Hodgkin，Katz，1949）。该假设认为粒子通过膜是独立的，膜形成的电场是恒定的。

通量受通道内容的粒子通透的梯度和电势梯度支配，并满足 Nernst-Plank 方程。GHK 方程可以表示为

$$I_X = P_X z_X F \frac{z_X FU}{RT} \left(\frac{[X]_\mathrm{in} - [X]_\mathrm{out} \mathrm{e}^{-z_X FU/RT}}{1 - \mathrm{e}^{-z_X FU/RT}} \right) \tag{11.10}$$

这个方程也被称为 Goldman-Hodgkin-Katz 方程，简称为 GHK 方程。在该方程中，由于把电场作为常量来计算，因此该方程也被称为恒常方程。P_X 表示 X 粒子的渗透度，则粒子 X 经过膜的通量可以表示为

$$J_X = -P_X \left([X]_\mathrm{in} - [X]_\mathrm{out} \right) \tag{11.11}$$

11.1.3 膜电位电路机制

神经元细胞膜是一个通透膜，离子扩散导致了膜内外两侧电荷的累积，从而形成稳定的静息电位。细胞膜具有储存电荷能力，等效为电容。Na^+ 和 K^+ 在膜两侧的运动，等效为电池。这样就形成了钠电池和钾电池，并伴随着内电阻，如图 11.1 所示。

第 11 章 神经模电原理

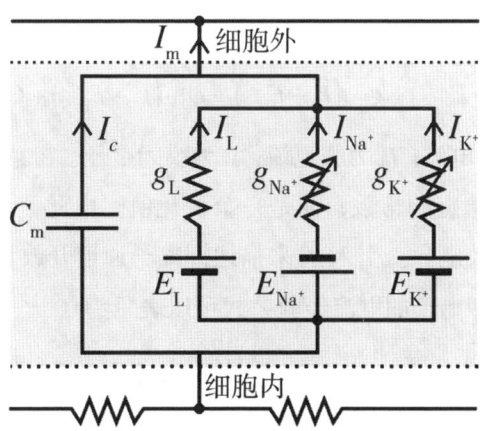

图 11.1 神经细胞膜等效电路

注：神经元的膜两端具有储存电荷的能力，等效为电容，钠离子和钾离子的作用等效为电源。漏电的作用也等效为一个漏电电源（Sterratt et al., 2012）[50]。

Hodgkin 和 Huxley 通过数学物理方法建立了细胞的 HH 方程（Hodgkin, Huxley, 1952），用于揭示神经元动作电位。根据神经生化活动，神经元细胞膜的等效电路如图 11.2 所示。

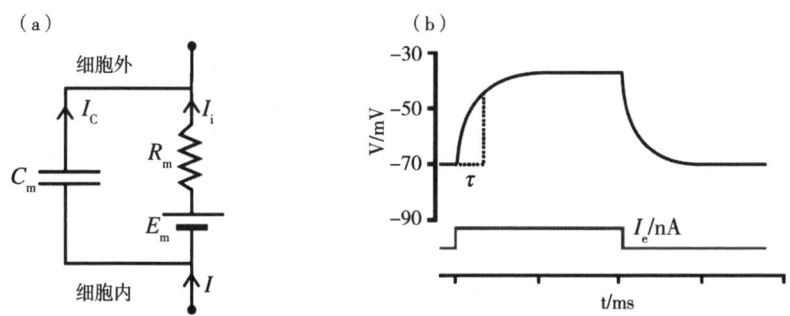

图 11.2 细胞膜等效电路

注：细胞膜由于具有存储电荷能力而等效为电容，把各种离子跨膜运动形成的电势简化为电动势，膜电阻作为内电阻，就得到了上述细胞膜等效电路。

在神经元细胞内，存在三种形式的粒子 Na^+、K^+ 和 Cl^-。这三种粒子的膜电导分别表示为 g_{Na^+}、g_{K^+}、g_{Cl^-}，三种粒子形成的电动势分别为 E_{Na^+}、E_{K^+}、E_{Cl^-}，则根据等效电路，可以得到以下关系：

$$I_m = I_{Na^+} + I_{K^+} + I_{Cl^-} + I_C$$
$$= g_{Na^+}(V - E_{Na^+}) + g_{K^+}(V - E_{K^+}) + g_{Cl^-}(V - E_{Cl^-}) + C_m \frac{\partial V}{\partial t} \quad (11.12)$$

其中，I_c 为膜电容电流；I_m 为膜电流；V 为膜间电压。在粒子通透的过程中，电导并不是一个稳定的常数，而是一个变化值。由此，设钾离子 $\overline{g}_{K^+}$ 为饱和时钾离子的最大电导。引入 n^4 来描述钾离子通道开放和关系的概率，且是时间函数，则钾离子的电流经验公式可以表示为

$$g_{K^+} = \overline{g}_{K^+} n^4 (V - E_{K^+}) \quad (11.13)$$

钠离子与钾离子相像，用 m^3 来描述钠离子通道开放和关系概率，g_{Na^+} 的失活用 h 来描述，它也是时间的函数，满足以下关系：

$$g_{Na^+} = \overline{g}_{Na^+} m^3 (V - E_{Na^+}) \quad (11.14)$$

则上式可以修改为

$$I_m = I_{Na^+} + I_{K^+} + I_{Cl^-} + I_C$$
$$= \overline{g}_{Na^+} m^3 h(V - E_{Na^+}) + \overline{g}_{K^+} n^4 (V - E_{K^+}) + g_{Cl^-}(V - E_{Cl^-}) + C_m \frac{\partial V}{\partial t}$$
$$(11.15)$$

对于传导过程，动作电位沿着轴方向传播，Hodgkin 和 Huxley 假设 "电缆" 性质在空间上是均匀的，动作电位以恒定速度传导，则可以得到下述公式：

$$I_m = \frac{a}{2R\theta} \frac{\partial^2 E}{\partial t^2} = C_m \frac{\partial E}{\partial t} + I_{Na^+} + I_{K^+} + I_{Cl^-} \quad (11.16)$$

其中，R 为轴浆电阻；a 为纤维半径；θ 为传导速度；E 为膜电位。这就是 HH 方程。利用该方程可以计算扩布性动作电位的膜电流 I_m、膜电位 E、膜电导 g_m，参数 m、n、h 等不同时项的变化。通过该方程，我们可以得到动作电位传导表示。

细胞处于静息电位时的状态称为极化，膜电位向负的方向变化时称为超极化。反之则称为去极化。经过阈值之后产生的电位称为动作电位。如图 11.3 所示。

第 11 章 神经模电原理

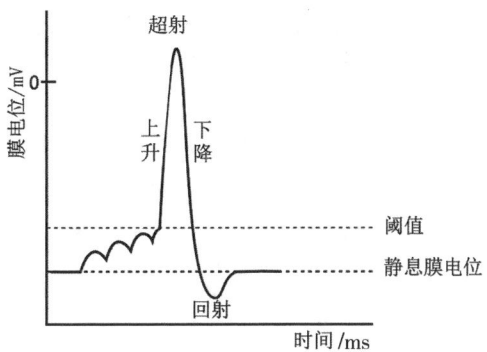

图 11.3 神经元发放过程

注：神经元在平衡状态时，处于静息电位状态。当未达到发放阈值时，外界输入信号使得膜电位增加，当达到阈值时，电脉冲发放，实现对前面信号的整合，并发放，释放出能量。

11.1.4 动作电位机制

设神经元细胞内 Na^+、K^+ 和 Cl^- 的三种膜电导分别表示为 g_{Na^+}、g_{K^+}、g_{Cl^-}。它们的总电导为 g_m，总电阻为 R_m，E_m 表示总电动势，则根据戴维南定理（Thevenin's theorem），可以得到以下关系：

$$E_m = \frac{g_{Na^+}E_{Na^+} + g_{K^+}E_{K^+} + g_{Cl^-}E_{Cl^-}}{g_{Na^+}g_{K^+}g_{Cl^-}} \quad (11.17)$$

$$\frac{1}{R_m} = g_m = g_{Na^+} + g_{K^+} + g_{Cl^-} \quad (11.18)$$

其中，E_{Na^+}、E_{K^+}、E_{Cl^-} 分别表示钠离子、钾离子、氯离子形成的电动势。根据上述简化，可以得到细胞膜的简化电路，如图 11.2（a）所示，则这个膜电路构成了 *RC* 电路。

细胞膜是具有面积的，因此，将整个电路的机制推广到一个面域时，需要对上述参数进行修正。设细胞膜上的一处面积为 a。根据电磁学知识，导体的电阻和导体的长度成正比，与电流流过的截面积成反比。因此，这个面积上的电阻为 R_m/a，则总电导为 ag_m。电容与面积成正比，则这个面积上的膜电容为 aC_m。同理，通过这个面积上的电路的总电流则为 aI。

设通过电容的电流为 I_C，膜片钳电击电流为 I_e，总膜电流为 I_i。

根据电路的基尔霍夫电流定律（Kirchhoff's current law），即节点定律，我们可以得到以下关系：

$$Ia + I_e = I_C a + I_i a \quad (11.19)$$

对该式进行整理，可以得到

$$I + \frac{I_e}{a} = I_C + I_i \quad (11.20)$$

若膜之间的电压用 V 来表示，则

$$I_i a = \frac{V - E_m}{\frac{R_m}{a}} \quad (11.21)$$

化简后得到

$$I_i = \frac{V - E_m}{R_m} \quad (11.22)$$

根据这一过程，将细胞膜看作一个电容 C_m，而 Na^+ 和 K^+ 的跨膜作用等价为电源。借助物理学的热力学理论，就可以建立这一生化过程的现象学描述，再考虑到膜的漏电流，则基于图 11.1 和图 11.2 所示等效电路，动作电位的形成过程可如下表示：用 E_{Na^+} 表示钠离子形成的电源大小；E_{K^+} 表示钾离子形成的电源大小；E_{Cl^-} 为 Cl^- 电源大小；g_{Na^+} 为钠电导；g_{K^+} 为钾电导；g_{Cl^-} 为氯离子电导；I_{Na^+} 为钠电流；I_{K^+} 为钾电流；I_{Cl^-} 为漏电流。两个端点分别表示膜内和膜外。

11.2　神经模拟信号

神经元的动作电位是神经模拟电路传输的电压和电流信号，也是一种神经模拟信号。我们设定了动作电位的能量和电量，就可以利用 HH 方程揭示的模拟电路机制建立这两个模拟信号的数量关系。

11.2.1　动作电位成分

神经元接收外界能量信号之后，从静息状态不断能量增加，一旦突破神经脉冲发放的阈值,就会进行神经信号的发放,实现神经的编码,这个编码也是能量编码的过程。这一机制由神经元的脉冲发放的生化机制来决定。

通常情况下,神经元电容在充电到平衡状态后处于静息电位状态。在神经元达到发放阈值时开始发放,电压达到一个最大值 u_{max} 之后,下降至一个最低值 u_{min}。

在这个过程中,神经元的电量主要由储能电容进行释放,汇集了外界输入电荷 Δq_{SI} 和从电压最低值到静息电位的电荷 Δq_{SR}。电容计算公式为

$$C_m = \frac{\Delta q_{SI} + \Delta q_{SR}}{(u_{max} - u_R) + (u_R - u_{min})} \quad (11.23)$$

其中,C_m 表示膜电容,它是一个常数值;u_R 表示静息电压。图 11.4 展示了膜电容的电量和电压之间的关系。根据电容特性曲线,电容两端的电量和电压呈线性关系,Δq_{SR} 是产生 $u_R - u_{min}$ 的原因,它是由神经元细胞的静息电位形成贡献的,Δq_{SI} 则是产生 $u_T - u_R$ 的原因。这样,在神经元发放的能量中,我们可以看到它的构成:

(1)外界传入的能量,由 Δq_{SI} 携带。

(2)静息电位形成中的能量,由神经元新陈代谢活动形成,由 Δq_{SR} 来携带。

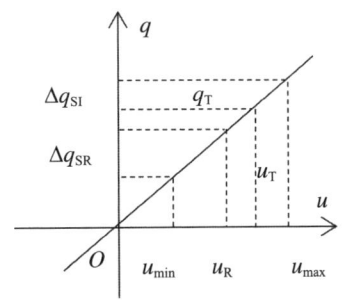

图 11.4 神经元编码能量的构成

注:神经元主要集成两部分能量,实现对能量信息的编码,Δq_{SR} 代表的是静息电位输入能量,它是由神经元自身新陈代谢活动形成的,Δq_{SI} 携带的是外界输入能量,是由外界信号输入形成的。

神经元积累电荷达到某个值之后，才会形成电脉冲发放。这个值也就是"发放阈值"，用 u_T 来表示，也称为"点火阈值"，并在一个极短时间内，达到一个很高的电压，释放出一个电脉冲，即动作电位（action potential）。

这个过程的本质是实现以能量为基础信号的编码。这就需要根据神经能量变换公式建立神经元的编码公式。

11.2.2 动作电位能量

根据动作电位变化的成分，我们可以根据神经元的模拟电路，计算出动作电位的基本能量，也就是锋电位所携带的能量。

11.2.2.1 静息能量

神经细胞膜的电容从一个最低值电压，通过生化活动，达到平衡态，即电容电压达到静息电压。在这个过程中，膜电容能量 w_{mR} 的增加可以表示为

$$w_{mR} = \int_{u_{\min}}^{u_R} q du = \int_{u_{\min}}^{u_R} C_m u du = \frac{1}{2} C_m \left(u_R^2 - u_{\min}^2 \right) \quad (11.24)$$

这个过程是由神经元细胞的生化活动实现的，其能量是连续性的。

11.2.2.2 阈值控制能量

在静息电位的基础上，神经可以接受外部能量，实现电容能量的变化。这个部分能量的增加范围为

$$w_{mT} = \int_{u_R}^{u_T} C_m u du = \frac{1}{2} C_m \left(u_T^2 - u_R^2 \right) \quad (11.25)$$

其中，w_{mT} 表示从静息能量达到阈值时所需的能量范围。利用这个能量的范围，神经可以实现对输入信号进行发放和静止的控制。

11.2.2.3 神经点火能量

神经在输入能量存储的基础上，电容电压逐步逼近发放阈值，当新的

电量到来时，电容突然产生一个高压，"点火"释放。从阈值到脉冲编码出发的最大电压值的能量为

$$w_{mF} = \int_{u_T}^{u_{max}} C_m u du = \frac{1}{2} C_m \left(u_{max}^2 - u_T^2 \right) \tag{11.26}$$

11.2.3 神经模拟信号

动作电位促发后，动作电位输出的总能量是上述三项之和：

$$\begin{aligned} w_c &= \frac{1}{2} C_m \left(u_R^2 - u_{min}^2 \right) + \frac{1}{2} C_m \left(u_T^2 - u_R^2 \right) + \frac{1}{2} C_m \left(u_{max}^2 - u_T^2 \right) \\ &= \frac{1}{2} C_m \left(u_{max}^2 - u_{min}^2 \right) \end{aligned} \tag{11.27}$$

这样，神经输入和神经输出之间的逻辑关系就找到了。这个能量也就是锋电位发放时的能量 E_u，则可以得到

$$E_u = \frac{1}{2} C_m \left(u_{max}^2 - u_{min}^2 \right) \tag{11.28}$$

同样，根据电容关系，设动作电位携带的电量为 Q_u，则可以得到

$$Q_u = C_m \left(u_{max} - u_{min} \right) \tag{11.29}$$

这样，我们就得到了两个模拟信号的量，数电的模拟信号机制也就找到了，这是由神经元的模拟电路机制所决定的。

11.3 神经轴突电缆电路

神经元的膜电路建立了以生化为基础的电路机制。它是神经元细胞膜电路机制的深入理解。在这个电路的基础上，我们可以进一步扩展到对神经轴突机制的揭示。

神经的轴突是神经元延伸出来的部分，可以将其视为一个"长电缆"。根据细胞膜电路模型，可以将"电缆"进行模型化，发展为"神经电缆模型"，从而得到神经元轴突传导电流的机制。

11.3.1 轴突方程

如图11.5所示，神经轴突是神经信号的传播"电缆"。轴突并不是均匀的形状，它由外面包裹的髓鞘分段而构成。设每节神经直径为d，神经的每节长度记为l，则每一段均可以等效为一个由膜电容、膜电阻和膜电池构成的电路。不同的段连接在一起，构成整个轴突的神经传导电路。

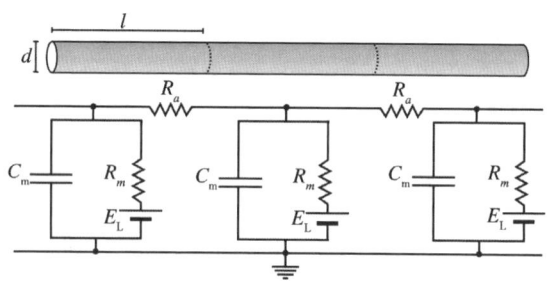

图 11.5　神经轴突电缆模型

（Sterratt et al.，2012）[36]

若将每一节看作一个圆柱体，则可以得到该节圆柱体的外表面面积为s：

$$s = \pi d l \tag{11.30}$$

通常情况下，由于内电阻远远大于外电阻。因此，外部电阻可以近似为0，则外部电路可以理解为接地。沿着轴向的每个电阻称为"轴电阻率"，用R_a表示。根据电阻的计算公式，可以得到一段神经的电阻为

$$R_a = \rho \int \frac{\mathrm{d}l}{s} = \frac{4\rho l}{\pi d^2} \tag{11.31}$$

其中，ρ为电导率。

为了方便讨论，我们给每一节的电路用数字进行编号为1, 2, ⋯, j, ⋯。如V_j表示第j个轴突单元的电压，I_j表示通过第j个轴突单元的电流。根据基尔霍夫电流定律，可以得到：

$$I_j = \frac{V_{j+1} - V_j}{\frac{4\rho l}{\pi d^2}} + \frac{V_{j-1} - V_j}{\frac{4\rho l}{\pi d^2}} \tag{11.32}$$

通过这个方程，就可以建立从头到尾的级数方程，建立神经的电压和

电流之间的关系。它是神经的电路机制关系。

11.3.2 功能神经元模型

到目前为止，我们逐步建立了能量信号、逻辑运算、编码和通信4者之间的数理关系，这是自然神经元的功能学描述。因此，我们将这个模型称为"功能神经元模型"。在这个基础上，我们将会发现它可以逐步构建人类神经系统的信息功能学，而不限于它的逻辑计算。由此，我们将上述机制合并，形成功能神经元的功能模型。

11.3.2.1 神经元信号加工器

将突触之间的输入关系和神经元加法器合并在一起，称为神经元信号加工器。它的主要功能是实现输入到输出信号的加工，如图11.6所示。

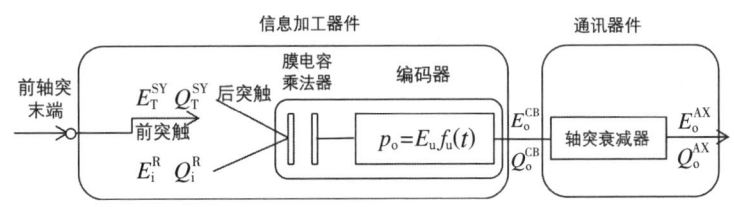

图 11.6 功能神经元模型

11.3.2.2 神经元通信器件

神经元的轴突本质上是信号传递的"电缆"，也就是把信号由当前位置向远方投放。这也意味着从神经元加工器件中输出的信号，被投向需要被投送的信号位置。这一特性也决定了其信号的映射特性。

这两个器件的构成决定了对神经元构成的信号系统机制的揭示，必然包含两个基本问题：

（1）神经信号加工机制。它的首要任务是建立输入信号和输出信号的关系，确切地讲，要弄清楚输出的信号的"数理含义"。

（2）信号映射关系。经轴突"电缆"投射到下一个器件的信号，在本质上保持了加工后的信号的数理本质。它对下一级信号的数理含义的揭示具有参照作用。这就为神经科学研究的基本逻辑提供了基本的思路。

11.4 神经量子信号表征

神经编码的过程揭示了神经编码的能量过程和能量信息的变换过程，这是一个有趣的发现，也就建立了关于神经编码的关键机制。在这个机制基础上，我们可以来讨论神经元发放信息的带宽问题。

11.4.1 神经脉冲能量单元

在前文中，我们引入了一个关键的描述量 E_u，也就是神经的单个脉冲的能量，它是神经信号编码的基础之一。这个能量形成于神经元的生化过程，并又蕴涵在能量编码过程中，当我们清楚了神经的生化和编码机制后，从数理上，我们就可以寻找到它的数理表述形式。

根据上述编码的机制，神经元吸收的能量包含静息电位形成的能量和外界输入的能量，在这个基础上，输出电脉冲。经神经元编码并输出的能量包含两个主要成分：

（1）静息电位能量。

（2）外界输入能量。

即神经脉冲（spike）从最低值到最高值之间的能量差。在这种情况下，我们主要考虑两种情况下神经脉冲（spike）的能量值：①单脉冲能量。②多脉冲能量。

11.4.1.1 单神经脉冲能量

在单脉冲情况下，也就是一个神经脉冲发送完毕后，神经的电位到达最小值，之后恢复到静息电位，开始第二次的神经发放。在这种情况下，神经脉冲不存在前后的时间叠加。它是最为简单的一类神经编码，如图11.7所示。神经发放只包含单脉冲发放情况下，可以得到

$$E_u = \frac{1}{2} C_m \left(u_{max}^2 - u_{min}^2 \right) \qquad (11.33)$$

第 11 章 神经模电原理

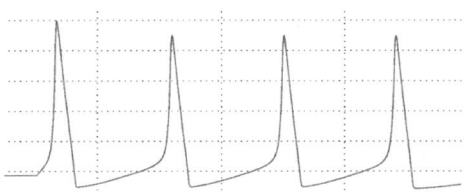

图 11.7 单脉冲神经发放

注：单个神经脉冲之间相互独立，不发生重叠，就构成了单脉冲信息发放的模式。

11.4.1.2 多神经脉冲能量

在神经活动中，也经常会出现脉冲前后叠加的情况，也就是出现了"时间叠加"效应。在这种情况下，神经发放的脉冲能量包含的成分与上述相同。不同之处在于，在这个过程中，神经元电位还没有来得及完全下降到最低水平，神经的第二个脉冲就已经到达，且仍然达到了阈值水平，甚至会出现多个脉冲叠加的情况，如图 11.8 所示。

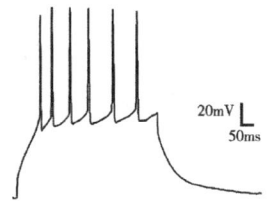

图 11.8 多脉冲神经编码

在这种情况下，它的本质是在一份静息电能和阈值电能基础上，附加了多份点火能量。设叠加的输入能量个数为 n，则第 j 个叠加的峰的能量为 $\frac{1}{2}C_\mathrm{m}\left(u_{j\max}^2 - u_\mathrm{T}^2\right)$，则可以得到叠加发放的总能量为

$$w_\mathrm{c} = \frac{1}{2}C_\mathrm{m}\left(u_\mathrm{R}^2 - u_\mathrm{min}^2\right) + \frac{1}{2}C_\mathrm{m}\left(u_\mathrm{T}^2 - u_\mathrm{R}^2\right) + \frac{1}{2}C_\mathrm{m}\sum_{j=1}^{n}\left(u_{j\max}^2 - u_\mathrm{T}^2\right)$$

$$= \frac{1}{2}C_\mathrm{m}\left(u_\mathrm{T}^2 - u_\mathrm{min}^2\right) + \frac{1}{2}C_\mathrm{m}\sum_{j=1}^{n}\left(u_{j\max}^2 - u_\mathrm{T}^2\right)$$

(11.34)

如果将 w_c 作为一个能量单位，也就是把它作为一个总的动作电位 F_u，则可以得到

$$E_u = \frac{1}{2}C_m\left(u_T^2 - u_{\min}^2\right) + \frac{1}{2}C_m \sum_{j=1}^{n}\left(u_{j\max}^2 - u_T^2\right) \tag{11.35}$$

根据这个式子可以得出结论，在多脉冲叠加的情况下，能量单位的能量增加，改善了输入的能量的量。

11.4.2 神经量子信号表征

在神经元中，神经轴突的直径为 d，轴突的电导率为 ρ，R 为轴突单位长度上的电阻，C_m 为单位面积上的膜电容，则神经传导的速度 v_n（nerve conduction velocity，简称为 NCV）（Tasaki，2004），满足以下形式：

$$v_n = \sqrt{\frac{d}{8\rho C_m^2 R}} \tag{11.36}$$

设单位时间内神经传导的长度为 λ_n，单位时间内神经传导频率为 f_u，则满足以下关系：

$$v_n = \lambda_n f_u \tag{11.37}$$

由此，我们提出"神经量子假设"：在神经上传递的能量是量子化的。若神经量子的能量记为 ε_n，则神经上传递的能量可以表示为

$$\varepsilon_n = h_u f_u \tag{11.38}$$

或者

$$\varepsilon_n = h_u \frac{v_u}{\lambda_u} \tag{11.39}$$

其中，h_u 为常数。若 $\varepsilon_n = E_u$，且发放频率为 1Hz 时，

$$h_u = \frac{E_u}{1\text{Hz}} \tag{11.40}$$

ε_n 的量纲为能量量纲焦耳。由此，我们还可以表示为

$$\varepsilon_n = n_u E_u \tag{11.41}$$

其中，n_u 为自然数。这样，我们就得到了在神经上传递的能量信号的表示，我们称为"神经量子表征"或"神经信号表征"，即在神经上发送的能量是一份份的，也就是量子化的。

11.4.3 神经信号带宽

通过神经换能的讨论，我们基本上得到了一个最为基础的机制：即神经如何通过能量的变换实现频率的编码。这是我们对神经信号通信机制的一次深入理解。更为有趣的是，在神经的频率编码中，我们分离出了两个关键频段：基频和刺激频段。这是两个完全不同的频段。

11.4.3.1 生理信号带宽

基频与神经单元的新陈代谢直接相关。而神经的新陈代谢活动与身体生理活动相关，这就意味着身体的生理活动的信号通过影响基频的信号发放，实现向高级精神活动的传输。这就意味着在神经的频率发放中，基频频段是生理信号载波的波段。这一机制的发现，为我们找到人类个体如何侦测身体内环境"生理信号"找到了切入点。

11.4.3.2 刺激信号带宽

刺激信号则在基频基础上，开辟了另外一种带宽信号。它区别于基频的信号，当达到某种值时，能为高级系统所识别。由于基频信号频段用于加载生理信号的变化，而刺激频段就是这个频段相并列的信号频段。这样，基频相对于刺激频段而言，是作为"噪声"来处理。这是我们对神经信号理解的一次非常有意义的突破。

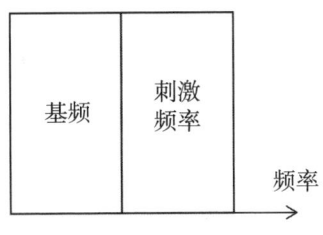

图 11.9　神经信号带宽

注：神经的频率包含两个基本带宽：基频带宽和刺激频率带宽。前者用于加载"生理信号"变化，后者用于加载外部刺激的变化。这样，就为人类个体高级认知系统同时侦测生理情况变化、外界信号变化提供了基础。

11.4.4 神经能带

神经向外释放的能量如果是离散化的脉冲，接收的也是离散化的脉冲能量，则在编码过程中，就会形成能带（energy band）。

由于神经接收信号是离散化的，这就意味着神经接收的电量也是不连续的，膜电容能量的增加也是不连续的。这就意味着在平衡状态下，神经静息状态时的能量是最低的，与发放最高处的电压能量之间形成一个能量的范围，我们称为"神经编码能带"。它的宽度就可以记为

$$E_B = \left[\frac{1}{2} C_m u_{max}^2, \frac{1}{2} C_m u_R^2 \right] \quad (11.42)$$

其中，E_B 表示能量带。神经的能带范围实际上设定了一个神经传输的能量信息的范围。当低于这个范围时，神经也将无法传输而成为信息的阻塞。这个宽度，即为神经元的"信息带宽"。

11.5 人工神经元局限性

神经的 HH 方程从本质上建立了神经元各个部分电化学机制，包括：
（1）细胞体的电化学机制。
（2）神经轴突的电化学机制。
（3）突触的电化学机制。
（4）动作电位的电化学机制。

这些机制的揭示使得神经元的电化学功能逐步显现。在电化学机制的模型上，就可以建立关于神经元的数控机制，从而构成了"数字神经元"。它是进行神经数字运算的基础。

在计算神经领域，McCulloch 和 Pitts 提出了神经元模型（McCulloch，Pitts，1943），这一模型很快在神经网络计算中被广泛使用。

尽管 HH 方程揭示了神经的电信号与生化之间的关系，但并未揭示神经元的编码问题，而 McCulloch 和 Pitts 虽然提出了神经元模型，但并未给

出神经元输入信号与信号"编码"之间的关系。而是使用权重来代替输入的信号。由于神经元作为基础信息单元的"信息编码"机制未在本质上被揭示，该模型并未获得神经科学的认可。

尽管如此，在计算机与人工智能领域，该模型仍被广泛采纳，作为神经网络运算的基本依据。因此，我们将这个神经元模型及其派生模型统称为"权重神经元模型"，或者"人造神经元模型"。

在本节中，我们将在上述基础上对该模型进行修改，在自然神经元的基础上，建立关于真实神经元的模型，这个模型我们称为"数字神经元模型"。这是因为我们将在神经电生化和神经换能方程基础上建立关于"生物神经元"的编码关系。

11.5.1 人造神经元模型

1943年，McCulloch和Pitts提出了人造神经元，如图11.10所示。在该模型中，每个树突的输入信号为x_i，每个树突输入的信号的贡献并不相同，因此，树突的重要性用权重w_{ki}来表示。神经元细胞具有膜电容，对输入的信号具有求和功能，用$\sum$来表示。当达到阈值时，输出动作电位，控制阈值的函数，也就是"激活函数"。神经元的输出用y_k来表示。这个神经元模型也就构成了权重神经元模型。

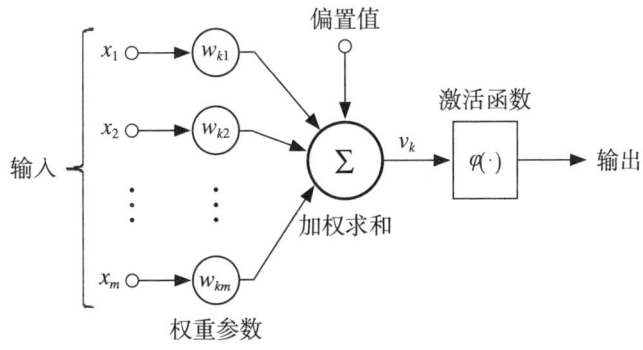

图 11.10 人造神经元模型

（McCulloch et al., 1943）

11.5.2 人造神经元模型问题

权重神经元模型抓住了神经电生理和生物结构学的关键点，具有基本合理性。

（1）神经树突抽提为信号输入。满足神经元电化学机制和神经元结构。

（2）神经元膜电容功能抽提为求和功能。满足神经元电化学机制和神经元结构。

（3）阈值和动作电位被抽提为激活函数。满足神经电化学机制。

（4）神经元的突触被简化为输出，满足神经元电化学机制。

人造神经元模型在基本功能上与神经元的电化学机制具有一一对应性，这是该模型合理的基本根源。但是，该模型也存在关键瓶颈，即它并未回答神经元输入信号和输出信号之间的编码关系。

（1）输入的信号被抽提为权重关系，但并未回答输入信号的数理表述。这是该模型的根本性瓶颈，即输入信号的本质不清楚。

（2）输入的信号在求和之后，在新的动作电位中，编码的机制仍然没有回答，而是用"激活函数"来代替，这是该模型的第二个缺陷。

（3）输出信号数理本质不清楚。由于上述两个信号本质未找到，也就导致输出的信号的本质关系并不清楚。

上述问题构成了人造神经元模型的固有缺陷。从这一关系中，我们可以清晰地看到，为何人造神经元在神经科学中不被承认的原因。神经元机制的揭示从神经元概念的提出，到神经元缝隙、神经动作电位、HH方程确立为高潮的关键性发现。神经元的机制研究已经逼近神经元的信号编码机制。

11.5.3 神经元通信方程意义

在神经元通信方程中，"能量"是最为基础的信号。它既是输入到神经中的属性变量，也是神经输出的变量。在人类神经元中，存在各种形式

第11章　神经模电原理

的神经元，从信号关系上来看，它包含两类形式神经元。

（1）换能神经元。把外界物理信号转换为神经电信号，或者把神经电信号转换为其他形式的能，这类神经元，我们称为"换能神经元"。例如，感觉神经的视锥和视杆细胞、双极细胞，把光能转换为神经电能。而运动神经元则与之相反，把神经电能转换为其他形式的能。这类神经元一般并不直接促发动作电位编码。

（2）编码神经元。把输入的动作电位信号，按照某种功能逻辑，进行编码，实现信号的编码、译码等功能。例如，感受野的神经节细胞。

无论哪种形式的神经元，神经通信方程都揭示了这些神经元之间信号变换的关系。换句话说，神经元通信方程是这些神经元在信息传输中的普适性关系。具体来说，它具有以下理论性意义。

（1）找到了神经元最为基础的信号，即在神经元中通过频率进行编码的是能量信号。

（2）解决了人造神经元输入、输出、编码之间逻辑关系不清的问题，为进一步的神经编码的深入研究奠定了基础。

（3）该模型，适用于所有形式的神经元编码问题的揭示。

这样，一个关键性瓶颈问题就得到了突破。自HH方程之后，困扰神经元信号编码的方程被找到了。神经元作为神经信号通信传输的底层，它的信号传输的本质一旦被找到后，在这一机制基础之上就可以通过垒砌方法，并结合生物结构学，找到神经垒砌的逻辑，也就可以揭示两个关键问题。

（1）生物结构背后潜在的数理含义。例如中央窝为什么与人眼光轴发生了偏离。

（2）由神经元垒砌的生物器件、器官的通信原理就会找到。它对应于人的认知功能。心理量、神经编码、官能之间的联系就找到了建立的路径。

综上所述，神经元通信方程的发现为我们进一步解释神经的工作机制，并建立和心理量、心理功能之间的关系确立了又一个桥梁。

第 12 章 神经控制原理

神经元突触分为两种类型：兴奋性突触和抑制性突触。它们释放不同类型的神经递质，实现对下一级神经元活动的影响，从本质上实现了前后两级的神经控制，这在神经反馈的通路中尤为常见。

因此，需要在神经元工作原理的机制上建立关于神经控制的一般性原理。为神经的逻辑控制问题的解决，建立关键原理，并揭示人体神经控制工程行为机制。

12.1 神经突触生化

神经突触是上级神经元与下级神经元之间的连接形式。它依赖特殊的结构和神经信号传递介质，实现两级神经元之间的信号传递和控制。在神经科学中，神经生化与结构机制已经相对清楚。我们将首先回顾这一生化过程，并在此基础上建立数理的信号控制机制。

突触前细胞借助化学信号，即递质（见神经递质），将信息转送到突触后细胞者，称化学突触，借助于电信号传递信息者，称电突触。

12.1.1 化学突触

在化学突触中，突触分为突触前（pre-synapses）和突触后（post-synapses）。突触前末端存在大量"囊泡"，在小泡内部充满高浓度小分子，也就是神经递质，如图 12.1 所示。当动作电位达到神经末端时，Ca^{2+} 由膜外进入膜内，促发突触囊泡与突触前膜靠近并融合，神经递质被释放到突触间隙，并向突触后膜扩散。

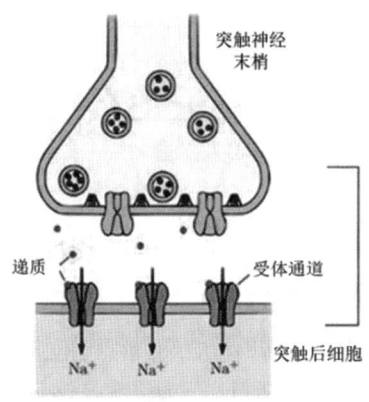

图 12.1　突触生化机制

注：在突触前，神经囊泡包裹了大量神经传递质。在动作电位激发下，囊泡移动到突触前膜底端，释放神经递质。神经递质被突触后膜受体接收，实现换能，并产生兴奋或者抑制电位。

在突触后膜，神经受体与神经介质发生反应。受体包含两个部分：接收部分和效应部分。前者主要与神经递质（配体）发生特异性结合。配体和受体相互作用，发生结合，改变受体蛋白的空间结构，诱发兴奋或抑制反应，发生换能作用，实现信号输入。

突触前膜将动作电位以神经递质释放的方式传递到突触后膜。依据对动作电位促发作用的不同，可以分为兴奋性和抑制性。兴奋性电位简写为 EPSP（全称为兴奋性突触后电位），抑制性电位简写为 IPSP（全称为抑制性突触后电位）。前者使得接受神经元的钠离子通道打开，钠离子流入使得该神经元内部正电荷升高，细胞去极化。抑制性神经递质的传递导致接收神经元的钾离子和氯离子通道打开，钾离子流出而氯离子流入，使得该神经元内部负电荷升高，细胞超极化（如图 12.2 所示）。

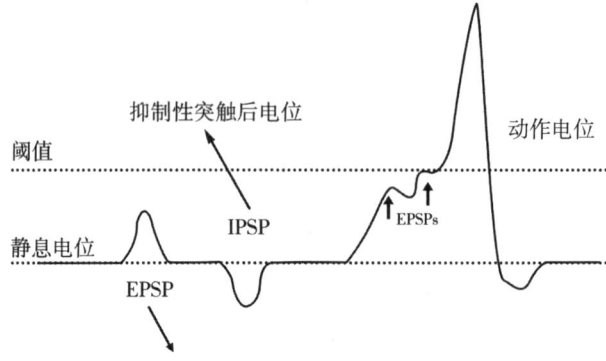

图 12.2　兴奋性和抑制性电位

注：兴奋性电位和抑制性电位方向相反，在促进动作电位发放上，作用相反，前者使电位逼近"点火阈值"，后者则相反，使静息电位远离发放阈值。

根据突触前细胞传来的信号，是使突触后细胞兴奋性上升或产生兴奋，还是使其兴奋性下降或不易产生兴奋，化学和电突触都又相应地被分为兴奋性突触和抑制性突触。使下一个神经元产生兴奋的为兴奋性突触，对下一个神经元产生抑制效应的为抑制性突触。

在神经传递介质中，谷氨酸、肾上腺素、去甲肾上腺素、多巴胺（dopamine）、乙酰胆碱、组胺等构成了不同功能类型神经元的兴奋性传递介质。而 γ-氨基丁酸、血清素则构成了不同功能类型神经元的抑制性传递介质。

12.1.2　电突触

与化学突触不同，电突触是缝隙连接，即两个神经元细胞膜紧密接触，突触小体内无突触囊泡存在。神经间由直接相连的粒子通道相连（如图 12.3 所示）。带电粒子可以通过这些通道而直接传递信号，且这种传递是双向的。电突触的这种连接方式，意味着电信号传递速度快，几乎不存在潜伏期。同时，它也意味着放电的同步性误差降低，这需要结合具体的神经功能结构来进行数理机理探索。

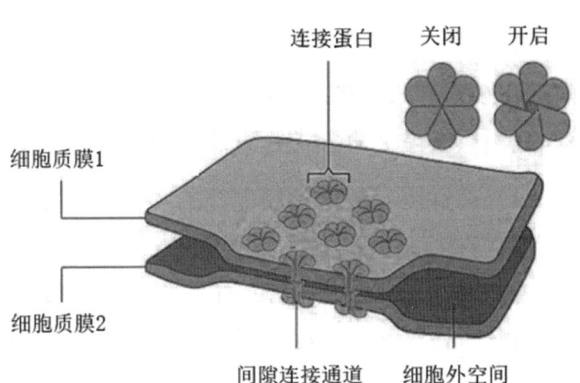

图 12.3 电突触

注：电突触由胞浆粒子通道直接连接，实现两个细胞间的粒子信号直接传输。

12.2 神经控制方程

神经元生化机制、换能机制、通信机制和编码机制，清晰地刻画出了神经元作为通信器件的基本工作机制。基于神经元的组合关系，构成"神经元器件"，并在元器件的基础上，形成具有处理某类信号能力的器官。这一逻辑需要我们在研究神经元机制的基础上，找到神经器件联系之后的逻辑电路，并确立神经的逻辑计算原理。神经突触的兴奋性和抑制性控制提供了关于信号处理的两种不同状态，这个构成为建立神经元逻辑电路机制提供了数理的物质支撑，也是神经逻辑运算的基础。

12.2.1 神经元通信控制方程

神经元通过信号输入，发放动作电位实现对信号编码。兴奋性突触和抑制性突触，对编码的作用效果正好相反，前者促进动作电位激发，而后者则使电位远离发放动作电位。这就构成了对神经编码的双向控制。也就是说，从抑制性神经突触开始，神经才具有了控制意义。否则，它只能作为单一的信号编码器和传输"电缆"。

数理心理学：心物神经表征信息学

从数理上讲，对动作电位的激发，两者之间构成了相反的两个作用，前者增加神经元电位，后者则降低神经元电位。在数理上，也就构成了"正、负"性值。这是神经元逻辑电路的基础。

为了简化，我们只考虑极简形式的两种控制：兴奋性突触和抑制性突触的两种控制。设兴奋性突触输入到膜电容的动作电位能为 E_u^{EP}，抑制性突触输入到膜电容的动作电位能为 E_u^{IP}。这是两个正、负性质相反的能量。它们对应的电量分别记为 Q_u^{EP} 和 Q_u^{IP}。它们输入到膜电容的脉冲个数记为 n_u^{EP} 和 n_u^{IP}，它们的时间微分记为 f_u^{EP}、f_u^{IP}，则可以得到下述形式：

$$\begin{pmatrix} n_u^{EP} E_u^{EP} \\ n_u^{IP} E_u^{IP} \end{pmatrix} = \begin{pmatrix} E_u^{EP} & \\ & E_u^{IP} \end{pmatrix} \begin{pmatrix} n_u^{EP} \\ n_u^{IP} \end{pmatrix} \quad (12.1)$$

$$\begin{pmatrix} n_u^{EP} Q_u^{EP} \\ n_u^{IP} Q_u^{IP} \end{pmatrix} = \begin{pmatrix} Q_u^{EP} & \\ & Q_u^{IP} \end{pmatrix} \begin{pmatrix} n_u^{EP} \\ n_u^{IP} \end{pmatrix} \quad (12.2)$$

对上式进行时间微分，则可以得到

$$\begin{pmatrix} P_u^{EP} \\ P_u^{IP} \end{pmatrix} = \begin{pmatrix} E_u^{EP} & \\ & E_u^{IP} \end{pmatrix} \begin{pmatrix} f_u^{EP} \\ f_u^{IP} \end{pmatrix} \quad (12.3)$$

$$\begin{pmatrix} I_u^{EP} \\ I_u^{IP} \end{pmatrix} = \begin{pmatrix} Q_u^{EP} & \\ & Q_u^{IP} \end{pmatrix} \begin{pmatrix} f_u^{EP} \\ f_u^{IP} \end{pmatrix} \quad (12.4)$$

根据加法器原理，则可以得到

$$E_T^{SY} = \begin{pmatrix} 1 & 1 \end{pmatrix} \begin{pmatrix} E_u^{EP} & \\ & E_u^{IP} \end{pmatrix} \begin{pmatrix} n_u^{EP} \\ n_u^{IP} \end{pmatrix} \quad (12.5)$$

$$Q_T^{SY} = \begin{pmatrix} 1 & 1 \end{pmatrix} \begin{pmatrix} Q_u^{EP} & \\ & Q_u^{IP} \end{pmatrix} \begin{pmatrix} n_u^{EP} \\ n_u^{IP} \end{pmatrix} \quad (12.6)$$

对这两个式子进行时间微分，则可以得到

$$P_T^{SY} = \begin{pmatrix} 1 & 1 \end{pmatrix} \begin{pmatrix} E_u^{EP} & \\ & E_u^{IP} \end{pmatrix} \begin{pmatrix} f_u^{EP} \\ f_u^{IP} \end{pmatrix} \quad (12.7)$$

$$I_{\text{T}}^{\text{SY}} = \begin{pmatrix} 1 & 1 \end{pmatrix} \begin{pmatrix} Q_{\text{u}}^{\text{EP}} & \\ & Q_{\text{u}}^{\text{IP}} \end{pmatrix} \begin{pmatrix} f_{\text{u}}^{\text{EP}} \\ f_{\text{u}}^{\text{IP}} \end{pmatrix} \quad (12.8)$$

上述给出了逻辑控制的矩阵表示,也就是

$$E_{\text{T}}^{\text{SY}} = n_{\text{u}}^{\text{EP}} E_{\text{u}}^{\text{EP}} + n_{\text{u}}^{\text{IP}} E_{\text{u}}^{\text{IP}} \quad (12.9)$$

$$Q_{\text{T}}^{\text{SY}} = n_{\text{u}}^{\text{EP}} Q_{\text{u}}^{\text{EP}} + n_{\text{u}}^{\text{IP}} Q_{\text{u}}^{\text{IP}} \quad (12.10)$$

或者

$$\boldsymbol{P}_{\text{T}}^{\text{SY}} = f_{\text{u}}^{\text{EP}} \boldsymbol{E}_{\text{u}}^{\text{EP}} + f_{\text{u}}^{\text{IP}} E_{\text{u}}^{\text{IP}} \quad (12.11)$$

$$I_{\text{T}}^{\text{SY}} = n_{\text{u}}^{\text{EP}} I_{\text{u}}^{\text{EP}} + n_{\text{u}}^{\text{IP}} I_{\text{u}}^{\text{IP}} \quad (12.12)$$

这两组方程,我们称为"神经控制方程"。

12.2.2 神经元逻辑电路

据此,可以判断,兴奋性突触输入功率 $P_{\text{EP}} \geqslant 0$,而抑制性突触的输入功率 $P_{\text{IP}} \leqslant 0$。这就得到两个控制信号的数理本质,如图12.4所示。

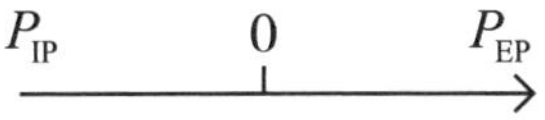

图 12.4 数理控制逻辑

注:在数理上,兴奋性和抑制性信号的取值分别为 $P_{\text{EP}} \geqslant 0$ 和 $P_{\text{IP}} \leqslant 0$,它代表了数字表达的正、负两个相反极性,并由于0值的存在,构成了一个维度上数字表达的完备性。

这样,我们就得到了神经元控制的两个相反的输入的值域 $[P_{\text{IP}}, 0]$ 和 $[0, P_{\text{EP}}]$,合并为 $[P_{\text{IP}}, P_{\text{EP}}]$。考虑到这一关系,神经元就可以简化为一个电路,如图12.5所示。这个电路,我们称为"神经元逻辑电路"。有了这个电路,我们就可以建立输入信号和输出信号之间的运算逻辑,并在神经元搭建中,建立更为复杂的逻辑运算器件。

数理心理学：心物神经表征信息学

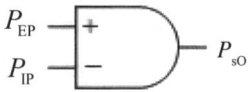

图 12.5　神经元控制逻辑电路

注：神经元外界信号的输入包括 P_{IP} 与 P_{EP}，输出为 P_{sO}。P_{IP} 与 P_{EP} 在数理上构成正、负性，构成了数理上的完备性。它构成了神经元逻辑控制器件的数理基础。

第四部分

感觉调制原理

第 13 章　感觉器变换模型

感觉器是人类接收外界信号的器官，它是一个标准信息处理元件。感觉器依赖其结构实现物质信号的调制、换能和编码。

感觉器的功能学基理揭示了依赖感觉器结构、信息学原理和神经数电原理三者共抵一处所建立的数理逻辑。

进入人的感觉器的信号包括物质客体材料属性信号、空间信号、时序信号以及事件相互作用信号。这些信号经载波介质调制而加载到感觉器。通过神经换能实现感觉器信号采集转换为神经电能模拟信号，并在换能中实现对信号的编码。

感觉器调制本质是将物质客体的变化信号，在神经系统中建立对等变化信号，实现对外界信号的模拟。这也就构成了心理信号建立的基础。因此，感觉器构成了心理信号发起的源起。

在这里，我们将建立关于感觉器的功能学模型，并在该模型基础上，建立感觉信号的变换模型，为后续神经机制讨论奠定理论基础。

13.1　感觉器变换模型

通过信号的调制关系，人类的感觉器中的一部分功能已经暴露了出来：即人类的感觉器中的一部分实际上担负了调制器的功能。尽管某些调制功能完全在自然界中实现，并不限定于感觉器内部。

在感觉器中，还有一部分承担的是信号采集与编码功能，即将调制好的信号采集后，实现编码并向后传输。也就是把外界的连续信号（模拟信号）实现数字编码。这部分的感觉器，我们统称为"模数转换器"。在这里，我们首先并不区分某一个特殊的神经通道，而对人的所有感觉通道进行普遍性讨论。

13.1.1 感觉信号调制器

在人的感觉信号的调制中，我们建立了调制的概念。我们将感觉器中参与信号调制的感觉器部分称为"感觉信号调制器"。例如，在人的眼球系统中光学成像系统就是一个典型的感觉信号的调制器。从功能上看，这一概念将更加精确，它已经超越了原来"感觉器"的概念。

13.1.2 感觉信号采集器

外界物质客体的属性信号经介质加载和调制后，输入感觉器中，由感觉器中对应的神经细胞分层次来采集调制进入属性变量。那么，由这些神经细胞构成的生物结构就构成了感觉信号的采集器。感觉器的采集器也是感觉器的信号处理器。

13.1.3 感觉信号编码器

经采集的客体属性的特征量，要按照某种规则实现对属性特征量的编制，然后才能进行传输，这些编制的规则就构成了编码原理。在感觉器中，存在一类发放神经脉冲的神经细胞组织，它们构成了信号的编码器。

由于"感觉采集器"和"感觉编码器"联合在一起，实现的是对调制的信号的数字化编码。外界被调制的信号往往是连续的，也就是模拟信号（analogue signal）。而神经发放的是数字信号（digital signal）。因此，这两个器件实现的是模拟信号向数字信号的转换。从工程学的角度来说，它们就是模数转换器（A/D 转换器）。我们将这个模型称为感觉 A/D 变换模型（如图 13.1 所示）。

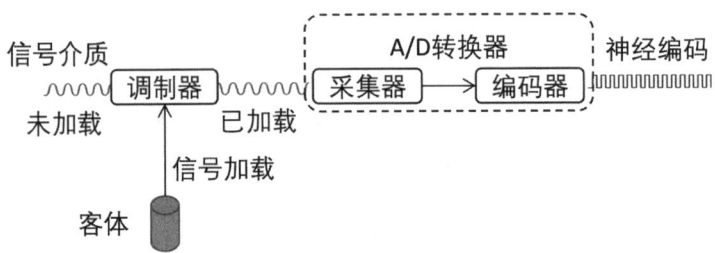

图 13.1　感觉变换模型

注：感觉器可以被拆解为三个部分：调制器、采集器、编码器。调制器实现客体属性信号在介质上的加载，采集器与编码器实现介质加载信号的采集与编码。采集器与编码器又称为"模数转换器"，也就是 A/D 转换器。

尽管这些概念源自工程学，但我们将很快发现，人类长期进化的生物结构是天然的信息工程系统。它的精巧性，往往超越我们所了解的工程学，它的工作机制是生物工程的典范，并与我们已知的通信工程存在惊人的相似、相通和相同之处。

13.2　感觉变换矩阵

生物学意义的感觉器是一个复合生物结构。通过功能性的拆解，调制器、采集器和编码器被分解了出来。我们对感觉器的功能，就从生物学意义的结构，逐步转换到信号系统的功能本质上来。这就需要我们根据感觉的信号调制器和 A/D 转换器，并利用前文中的调制关系建立从调制到 A/D 变换的数理逻辑，并在这种数理逻辑下探索各个神经通道的工作机制，即功能机制。这就构成了本节讨论的重点。

13.2.1　感觉变换

将调制的信号转换为神经可以编译的信号，由感觉 A/D 变换器件来完成，实现对应的属性变量的特征量的输入。这个功能称为"感觉 A/D 变换"。

根据调制模型，被加载的信息属性包括物质属性成分（如波长）、能量（如亮度）和空间属性。基于这些属性量，"事件结构"得以被对应调制。

这就构成了对应的变换部分。根据前文所述，调制的属性量的特征量满足以下映射关系：

$$\begin{pmatrix} v(t)_{i1} \\ \vdots \\ v(t)_{ij} \\ \vdots \\ v(t)_{iM} \end{pmatrix} \to \begin{pmatrix} v(t)_{i1s} \\ \vdots \\ v(t)_{ijs} \\ \vdots \\ v(t)_{iMs} \end{pmatrix} \quad (13.1)$$

从感觉变换开始，调制的信息量需要转换为对应的神经频率量进行编码。我们将对应的神经变量记为 $v(t)_{ijs-n}$，则感觉变换实现的是以下关系：

$$\begin{pmatrix} v(t)_{i1s-n} \\ \vdots \\ v(t)_{ijs-n} \\ \vdots \\ v(t)_{iMs-n} \end{pmatrix}_{S} = \boldsymbol{T}_{A/D} \begin{pmatrix} v(t)_{i1s} \\ \vdots \\ v(t)_{ijs} \\ \vdots \\ v(t)_{iMs} \end{pmatrix} \quad (13.2)$$

其中，$\boldsymbol{T}_{A/D}$ 表示的是"模数变换矩阵"，或者称为"感觉变换矩阵"。变换矩阵是我们在各个神经通道寻找的关键变换矩阵。

13.2.2 感觉变换的意义

感觉器是一个生物结构性概念。它呼应了心理学的"精神功能意义"。把这一功能性器件进一步分解，我们就会得到在机制上的器件，神经机制的意义也就暴露了出来。因此，调制器（尽管有些最底层的信号并不需要调制器）、采集器和编码器的合体所暴露的功能性机制：实现 A/D 信号变换。这是对人的感觉器理解的一个基本深入。

13.2.2.1 调制功能确立

调制是人的信号接收过程中的核心。由于调制存在，物质客体属性量得以被加载。调制是研究人的信号的基础。

调制的本质，是把什么样的"属性量"加载到介质中，只有在清楚调制变量的基础上，才能确立接收原理以及接收信号的质量。

在调制原理下，通信介质、属性变量和加载原理等核心概念才能确立起来。这就为人的解剖学结构及其功能的内在逻辑理解取得了工程学理解的突破。

13.2.2.2 采集器确立

介质、客体和信息调制加载之间组成的作用系统，构成了人的调制系统。调制信号传输系统模型的确立，可以使得我们抓住人体的工程性要素，迅速找到信号调制的关键，建立关于调制的数理模型机制。

在调制系统的机制理解的基础上，我们就可更加容易地理解客体的什么样的属性变量被调制进入人的信息系统中。调制好的信号被人的采集器接收，把加载的信号输入采集器中，为后续的解调做准备。不同的采集器具有不同的接收原理，接收的信号也就不同。

13.2.2.3 神经编译机制

调制、A/D 转换模型的建立，将确立一个基本数理逻辑。根据这一基本路线图，人的感觉器的"生物工程学"功能机制将会被确立起来。也就是从这一功能点开始，物理量、神经编码量之间的数理逻辑才可能建立起来。如果我们把物质世界的事件的信号作为人类认知信号的"源起"，对源初性信号的编译的机制是后续所有关联信号处理的"初始值"，也是后续加工的"条件"，构成了信息加工的基本原因。

此外，调制与 A/D 转换建立的物质属性量和频率编码量之间的数理关系，就建立了理解神经编码、物质属性量的桥梁，前者属于神经通信的编码，后者属于精神功能。这样，认知神经的精神功能与神经功能之间的逻辑关系才能在事实上确立。

正是通过这个桥梁作用，心理功能发现的唯象理论的蓄积、生物结构学和神经功能学三个领域在事实上才得以打通。"神经可编译"在事实上才具备了天然的抓手和实践逻辑。

从这一矩阵出发，我们将寻找在 A/D 转换中感觉信号的转换逻辑，并寻找各个神经通道的共通性。

13.2.3　感觉变换的通道

视觉和听觉系统是人类的两大信息获取系统。除了这两个主要的神经通道之外，还有味觉、嗅觉、触觉、痛觉等系统。尽管每个神经通道换能方式、换能原理并不相同，但都遵循从调制到 A/D 转换的模型模式（这里并未完全精确，后续我们将进行进一步详细讨论），如表 13.1 所示。

表 13.1　不同感觉通道调制与接收

感觉通道	换能方式	采集器	A/D 转换器
视觉	光能	感光细胞	视网膜其他结构
听觉	机械振动能	耳朵	纤毛
嗅觉	化学能	鼻腔	嗅黏膜
味觉	化学能	舌头	味蕾
触觉	机械能	皮肤	触觉感受器
温觉	热能	皮肤	温觉感受器
平衡觉	机械能	前庭囊	耳石
痛觉	各种能	皮肤	痛感受器

第 14 章　感觉器换能编码

自然世界中的客体依赖各种介质，将其属性的特征值和客体相互作用中的变量加载到介质中，通过人的感觉器中的采集器接收介质中携带的外界信号。

采集信号的细胞与自然物质世界的客体通过介质间接或者直接发生物质作用，本质上就是把物理能量、化学能和机械能转换为神经的电能，即通过换能实现变量变动信息输送。

从工程学的角度来看，这是将物质世界的连续变量转换为神经表达的数字信号，也就是通过模数转换器 (A/D 转换)，将外界的物质能量信号转换成为电信号，与此同时，对物质属性的信息进行编制，使之进入人的神经信息系统。

人的感觉系统根据客体物质属性，进化出不同的采集器。因为物质属性不同，采集器的工作原理也不同。它们分别用于采集物质的光学信号、振动信号、化学信号、压力信号等。然而，无论是哪类信号，它们都会将对应的能量转化为电能，并受能量守恒条件的约束。

这就逼近了一个基本事实：即以能量互换的物理机制，把客体属性的特征量，实现由一种介质传递形式向另外一种介质传递形式的对称变换，从而实现外界客体的特征量向认知变量变换，也即信息传递。

在心理学中，物质的信号向心理信号的转换属于"心物问题"。因此，感觉器的编码器对物质能量的编码机制，只要满足"能量守恒的约束"，就会遵循统一的机制。这类编码，我们统称为"心物编码"。

在本章中，我们将根据这一约束关系，并以前文的"神经能量编码式"为基础，建立感觉器的编码关系。而感觉信号的调制问题将在各个具体的神经通道中进行讨论。

14.1 物理编码

人体感觉器上的单个细胞或者多个细胞（或多层级别）相互联合，构成了一个独立的结构单元，采集来自外部的物质信号。这些采集信号的细胞在事实上构成了信号的采集器，本质上也就是 A/D 转换器。不同的神经通路，采集器的换能原理并不完全相同。视觉通道将光能转化为电能，听觉通道则将振动的机械能转换为电能，味觉和嗅觉将化学能转换为电能等。

输入人的 A/D 变换功能单元的能量同样受物理学的"能量守恒"的约束，把输入能量转换为神经电能以及系统消耗的能量，满足上述神经换能的编码关系。

输入的能量可以用物理量来表示，输出的量满足"频率的编码量"，它是心理量解码的基础。由于感觉器连接了物质世界与心理世界，它是心物关系的一个桥梁。也就是说，心物关系在换能阶段就开始确立了。这就需要我们从 A/D 变换的角度重新来审查心物关系。

14.1.1 感觉器编码

根据感觉器模型，感觉器的采集器与编码器，分别担负了信号的输入和神经编码信号的输出功能。本书把感觉器调制器（有的感觉器不存在调制器，例如光成分是由外界物体进行光成分调制的）、采集器和编码器看成一个系统。同样，我们可以利用神经换能公式，建立它的编码变换关系。根据

$$w_{si}+w_{bi} = w_s + w_u + w_w + w_o + w_{oth} \tag{14.1}$$

则可以得到

$$w_{si}+\left[w_{bi}-\left(w_s+w_u+w_w+w_{oth}\right)\right]=w_o \quad (14.2)$$

令

$$w_{bf}=w_{bi}-\left(w_s+w_u+w_w+w_{oth}\right) \quad (14.3)$$

则可以得到

$$w_{si}+w_{bf}=w_o \quad (14.4)$$

对该公式两边进行时间微分，则可以得到

$$p_{si}+p_{bf}=p_o \quad (14.5)$$

对于"神经编码方程"，则可以得到

$$p_o=E_u f_u(t) \quad (14.6)$$

14.1.2 感觉器频率成分

输出中的频率，包含两个基本成分：①由外界刺激输入诱发的 p_{si} 引发的频率发放，②由 p_{bf} 诱发的频率成分，称为基频成分。

令

$$p_{bf}=E_u f_{bf}(t) \quad (14.7)$$

$$p_{si}=E_u f_{si}(t) \quad (14.8)$$

则上式可以简化为

$$p_o=E_u\left[f_{si}(t)+f_{bf}(t)\right] \quad (14.9)$$

即

$$f_u(t)=f_{si}(t)+f_{bf}(t) \quad (14.10)$$

即在基频成分之上，外来刺激诱发的频率叠加，实现神经频率的编码和输送。功率和频率之间的关系如图 14.1 所示。

14.2 感觉钝化与锐化

根据 A/D 变换中基频发生的机制，在神经活动中影响感觉器感知中的信号辨识的两个因素就暴露了出来：①基频的频率，②外界刺激发生的频率。根据这个特性,感觉器有可能出现下述情况。

14.2.1 感觉钝化

对于人的感觉器,如果采集器的新陈代谢活动增加,代谢的能量也会开始增加。这就意味着基频开始增加。由于基频的增加而向右平移。这时,在输入的刺激的能量值不变的情况下,两者之间的距离减小,感觉器的信号区分能力开始下降,信号分别难度开始增加,感觉器开始钝化,如图 14.1 所示。

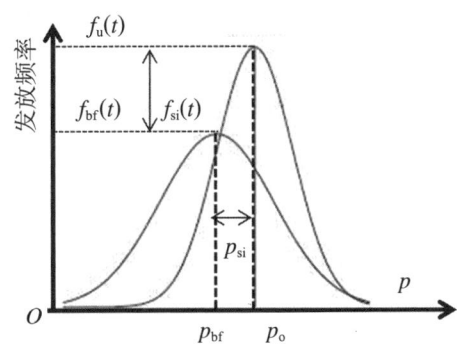

图 14.1 新陈代谢导致感觉钝化

注:由于新陈代谢活动增加,感觉器基频发放增加,造成基频右移。刺激能量值不变的情况下,二者之间的距离变小,区分难度加大。感觉器对信号区分能力下降,感觉器开始钝化。

二战后,苏联、美国均发明了航空器。在外太空长期驻留也就成为可能。两国均发现航天员的感觉系统开始钝化、味觉弱化,并出现在其他感觉器中。我国的航天员在飞行中也出现了类似的现象。航天员喜欢吃辛辣食物。各国均开展了长期的研究,但没有取得任何进展。我们认为,微重力环境下,血液流向四周造成新陈代谢活动开始增加。基频发放平移造成了感觉钝化现象的发生。这类现象也会延伸至除味觉以外的其他感觉器,导致钝化。如果神经信号传递过程中也发生新陈代谢增加,则钝化是整体基频发生偏移所致。

14.2.2 感觉锐化

根据同样的道理,如果有隐含刺激出现,在刺激的能量不变的情况下,也可能出现反应锐化的现象。例如,吃辣椒之后,人的热敏感会增加。根据上述理论,此时的刺激包含两种:辣椒提供的化学能 $p_{辣}$ 和热物质提供的热能 $p_{热}$。总的刺激能量为

$$p_{si} = p_{辣} + p_{热} \quad (14.11)$$

$p_{辣}$ 的加入造成了刺激整体的值发生平移,增大了与基频之间的距离,从而降低了探测的难度。这时,同样热度的水,往往在吃辣椒后会感到非常热。我们将这种现象称为感觉锐化。

上述两种结果是根据感觉器的基频机制而预测出来的两种现象,它需要在实验的研究中给予证据支撑。

第 15 章 视觉通道信号调制

人的认知系统由于完备性问题进化出不同的神经通道，用以接收不同物质属性的信号。例如，视觉通道、听觉通道、嗅觉通道、触觉与温觉通道等。

这些通道依赖不同介质，将客体物质属性信号换能、编码输入，它主要由感觉器来实现。换能原理由感觉器结构、介质（光学介质、空气介质、化学介质、皮肤介质等）等协同完成。

在前文一般性原理基础上，我们选择以"视觉"通道作为讨论的首要通道。原因如下：

（1）它遵循人类信息加工的普遍性原理。

（2）它的特殊性是"信息属性特性"和"生物工程性质特性"。

（3）它是人类信息获取的最主要通道，也是人类已有的实验效应、发现积累最为丰富的通道。

基于上述理由，我们选择通过对视觉通道的机理揭示，窥视人的整个的认知加工的全貌。这样既保持了认知规律揭示的普遍性，又同时在视觉通道中进行验证。这也构成了心物普遍性机制揭示时从原理到验证的技术路径。

在讨论视觉信息通道时，我们将其分为两个专题：

（1）单眼信号调制。

（2）双眼信号调制。

本章重点讨论单眼视觉通道的信号调制机制。

15.1 光学介质属性

视觉是人的最为重要的感觉通道之一。它依赖于光学介质来获取自然界客体的信号。太阳是最为普遍的一个光源，也就是光学介质信号的发生器。根据物理光学知识，它是一个全光谱光源。人类借助可见光区的一部分波段中加载的关于自然界的客体的信号而观察到了生动的世界。要了解视觉信号的调制，就需要了解两个基本的机制：

（1）光源介质的物质属性。

（2）光源信号的加载机制。

我们将首先讨论第一个问题，我们常见的太阳光源作为介质的光学介质特性。

15.1.1 太阳光谱

太阳是一个火球，依靠原子反应释放出巨大的高能粒子流，即原子光能。它是太阳系中各个星球获得能量的来源。太阳光是全光谱光源，它的谱段涵盖电磁波谱的各个谱段，包括紫外线、可见光、红外线等。如图15.1所示。

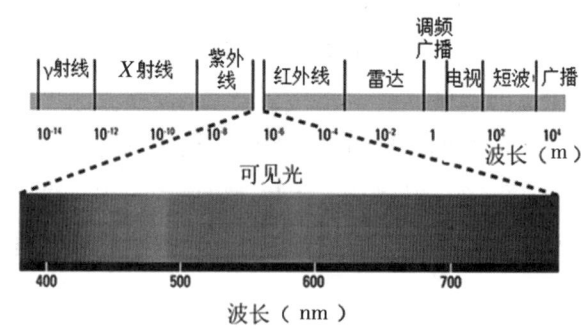

图 15.1 可见光谱

注：根据不同的波长和频率，电磁波被划分为不同的成分，例如：紫外线、红外线、可见光。其中可见光是电磁波中很短的一个波段，波长大约在380～780nm之间。

第 15 章 视觉通道信号调制

光波是一种电磁波,也就是一种波动,其性质可以用波的特性来描述。根据物理学,光具有一定的波长 λ,光的速度用 c 表示,光的频率记为 v,则满足

$$c = \lambda v \tag{15.1}$$

光子的能量为 E,h 表示普朗克常数,则光子的能量可以表示为

$$E = hv \tag{15.2}$$

太阳发射的光,如果按照波长进行排布,它是一个连续光谱,也就是一个全光谱。根据物理学,太阳发出的光谱满足黑体辐射分布,如图 15.2 所示。即把太阳看成黑体(black body),则太阳辐射的光谱可以用黑体辐射的模型来表示。在不同的温度下,黑体辐射出的光的成分(不同的波长)和辐射的能量之间,满足普朗克定律,该定律由普朗克(Planck,1900)提出,其表达式为

$$I(\lambda, T) = \frac{2\pi c^2}{\lambda^5} \frac{1}{e^{\frac{hc}{\lambda kT}} - 1} \tag{15.3}$$

其中,λ 表示波长;c 表示光速;$h = 6.626 \times 10^{-34}\,\mathrm{J \cdot s}$ 是一个普适常量,称为普朗克常数;$k = 1.38 \times 10^{-23}\,\mathrm{J/K}$,称为玻尔兹曼常数;$T$ 为辐射体的温度;$I(\lambda, T)$ 为单位立体角中,每个波长对应的辐射能量。

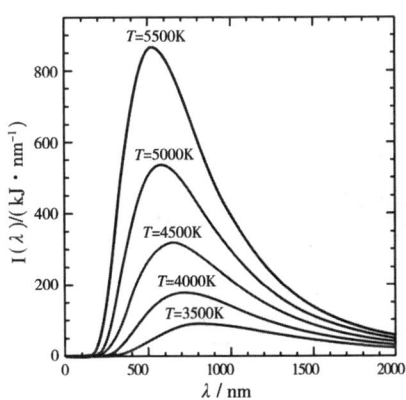

图 15.2 黑体辐射曲线

采自 https://heater.heat-tech.biz/infrared-panel-heater/science-of-the-infrared-rays/7742.html。

将每条黑体辐射的峰值对应的波长 λ_{max} 与温度 T 值相乘,就会得到一个常数。这个定律由 Wien 提出,也就是著名的维恩位移定律(Wien,1893),它的表达式为

$$\lambda_{max} T = b \tag{15.4}$$

其中,$b = 0.288 \mathrm{cm} \cdot \mathrm{K}$,称为维恩常量。

15.1.2 太阳吸收谱

太阳提供的光源是全波段光源。从太阳发出后到达地球表面,这时的太阳光谱满足黑体辐射所表达的理想黑体的辐射规则。经过地球的大气层达到地面的过程中,大气层中氮气、氧气、水蒸气、二氧化碳对光线开始吸收,其对可见光区吸收并不明显,但是对红外波段有明显吸收。对到达地球的太阳光在地球的不同层级面上进行测量,就可以得到太阳光到达地面时的吸收情况,也就可以得到太阳的吸收光谱,如图 15.3 所示。被吸收后,被客体反射、透射的光线作为信息介质,携带了客体的信息进入人的视觉系统,成为人类认知世界的基础。

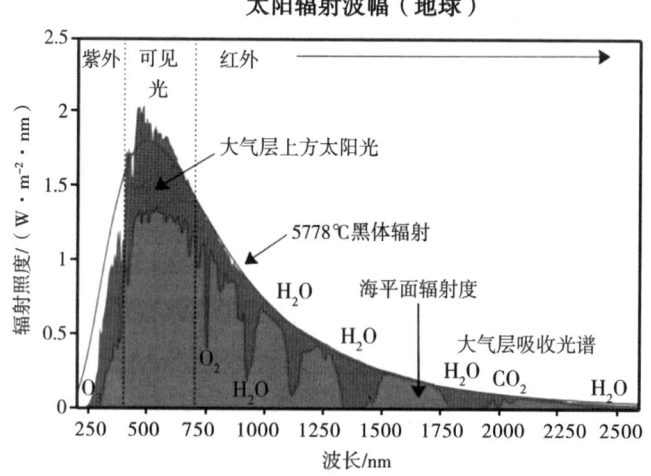

图 15.3 太阳辐射和吸收光谱

(Herron et al., 2015)

人类视觉系统在进化的过程中，选择了可见光区作为加载信号的调制波段。有观点认为，太阳光谱到达地面的强度峰值分布在可见光区（Herron et al.，2015）。这一结论可以从图 15.3 中的太阳辐射的光谱中得出。同时，海水对可见光波段几乎是完全透明的，而对深紫外和红外有强烈吸收。这也符合生物起源于大海的结论。关于它的深层的其他原因，我们将在后续的理论建立过程中进行讨论。

15.2　客体光学属性信号调制

利用光介质的物质属性，客体将自身属性信息加载到光学介质上。围绕光学介质，人类进化出了不同的感觉器件，实现了对不同物质层次、维度客体的信号调制，并最终实现了"事件信息"的调制。它的本质是人类视觉通道进行"光通信"的第一步。从这一步开始，它会涉及整个视觉通道的转码、平滑、解码，以及后续高级阶段的加工问题。

这一基础性需要我们对人的光通信信号种类、基础信号的完备关系、调制机制等进行系列回答。在调制信号完备的基础上，来回答人的"事件"信息结构的加载编码。

这一机制一旦揭示成功，也同时可以回答人类的视觉系统到底把什么样的信号作为基本信号。换句话说，事件结构式中所蕴含的信息，如何被拆解成更基本的信息单位，实现简单化的调制编码，并输入人的认知系统中？这就构成了视觉认知中的一个最为基础的问题，它是人加工的信号中，最具源生性的问题。

15.2.1　物理光学属性

物质世界中的客体都由微观粒子组成。因此，在自然界中的物质客体，当受到光照射时，就会与光粒子发生作用。这使得入射光分为两个部分：反射光和透射光。在这个过程中会发生光的吸收现象，如图 15.4 所示。

物体对光的吸收分为两种形式：选择吸收和非选择吸收。例如，如果物体对白光中所有的波长的光都等量吸收，白光的能量就会减弱而变暗。

而如果对某些光吸收程度比较大，或者对某些光根本不吸收，这种不等量现象，就被称为选择性吸收。举例来说，当白光通过黄色滤光片时，蓝色光被吸收，其余光均可透射。这里表现出两种特性。

（1）客体的光学属性。它的材质总是与一定频率范围（或者一定波长、波长范围）的光成分联系在一起。从色彩的角度来说，就是什么色彩的客体反射什么颜色的光，或者透射什么颜色的光。也就是说，客体的颜色是通过光的频率 ν（或者波长 λ）进行调制的。

（2）客体的能量属性。即不同的客体，反射或者透射光的能力并不相同，即反射光的能量或吸收光的能量不相同。它可以用光的透射率来反映。

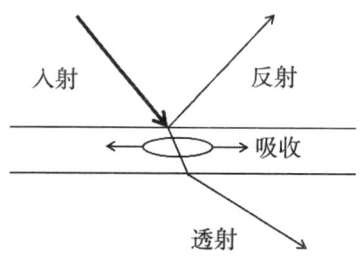

图 15.4　光的反射、吸收与透射

注：光照射物体时，将和客体的微观粒子发生作用，产生光的反射、折射与吸收。客体的颜色的信息被加载到反射光或者透射光中。

当光波照射物体时，物体会选择性吸收某种频率的光，并反射或者透射一定频率的光，这与物体的材质有关。由于太阳是全波段光波，当某种光波频率与客体材料电子振动频率相匹配时，该成分将被吸收。被吸收后，在反射光中，我们将无法看到这种成分。只有不被吸收的光，才被反射和透射。反射又分为镜面反射和漫反射。发光物体则是直接把光波向外传播。

这就意味着通过光的反射和透射，进入人的眼睛的光包含两种信息。

（1）光成分信息。在反射或者透射中，无论吸收与否，光均具有波动性。没有被完全吸收的光，就会反射或者透射。反射和透射的成分由客体的物理属性来决定。因此，反射或者透射的光波，就携带了物质的属性信息，它以波成分的形式表现出来。

第15章 视觉通道信号调制

（2）光能量信息。由于客体吸收的存在，无论反射还是透射的光，光的能量均会发生变化。吸收的能力由客体的物质属性决定。换言之，光的能量变化，携带了客体的物质属性信息。

在物理光学中，我们已经确立了上述基本的光作用物理过程的描述和基本原理。通过这些基本原理，我们就可以讨论人的视觉系统中，"光通信"的调制编码过程和机制。

15.2.2 视觉光通信调制模型

物理性光源包括自然光和人造光。例如太阳和灯泡。从频段上来讲，则包括单色光和全光谱光，例如色灯、白光灯。利用客体对光的吸收性质的不同，过滤掉和自身属性无关的波段，而反射和透射了与自身属性有关系的光波波段，这就构成了信号的调制，如图15.5所示。

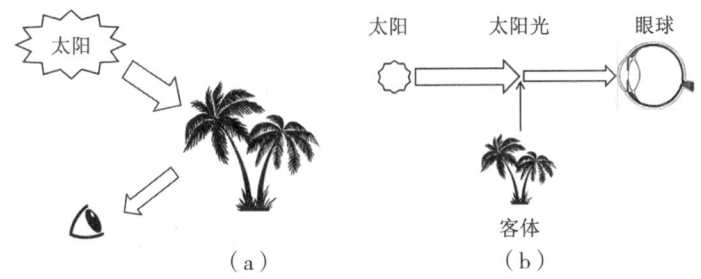

图 15.5 视觉信号的调制

注：（a）太阳光源的信号，透射到物体上，物体吸收和物体属性不一致的光，并反射物体属性一致的色光，使我们可以观察到物体。（b）客体通过对太阳光的反射，把信号加载到光介质上。被加载了信号的光线，透射到眼睛的光学系统中，则接收这个信号，实现调制信号接收。

各种性质的光源，对物体形成照射，物体会吸收与自身光学属性无关的波段，而出射（反射或者透射）与自身光学属性有关的波段。物体事实上担负了滤波的功能，利用这种滤波功能实现了物体属性信息的加载。或者确切地说，物体就是一个"光学滤波器"，通过滤波实现了自身光学属性的调制和向眼的传输，其调制机理如图15.6所示。

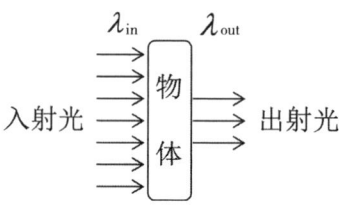

图 15.6　视觉信号调制机理

注：各种性质的光源，对物体形成照射，物体把和自身光学属性无关波段吸收，而出射与自身光学属性有关的波段。物体事实上担负了滤波功能，利用这种滤波功能，实现物体属性信息加载。

15.2.3　视觉光通信调制关系

用于调制信号的光线与物体之间会发生光的相互作用，遵循光的反射和折射原理。反射又可分为镜面发射、漫反射（朗伯反射）和非朗伯反射。在物理光学中，它们之间的数量关系由对应的定律或者定理来解释。我们将利用物理光学原理来建立客体与人的视觉的光通信关系。

15.2.3.1　镜面反射与透射调制关系

镜面是一类特殊的表面，它的表面高度光滑。入射光经镜面反射后，光线只能定向在某一方向进行反射。人也只能在这一方向观察到定向反射的光。它满足光的反射原理，如图 15.4 所示。

如果介质光源是全光谱的光源，例如太阳光，我们把用于传递信号的频率记为 $[\lambda_{min}\ \lambda_{max}]$，它是一个连续频率的集合。经光照射后，透射或者反射的光的波长的集合则记为 $\{\lambda_i^r\}$ 或者 $\{\lambda_i^t\}$。λ_i^r 表示反射光的波长，λ_i^t 表示透射光的波长。

根据物理光学，当全光谱白光照射一个物体（客体）时，反映客体光学属性的光将被反射或透射。这由反射和透射的光与物体（客体）的光学属性决定。因此，$\{\lambda_i^r\}$ 与 $\{\lambda_i^t\}$ 是客体的光学属性的反映。

在均匀不变的空气介质中，反射光 λ_i^r 和透射光 λ_i^t 与对应的入射光的波

第 15 章 视觉通道信号调制

长均相等,频率保持不变。即满足以下关系

$$\lambda_{in} = \lambda_r' = \lambda_t' \tag{15.5}$$

光还具有能量的属性,通常情况下,用"光通量"描述光源发出的能量。它指的是由光源向各个方向射出的光功率,也即单位时间内射出的光能量,单位是流明(luminous flux,用 lm 表示),光通量通常用 ϕ 来表示。根据物理学光学,有

$$\tau(\lambda)_t = \frac{\phi_t}{\phi_i} \tag{15.6}$$

其中,ϕ_t 表示透射的光通量;ϕ_i 为入射光的光通量;$\tau(\lambda)_t$ 为透射率。同样,我们可以得到反射率的表示,反射的光通量记为 ϕ_r,则反射率可以表示为

$$\tau(\lambda)_r = \frac{\phi_r}{\phi_i} \tag{15.7}$$

$\tau(\lambda)_r$ 表示反射率。根据这两个关系,我们可以得到入射前后,光波两种调制关系,反射的调制关系和透射的调制关系分别为

$$\begin{pmatrix} \lambda_r' \\ \phi_r \end{pmatrix} = \begin{pmatrix} 1 & \\ & \tau(\lambda)_r \end{pmatrix} \begin{pmatrix} \lambda_{in} \\ \phi_i \end{pmatrix} \tag{15.8}$$

和

$$\begin{pmatrix} \lambda_t' \\ \phi_t \end{pmatrix} = \begin{pmatrix} 1 & \\ & \tau(\lambda)_t \end{pmatrix} \begin{pmatrix} \lambda_{in} \\ \phi_i \end{pmatrix} \tag{15.9}$$

如果入射的镜面的面元为 dA,θ 为入射角,则入射的照度 E_{in} 就可以表示为

$$E_{in} = \frac{\phi_i}{dA \cos\theta} \tag{15.10}$$

反射出射的亮度 L_r 就可以表示为

$$L_r = \frac{\phi_r}{dA \cos\theta} \tag{15.11}$$

透射出射的亮度记为 L_t,透射角记为 φ,则可以得到,透射后出射的亮度关系为

$$L_t = \frac{\phi_t}{dA\cos\varphi} \quad (15.12)$$

根据这一关系，我们又可以得到反射和透射中另外一种调制关系，可以表示为

$$\begin{pmatrix} \lambda_r' \\ L_r \end{pmatrix} = \begin{pmatrix} 1 & \\ & \tau(\lambda)_r \end{pmatrix} \begin{pmatrix} \lambda_{in} \\ E_{in} \end{pmatrix} \quad (15.13)$$

和

$$\begin{pmatrix} \lambda_t' \\ L_t \end{pmatrix} = \begin{pmatrix} 1 & \\ & \tau(\lambda)_t \cos\theta/\cos\varphi \end{pmatrix} \begin{pmatrix} \lambda_{in} \\ E_{in} \end{pmatrix} \quad (15.14)$$

反射信号调制关系是我们理解镜面反射和透射中的光调制信号的通信原理。这是一个非常有趣的调制关系。它清楚地表明，客体在接收光谱的过程中，把和自身属性有关系的信号过滤出来，发射出去，这部分波长并未发生变化（入射和出射的介质相同时）。而对其他光谱的吸收，使得入射和出射前后总的能量发生了变化。不同的吸收系数，反映了不同的吸收能力，从而实现对客体的区分。换句话说，当相同的入射光照射到不同的客体上时，由于客体的不同，出射的波长和亮度也不同，这就是我们观察到自然界中不同颜色和亮度的原因。

15.2.3.2 漫反射调制关系

除了镜面反射之外，由于物体表面的粗糙程度不同，还存在漫反射现象。漫反射仍然满足反射原理。反射面的粗糙程度，使得反射的光在总体上表现出各向同性。

根据物理光学，入射光和反射光、透射光的波长均相等，这就构成了客体光成分信号调制关系

$$\lambda_{in} = \lambda_r' \quad (15.15)$$

在漫反射情况下，满足朗伯余弦定律（Lambert's cosine law），它是一条经验定律，即照射到材质表面的光照亮度与光源方向向量和面法线的夹

角的余弦成正比。

考察一个物体表面，如图 15.7 所示，入射点为 p。设面元法线方向为 $\boldsymbol{n}$，光向量 $\boldsymbol{l}$ 为单位向量，与光源入射方向相反。光向量和法线矢量的夹角为 θ。光的入射的辐射强度为 I_0，其他任意一个方向辐射强度 I_θ 为

$$I_\theta = I_0 \cos\theta \quad (15.16)$$

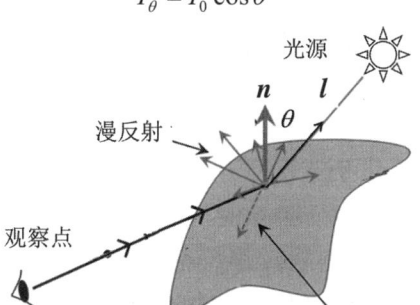

图 15.7 朗伯余弦定律

注：对于一个反射面的任意一个点，它的法向矢量方向和光矢量之间的夹角为 θ。光源的辐射强度为 I_0，则漫反射后的光的强度在任意方向保持定值。

以反射点为零点建立球坐标系，极坐标对应球面上微面元 dA 的立体角为 dΩ，如图 15.8 所示，则 dΩ 可以表示为

$$\mathrm{d}\Omega = \frac{\mathrm{d}A}{r^2} = \sin\alpha \cdot \mathrm{d}\alpha \mathrm{d}\varphi \quad (15.17)$$

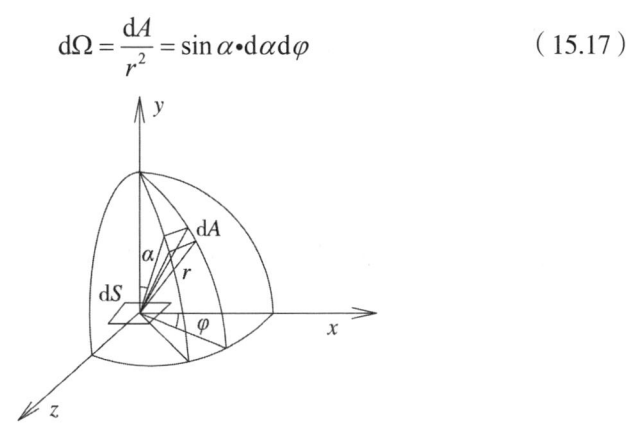

图 15.8 朗伯体辐射空间坐标关系

注：dS 为面元，dA 为球面，r 为球面半径，φ 为方位角，α 为极角。

设朗伯微面元 $\mathrm{d}S$ 亮度为 L_r,则辐射到 $\mathrm{d}A$ 上的辐射通量为

$$\mathrm{d}^2 P = L_\mathrm{r} \cos\alpha \sin\alpha \mathrm{d}S \mathrm{d}\alpha \mathrm{d}\varphi \quad (15.18)$$

则半球内发射的总通量 P 为

$$P = L_\mathrm{r} \mathrm{d}S \int_0^{2\pi} \mathrm{d}\varphi \int_0^{\pi/2} \cos\alpha \sin\alpha \mathrm{d}\alpha = \pi L_\mathrm{r} \mathrm{d}S \quad (15.19)$$

π 表示圆周率,根据出射度定义,得

$$M = \frac{P}{\mathrm{d}S} = \pi L_\mathrm{r} \quad (15.20)$$

其中,M 表示出射度。也就是

$$L_\mathrm{r} = \frac{M}{\pi} \quad (15.21)$$

对于朗伯体,当光线入射时,除了吸收之外,能量全部被反射出去。反射系数记为 ρ,则反射表面单位面积发射的通量等于入射单位面积上通量的 ρ 倍。因此,有以下关系:

$$M = \rho E_\mathrm{i} \quad (15.22)$$

E_i 表示辐射通量。代入上式,则可以得到亮度的表达式为

$$L_\mathrm{r} = \frac{\rho E_\mathrm{i}}{\pi} \quad (15.23)$$

根据上述物理关系,我们就可以得到光学信息的调制关系:

$$\begin{pmatrix} \lambda_\mathrm{r}' \\ L_\mathrm{r} \end{pmatrix} = \begin{pmatrix} 1 & \\ & 1/\pi \end{pmatrix} \begin{pmatrix} \lambda_\mathrm{in} \\ M \end{pmatrix} \quad (15.24)$$

利用漫反射产生的明暗变化,我们可以观察物体的地形、地貌等各种特征。图 15.9 显示了漫反射情况下的地形地貌特征。

第 15 章 视觉通道信号调制

图 15.9 漫反射下的地貌特征

注：利用漫反射提供的信息，我们可以观察到地形与地貌的明暗变化。采自 http://www.personal.psu.edu/users/c/a/cab38/GEOG321/09_relief02/relief3.html。

◎科学知识

辐射学

对于辐射学，任何物体均是发光的光源。因此，我们可以利用光学知识对辐射进行数理描述。一般包括辐射强度和辐射通量等物理量。

辐射通量 Φ 又称功率，是指单位时间内穿过表面或空间区域的全部能量，单位为瓦特（W，光学为 lm 流明）。若在 dt 时间内，光源发射的总能量为 dQ，则它的通量就可以表示为

$$\Phi = \frac{dQ}{dt} \tag{15.25}$$

图 15.10 显示了点光源的辐射通量。虽然较大球体的局部穿越能量较小，但两个球体的全部辐射通量是相同的。

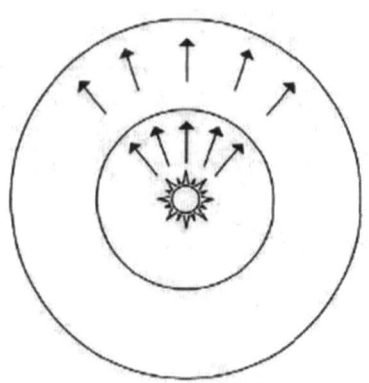

图 15.10 辐射通量

注：从点光源发射的光能量，在空间中通过不同半径的球面。由于通过每个球面的能量均相同，则辐射通量相同。

辐射强度则是指单位立体角内的辐射通量。若立体角记为 $d\Omega$。则辐射强度就可以表示为

$$I = \frac{d\Phi}{d\Omega} \quad (15.26)$$

辐射照度则是指单位面积上接收到的光源辐射的通量。用符号 E 来表示，照射到物体表面的面元记为 dA，则辐射照度就可以表示为

$$E = \frac{d\Phi}{dA} \quad (15.27)$$

辐射亮度则是指光源在单位立体角和每单位投影面积上的辐射通量，用数学式可以表示为

$$L = \frac{d^2\Phi}{d\Omega dA \cos\theta} = \frac{dI}{dA \cos\theta} \quad (15.28)$$

其中，光向量和法线矢量的夹角为 θ。

15.2.3.3 完全吸收调制关系

上述所述的镜面反射、透射、漫反射的调制关系，都是出射光的调制关系。对于光源而言，被完全吸收掉的光，从通信的本质上讲是被完全过

滤掉的光。因此，考虑到调制的完备性，我们还要考虑到这部分光的调制作用。

在上述三种情况中，我们把光的波长记为 $L_{\text{in-a}}$，出射的波长记为 $\lambda'_{\text{in-a}}$。入射的单位时间单位面积的光通量记为 $L_{\text{in-a}}$，出射的辐射通量记为 $L'_{\text{in-a}}$。根据完全吸收关系，则可以表示为

$$\begin{pmatrix} \lambda'_{\text{in-a}} \\ L'_{\text{in-a}} \end{pmatrix} = \begin{pmatrix} 0 & \\ & 0 \end{pmatrix} \begin{pmatrix} \lambda_{\text{in-a}} \\ L_{\text{in-a}} \end{pmatrix} \quad (15.29)$$

这样，这一关系就概括了物体对光的滤波特性。综上所述，物体对光波具有选择吸收的特性。从通信原理的角度看，物体本身就是一个滤波器。

15.2.3.4 发光体调制关系

对于自身发光的物体，它的谱段是自己发出的光谱的谱段。这是物体的光学属性，本质上就是自身发射的波长与能量。如果我们把发射的光谱和辐射通量分别记为 λ_s，L_s，则搭载在介质上的波长和能量分别记为 λ'_s，出射的波长记为 L'_s。根据物理学原理，它们满足以下关系：

$$\begin{cases} \lambda'_s = \lambda_s \\ L'_s = L_s \end{cases} \quad (15.30)$$

则发光体的调制关系满足：

$$\begin{pmatrix} \lambda'_s \\ L'_s \end{pmatrix} = \begin{pmatrix} 1 & \\ & 1 \end{pmatrix} \begin{pmatrix} \lambda_s \\ L_s \end{pmatrix} \quad (15.31)$$

综上所述，我们讨论了各种情况下客体的光学属性信号经光波波段加载和传输信息。这些信号经过调制和加载后被输入人的视觉系统中。被加载到信息介质上的信号受限于"可见光谱"的谱段约束，只有符合可见光谱的谱段才有可能进入人的视觉系统中去。可见光谱的设计将在后续章节中进行讨论。

15.2.4 发光体调制

在物理光学中，牛顿发现各种颜色的光均可以分解为三种颜色 R、G、B。反过来，各种颜色也可以用这些光合成，即三原色。我们将这三种颜色的波长分别记为 λ_R、λ_G、λ_B，三种颜色被反射后的波长记为 λ'_R、λ'_G、λ'_B。则根据上述原理，满足以下关系

$$\begin{pmatrix} \lambda'_R \\ \lambda'_G \\ \lambda'_B \end{pmatrix} = \begin{pmatrix} 1 & & \\ & 1 & \\ & & 1 \end{pmatrix} \begin{pmatrix} \lambda_R \\ \lambda_G \\ \lambda_B \end{pmatrix} \tag{15.32}$$

对于任意其他形式的光记为 λ_o，则和上述三种成分进行混合时，得到的混合光可以表示为

$$\begin{pmatrix} \lambda'_R + \lambda_o \\ \lambda'_G + \lambda_o \\ \lambda'_B + \lambda_o \end{pmatrix} = \begin{pmatrix} 1 & & \\ & 1 & \\ & & 1 \end{pmatrix} \begin{pmatrix} \lambda_R + \lambda_o \\ \lambda_G + \lambda_o \\ \lambda_B + \lambda_o \end{pmatrix} \tag{15.33}$$

这就是光的混合原理。在美术学中，通常采用多种颜料混合以得到多种颜色。我们将任意一种单色颜料 A 记为 λ_A，其他任意形式的光仍用 λ_o 来表示，则该颜料对白色光的反射 λ'_A、λ'_o 可以表示为

$$\begin{pmatrix} \lambda'_A \\ \lambda'_o \end{pmatrix} = \begin{pmatrix} 1 & \\ & 0 \end{pmatrix}_A \begin{pmatrix} \lambda_A \\ \lambda_o \end{pmatrix} \tag{15.34}$$

其中，下标 A 表示颜料 A。同样地，对于另一种颜料 B，它对入射波长 λ_B 进行反射，反射后的波长记为 λ'_B，则满足以下关系：

$$\begin{pmatrix} \lambda'_B \\ \lambda'_o \end{pmatrix} = \begin{pmatrix} 1 & \\ & 0 \end{pmatrix}_B \begin{pmatrix} \lambda_B \\ \lambda_o \end{pmatrix} \tag{15.35}$$

当将这两种颜料进行混合时，可以理解为光需要进行两次操作变换。也就是 λ_A 经过颜料 A 反射后又需经过颜料 B，这时对于第二个变换中，$\lambda_B=0$、$\lambda_o=\lambda'_A=\lambda_A$，则可以得到 $\lambda'_B=0$，$\lambda'_o=0$。这时，没有光线出射，我们观察到的光的颜色始终是黑色。这就证明了任意两种 R、G、B 的颜料进

行合成，均为黑色。在美术学中，利用吸收原理进行颜色的减法运算，就是利用了这一原理。

15.2.5 视光学系统光能量调制

经物体调制后的光信号需要经过视光学系统转换，并投射到视网膜上。光信号从空气介质进入眼球介质中，介质发生了变化。这就构成了新一级的信号调制。在视网膜上的辐射照度记为 E_r，则具有以下关系：

$$E_r = \frac{\pi \tau_e r_p^2}{4 f_e^2} L_s' \quad (15.36)$$

其中，f_e 表示眼睛的焦距长度，对于人类个体而言，它是一个常数；τ_e 表示眼睛的投射率或者投射系数；r_p 表示瞳孔的半径；L_s' 为物理客体的辐射照度。这样，从自然光的能量到视网膜上的能量的调制关系就建立了。

15.3 客体空间属性信号调制

物质的客体，在考虑光学属性时还具有空间的几何形状，即客体的任何一个点，都占据了特定的空间位置。这一本质属性构成了客体空间的属性信号。

在自然界中，依赖天然的光源信号，光波中加载了客体的光学属性信号：波长信号和光通量信号。但是，并未直接加载关于客体的空间属性信号。这就需要新的调制方法和人体工程技术手段。

人的视觉系统依赖视光学系统，可以实现客体的空间属性向人的认知系统的变换，这就使得客体的空间属性信息的调制成为可能。

因此，利用视光学领域的经典实验发现及其唯象学发现的蓄积，我们可以沿着信号调制的思路构造空间属性信号调制及其描述机制。一旦空间信号的底层机制得以确立，我们便可以深入视光学经典实验发现的底层，寻找到人的视觉系统中潜在的数理逻辑。

15.3.1 客体空间变量

具有物质意义的客体往往占据一定的空间体积和空间位置，因此，就表现出空间的属性，它是物质存在在空间上的反映。前者属于客体的空间构型（configuration），即客体的形状；后者属于客体在空间所处的位置。这两点均需要用空间变量进行描述。

任意形状的物体可以理解为由空间中具有质量的"点"来组成，点是物质客体几何形状的"元"。一旦"点"的空间属性转换机制得以揭示，就可以在"点集"的基础上生成客体的几何形状。因此，我们首先采用物理学中的"质点"概念，然后把质点扩充到任意形状。设任意质点物体 A 的质量大小为 m，质点在空间中的位置为 (x, y, z)。

15.3.2 中央眼信号调制

单点的 A 具有光的属性，其空间位置信息通过光能形成的光线，经人的眼球的视光学系统投射到视网膜上的不同位置，实现对客体空间位置信号的调制。单眼的光学系统，通常采用"简化眼模型"来描述（如图 15.11 所示）。该模型最初由李斯丁（Listing）提出，因此也被称为李斯丁简约眼（Listing reduced eye）或简化眼（reduced eye）。

人眼的光学系统通常由角膜、房水、晶状体和玻璃体等组成。李斯丁将眼的所有屈光面加在一起，当成一个光学透镜。通过这种简化，就可以简便地研究眼睛的光学系统成像原理，如图 15.11 所示。而更复杂的研究则根据眼球的实际的光学系统来处理。为了讨论的简便和更迅速地抓住问题本质，我们首先采用简化眼模型。

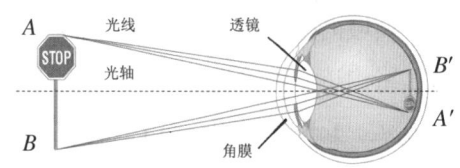

图 15.11 简化眼模型

注：人的眼球的屈光系统，可以简化为一个凸透镜。外界物体的图像，经透镜折射后，在眼球后部形成清晰的像。

15.3.2.1 视光学原理

根据这一关系,设物距的大小为 u,像距的大小为 v,透镜的焦距为 f,则三者之间满足的关系为

$$\frac{1}{u}+\frac{1}{v}=\frac{1}{f} \qquad (15.37)$$

这是眼球对空间信号进行调制的最基本的物理系统,利用这个关系实现空间信号调节。人的视光学系统通过瞳孔反馈的系统,拉伸或放松与眼球前端相连接的凸透镜,改变透镜的焦距 f。当像距 v 保持恒定值时,通过改变物距 u 的大小,把不同物距上的客体的不同位置的空间光学属性变量值输入视网膜上。

根据几何光学成像关系,我们可以得到物与像之间的大小关系为

$$\frac{AB}{A'B'}=\frac{u}{v}=\alpha \qquad (15.38)$$

对上式进行变形,就可以得到一个新的关系:

$$A'B'=\frac{v}{u}AB \qquad (15.39)$$

这个关系描述了单眼情况下空间物体的信号被转换到眼睛内的成像关系,它是我们讨论调制的基础。

15.3.2.2 中央眼信息调制

为了确立双眼之间的逻辑关系并找到它们之间的数理联系,我们首先将眼睛信息的调节建立在双眼中心的位置,即中央眼(cyclopean eye)位置。关于中央眼或单眼信息解码的问题,我们将在后续的解码问题中讨论。

中央眼是指在头部正中线上单个的眼,也就是在双眼球心连接后,在双眼球心处放置的一个眼。它并不仅仅是一种理论上存在的假想的眼,在甲壳类幼体的无体节幼虫眼和脊椎动物原始爬行类的顶眼等都是这种眼的例子。因此,首先清楚认识中央眼的信息的调节,对于双眼的机制的理解

数理心理学：心物神经表征信息学

至关重要。在中央眼和双眼之间的信息连接中，它可能暗示了一种从中央眼到双眼的进化顺序关系。

如图 15.12 所示，以双眼球心连线的中心为零点建立三维坐标系，记为 $O(0, 0, 0)$。当眼睛直视正前方时，眼睛的光轴作为 z 轴正方向。垂直 z 轴的面为 xy 平面，以双眼球心中心连线为 x 轴。

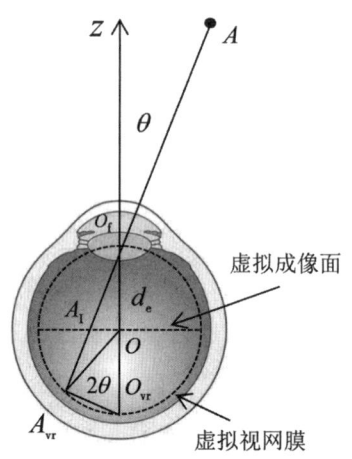

图 15.12 中央眼调制关系

注：设空间中 A 点坐标为 (x_A, y_A, z_A)，它经过光心向视网膜投射。以眼球中心为中心，经过眼球光轴中心的点球面为虚拟视网膜面。垂直光轴并经过球心的面，是物点 A 向视网膜投射时，产生的一个最大映射面，是一个假想的面，称为虚拟成像面，θ 是光线向视网膜映射时与 z 轴的夹角。

光轴和视轴构成的平面为 xz 平面，并满足右手法则。我们称这个坐标系为"中央眼坐标系"。

根据物理光学成像关系（在近轴、几何光学情况下），任意一个空间的点都会经过眼睛凸透镜的光心 O_f，在视网膜上成投射的像点，如图 15.3 所示图像关系。为了简化讨论空间位置属性的调制关系，利用物理光学的几何关系，我们可以对投射中的数理关系进行简化。

假设存在一个面，它与 xy 面重合并通过眼球的中心，空间中的任意一个点 A 向视网膜投射时，均与该面相交，交点为 A_1，称为 A 点在该面上的像。这个面在实际中并不存在，我们称之为"虚拟成像面"。将人的眼球看作一个标准球体，这个面是通过球体的最大截面。

以 O 为球心，并通过光心 O_f 做一个球面，我们将其称为"虚拟视网膜面"。点 A 在这个面上的投影记为 A_{vr}，它的坐标记为 (x_{vr}, y_{vr}, z_{vr})，即在虚拟视网膜上成的虚拟像。而在真实的视网膜上成的点则记为 A'，从投射的集合关系中，A、A_l、A_{vr}、A' 之间存在一一映射对应关系。

设 A 点坐标记为 (x_A, y_A, z_A)，A_l 的坐标记为 (x_{lA}, y_{lA}, z_{lA})，从眼球球心到光心的距离为 d_e。A 点与光心 O_f 的连线与 z 轴的夹角为 θ。

空间中的两个位置点 A 和 O_f 确定了向视网膜投射直线上的两个点。因此，利用这两个点，我们就可以表示通过它们两点的直线方程，并求出该直线方程与虚拟视网膜面、虚拟成像面之间的交点。

15.3.2.2.1 虚拟视网膜交点

设 O_f 的坐标为 (x_f, y_f, z_f)，根据几何关系，可以得到它的坐标为

$$\begin{cases} x_f = 0 \\ y_f = 0 \\ z_f = d_e \end{cases} \quad (15.40)$$

则 $\boldsymbol{O_f A}$ 矢量就可以表示为

$$\boldsymbol{O_f A} = \begin{pmatrix} x_A - x_f \\ y_A - y_f \\ z_A - z_f \end{pmatrix} \quad (15.41)$$

设直线上的任意一个点 p 的坐标记为 (x, y, z)，则通过 A 和 O_f 的直线方程可以表示为

$$\frac{x - x_f}{x_A - x_f} = \frac{y - y_f}{y_A - y_f} = \frac{z - z_f}{z_A - z_f} \quad (15.42)$$

把 O_f 和 A 的坐标值代入上式，就可以得到通过两点的直线方程：

$$\frac{x}{x_A} = \frac{y}{y_A} = \frac{z - d_e}{z_A - d_e} \quad (15.43)$$

由于 $A_{vr}(x_{vr}, y_{vr}, z_{vr})$ 是该直线和虚拟视网膜交点，则满足上述直线方程，因此，可以得到

$$\frac{x_{vr}}{x_A} = \frac{y_{vr}}{y_A} = \frac{z_{vr} - d_e}{z_A - d_e} \quad (15.44)$$

又由于 $A_{vr}(x_{vr}, y_{vr}, z_{vr})$ 在虚拟视网膜上，则它满足球面方程，有以下关系：

$$x_{vr}^2 + y_{vr}^2 + z_{vr}^2 = d_e^2 \quad (15.45)$$

令 $\dfrac{x_{vr}}{x_A} = \dfrac{y_{vr}}{y_A} = \dfrac{z_{vr} - d_e}{z_A - d_e} = k$，则可以得到以下关系：

$$\begin{cases} x_{vr} = kx_A \\ y_{vr} = ky_A \\ z_{vr} = k(z_A - d_e) + d_e \end{cases} \quad (15.46)$$

代入上述球面方程，则可以得到关于 k 的方程：

$$k^2(x_A^2 + y_A^2) + [k(z_A - d_e) + d_e]^2 = d_e^2 \quad (15.47)$$

对该方程进行化简，就可以得到它的简约形式：

$$\left[(x_A^2 + y_A^2) + (z_A - d_e)^2\right] k^2 + 2d_e(z_A - d_e)k = 0 \quad (15.48)$$

对这个方程求解，我们就可以得到 k 的两个根值 k_1 和 k_2：

$$\begin{cases} k_1 = 0 \\ k_2 = \dfrac{2d_e(d_e - z_A)}{(x_A^2 + y_A^2) + (z_A - d_e)^2} \end{cases} \quad (15.49)$$

若 $k_1 = 0$ 时，则可以得到以下关系：

$$\begin{cases} x_{vr} = 0 \\ y_{vr} = 0 \\ z_{vr} = d_e \end{cases} \quad (15.50)$$

这个点，对应着眼睛物理光轴与虚拟视网膜的交点。也就是说，在光轴上的所有点，经光心投射后，成为一个固定点 $(0, 0, d_e)$，它是一个常数值。在这个轴上，所有的空间位置信号均是一个常数值。

第15章 视觉通道信号调制

由此，我们可以得到一个基本的结论：信号在这个轴上，无法实现信号调制。这是一个非常有趣的发现。这就意味着我们看到的空间中，缺少这个轴向的信息。

当我们取 k_2 时，则可以得到

$$\begin{cases} x_{\text{vr}} = -\dfrac{2d_e(z_A - d_e)}{(x_A^2 + y_A^2) + (z_A - d_e)^2} x_A \\ y_{\text{vr}} = -\dfrac{2d_e(z_A - d_e)}{(x_A^2 + y_A^2) + (z_A - d_e)^2} y_A \\ z_{\text{vr}} = -\dfrac{2d_e(z_A - d_e)}{(x_A^2 + y_A^2) + (z_A - d_e)^2} (z_A - d_e) + d_e \end{cases} \quad (15.51)$$

设 A 点与 x 轴正方向夹角为 α，与 y 轴的夹角为 β，则根据空间几何关系，我们可以得到以下关系：

$$\begin{aligned} \cos\theta &= \dfrac{z_A - d_e}{\sqrt{(x_A^2 + y_A^2) + (z_A - d_e)^2}} \\ \cos\alpha &= \dfrac{x_A}{\sqrt{(x_A^2 + y_A^2) + (z_A - d_e)^2}} \\ \cos\beta &= \dfrac{y_A}{\sqrt{(x_A^2 + y_A^2) + (z_A - d_e)^2}} \end{aligned} \quad (15.52)$$

代入上式，在虚拟视网膜上的像点投射的位置就找到了。

$$\begin{cases} x_{\text{vr}} = -2d_e \cos\theta \cos\alpha \\ y_{\text{vr}} = -2d_e \cos\theta \cos\beta \\ z_{\text{vr}} = -2d_e \cos^2\theta + d_e \end{cases} \quad (15.53)$$

根据几何学关系，点 A 和各个轴之间的夹角之间，又满足以下关系：

$$\cos^2\theta + \cos^2\alpha + \cos^2\beta = 1 \quad (15.54)$$

则在这一约束下，对应的映射的 A_{vr} 与坐标轴之间的夹角就与 A 点和各个轴之间形成的夹角形成互补关系。自由度也同样发生了降低。即知道

了 α 和 β 角给定的情况下，θ 角也就是唯一的。

15.3.2.2.2　虚拟成像面交点

在虚拟成像面上，直线方程和该面交点纵坐标为 0，即满足 $z_{1A} = 0$。把该值代入 AO_f 直线方程，则可以得到交点值：

$$\begin{cases} x_{1A} = -\dfrac{d_e}{z_A - d_e} x_A \\ y_{1A} = -\dfrac{d_e}{z_A - d_e} y_A \\ z_{1A} = 0 \end{cases} \quad (15.55)$$

这是一个非常有趣的调制关系，令 $I_{11} = -\dfrac{d_e}{z_A - d_e}$，$I_{22} = -\dfrac{d_e}{z_A - d_e}$，根据上述关系，我们可以把它写成矩阵形式，则可以得到

$$\begin{pmatrix} x_{1A} \\ y_{1A} \\ z_{1A} \\ 1 \end{pmatrix} = \begin{pmatrix} I_{11} & & & \\ & I_{22} & & \\ & & 0 & \\ & & & 1 \end{pmatrix} \begin{pmatrix} x_A \\ y_A \\ z_A \\ 1 \end{pmatrix} \quad (15.56)$$

该矩阵清楚地表明，空间中任意一点 A 的坐标，在经过视光学系统转换后，根据不同的深度值，空间平面坐标 x_A、y_A 被调制进入了虚拟成像面上。它们之间的调制关系，记为 T_I，也就是调制函数可以表示为

$$T_I = -\dfrac{d_e}{z_A - d_e} \quad (15.57)$$

对于任意的空间深度值 z_A，经调制后，在虚拟成像面上的值均为 0。也就是只对平面坐标 x_A、y_A 进行了调制，深度值在这一关系下无法进行调制，从而实现了降维。深度值的变化被转换成了空间平面坐标 x_A、y_A 的调制函数。

特别的是，成像点在光轴上时，我们可以得到

$$\begin{cases} x_{1A} = 0 \\ y_{1A} = 0 \\ z_{1A} = 0 \end{cases} \quad (15.58)$$

它和虚拟视网膜上光轴交点相对应。也就是说在光轴上，虚拟视网膜像也是一个不可能被调制的值。外界深度的变化不会引起这个值的变化。

综上所述，我们得到了一个基本事实，对于中央眼而言，在光轴上，投射到虚拟视网膜和虚拟成像面上的点的值是一个定值，这意味着外界深度的信息无法被调制。显然，这是由视光学的物理特性决定的。这一问题的暴露也就意味着人眼需要有新的机制来解决获取空间信息的这种缺陷。

15.3.3 双眼视轴调制

在光轴上变化的点无法通过物理光学变换转换为变化的信号，只能在虚拟视网膜上投射一个不变的点。这意味着光轴的信号无法进行调制。从而人眼无法通过光轴获得客体的空间位置信号。因此，需要避开光轴，进行外界空间信号的调制。

把通过光心的其他的轴作为人眼获取信息的轴，可以成为一个解决方案。视轴的选择就成为一个重要的点。中央眼所面临的空间是一个左右、上下对称的空间。如果在中央眼上直接分离出视轴，这就意味着在对称的空间信息中，视轴需要满足上下和左右的对称关系，如图 15.13 所示。这就意味着中央眼至少要有两个对称性视轴。这给人的观察带来了不便。因此，将中央眼关系转换为双眼关系就成为必然的选择。

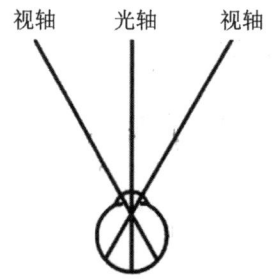

图 15.13　中央眼光轴向视轴的分化

注：中央眼无法采用中央的光轴作为可视信号的调制，只有把光轴进行分化，才能建立满足空间对称的视轴进行信号获取。

通过将中央眼分化为双眼方案来解决视轴问题，是双眼方案产生的主要原因之一。我们将分为两个步骤来解决中央眼向双眼的分化调制问题。

（1）在中央眼中，对视轴信号进行调制表达。

（2）从中央眼坐标系到双眼坐标系变换。解决双眼直视前方时，空间信号调制的表达。

15.3.3.1 视轴分化调制

我们首先将视轴理解为中央眼的视轴，并确定视轴的调制关系。在中央眼中，我们将视轴作为人眼用于注视物体时的轴线。它与光轴之间的夹角记为 θ_m，并假设它是一个定值，它连接了光心和中央窝。

我们将视轴和虚拟视网膜的交点记为 $M(x_m, y_m, z_m)$。在理想情况下，这个轴上，同样满足上述的变换关系。如果这个轴在 zx 平面上。这时，在视轴上任意的一个点在虚拟视网膜上投射点为

$$\begin{cases} x_m = -2d_e \cos\theta_m \cos\alpha_m \\ y_m = 0 \\ z_m = -d_e \cos 2\theta_m \end{cases} \quad (15.59)$$

其中，α_m 为视轴与 x 轴横坐标轴夹角的大小，这时视轴与 zx 面共面。则 α_m 值有两个：

$$\alpha_{ml} = \frac{\pi}{2} - \theta_m \quad (15.60)$$

或者

$$\alpha_{mr} = \frac{\pi}{2} + \theta_m \quad (15.61)$$

如图 15.14 所示，把中央眼分化为双眼，并满足中央眼眼球连线的中心，眼球大小与中央眼相同，双眼均只有一个视轴，它的视轴分别采用上述的一个值。α_{ml} 为左眼的视轴对应的角度值，α_{mr} 为右眼的角度值，l 表示左眼，r 表示右眼。

第15章 视觉通道信号调制

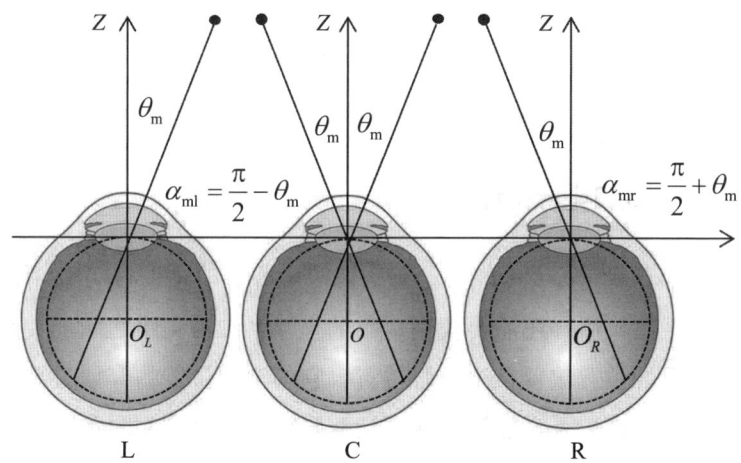

图15.14 双眼视轴关系的分化

注：视轴和光轴夹角为一个恒定值时，存在的两个对称性的角度 θ，分别作为左眼和右眼的视轴的值，这样就可以得到双眼的对称性的视轴关系。

它分别对应着左眼的视轴和右眼的视轴，因此，用下标 l 和 r 进行区分，代入双眼的虚拟视网膜交点的表达式，则可以得到 $M(x_m, y_m, z_m)$ 在左眼 $M(x_{ml}, y_{ml}, z_{ml})$ 和右眼 $M(x_{mr}, y_{mr}, z_{mr})$ 的表示：

$$\begin{cases} x_{ml} = -d_e \sin 2\theta_{ml} \\ y_{ml} = 0 \\ z_{ml} = -d_e \cos 2\theta_{ml} \end{cases} \quad (15.62)$$

和

$$\begin{cases} x_{mr} = d_e \sin 2\theta_{mr} \\ y_{mr} = 0 \\ z_{mr} = -d_e \cos 2\theta_{mr} \end{cases} \quad (15.63)$$

与视轴相对应，虚拟成像面上的像点 A_I 在左、右眼的坐标分别表示为 $A_I(x_{Il}, y_{Il}, z_{Il})$ 和 $A_I(x_{Ir}, y_{Ir}, z_{Ir})$，则根据几何成像关系，可以得到以下关系：

$$\begin{cases} x_{Il} = -d_e \sec\theta_{ml} \\ y_{Il} = 0 \\ z_{Il} = 0 \end{cases} \quad (15.64)$$

和

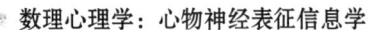

$$\begin{cases} x_{\text{lr}} = d_{\text{e}} \sec\theta_{\text{mr}} \\ y_{\text{lr}} = 0 \\ z_{\text{lr}} = 0 \end{cases} \quad (15.65)$$

15.3.3.2 双眼坐标平移

设左眼和右眼中心点 O_L、O_R 到中央眼中心点的距离为 d_b。当双眼视轴的分化关系找到后,还需要找到双眼的坐标系和中央眼之间的关系。我们首先把双眼的位置放置在中央眼位置,它的空间位置的变换关系就是中央眼的信息的变换关系。然后,我们把双眼分别移动到左眼和右眼所在的位置,就等同于把坐标系的零点移动到左眼中心和右眼中心。这样,利用坐标平移关系,我们就可以得到双眼空间信号的转换关系。

从中央眼坐标系出发,只需要进行 x 轴的平移,就可以得到任意点 $A(x_A, y_A, z_A)$ 坐标平移后的坐标为 $A'(x'_A, y'_A, z'_A)$,则根据坐标平移关系,满足以下表达:

$$\begin{cases} x'_A = x_A \pm d_b \\ y'_A = y_A \\ z'_A = z_A \end{cases} \quad (15.66)$$

当从中央眼坐标系向左移动到左眼中心时,新旧坐标系之间取加号。反之,当从中央眼坐标系向右移动到右眼中心时,新旧坐标系之间取减号。

当以左眼或者右眼中心为零点时,A 点在左眼坐标系和右眼坐标系的坐标分别记为 $A(x_{AL}, y_{AL}, z_{AL})$ 和 $A(x_{AR}, y_{AR}, z_{AR})$,则根据空间平移关系,这个点在左右眼成像面上成的像可以表示为

$$\begin{cases} x'_{IAL} = -\dfrac{d_{\text{e}}}{z_A - d_{\text{e}}}(x_A + d_b) \\ y'_{IAL} = -\dfrac{d_{\text{e}}}{z_A - d_{\text{e}}} y_A \\ z'_{IAL} = 0 \end{cases} \quad (15.67)$$

和

$$\begin{cases} x'_{L4R} = -\dfrac{d_e}{z_A - d_e}(x_A - d_b) \\ y'_{L4R} = -\dfrac{d_e}{z_A - d_e} y_A \\ z'_{L4R} = 0 \end{cases} \quad (15.68)$$

它们之间的变换矩阵就可以分别重新表示为

$$\begin{pmatrix} x'_{L4L} \\ y'_{L4L} \\ z'_{L4L} \\ 1 \end{pmatrix} = \begin{pmatrix} I_{11} & & & I_{11}d_b \\ & I_{22} & & \\ & & 0 & \\ & & & 1 \end{pmatrix} \begin{pmatrix} x_A \\ y_A \\ z_A \\ 1 \end{pmatrix} \quad (15.69)$$

和

$$\begin{pmatrix} x'_{L4R} \\ y'_{L4R} \\ z'_{L4R} \\ 1 \end{pmatrix} = \begin{pmatrix} I_{11} & & & -I_{11}d_b \\ & I_{22} & & \\ & & 0 & \\ & & & 1 \end{pmatrix} \begin{pmatrix} x_A \\ y_A \\ z_A \\ 1 \end{pmatrix} \quad (15.70)$$

在平移之后，我们会发现，在平移变换后，外界信号的调制函数关系并未发生变化，因此，空间调制函数仍然保持不变。

同样，我们可以利用坐标平移，得到双眼虚拟视网膜上两个像点的表达式为 $(x'_{vrL}, y'_{vrL}, z'_{vrL})$ 和 $(x'_{vrR}, y'_{vrR}, z'_{vrR})$，与上述相同，这里的下标 L 和 R 分别表示左眼和右眼。

$$\begin{cases} x'_{vrL} = -\dfrac{2d_e(z_A - d_e)}{\left[(x_A + d_b)^2 + y_A^2\right] + (z_A - d_e)^2}(x_A + d_b) \\ y'_{vrL} = -\dfrac{2d_e(z_A - d_e)}{\left[(x_A + d_b)^2 + y_A^2\right] + (z_A - d_e)^2} y_A \\ z'_{vrL} = -\dfrac{2d_e(z_A - d_e)}{\left[(x_A + d_b)^2 + y_A^2\right] + (z_A - d_e)^2}(z_A - d_e) + d_e \end{cases} \quad (15.71)$$

和

$$\begin{cases} x'_{vrR} = -\dfrac{2d_e(z_A - d_e)}{\left[(x_A - d_b)^2 + y_A^2\right] + (z_A - d_e)^2}(x_A - d_b) \\ y'_{vrR} = -\dfrac{2d_e(z_A - d_e)}{\left[(x_A - d_b)^2 + y_A^2\right] + (z_A - d_e)^2}y_A \\ z'_{vrR} = -\dfrac{2d_e(z_A - d_e)}{\left[(x_A - d_b)^2 + y_A^2\right] + (z_A - d_e)^2}(z_A - d_e) + d_e \end{cases} \quad (15.72)$$

综上所述，从中央眼分化出了双眼，不仅解决了单眼光轴无法进行空间位置编码的问题，同时也解决了三维空间位置信息的降维问题。而这些信息需要在后续的解码过程中利用双眼的差异信息进行解码。

15.3.4　单眼旋转调制

除去光轴之外，空间中的任意一点 B，经过光心在虚拟成像面和虚拟视网膜上成的像，均可以理解为通过眼球的旋转，而使视轴移动到这个点 B 上。则 B 点就成了视轴通过的注视点，A 点则成了非视轴注视点。这时，A 点的坐标就可以通过旋转变换而得到。根据李斯丁定律，眼球做的运动是定轴运动。我们首先考虑三种特殊的转动：沿 x 轴的转动、沿 y 轴的转动、沿 z 轴的转动。其他的转动均视为上述转动变换的组合。

我们仍然从中央眼出发来考察上述眼球转动，然后再从单眼过渡到双眼转动。下面将分三种情况进行讨论：

（1）沿 x 轴的转动；

（2）沿 y 轴的转动；

（3）沿 z 轴的转动。

15.3.4.1　**沿 x 轴旋转**

首先讨论沿 x 轴的转动，转动的角度记为 $\Delta\phi$，它的正负由右手螺旋关系来确定。这时，x 坐标保持不变，yOz 之间满足右手坐标系。平面要进行二维旋转。在 yz 平面内的任意一点 $A(x_A, y_A, z_A)$，经过旋转后的坐标记为 (x_{RA}, y_{RA}, z_{RA})，则满足以下关系：

$$\begin{cases} x_{RA} = x_A \\ y_{RA} = y_A \cos\Delta\phi - z_A \sin\Delta\phi \\ z_{RA} = y_A \sin\Delta\phi + z_A \cos\Delta\phi \end{cases} \quad (15.73)$$

则把这个关系用矩阵的方式可以表达为

$$\begin{pmatrix} x_{RA} \\ y_{RA} \\ z_{RA} \\ 1 \end{pmatrix} = \begin{pmatrix} 1 & 0 & 0 & 0 \\ 0 & \cos\Delta\phi & -\sin\Delta\phi & 0 \\ 0 & \sin\Delta\phi & \cos\Delta\phi & 0 \\ 0 & 0 & 0 & 1 \end{pmatrix} \begin{pmatrix} x_A \\ y_A \\ z_A \\ 1 \end{pmatrix} \quad (15.74)$$

把旋转矩阵用 $\boldsymbol{R}_x$ 来表示，则满足下述形式：

$$\boldsymbol{R}_x = \begin{pmatrix} 1 & 0 & 0 & 0 \\ 0 & \cos\Delta\phi & -\sin\Delta\phi & 0 \\ 0 & \sin\Delta\phi & \cos\Delta\phi & 0 \\ 0 & 0 & 0 & 1 \end{pmatrix} \quad (15.75)$$

15.3.4.2 沿 y 轴旋转

如果沿 y 轴转动，转动的角度记为 $\Delta\theta$。这时，y 坐标保持不变，zOx 构成右手规则（旋转的角 $\Delta\theta$ 的正负也遵循右手关系）。平面要进行二维的旋转。在 xz 平面内的任意一点 $A(x_A, y_A, z_A)$，经过旋转后的坐标记为 (x_{RA}, y_{RA}, z_{RA})。则满足以下关系：

$$\begin{cases} x_{RA} = z_A \sin\Delta\theta + x_A \cos\Delta\theta \\ y_{RA} = y_A \\ z_{RA} = z_A \cos\Delta\theta - x_A \sin\Delta\theta \end{cases} \quad (15.76)$$

把它改写为矩阵形式，就可以表示为

$$\begin{pmatrix} x_{RA} \\ y_{RA} \\ z_{RA} \\ 1 \end{pmatrix} = \begin{pmatrix} \cos\Delta\theta & 0 & \sin\Delta\theta & 0 \\ 0 & 1 & 0 & 0 \\ -\sin\Delta\theta & 0 & \cos\Delta\theta & 0 \\ 0 & 0 & 0 & 1 \end{pmatrix} \begin{pmatrix} x_A \\ y_A \\ z_A \\ 1 \end{pmatrix} \quad (15.77)$$

把旋转矩阵用 $\boldsymbol{R}_y$ 来表示，则满足下述形式：

$$\boldsymbol{R}_y = \begin{pmatrix} \cos\Delta\theta & 0 & \sin\Delta\theta & 0 \\ 0 & 1 & 0 & 0 \\ -\sin\Delta\theta & 0 & \cos\Delta\theta & 0 \\ 0 & 0 & 0 & 1 \end{pmatrix} \tag{15.78}$$

15.3.4.3 沿 z 轴旋转

以此类推，仍然用 (x_{RA}, y_{RA}, z_{RA}) 表示经过旋转后的 $A(x_A, y_A, z_A)$ 点坐标。我们会得到绕 z 轴（xOy 之间满足右手坐标系）转过 $\Delta\varphi$ 的变换关系，用矩阵方式可以表达为

$$\begin{pmatrix} x_{RA} \\ y_{RA} \\ z_{RA} \\ 1 \end{pmatrix} = \begin{pmatrix} \cos\Delta\varphi & -\sin\Delta\varphi & 0 & 0 \\ \sin\Delta\varphi & \cos\Delta\varphi & 0 & 0 \\ 0 & 0 & 1 & 0 \\ 0 & 0 & 0 & 1 \end{pmatrix} \begin{pmatrix} x_A \\ y_A \\ z_A \\ 1 \end{pmatrix} \tag{15.79}$$

将旋转矩阵用 $\boldsymbol{R}_z$ 来表示，则满足下述形式：

$$\boldsymbol{R}_z = \begin{pmatrix} \cos\Delta\varphi & -\sin\Delta\varphi & 0 & 0 \\ \sin\Delta\varphi & \cos\Delta\varphi & 0 & 0 \\ 0 & 0 & 1 & 0 \\ 0 & 0 & 0 & 1 \end{pmatrix} \tag{15.80}$$

15.3.4.4 复合旋转

事实上，眼睛在空间中的旋转是三种旋转复合的结果。因此，空间中任意一点 $A(x_A, y_A, z_A)$ 在眼睛发生旋转后，它的坐标就是上述三种变换连续操作的结果。因此，我们把这个总变换表示为 $\boldsymbol{R}$，则满足以下关系：

$$\boldsymbol{R} = \boldsymbol{R}_x \boldsymbol{R}_y \boldsymbol{R}_z \tag{15.81}$$

令：

$R_{11} = \cos\Delta\varphi\cos\Delta\theta$

$R_{12} = -\sin\Delta\varphi\cos\Delta\theta$

$R_{13} = \sin\Delta\theta$

$R_{21} = \sin\Delta\phi\sin\Delta\theta\cos\Delta\varphi + \cos\Delta\phi\sin\Delta\varphi$

$R_{22} = -\sin\Delta\phi\sin\Delta\theta\sin\Delta\varphi + \cos\Delta\phi\cos\Delta\varphi$

$R_{23} = -\sin\Delta\phi\cos\Delta\theta$

$R_{31} = -\cos\Delta\phi\sin\Delta\theta\cos\Delta\varphi$

$R_{32} = \cos\Delta\phi\sin\Delta\theta\sin\Delta\varphi$

$R_{33} = \cos\Delta\phi\cos\Delta\theta$

且满足

$$\boldsymbol{R} = \begin{pmatrix} R_{11} & R_{12} & R_{13} & 0 \\ R_{21} & R_{21} & R_{23} & 0 \\ R_{31} & R_{32} & R_{33} & 0 \\ 0 & 0 & 0 & 1 \end{pmatrix} \quad (15.82)$$

那么复合旋转就可以表示为

$$\begin{pmatrix} x_{RA} \\ y_{RA} \\ z_{RA} \\ 1 \end{pmatrix} = \boldsymbol{R} \begin{pmatrix} x_A \\ y_A \\ z_A \\ 1 \end{pmatrix} \quad (15.83)$$

15.3.5 双眼旋转调制

当眼球旋转问题的基本关系得到确定后，我们就可以将双眼平移和旋转结合起来，找到一般情况下的双眼空间信号的调制的表述形式。我们将其分为3个步骤：

（1）首先把中央眼的零点位置，沿着双眼连线的 x 轴向左和向右平移，直到左右双眼的眼球中心位置，得到新的坐标系。利用平移关系得到任意点 $A(x_A, y_A, z_A)$ 在左眼或者右眼的新坐标系中空间位置 $A'(x_A', y_A', z_A')$。这个工作，我们在上文已经完成。

（2）然后，利用旋转关系，得到点 $A'(x'_A, y'_A, z'_A)$ 在旋转之后的新的位置坐标 A_R，记为 (x_{RA}, y_{RA}, z_{RA})。我们在旋转中也已经得到这个关系。

（3）接下来，将 A_R 投射到人的眼睛中，得到虚拟视网膜上的点和虚拟成像面上的点。这样，我们就可以得到完整的空间信号调制关系。

根据平移关系，$A(x_A, y_A, z_A)$ 得到平移的矩阵为

$$\begin{pmatrix} x'_A \\ y'_A \\ z'_A \\ 1 \end{pmatrix} = \begin{pmatrix} 1 & & & \pm d_b \\ & 1 & & \\ & & 1 & \\ & & & 1 \end{pmatrix} \begin{pmatrix} x_A \\ y_A \\ z_A \\ 1 \end{pmatrix} \quad (15.84)$$

我们把平移矩阵记为 $\boldsymbol{T}_s$，则满足

$$\begin{pmatrix} x'_A \\ y'_A \\ z'_A \\ 1 \end{pmatrix} = \boldsymbol{T}_s \begin{pmatrix} x_A \\ y_A \\ z_A \\ 1 \end{pmatrix} \quad (15.85)$$

然后对眼球进行旋转，即可得到任意情况下的坐标，将上述平移之后的坐标代入旋转的关系中，则可以得到

$$\begin{pmatrix} x_{RA} \\ y_{RA} \\ z_{RA} \\ 1 \end{pmatrix} = \boldsymbol{R} \begin{pmatrix} x'_A \\ y'_A \\ z'_A \\ 1 \end{pmatrix} = \boldsymbol{R}\boldsymbol{T}_s \begin{pmatrix} x_A \\ y_A \\ z_A \\ 1 \end{pmatrix} \quad (15.86)$$

这时，我们就得到了任意一点的坐标，把这个坐标值代入双眼关系中，就可以得到任意点的变换关系。我们把 A_R 代入"虚拟成像面"投射点的变换中，则可以得到以下关系：

$$\begin{pmatrix} x_{IA} \\ y_{IA} \\ z_{IA} \\ 1 \end{pmatrix} = \boldsymbol{T}_I \begin{pmatrix} x_{RA} \\ y_{RA} \\ z_{RA} \\ 1 \end{pmatrix} = \boldsymbol{T}_I \boldsymbol{R} \boldsymbol{T}_s \begin{pmatrix} x_A \\ y_A \\ z_A \\ 1 \end{pmatrix} \quad (15.87)$$

同样，把 A_R 的值代入虚拟视网膜交点转换关系中，我们就可以得到

虚拟视网膜上的点：

$$\begin{cases} x_{\text{vr}} = -\dfrac{2d_{\text{e}}(z_{RA}-d_{\text{e}})}{(x_{RA}^2+y_{RA}^2)+(z_{RA}-d_{\text{e}})^2} x_{RA} \\ y_{\text{vr}} = -\dfrac{2d_{\text{e}}(z_{RA}-d_{\text{e}})}{(x_{RA}^2+y_{RA}^2)+(z_{RA}-d_{\text{e}})^2} y_{RA} \\ z_{\text{vr}} = -\dfrac{2d_{\text{e}}(z_{RA}-d_{\text{e}})}{(x_{RA}^2+y_{RA}^2)+(z_{RA}-d_{\text{e}})^2} (z_{RA}-d_{\text{e}}) + d_{\text{e}} \end{cases} \quad (15.88)$$

15.3.6 眼球成像拓扑关系

在上述推理中，我们仅仅是根据光学的近轴光学知识得到基本结论。虚拟成像面和虚拟视网膜面是通过理论构建的理想平面。这种简化使我们能够迅速找到问题的本质。因此，我们还需要通过这两个面建立实际成像和真实视网膜面之间的数理关系，才能得到实际的眼球调制关系。为此，我们通过以下三个步骤建立这个逻辑。

（1）眼球物理像点与虚拟像平面映射点之间的关系。

（2）虚拟像平面映射点与虚拟视网膜面像点之间的关系。

（3）虚拟视网膜与真实视网膜之间的关系。

外界被固视像点经眼睛成像的过程，实际上是固视点在像平面投射的过程，像平面垂直光轴面。如图 15.15 所示，在清晰成像时，它到眼球球心的距离设为 d_{I}，是一个定值，则像距就可表示为

$$v = d_{\text{I}} + d_{\text{e}} \quad (15.89)$$

由这个关系，我们就可以得到，在空间中被固视物体 A，在虚拟视网膜上成的像点 A_{vr} 与虚拟成像面的像点 A_{I} 的坐标之间的关系满足：

$$\begin{aligned} x_{\text{vr}} &= \frac{d_{\text{I}}+d_{\text{e}}}{d_{\text{e}}} x_{\text{I}} \\ y_{\text{vr}} &= \frac{d_{\text{I}}+d_{\text{e}}}{d_{\text{e}}} y_{\text{I}} \end{aligned} \quad (15.90)$$

令

$$k_I = \frac{d_I + d_e}{d_e} \quad (15.91)$$

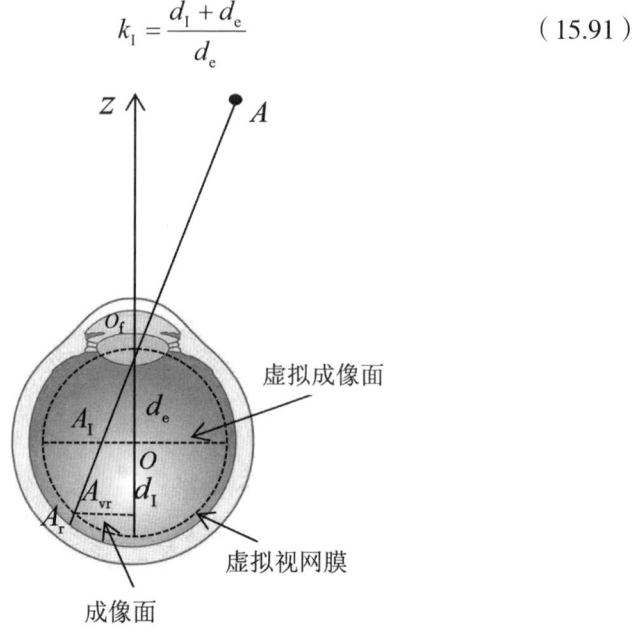

图 15.15　眼球映射关系

注：从数理上讲，成像面上成的像 A_r 可以理解为虚拟成像面像点 A_{vr} 在视网膜上的投射，再被视网膜细胞采集。它的本质是成像面上的像。

写成矩阵的形式，就可以表示为

$$\begin{pmatrix} x_{vr} \\ y_{vr} \end{pmatrix} = \begin{pmatrix} k_I & \\ & k_I \end{pmatrix} \begin{pmatrix} x_I \\ y_I \end{pmatrix} \quad (15.92)$$

由于 k_I 是常数值，则上述是一个线性关系。那么，在空间中，与 A 在同一个物向面（过 A 点并与 z 轴垂直的面）上的点，均可以通过映射用虚拟成像面上对应的投射点来表示，而满足 k_I 倍数关系。虚拟成像面就成为一个像的表示。

视网膜的作用是采集空间中成像的像点，因此，每个像点对应的视网膜细胞就是采集器。因此，A_{vr} 点视网膜采集成像信号可以理解为 A_I 信号。这时，我们就可以把视网膜上采集的像的问题转换为对虚拟成像面上像的采集问题，即 A_{vr} 与 A_I 等价。

在实际中，人的眼睛的前端是一个向前凸起的机构，这会使得光心前移，导致虚拟视网膜的半径增大，而靠近真实视网膜。同时，A_I 在真实视网膜上的投影与 A_r 逼近。它们之间的映射关系也就可以表示为

$$x_r = \frac{r_e + d_e}{d_e} x_I$$
$$y_r = \frac{r_e + d_e}{d_e} y_I \qquad (15.93)$$

其中，x_r、y_r 表示 A_r 点的横坐标和纵坐标，r_e 表示眼球的半径。令 $k_{Ir} = \frac{r_e + d_e}{d_e}$，则空间坐标的平面转换关系就可以用矩阵表示为

$$\begin{pmatrix} x_{vr} \\ y_{vr} \end{pmatrix} = \begin{pmatrix} k_{Ir} & \\ & k_{Ir} \end{pmatrix} \begin{pmatrix} x_I \\ y_I \end{pmatrix} \qquad (15.94)$$

15.3.7 空间调制信息量

根据调制函数，并根据信息量计算公式，人的眼球光学系统，输入进去不同深度的 z，经过转换后，可以调制空间值 x 和 y。根据这一关系，我们可以计算出它们的信息量为

$$dx = T_I dz \qquad (15.95)$$

对上式进行积分，则可以得到

$$x = -\int \frac{d_e}{z - d_e} dz = -d_e \ln(z - d_e) + c_0 \qquad (15.96)$$

其中，c_0 为积分常数。

设 f_e 为眼睛可以调焦的最小焦距的值，则当 $z = f_e$ 时，所有光线无法通过透镜聚焦，进入眼睛的光线的 x 值均为零，这就构成了一个约束关系。代入上式，则可以得到 c_0 值为

$$c_0 = d_e \ln(f_e - d_e) \qquad (15.97)$$

代入上式，则可以得到

$$x = -d_e \ln\left[\frac{1}{f_e - d_e}(z - d_e)\right] \qquad (15.98)$$

这个公式被称为空间信息转换的信息变换式。在空间信息变换中，它的单位用空间单位来度量（国际单位制为"米"）。负号是由于在眼睛变换时，空间成像倒转造成的。

15.3.8 平面构型调制

在这个调制关系中，光作为传递介质，光介质经过凸透镜后会形成清晰的平面像，利用几何光学的作用关系，客体空间中的平面位置变量信息就被调制进入了人的眼球系统中。

对于空间中的质点 A，它的平面的空间位置坐标为 (x_A, y_A)。那么，这个质点的形状可以用点集来表示，它的位置坐标用位置矢量来表示：

$$\boldsymbol{O}_A = \begin{pmatrix} x_A \\ y_A \end{pmatrix} \qquad (15.99)$$

其中，$\boldsymbol{O}_A$ 表示质点 A 的空间构型，则它经调制后，形成的模拟像 O'_A 的坐标为

$$O'_A = (x'_A, y'_A) \qquad (15.100)$$

质点形成的像 A'，对应的空间位置用矢量 $\boldsymbol{r}_A$ 来表示，则 $\boldsymbol{r}_A$ 可以表示为

$$\boldsymbol{r}_A = \begin{pmatrix} x'_A \\ y'_A \end{pmatrix} \qquad (15.101)$$

而一般的客体都具有各种形状，从数学意义上讲，它是点的集合，则客体的平面空间构型就是上述点的集合。它们的平面构型和像的构型坐标表示为

$$\boldsymbol{O}_A = \{(x_{Ai}, y_{Ai}) | i = 1, \cdots, n\} \qquad (15.102)$$

$$\boldsymbol{O}'_A = \{(x'_{Aj}, y'_{Aj}) | j = 1, \cdots, n\} \qquad (15.103)$$

其中，i 与 j 分别表示点的个数。但是，单眼的空间的变量信息在深度方

向上 z 并不能形成和像点之间的唯一映射关系。在视网膜上透射的像只有 x、y 的大小变化，并未有直接的 z 值的调制。在这里，通过双眼关系实现了降维。

15.4 深度调制方程

人眼的视光学系统利用单眼眼球的几何学关系、双眼几何学关系、双眼物理约束关系等几何学关系，建立深度量和双眼投射之间的关系，从而实现对深度信号的调制。在心理物理学、生理学和视光学领域，对该问题累积了大量唯象学经验发现。本节经充分利用这些唯象学的发现，建立统一性的调制机制，并提出了"深度调制方程"。

15.4.1 视差

在空间中任意两个点，其中一个点作为固视点，这个点在双眼视网膜上投射的位置对应着"中央窝"。以该点为参考零点，另外的一个点在视网膜上投射，则双眼从零点到该点的弧长将产生差异。这两个弧长的差值，就称为"视差"，如图 15.16 所示。

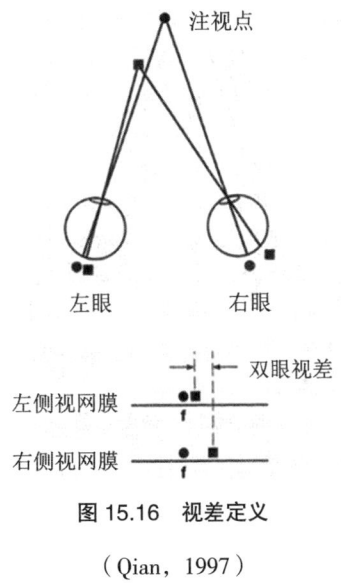

图 15.16 视差定义

（Qian，1997）

15.4.2 视差调制方程

根据视差的定义，可以进行视差的计算。如图 15.17 所示，设双眼瞳孔中心的连线的距离为 a。从双眼瞳孔中线的连线到注视点的距离为 z。从注视点到空间点 p 的相对深度为 Δz。从 p 点到双眼光心的夹角为 α，从注视点 F 到双眼光心的夹角为 β。注视点 F 和 p 与光心连线的夹角分别记为 ϕ_l 和 ϕ_r。也就是对应着 p 点在左右眼形成的弧度。设双眼的角视差记为 η。在根据几何关系则可以得到

$$\phi_l - \phi_r = \alpha - \beta \tag{15.104}$$

则角视差就可以表示为

$$\eta = \phi_l - \phi_r = \alpha - \beta \tag{15.105}$$

根据几何学关系，可以推算出（Howard et al., 1995）[150]

$$\eta \approx \frac{a\Delta z}{z^2} \tag{15.106}$$

该方程称为视差调制方程。

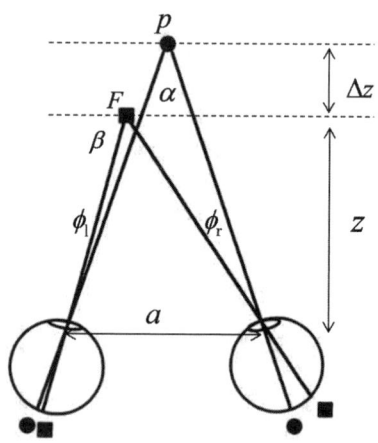

图 15.17 视差调制

注：F 为双眼注视点，p 为空间任意一点。它与 F 在深度方向的相对距离为 Δz。F 点到双眼瞳孔距离为 z。注视点 F 和空间点 p 与双眼光心形成的夹角分别为 β 和 α，它们之间形成的夹角为 ϕ_l 和 ϕ_r。

15.4.3 深度解调方程

在深度信息中,我们定义深度的相对辨识为

$$\frac{\Delta z}{z} = c_z \tag{15.107}$$

它反映的是给定一个深度量 z 后,在深度方向上发生微小变化 Δz 时的最小可察觉。假设 c_z 为常数,则视差计算表达式就可以表示为

$$\eta = a c_z \frac{1}{z} \tag{15.108}$$

这个关系被称为深度解调关系。这就意味着任意给定一个深度量 z,就对应着一个相应的视差量。深度量 z 也就被调制到二维信号中。而通过双眼的信号关系,就可以把深度量转换为双眼的差异量,实现深度量的调制。由此,这个方程,我们称为"深度解调方程"。

至此,我们就找到了空间三维情况下,空间三基元信号调制关系。在这个基础上,我们就为后续的解调奠定了基础。

第16章　视觉能量信号模数变换

视觉调制机制揭示了视觉信息通道中最基本的底层信号：能量信号和空间信号，它构成了事件传递的基础。能量信号和空间信号调制机理使我们清楚了视觉系统的调制方式和数理变换方式。这为下一步的脑通信与加工原理揭示奠定了基础。

视网膜是人类视觉系统实现光学信号向神经信号转换的装置。在这一级，它面临着5个核心问题。

（1）视网膜换能机制。视觉光信号本质上是建立在能量变化上的信号。视觉信息的光能量通过视网膜变换，实现了光能到神经电能的转换。也就是实现了客体与事件的光模拟信号，向客体与事件的神经编码信号的变换。它是视觉信息加工的基础，需要我们借助"神经换能关系"解决视网膜中视觉系统的换能关系。能量流是信息流发生的物理基础。

（2）视网膜换码机制。视觉调制的信号依赖光通信实现向眼球传输，光介质的频率和能量码需要神经具有对等的码，才能实现由光通信介质向神经通信介质的变换。"码"是理解神经信号和加工的根本性基础，它是神经信息功能揭示的必然性机制之一。上述两点构成了视觉神经信息通信底层。

（3）视网膜检波机制。被视网膜变换的光信号需要通过光敏器件对不同波段频率过滤、检出携带的外界客体、事件的光学信息的"载荷"波，

第 16 章 视觉能量信号模数变换

也就是检测出载有光学频率变量、能量变量的波段。

（4）视网膜合成机制。将检测出的光波段合成为视网膜表征的客体与事件的光信号变量，并通过上述换码实现变量信号的编码并向后继传输，从而实现外界的客体与事件的光属性变量的表示。这实现了视网膜的表征功能。

（5）视空间信号变换机制。在上述光能量信号的基础上，视网膜又依赖于空间生物学结构，实现了对客体与事件的空间信号的检波、合成与编码，从而实现客体与事件的空间信号的表征。

（6）对称性变换。综合上述所有环节，客体与事件的光属性信号、空间信号也就得以在视网膜进行表征，在此基础上，事件结构的物质属性空间就对等地实现了视网膜的表征，并实现了向神经编码的对称变换，满足"认知对称律"。

综上所述，将上述问题合并，也就构成了两个基础性问题：

（1）客体与事件的光学属性信号变换。

（2）客体与事件的空间属性信号变换。

这些结果的实现，将影响到心理物理学、心理学、神经科学、哲学等在这一环节的所有解释。

综上所述，本章将在信息逻辑主导下，并结合我们前文提出的神经换能编码方程、信号调制等理论结果，开展这一逻辑体系的构架。并通过数理逻辑架构，对这一领域的实验唯象学发现的经典成果，给予数理本质解释，从而确立"心物神经信息学"在视觉 A/D 变换中的统一性理论。它将涵盖 4 个关键性领域：

（1）视网膜结构学关键发现的唯象学成果。

（2）视网膜功能学关键发现的唯象学成果。

（3）色度学成果。

（4）神经信息成果。

16.1 视网膜换能编码

在视网膜上,进入视觉光学系统的光能量被转换为神经电能。视网膜首先是一个换能机构。它的功能的实现依赖于视网膜的特定生物结构、依赖视网膜的生物生化机制和视网膜物理机制。在视网膜的复杂结构中存在着基本功能单元,包括感光细胞、双极细胞和神经节细胞,以及建立它们之间功能关系的水平细胞。这些单元相互连接构成了视网膜的基本功能单元,在此基础上进一步垒砌在一起,形成实现信号的高级功能单元,实现能量属性信号和空间属性信号向神经信号的变换。

根据视网膜的结构生物学原理,人眼的视网膜分为两类关于光的信号采集的细胞:视锥细胞(cone cell)和视杆(rod cell)细胞。视锥细胞对强光敏感,而对弱光不敏感。视锥细胞又分为三种,分别对蓝、绿、红三种颜色成分敏感。它们分别采集不同波长的光信号,因此,也被称为S视锥、M视锥、L视锥。这些细胞按照上述所述逻辑,也就可以进行搭建,形成更高一级的功能复合体,构成联合的采集光信号的基本功能单元。

16.1.1 视网膜 A/D 变换基础单元

人的视网膜结构中,在光的采集上构成了三层基本结构。第一层由感光细胞构成,依赖光对感光细胞的生化作用,实现对光信号的采集。每个细胞满足神经能量编码原理。感光细胞和双极细胞相连,构成了一个基本采光单位。我们首先从这个感光单位开始确立视觉功能结构的数理模型。然后,在这个基本单元的基础上,逐步附加新的功能,使得采集信号的功能逐次完备和功能增加。

在视网膜上的视锥或视杆细胞,负责采集外部的光能信号,统称为感光细胞。根据视网膜的三级结构,首先考虑一种极端简化情况:一个感光细胞与一个双极细胞、一个神经节细胞相连接的情况,如图16.1所示。

根据结构生物学的发现,感光细胞仅负责光信号采集,感光细胞和双极细胞均不进行频率发放,只有神经节细胞才进行频率的发放。从这一基

第16章 视觉能量信号模数变换

本关系中，神经节细胞担负了 A/D 变换中的信号的编码器，而感光细胞和双极细胞担负了采集器功能。

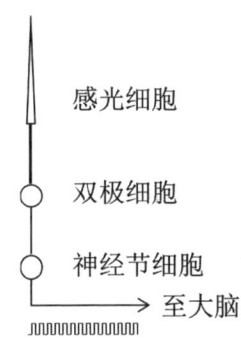

图 16.1 视网膜 A/D 变换模型

注：视网膜的一个感光细胞与单个双极细胞和单个神经节细胞相连接，感光细胞负责信号的采集，神经节细胞负责信号的编码，把感光细胞和双极细胞理解为采集器，神经节细胞理解为编码器，就构成了视网膜的最简单的 A/D 变换。

16.1.2 视网膜光电换码

光信号与视网膜采集器和编码器作用，实现了光能向神经电能的变换。同时也实现了光信号向神经表征信号的交换。

光信号是 2 维的，它具有两个属性：能量和频率（或者波长）。而物质世界的客体，对这两个信号的调制是在进入人眼光学系统之前就已经完成了。这也意味着，光信号进入视网膜进行变换，本质上是光介质信号编码转入了神经介质的编码。这种介质的变换，意味着光信号和神经信号具有某种编码对应性。

由此，利用神经换能关系，就有可能直接找到由光介质转换为神经通信时，两者之间的对应性关系。我们将这个问题称为"视网膜光电换码问题"。

我们把上述的这个系统（如图 16.1 所示）视为一个整体系统，就可以利用神经的换能方程来建立能量信号的编码关系。

对于视网膜的 A/D 变换模型，根据神经换能方程：

$$w_{si} + w_{bi} = w_s + w_u + w_w + w_o + w_{oth} \qquad (16.1)$$

则可以得到

$$w_{si}+\left[w_{bi}-\left(w_s+w_u+w_w+w_{oth}\right)\right]=w_o \quad (16.2)$$

令

$$w_{base}=w_{bi}-\left(w_s+w_u+w_w+w_{oth}\right) \quad (16.3)$$

w_{base} 称为"新陈代谢能",则换能公式可以修改为

$$w_{si}+w_{base}=w_o \quad (16.4)$$

这就意味着,信号的输出由于 w_{base} 的加入,使得输出的能量信号相对于 w_{si} 变大,也就是输入信号被放大。设 K_v 为增益系数,或者说放大系数。并满足

$$K_v=\frac{w_o}{w_{si}} \quad (16.5)$$

输入到视网膜的是光子能量,设光子频率为 v_1,普朗克常量为 h。则根据物理学,光子的能量 E 表示为

$$E=hv_1 \quad (16.6)$$

代入上式,则可以得到输入和输出之间的关系

$$w_o=K_v hv_1 \quad (16.7)$$

则根据神经量子化假设和能量守恒,神经上对应输出的能量为

$$w_o=h_u f_u \quad (16.8)$$

由此,我们可以得到

$$f_u=\frac{K_v h}{h_u}v_1 \quad (16.9)$$

在物质世界中,光信号成分 v_1 是光信号频率的编码量,或者是光信号的调谐量。经过神经细胞换能而转换为神经的频率编码。因此,我们将这个方程称为"神经光电频率换码方程"。

视觉的神经量子关系从本质上提供了一个编码关系,即从光子的频率编码转换为神经编码的关系,也就是外界光的频率如何转换为神经上的编码量 f_u。

16.1.3 视网膜能量功率编码

对（16.4）式进行时间微分，并用 p 表示功率，则可以得到下述表达形式：

$$p_{si} + p_{base} = p_o \quad (16.10)$$

在图 16.1 所示的三层细胞关系中，尽管感光细胞和双极细胞并不进行动作电位发放，但它的每层次的神经细胞均满足换能公式。根据这一关系，我们设感光细胞的功率输入记为 p_{psi}，它的新陈代谢功率记为 p_{pbase}，它的输出记为 P_{po}，则可以得到，感光细胞的功率关系满足：

$$p_{psi} + p_{pbase} = p_{po} \quad (16.11)$$

同理，对于双极细胞，也可以得到类似的关系。这时，双极细胞的输入恰好是感光细胞的输出。因此，依据相同的原理，可以得到双极细胞活动的功率关系：

$$p_{po} + p_{bbase} = p_{bo} \quad (16.12)$$

其中，p_{bbase} 表示双极细胞的代谢功率；p_{bo} 表示双极细胞的输出功率。

以此类推，则对于神经节细胞，设 p_{mbase} 表示神经节细胞新陈代谢功率，p_{mo} 表示神经节细胞的输出，则满足以下功率关系：

$$p_{bo} + p_{mbase} = p_{mo} \quad (16.13)$$

把上面三式相加，则可以得到

$$p_{psi} + \left(p_{pbase} + p_{bbase} + p_{mbase}\right) = p_{mo} \quad (16.14)$$

上式也清楚地表明这个系统总代谢功率为

$$p_{base} = p_{pbase} + p_{bbase} + p_{mbase} \quad (16.15)$$

则上式就可以简化为

$$p_{psi} + p_{base} = p_{mo} \quad (16.16)$$

根据神经编码方程，神经节细胞输出的能量成分包含两个成分，即

$$p_{psi} = E_u f_{psu} \quad (16.17)$$

$$p_{\text{base}} = E_u f_{\text{bu}} \qquad (16.18)$$

其中，f_{bu} 构成了基频，即在没有刺激信号的情况下，神经自发发放的频率。f_{psu} 则是外界输入的刺激信号。

满足

$$p_{\text{mo}} = E_u f_u \qquad (16.19)$$

其中，

$$f_u = f_{\text{psu}} + f_{\text{bu}} \qquad (16.20)$$

根据放大系数的关系：

$$K_v = \frac{w_o}{w_{\text{si}}} = \frac{p_o}{p_{\text{si}}} = \frac{p_{\text{mo}}}{p_{\text{psi}}} \qquad (16.21)$$

这个模型是不区分颜色与明暗信号的一个极简模型。它的优点在于抓住了能量输入和编码关系，使我们能够迅速理解视网膜编码关系的本质，即如何将能量信号迅速转换为频率编码。

这个关系中也进一步揭示出，在视觉系统 A/D 变换系统中，由于 f_{bu} 的存在，会存在一个"阈值"，使得输入的信号整体偏离自发频率，达到一定值时，才能被区分开来，也就是造成信号的编码会整体发生偏移。

根据上述光的频率变换关系和能量变换关系，我们就能找到输入能量和输出的能量之间的变换关系。根据这一关系，我们就能找到了单一的神经变换中，信号之间的能量变换关系为

$$\begin{pmatrix} f_u \\ p_{\text{mo}} \end{pmatrix} = \begin{pmatrix} K_v h/h_u & \\ & K_v \end{pmatrix} \begin{pmatrix} v_l \\ p_{\text{psi}} \end{pmatrix} \qquad (16.22)$$

这是一个对称性的、线性变换关系，单一神经功能单元之间的信号满足的通信换码关系就被找到了。

根据物理学原理，若 c_e 为眼球中光的传播速度，λ_e 为眼球中的波长，则满足以下关系：

$$c_e = \lambda_e v_l \qquad (16.23)$$

第16章 视觉能量信号模数变换

同样，神经发放的周期为 T_u，则有

$$f_u = \frac{1}{T_u} \tag{16.24}$$

根据上述两个关系，则得到

$$T_u = \frac{h_u}{K_v h c_e} \lambda_e \tag{16.25}$$

则

$$\begin{pmatrix} T_u \\ p_{mo} \end{pmatrix} = \begin{pmatrix} h_u/K_v h c_e & \\ & K_v \end{pmatrix} \begin{pmatrix} \lambda_e \\ p_{psi} \end{pmatrix} \tag{16.26}$$

这样，我们就得到了另一种形式的编码关系，它们分别采用频率和波长的形式进行表达。从本质上讲，这两种形式是等价的。

16.1.4 功能单元模型意义

视网膜功能编码模型简化了视网膜的三级结构。在物理学能量守恒律的基础上，并遵循换能方程，得到了视网膜三级结构的换能和换码机制。这一核心机制的突破使得视网膜的底层信息的换码机制暴露无遗。它的成功具有三个关键理论意义。

（1）视网膜三级结构中最基本单元得以暴露。在视网膜中，其他任意复杂的结构，都可以通过这个结构进行搭建。它是我们获得更为复杂的功能结构的基础。这个结构也是沿信息输入方向搭建的结构。我们把它称为纵向结构。而在视网膜中，还存在横向的联系，通过水平细胞等来实现，它是功能单元搭建时关系的一种反映。我们将在后文中，利用这一关系实现复杂功能结构的解读。

（2）换能关系建立。通过这一基础功能单元，建立了视网膜中最为基础的换能关系，它是视觉信息编码的基础关系之一。

（3）换码关系建立。基于换能关系，确立了光信号通信介质转换为神经介质时神经的二维编码机制，即将二维的光学属性信号转换为了神经

可以表征的信号。这样，物质世界与神经之间的"接口"关系就被找到了。这也在事实上证明了神经作为通信介质也满足二维编码关系。

这样，视网膜上的最为基本的结构机制、换能机制和编码机制构成的神经编码通信关系就确立了。这在事实上解决了前文提到的两个基本问题：视网膜的换能问题和换码问题。这一基础为下一步讨论神经信号获取功能奠定了基础。

16.2 视网膜光信号滤波

太阳是自然界的天然光源，它构成了全光谱光源，并为自然界的客体发射和透射。它构成了人类探测世界的主要光源。视网膜的感光细胞，充当了光信号的采集器，由于生物材料的限制，它们无法对所有光的频率做出等价的反应，而主要对某一波段具有优势反应。这一特性也构成了光感细胞工作有限范围。从本质上就构成了滤波特性，即只允许反应谱段信号通过，而对其他谱段进行过滤。

由于感光细胞生物材料工作的范围的有限性，使得不能依赖单一细胞器，实现对可见光谱的全光谱进行等价反应，即需要不同的感光细胞来提取不同谱段信号。

感光细胞分为对明、暗信号分别敏感的视锥细胞、视杆细胞。而视锥细胞又分为对红、绿、蓝分别敏感的视锥细胞。这就意味着人类的视网膜建立了不同波段的滤波机制，用来检测出不同波段的信号。

因此，在换能机制和换码机制的基础上，还需要建立描述视网膜功能单元关于滤波波段描述的普遍性机制。

16.2.1 感光器件滤波性能

生物意义的感光器件，总是在一定范围内进行工作，就视觉感光细胞而言，它对一定光频率范围内的光子进行反应。同时，光敏器件，一般意义上均不是标准的线性工作区域，对不同的能量刺激，具有自己的敏感区，

这就意味着 K_v 不是一个常数值，它是一个随光子频率特性改变的一个函数，由此，我们把 K_v 改写为 $K_v(\lambda)$。光感器也就成为一个光频率的过滤器。它的描述的函数，也就是 $K_v(\lambda)$。

根据它的定义式，对分子和分母同时除以 Δt，则可得到

$$K_v(\lambda) = \frac{w_o(\lambda)}{w_{si}(\lambda)} = \frac{p_o(\lambda)}{p_{si}(\lambda)} \tag{16.27}$$

其中，$p_o(\lambda)$ 和 $p_{si}(\lambda)$ 分别表示波长为 λ 的光波在感光细胞上的输出和输入功率。又根据视网膜的三级加工结构，三级结构的输入和输出关系，我们可以进一步得到以下关系：

$$K_v(\lambda) = \frac{p_{mo}(\lambda)}{p_{si}(\lambda)} = \frac{E_u f_u(\lambda, t)}{p_{si}(\lambda)} \tag{16.28}$$

如果把感光细胞作为一个能量信号变换的器件，从这个关系中，我们就可以得到输入和输出的变换关系为

$$w_{mo}(\lambda) = K_v(\lambda) w_{si}(\lambda) \tag{16.29}$$

和

$$p_{mo}(\lambda) = K_v(\lambda) p_{si}(\lambda) \tag{16.30}$$

其中，$w_{mo}(\lambda)$ 表示神经节输出的能量。这个关系清楚地表明，在变换过程中，由于 $K_v(\lambda)$ 是一个和频率、波长有关系的函数，输出的功率和能量也会随着波长的变换而发生变化。这需要我们建立关于 $K_v(\lambda)$ 的表述的函数形式，并在实验测量中得到实测的证据。

16.2.2　视网膜带通滤波

由于视网膜感光细胞的滤波特性随着波长而发生变化，这就意味着感光细胞允许一定波长范围内的光波通过，在实验领域也观察到了这种现象，这种本质决定了感光细胞是一个"带通滤波器"。实验表明，它对不同波段的敏感程度并不相同，这就意味它对不同波长的过滤能力和增益能力也

并不完全相同。

由于每种光细胞的敏感区域并不相同，它需要我们建立一个普适性的统一标准来描述各个感光细胞的滤波特性。在 $K_v(\lambda)$ 中，包含了感光细胞的输入关系和视网膜的输出关系。因此，$K_v(\lambda)$ 中包含了描述滤波特性的参数指标，这就需要我们从它的基本表达中分离出滤波的描述特性。

16.2.2.1 视网膜视见函数

设定某一个波长 λ_r，使之作为参照。在这个波长下，输入到感光细胞的能量记为 $w_{si}(\lambda_r)$，输入的功率记为 $p_{si}(\lambda_r)$，输出的能量和功率则表示为 $w_o(\lambda_r)$ 和 $p_o(\lambda_r)$。通常情况下，参照波长取该细胞对应的最为敏感光区。

当输入某个频段波长 λ 时，调整输入能量值 $p_{si}(\lambda)$，使得输出值为 $p_o(\lambda)$ 与 $p_o(\lambda_r)$ 的值相等。这时，满足以下关系：

$$K_v(\lambda) = \frac{p_o(\lambda)}{p_{si}(\lambda)} = p_o(\lambda_r) \frac{1}{p_{si}(\lambda)} \qquad (16.31)$$

对于同一个感光细胞，$p_o(\lambda_r)$ 设立的是一个参考值，可以作为一个常数，这时的放大系数就是一个和输入值有关的一个变量的函数。

令

$$V_v(\lambda) = \frac{1}{p_{si}(\lambda)} \qquad (16.32)$$

$V_v(\lambda)$ 我们称为"视网膜视见函数"，它是输入功率的倒数。这时，我们就可以得到以下函数关系：

$$K_v(\lambda) = p_o(\lambda_r) V_v(\lambda) \qquad (16.33)$$

把这个关系代入到输入和输出的关系中，我们就可以得到

$$p_{mo}(\lambda) = p_o(\lambda_r) V_v(\lambda) p_{si}(\lambda) \qquad (16.34)$$

同理，如果我们采用能量关系，当输入某个频段波长 λ 时，调整输入

能量值 $w_{si}(\lambda)$，使得输出值为 $w_o(\lambda)$ 与 $w_o(\lambda_r)$ 的值相等。这时，满足以下关系：

$$K_v(\lambda) = \frac{w_o(\lambda)}{w_{si}(\lambda)} = w_o(\lambda_r)\frac{1}{w_{si}(\lambda)} \quad (16.35)$$

这时，令

$$V_v(\lambda) = \frac{1}{w_{si}(\lambda)} \quad (16.36)$$

$V_v(\lambda)$ 同样可以称为"视网膜视见函数"，它是输入能量的倒数。同样，我们就可以得到以下函数关系：

$$K_v(\lambda) = w_o(\lambda_r)V_v(\lambda) \quad (16.37)$$

把这个关系代入到输入和输出的关系中，我们就可以得到

$$w_{mo}(\lambda) = w_o(\lambda_r)V_v(\lambda)w_{si}(\lambda) \quad (16.38)$$

上述两个关系清晰地表明，无论我们采用功率关系还是能量关系，"视网膜视见函数"都具有相同的表述形式，即满足倒数形式。这是一个非常有趣的发现。视见函数可以由实验科学给出。

16.2.2.2 视网膜光视效能

经过编码后的视网膜的输出量，如果经过知觉阶段的逆向解码，则知觉到的光的输出值，就和视网膜的输出量直接对应，也就是转换为了心理量（这一机制将在后文的机制中进行理论证明）。

在视觉中，输入到视网膜的功率值往往利用光通量来表示，也就是单位时间内的光的能量，单位是流明（用 lm 表示），用 ϕ_{si} 来表示，则满足以下关系：

$$\phi_{si} = p_{si}(\lambda) \quad (16.39)$$

人所知觉到的光的通量，用 ϕ_{mo} 来表示，也就是明度，则根据输入和输出关系，它们之间的关系可以重新改写为

$$\phi_{\text{mo}}(\lambda) = p_{\text{o}}(\lambda_{\text{r}})V_{\text{v}}(\lambda)\phi_{\text{si}}(\lambda) \quad (16.40)$$

这个关系就是视觉系统中，光的物理量向心理量转换的变换关系。这时的视见函数的表达式为

$$V_{\text{v}}(\lambda) = \frac{1}{\phi_{\text{si}}(\lambda)} \quad (16.41)$$

同时满足

$$K_{\text{v}}(\lambda) = p_{\text{o}}(\lambda_{\text{r}})V_{\text{v}}(\lambda) \quad (16.42)$$

而与视觉的心理物理学的实验测量进行对比，$p_{\text{o}}(\lambda_{\text{r}})$ 就是光谱光视效能（常数）。$V_{\text{v}}(\lambda)$ 就是视见函数（luminosity function），也就是光视效率。根据1971年CIE公布的明视觉的 $V_{\text{v}}(\lambda)$ 标准，对于明视觉的波长，$\lambda = 555\text{nm}$，$p_{\text{o}}(\lambda_{\text{r}}) = 683\text{lm}/\text{W}$，对于暗视觉，它的值是 $p_{\text{o}}(\lambda_{\text{r}}) = 1\,725\text{lm}/\text{W}$，明暗视觉的光效率函数如图16.2所示。这样，这一关系就和视觉心理物理中的量完全对应起来了。它使得在心理物理学中，输入的光通量和感觉到的明度量之间的关系，从神经换能的角度被推测了出来，且每个变量的数理含义也清楚了。

（1）$K_{\text{v}}(\lambda)$ 表示视网膜单元的输入和输出之间的放大率。

（2）$V_{\text{v}}(\lambda)$ 表示的视网膜的感光细胞的滤波特性。

（3）$p_{\text{o}}(\lambda_{\text{r}})V_{\text{v}}(\lambda)$ 表示视网膜的感光细胞滤波中，能量的过滤特性。

这一关系的确立为我们建立视网膜上能量信号的处理机制确立了基础。

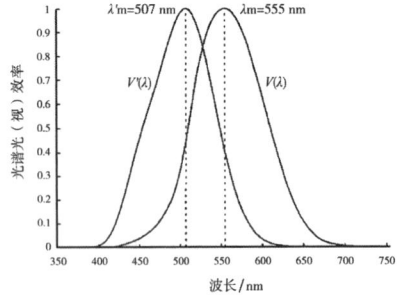

图16.2　光谱光效率函数

注：明视觉与暗视觉的光效率函数曲线（Fotios et al., 2012）。

16.3 视网膜功能电路

视网膜上的感光、放大、滤波和编译等特性通过神经换能方程，被简便地揭示了出来，这是一个非常令人讶异而振奋的工作。能量信号是神经最为基础的底层信号，而其他信号都是在这一底层信号基础上的生成信号，也就是说，它是复杂信号生成的基础。在理解更为复杂的信号之前，我们需要建立视网膜的功能电路结构。这是本节关注的重点。本节将分为三个环节对视网膜的电学信号机制进行建立：感光细胞电路机制、双极细胞电路机制、神经节细胞电路机制。这一机制的建立，将为后续复杂的电路结构奠定基础。

16.3.1 功能电路模型构建逻辑

视网膜 A/D 变换的基本功能单元揭示了人类视网膜的 4 类数理机制：

（1）换能机制。外界物理能量信号通过神经变换转为神经脉冲机制。

（2）放大机制。在换能中，神经功能单元存在放大的机制，把光感信号进行放大。

（3）编码机制。把光介质信号转换为神经介质信号，神经的编码机制。

（4）换码机制。把光介质信号转换为神经介质信号时，两种介质的换码关系。

基于上述功能机制并考虑到视网膜的生物学结构，我们提出视网膜功能单元电路模型。包含三个功能环节：

（1）光感细胞承担采集外界信号，并进行放大、滤波作用。

（2）双极细胞承担光信号的求和，并进行放大作用。

（3）神经节细胞承担光信号的换码，并进行放大作用。

把三级放大系数分别用 K_{VS}、K_{VB}、K_{VG} 表示，则满足以下关系：

$$K_{VS} = \frac{p_{po}}{p_{psi}} \qquad (16.43)$$

$$K_{VB} = \frac{p_{bo}}{p_{po}} \quad (16.44)$$

$$K_{VG} = \frac{p_{mo}}{p_{bo}} \quad (16.45)$$

根据上述关系，可以证明：总的放大系数可以表示为

$$K_v = K_{VS}K_{VB}K_{VG} \quad (16.46)$$

这样，感光细胞、双极细胞和神经节细胞之间的电路的功能逻辑，通过放大系数，也就联系在了一起。

16.3.2 感光细胞电路结构

感光细胞采集外来光信号，并对电信号进行放大，放大系数用 K_{VS} 来表示。电流沿着感光细胞单向下传。综合考虑这些因素，感光细胞的功能等价因素如下。

（1）单向导通，作为生物材料的二极管来使用。

（2）放大作用，作为生物的放大器来使用。

（3）滤波作用，作为生物的滤波器来使用。

这样，我们就可以得到感光细胞等效电路，如图 16.3 所示。

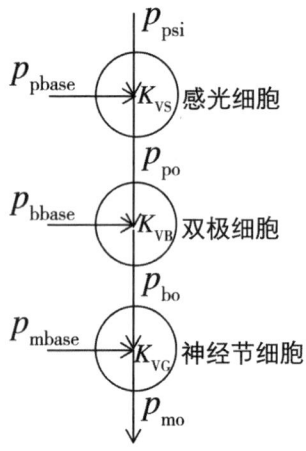

图 16.3 视网膜三级等效电路

16.3.3 双极细胞电路结构

感光细胞通过神经缝隙与双极细胞相连接。双极细胞接收来自感光细胞的信号。在实际的视网膜中,往往是多个感光细胞和双极细胞相连接。它承担信号整合的作用,或者说是一个加法器。这一特性在极简模型中尚未完全体现出来,在后续的多细胞机制的搭建中,我们将看到这一功能性的作用。同时,双极细胞又承担信号放大和增强的作用,放大系数用 K_{VB} 来表示。综合考虑这些因素,双极细胞的功能等价因素如下:

(1)放大作用,作为生物的放大器来使用。

(2)加法作用,作为生物的加法器来使用。

(3)前馈作用,作为生物的信号处理器,又对上一级电路进行反馈影响。

16.3.4 神经节细胞电路结构

双极细胞将整合信号发送给神经节细胞。神经节细胞把这个发来的光信号进行换能编码。神经节细胞是三级细胞中唯一发送动作电位的单元,也就是实现了光信号的编码,光介质信号转换为神经介质的传导的电信号,也就在这一级彻底实现,A/D 变换得以完成。综合考虑这些因素,神经节细胞的功能等价因素如下:

(1)编码作用,作为生物的编码器来使用。

(2)放大作用,作为生物的放大器来使用。

综上所述,我们就得到了视网膜三级加工结构的等效电路。这个关系是在极简关系下得到的,但可以快速建立关于视网膜信号的输入和输出之间的逻辑关系。

16.4 视网膜光信号编码

利用极简视网膜三级结构模型,我们就找到了视网膜光滤波原理。这是一个非常有趣的发现。这一原理和心理物理学的研究存在功能学的对应。

这就为理解更复杂的光信号合成问题提供了基础。

以此为基础，将各种感觉器联合起来，形成复杂光的信号的采集和合成就成为可能。由于自然界的光是二维编码，人眼调制的信号天然地继承了这一特性。因此，光信号的合成变换，需要根据生物结构学，解决几个关键问题：

（1）物理的光信号明暗的区分问题，也就是能量上的差异问题。

（2）物理的光信号的成分问题，也就是如何通过光感器区分不同的成分信号，并实现信号的合成问题。

（3）上述两类信号的编码问题。

这三个问题构成了光学信号从物理信号变换为神经信号的核心问题，也是 A/D 变换的核心问题。

16.4.1 水平细胞异步门控机制

单个独立的视觉工作单元本质上提供了一个独立的信息通道。光信号在编码时，又满足二维编码。当按照前面提出的感光细胞分化顺序，我们将不同细胞联系在一起时，就可以构建出复杂信息处理单元。根据视网膜的生物学结构，我们将按照以下三个步骤来搭建这些单元：

（1）具有侦测明、暗信号的视杆细胞和视锥细胞之间的功能单元。

（2）具有侦测蓝、黄信号的视锥细胞的功能单元。

（3）具有侦测红、绿信号的视锥细胞的功能单元。

16.4.1.1 水平细胞门控电路模型

在视网膜的生物结构中，大量 A/D 变换基础单元并行，它们之间的连接关系依赖水平细胞来完成。这就给我们提供了一个基础提示，水平细胞是 A/D 功能单元垒砌的"基础逻辑"的反映。这就包含了一种新的视觉信号的加工机制。

根据生物学的"生化机制"、物理的电路原理和通信原理等，确立水平细胞的作用，也就成为一种可能。

对水平细胞的生化机制的研究结果表明，水平细胞对不同细胞具有超极化和去极化反应的功能特性。利用这种电特性，它的本质是实现细胞之间的电路信号的耦合。主要分为两类：

（1）亮度型（L型）水平细胞。即对可见光谱内的任何波长均呈超极化反应。极化也就是静息电位状态，表现为神经纤维膜外是正电位、内部是负电位状态。

（2）色度型（C型）水平细胞。即反应随波长而异。通常对短波长为超极化反应，对长波长为去极化反应。

上述两种特性表明，水平细胞具有对信号反应的特异与区分性，并连接了不同光学信号。由此，我们提出水平细胞电路，用以下图示（如图16.4所示）进行表示。水平细胞在计划的过程中，类似一个不断升高的电压源，或者说是一个可变电压源。水平细胞的电阻设为r_H，极化电压升高，会导致对象的电流降低，并最终截止，这就相当于是一个单向导通的二极管。这样，水平细胞就构成了一个可变电压源、内电阻r_H、单向导通的二极管的"门控电路"。这是水平细胞具有的特性之一。

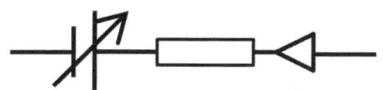

图 16.4 水平细胞简化电路

注：水平细胞具有极化特性，可以看作一个可变电压源，并具有内电阻，它的电压的升高，可以使得对象的电压差降低，并最终截止，因此具有单向导电作用。因此，水平细胞也就可以看作一个由可变电压源、内电阻和二极管构成的门控电路。

16.4.1.2 水平细胞门控异步特性

在水平细胞的两个端点连接上电路。如图16.5所示。在该电路中，双极细胞对左侧电路信号进行极化反应，即对通过A点的生化信号电流进行极化反应，使得水平细胞电压升高，导致B端电压升高。这时A点电压升高的信号被耦合到B端，B端电压升高，导致B端电流下降，直至截至。

即 A 点有生化电流通过时，B 端生化电流停止通过。反之，当 A 点生化电流降低时，B 端生化电流就可以通过。这样，就构成了两端信号电流出现异步的情况。这个机制被称为水平细胞的异步机制。

异步产生的根本原因是：在 A 点传输的电流，属于生化电流，而水平细胞对生化电流产生生化反应，即水平细胞对电流的可选择反应特性决定了水平细胞的电压受不同的生化电流影响，从而构成了水平细胞的异步控制特性。

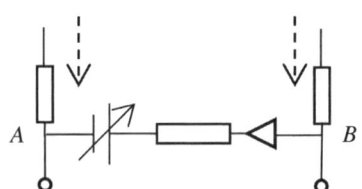

图 16.5　水平细胞异步工作特性

注：把水平细胞同时和两个电路连接，并输入到下一级。若水平细胞对左侧的电信号反应属于极化反应，则电压升高，直到截止电流，这时右侧电路与水平细胞连接端电压升高，右侧电流降低，甚至截止。即左侧电路工作时，右侧电路活动降低，甚至电流信号截止。双侧向下一级输出信号时，出现异步。

人类的视网膜包含两个方向的信息流：①垂直视网膜方向的信息流；②水平方向的信息流。这两种信息流分别起到不同的作用。水平细胞的门控与异步作用使得垂直方向的信息流有了控制的机制，使得垂直方向的信息流保持了三种独立特性：

（1）独立成分。即垂直方向的光信号成分保持独立，而不是简单混合。

（2）分时工作。同时向下分发的光信号在经过双极细胞的门控电路时，工作信号下方表现为分时特性。

（3）异步信号。同时到达双极细胞的光信号由于分时的原因，导致一方的信号会延迟、延时，出现了信号的异步情况。异步是一个很重要的工作机制。

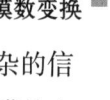

这三个工作特性使得水平细胞的门控与异步反应机制，在更复杂的信号控制中表现出很重要的特性。我们将根据这一特性，并结合视网膜的生物学结构，通过双极细胞的结构搭建，找到视网膜结构功能机制。从而使视网膜信息通信机制得到完整揭示。我们将按照一个由浅入深的逻辑，来解释视网膜在 A/D 变换时的功能机制。

16.4.2 黑白信息通道合成关系

光学信号包含二维形式的编码，视网膜的感光单元只有在二维编码的基础上才能实现信号转换的完备性，即客观上要求视网膜的感光单元也存在二维形式编码，在这一逻辑基础上，我们分为两个问题来讨论这一逻辑：

（1）光能量编码与视网膜生物结构之间的关系。

（2）光成分编码与视网膜生物结构之间的关系。

光能量编码中的一个独立维度，也就是在不考虑光频率的情况下，均只会有亮度上的差异，即黑白差异。这时，人类的感光细胞首先分化为探测暗信号的视杆细胞、探测强光信号的视锥细胞。这时视锥细胞不区分颜色的成分。

这时视锥细胞只负责强光探测（不存在细胞分化），在此仍然考虑极简情况，把一个视锥细胞和一个视杆细胞和双极细胞相连。根据视网膜的生物结构，水平细胞通过缝隙连接实现电耦合。

在上述情况下，水平细胞对可见光谱内的各种光进行极化反应，如图 16.7 所示。这就意味着，视杆和视锥细胞之间，在传递强光信号和弱光信号时构成门控机制并导致异步响应。而在水平细胞中，在生理上也存在"亮度型"水平细胞，也称为 L 型水平细胞。

引入这一机制后，一个基本的信息传递过程就会凸显出来，即：

（1）由于水平细胞的存在，视杆细胞和视锥细胞的工作机制是异步的。即当亮光信号发生神经反应时，视杆细胞的电信号传递发生了截止；反之，则视杆细胞传递的信号向双极细胞传递。我们认为，这就是水平细胞工作的"拮抗"机制。

（2）由于异步的存在，使得视杆和视锥细胞传递的信号能够独立通过双极细胞，并到达神经节细胞。

上述两种情况是视杆和视锥细胞的独立工作机制。也就是在截止条件下进行的信号传递。其次，我们再考虑在非截止条件下的信息编码和传递。

16.4.2.1 明暗信号感光关系

在这一机制下，搭建起来的视觉的功能单元可以传递"明、暗"两种信号。这恰恰说明了颜色拮抗理论中"明、暗"信号配对出现的问题。它是由亮度型水平细胞的门控机制所决定的。

根据生理结构的连接范式、信号探测单元的简化关系如图16.6所示。

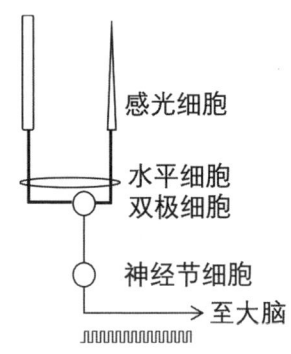

图 16.6　黑白信号探测关系

在这个关系中，我们将视杆感光细胞的功率输入记为 p_{rpsi}，其代谢功率输入记为 p_{rpbase}。则根据换能方程，视杆感光细胞的换能功率方程满足：

$$p_{rpsi}+p_{rpbase}=p_{rpo} \tag{16.47}$$

同样的情况下，用 p_{cpsi} 表示视锥感光细胞的功率输入，其代谢功率输入记为 p_{cpbase}，细胞输出功率记为 p_{cpo}。则根据能量守恒，视锥感光细胞的换能功率方程满足

$$p_{cpsi}+p_{cpbase}=p_{cpo} \tag{16.48}$$

则这两项构成了双极细胞的输入，与前文工作单元所不同的是，它们存在异步传输。这就意味着，上述的功率传输需要修订为时间关系量，分

别表示为

$$p_{\text{rpsi}}(t)+p_{\text{rpbase}}(t)=p_{\text{rpo}}(t) \quad (16.49)$$

和

$$p_{\text{cpsi}}(t)+p_{\text{cpbase}}(t)=p_{\text{cpo}}(t) \quad (16.50)$$

16.4.2.2 明暗信号加法关系

由于这两个细胞均连接在双极细胞上，构成了对双极细胞的输入，则双极细胞就构成了一个"加法器"。由此，我们可以得到双极细胞的输出。

对于双极细胞，它的输入恰好是感光细胞的输出。因此，依据相同的原理，我们可以得到双极细胞的活动功率关系：

$$\left[p_{\text{rpo}}(t)+p_{\text{cpo}}(t)\right]+p_{\text{bbase}}(t)=p_{\text{bo}}(t) \quad (16.51)$$

在这里，双极细胞的代谢活动功率 p_{bbase} 均被重写为时间变量关系。由于异步的活动，使得双极细胞的加法器的本质是对光信号的时间序列进行求和，且各个光信号保持独立关系。

16.4.2.3 明暗信号编码关系

经双极细胞得到明暗的信号，传递到神经节细胞而实现电脉冲编码，从而转换为神经编码。

$p_{\text{bo}}(t)$ 构成了神经节细胞输入，用 $p_{\text{mbase}}(t)$ 表示神经节细胞代谢功率，$p_{\text{mo}}(t)$ 则表示神经节细胞的输出，则满足以下功率关系：

$$p_{\text{bo}}(t)+p_{\text{mbase}}(t)=p_{\text{mo}}(t) \quad (16.52)$$

把感光细胞、双极细胞、神经节细胞三级的功率关系相加，并令

$$p_{\text{psi}}(t)=p_{\text{rpsi}}(t)+p_{\text{cpsi}}(t) \quad (16.53)$$

$$p_{\text{base}}(t)=p_{\text{rpbase}}(t)+p_{\text{cpbase}}(t)+p_{\text{bbase}}(t)+p_{\text{mbase}}(t) \quad (16.54)$$

则可以得到以下关系：

$$p_{\text{psi}}(t)+p_{\text{base}}(t)=p_{\text{mo}}(t) \tag{16.55}$$

这样，我们就得到了明暗信号变换的神经功能单元的功率变换关系。它在形式上和 A/D 变换的基础单元的形式完全相同。

在编码时，当输入的光刺激信号为 0 时，神经节细胞发放的神经脉冲为基频频率 $f_{\text{bu}}(t)$，则基频的编码关系为

$$p_{\text{base}}(t)=E_{\text{u}}f_{\text{bu}}(t) \tag{16.56}$$

由刺激输入引起的频率关系为

$$p_{\text{psi}}(t)=E_{\text{u}}f_{\text{pu}}(t) \tag{16.57}$$

则总的发放频率 $f_{\text{u}}(t)$ 为

$$f_{\text{u}}(t)=f_{\text{bu}}(t)+f_{\text{pu}}(t) \tag{16.58}$$

也就是

$$p_{\text{mo}}(t)=E_{\text{u}}\left[f_{\text{bu}}(t)+f_{\text{pu}}(t)\right] \tag{16.59}$$

这是外界输入的光的功率和明暗信号探测的神经单元输出的功率关系。这个模型是明、暗信号探测的极简功能关系模型。在该模型中，输入既包含了视杆细胞信号，也包含视锥细胞光学信号。

16.4.2.4　明暗信号换码关系

根据视觉信号输入，视杆细胞和视锥细胞是两类不同的采集器和放大器，在对信号放大的过程中，对它们两者的放大系数需要进行区分，分别记为 K_{RVS} 和 K_{CVS}。根据前文放大关系的规定，满足以下两个关系：

$$K_{\text{RVS}}=\frac{p_{\text{rpo}}(t)}{p_{\text{rpsi}}(t)} \tag{16.60}$$

和

$$K_{\text{CVS}}=\frac{p_{\text{cpo}}(t)}{p_{\text{cpsi}}(t)} \tag{16.61}$$

由于感光能力差异，视杆细胞和视锥细胞的工作范围也不相同，即它

们对不同波段波长敏感。且它们的信号经过双极细胞和神经节细胞时，保持了信息独立，这两个系数并不完全相同。则存在两个独立放大系数 $K_v(\lambda)$，分别表示视杆采集的信息流和视锥采集的信息流的放大作用，记为 $K_{Rv}(\lambda)$ 和 $K_{Cv}(\lambda)$，则两个放大系数可以表示为

$$K_{Rv}(\lambda) = K_{RVS}K_{VB}K_{VG} \quad (16.62)$$

和

$$K_{Cv}(\lambda) = K_{CVS}K_{VB}K_{VG} \quad (16.63)$$

根据这一关系，我们可以得到两个视见函数，分别表示为 $V_{Rv}(\lambda)$ 和 $V_{Cv}(\lambda)$，分别称为"明视觉视见函数"和暗视觉"视见函数"。它们的参考波长分别记为 λ_{Rr} 和 λ_{Cr}。则根据放大率和视见函数的关系，我们可以表示出明视觉和暗视觉两种情况下的关系式：

$$K_{Rv}(\lambda) = w_o(\lambda_{Rr})V_{Rv}(\lambda) \quad (16.64)$$

和

$$K_{Cv}(\lambda) = w_o(\lambda_{Cr})V_{Cv}(\lambda) \quad (16.65)$$

在实验科学中，可以测出这两个"视见函数"的差异。这样，我们就分离出了在明、暗两种情况下的人的感光的差异。

又根据神经量子的变换关系，在明视觉和暗视觉情况下，两种信息流是独立的。这就意味着在神经节变换时，它们分别满足对应的变换关系，即满足：

$$f_u = \frac{K_{Rv}(\lambda)h}{h_u}v_l \quad (16.66)$$

和

$$f_u = \frac{K_{Cv}(\lambda)h}{h_u}v_l \quad (16.67)$$

这时，如果 $K_{Rv}(\lambda)$ 和 $K_{Cv}(\lambda)$ 都统一记为 $K_v(\lambda)$，可以看出，这时明暗信号采集的信息单元的信息编码关系，仍然满足以下形式：

$$\begin{pmatrix} f_u \\ p_{mo}(t) \end{pmatrix} = \begin{pmatrix} K_v h/h_u & \\ & K_v \end{pmatrix} \begin{pmatrix} v_l \\ p_{psi}(t) \end{pmatrix} \quad (16.68)$$

这一关系清晰地表明了明暗信号的变换仍然满足二维编码形式。这样，我们就得到了在截止条件下，明、暗信号的编码关系。

在非截止条件下，L 型水平细胞未能完全实现信息的截止。这时，在双极细胞处，同时接收来自明、暗两种条件下的信息。也就是说，这时的亮度信号同时使得视杆和视锥细胞反应。这意味着由于双极细胞是加法器，这时的能量表述形式仍然是两个能量的求和，从而输入到神经节细胞。那么，神经节细胞仍然是基于这种能量和进行编码，仍然满足上述的编码形式：

$$p_{psi}(t) + p_{tbase}(t) = p_{mo}(t) \quad (16.69)$$

其中，p_{tbase} 为 L 型水平细胞的代谢功率，依据同样的推导原理，光信号的换码原理，也同样满足式（16.60）的换码关系：

$$\begin{pmatrix} f_u \\ p_{mo}(t) \end{pmatrix} = \begin{pmatrix} K_v h/h_u & \\ & K_v \end{pmatrix} \begin{pmatrix} v_l \\ p_{psi}(t) \end{pmatrix} \quad (16.70)$$

这一关系可能是由明、暗视觉光亮度的交叉引起的。

16.4.3 蓝黄信息通道合成关系

视锥是采集强光信号的关键器件。在白色强光基础上，视锥分化为蓝色视锥和黄色视锥。这是两个频率距离比较远的频段，也就构成了视锥分化中最容易分化出来的频段。

因此，将视锥分解为两种：蓝视锥和黄视锥。即在上述黑白信号传递的视网膜单元上，将一个视锥分解为蓝、黄两个视锥，并与双极细胞相连接，且在蓝、黄视锥之间用水平细胞连接，实现蓝、黄视锥细胞在双极细胞上的信号的求和。同时，在这两个视锥之间用水平细胞连接，实现这两个视锥在传递信号时的独立、分时、异步信号下传，如图 16.7 所示。

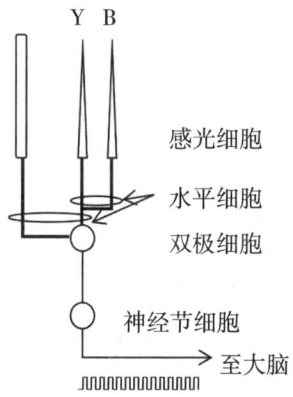

图 16.7　蓝黄信息通道合成关系

在这种关系中，L型水平细胞保留了对白色光信号极化反应的特性。蓝、黄信号之间实现拮抗反应。这就意味着蓝、黄之间首先受色度型水平细胞作用，形成异步信号。

16.4.3.1　蓝黄信号感光关系

在这种条件下，将蓝、黄视锥的输入功率分别记为 $p_{bcpsi}(t)$ 和 $p_{ycpsi}(t)$。蓝色视锥代谢功率记为 $p_{bcpbase}(t)$。黄色视锥的代谢功率记为 $p_{ycpbase}(t)$。蓝、黄视锥的输出分别记为 $p_{bcpo}(t)$、$p_{ycpo}(t)$ 则存在以下两个关系：

$$p_{bcpsi}(t)+p_{bcpbase}(t)=p_{bcpo}(t) \tag{16.71}$$

和

$$p_{ycpsi}(t)+p_{ycpbase}(t)=p_{ycpo}(t) \tag{16.72}$$

16.4.3.2　蓝黄信号加法关系

这两个关系，首先构成了异步输入，并再次与视杆构成异步输入之后，输入到双极细胞中。

则这时的双极细胞的能量变换关系可以表示为

$$\{p_{rpo}(t)+[p_{bcpo}(t)+p_{ycpo}(t)]\}+p_{bbase}(t)=p_{bv}(t) \tag{16.73}$$

这时，$p_{bo}(t)$ 是双极细胞的输出，也就是神经节细胞的输入，由此，我们可以得到神经节的功率变换关系：

$$p_{bo}(t)+p_{mbase}(t)=p_{mo}(t) \quad (16.74)$$

16.4.3.3 蓝黄信号编码关系

把视杆细胞、蓝黄视锥细胞、双极细胞、神经节细胞三级的功率关系相加，就构成了整个视觉光功能单元的总的能量变换关系。

并令

$$p_{psi}(t)=p_{rpsi}(t)+\left[p_{bcpsi}(t)+p_{ycpsi}(t)\right] \quad (16.75)$$

$$p_{base}(t)=p_{rpbase}(t)+p_{bcpbase}(t)+p_{ycpbase}(t)+p_{bbase}(t)+p_{mbase}(t) \quad (16.76)$$

则可以得到以下关系：

$$p_{psi}(t)+p_{base}(t)=p_{mo}(t) \quad (16.77)$$

这一形式与我们在明暗信号输入的情况下的变换关系在形式上一致。本质上讲，它是由能量守恒所决定的。

同理，在编码时，神经的频率编码包含两个成分，即

$$p_{psi}=E_u f_{psu} \quad (16.78)$$

$$p_{base}=E_u f_{bu} \quad (16.79)$$

其中，f_{bu} 构成了基频，即在没有刺激信号的情况下，神经自发发放的频率。f_{psu} 则是外界输入的刺激信号。

满足

$$p_{mo}=E_u f_u \quad (16.80)$$

其中，

$$f_u=f_{psu}+f_{bu} \quad (16.81)$$

16.4.3.4 蓝黄信号换码关系

仿照前文的编码关系,在蓝黄的情况下,视锥细胞分化为蓝色视锥和黄色视锥,它们合成的信号满足白色信号。对于这两种视锥,它们的放大系数分别记为K_{BVS}、K_{YVS},则可以得到

$$K_{\text{BVS}} = \frac{p_{\text{bcpo}}(t)}{p_{\text{bcpsi}}(t)} \tag{16.82}$$

和

$$K_{\text{YVS}} = \frac{p_{\text{ycpo}}(t)}{p_{\text{ycpsi}}(t)} \tag{16.83}$$

蓝、黄色光的感光波段并不相同,且它们的信号经过双极细胞和神经节细胞时,保持了信息独立,这两个系数并不完全相同。那么,蓝色和黄色的信息流的放大也就并不完全相同。蓝色和黄色的总的放大系数,就可以分别表示为$K_{\text{BCv}}(\lambda)$和$K_{\text{YCv}}(\lambda)$,则这两个放大系数可以表示为

$$K_{\text{BCv}}(\lambda) = K_{\text{BVS}} K_{\text{VB}} K_{\text{VG}} \tag{16.84}$$

和

$$K_{\text{YCv}}(\lambda) = K_{\text{YVS}} K_{\text{VB}} K_{\text{VG}} \tag{16.85}$$

如果把上两式相加,则可以得到

$$K_{\text{BCv}}(\lambda) + K_{\text{YCv}}(\lambda) = (K_{\text{BVS}} + K_{\text{YVS}}) K_{\text{VB}} K_{\text{VG}} \tag{16.86}$$

这里,我们令

$$K_{\text{Cv}}(\lambda) = K_{\text{BCv}}(\lambda) + K_{\text{YCv}}(\lambda) \tag{16.87}$$

则就会得到以下关系:

$$K_{\text{CVS}}(\lambda) = K_{\text{BVS}}(\lambda) + K_{\text{YVS}}(\lambda) \tag{16.88}$$

也就是把蓝、黄两个视锥的感觉器看成一个功能单元满足的关系。这样,蓝光和黄光就满足了合成关系。这是一个非常重要的合成关系。这个条件,我们称为"蓝黄颜色合成约束条件"。

根据这一关系,我们同样可以得到蓝色和黄色的两个视见函数,分别表

示为 $V_{BCv}(\lambda)$ 和 $V_{YCv}(\lambda)$，分别称为"蓝色视见函数"和"黄色视见函数"。它们的参考波长分别记为 λ_{BCr} 和 λ_{YCr}。则根据放大率和视见函数的关系，我们就可以表示出蓝色视觉和黄色视觉两种情况下的关系式：

$$K_{BCv}(\lambda) = w_o(\lambda_{BCr})V_{BCv}(\lambda) \quad (16.89)$$

和

$$K_{YCv}(\lambda) = w_o(\lambda_{YCr})V_{YCv}(\lambda) \quad (16.90)$$

同时，根据神经量子的变换关系，在明视觉和暗视觉情况下，两种信息流是独立的，这就意味着，在神经节变换时，它们分别满足对应的变换关系，即满足

$$f_u = \frac{K_{BCv}(\lambda)h}{h_u}v_1 \quad (16.91)$$

和

$$f_u = \frac{K_{YCv}(\lambda)h}{h_u}v_1 \quad (16.92)$$

这时，如果 $K_{BCv}(\lambda)$ 和 $K_{YCv}(\lambda)$ 都统一记为 $K_v(\lambda)$，可以看出，这时的蓝黄信号采集的信息单元的信息编码关系，仍然满足以下形式：

$$\begin{pmatrix} v_u \\ p_{mo}(t) \end{pmatrix} = \begin{pmatrix} K_v h/gh_u & \\ & K_v \end{pmatrix} \begin{pmatrix} v_1 \\ p_{psi}(t) \end{pmatrix} \quad (16.93)$$

在蓝黄之间的水平细胞通信非截止条件下，依照前文的逻辑，这一关系仍然成立。这样，我们就得到了蓝、黄、暗信号合成的编码关系。

16.4.4 红绿信息通道合成关系

在物理学上，蓝色被认为是一种基础色，而黄色则是一种合成色。当视锥被分解为蓝色视锥和黄色视锥时，黄色的视锥可以进一步被拆解为新视锥来代替。基于此，我们把黄色视锥拆解为红、绿视锥，并在红绿视锥之间搭建双极细胞，来实现二者之间的异步传输机制（如图16.8所示）。则依照上述基本逻辑，红、绿的合成的本质是黄，这样黄色视锥的工作机

制就得以保留,并又产生了新的颜色上的感知。

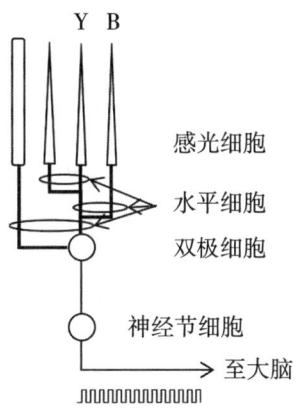

图 16.8　红绿细胞信息通道

16.4.4.1　红绿信号感光关系

基于上述的数理逻辑,将红、绿视锥的输入功率分别记为 $p_{rcpsi}(t)$ 和 $p_{gcpsi}(t)$,并将红、绿视锥的代谢功率记为 $p_{rcpbase}(t)$ 和 $p_{gcpbase}(t)$。把两种视锥的输出分别记为 $p_{rcpo}(t)$、$p_{gcpo}(t)$,则存在以下两个关系:

$$p_{rcpsi}(t)+p_{rcpbase}(t)=p_{rcpo}(t) \quad (16.94)$$

和

$$p_{gcpsi}(t)+p_{gcpbase}(t)=p_{gcpo}(t) \quad (16.95)$$

16.4.4.2　红绿信号加法关系

红绿视锥构成了一对拮抗输入关系和蓝视锥、视杆共同构成了双极细胞的输入。根据这一机制,并考虑到它们的拮抗性,合成关系的优先级用括号来表示,则输入到双极细胞之间的逻辑关系,就可以表示为

$$\{p_{rpo}(t)+[p_{bcpo}(t)+[p_{rcpo}(t)+p_{gcpo}(t)]]\}+p_{bbase}(t)=p_{bo}(t)$$
$$(16.96)$$

对于神经节细胞而言,$p_{bo}(t)$ 是双极细胞输出,也就是神经节细胞的

输入，由此，我们可以得到神经节的功率变换关系：

$$p_{bo}(t) + p_{mbase}(t) = p_{mo}(t) \quad (16.97)$$

16.4.4.3 红绿信号编码关系

把视杆细胞，蓝、红、绿视锥细胞，双极细胞，神经节细胞三级功率关系相加，就构成了整个视觉光功能单元的总的能量变换关系。并令

$$p_{psi}(t) = p_{rpsi}(t) + \left\{ p_{bcpsi}(t) + \left[p_{rcpsi}(t) + p_{gcpsi}(t) \right] \right\} \quad (16.98)$$

$$p_{base}(t) = p_{rpbase}(t) + p_{bcpbase}(t) + p_{rcpbase}(t) + p_{gcpbase}(t) + p_{bbase}(t) + p_{mbase}(t) \quad (16.99)$$

由这三个关系，我们就可以得到整个神经功能单元的能量变换关系：

$$p_{psi}(t) + p_{base}(t) = p_{mo}(t) \quad (16.100)$$

同理，在编码时，神经的频率编码包含两个成分，即

$$p_{psi} = E_u f_{psu} \quad (16.101)$$

$$p_{base} = E_u f_{bu} \quad (16.102)$$

其中，f_{bu} 构成了基频，即在没有刺激信号的情况下，神经自发发放的频率；f_{psu} 则是外界输入的刺激信号。

满足

$$p_{mo} = E_u f_u \quad (16.103)$$

其中，

$$f_u = f_{psu} + f_{bu} \quad (16.104)$$

16.4.4.4 红绿信号换码关系

仿照前文的编码关系，在红绿视锥的情况下，黄色视锥分化为红色视锥和绿色视锥。它们合成的信号满足黄色信号。对于这两种新分化的视锥，它们的放大系数分别记为 K_{RVS}、K_{GVS}。则可以得到

第16章 视觉能量信号模数变换

$$K_{\text{RVS}} = \frac{p_{\text{rcpo}}(t)}{p_{\text{rcpsi}}(t)} \quad (16.105)$$

和

$$K_{\text{GVS}} = \frac{p_{\text{gcpo}}(t)}{p_{\text{gcpsi}}(t)} \quad (16.106)$$

红、绿视锥的感光波段并不相同，由于水平细胞异步作用，使得它们的信号经过双极细胞和神经节细胞时，保持了信息独立，这两个系数并不完全相同。也就是红、绿的视锥承担了各自的滤波的作用。则红、绿视锥的总的放大系数，就可以分别表示为 $K_{\text{RCv}}(\lambda)$ 和 $K_{\text{GCv}}(\lambda)$，则两个放大系数可以表示为

$$K_{\text{RCv}}(\lambda) = K_{\text{RVS}} K_{\text{VB}} K_{\text{VG}} \quad (16.107)$$

和

$$K_{\text{GCv}}(\lambda) = K_{\text{GVS}} K_{\text{VB}} K_{\text{VG}} \quad (16.108)$$

把上两式相加，则可以得到

$$K_{\text{RCv}}(\lambda) + K_{\text{GCv}}(\lambda) = (K_{\text{RVS}} + K_{\text{GVS}}) K_{\text{VB}} K_{\text{VG}} \quad (16.109)$$

这里，我们令

$$K_{\text{YVS}}(\lambda) = K_{\text{RVS}}(\lambda) + K_{\text{GVS}}(\lambda) \quad (16.110)$$

则就会得到以下关系：

$$K_{\text{CVS}}(\lambda) = K_{\text{BVS}}(\lambda) + K_{\text{RVS}}(\lambda) + K_{\text{GVS}}(\lambda) \quad (16.111)$$

代入视锥的放大系数表达式，则可以表示为

$$K_{\text{Cv}}(\lambda) = K_{\text{CVS}}(\lambda) K_{\text{VB}}(\lambda) K_{\text{VG}}(\lambda) \quad (16.112)$$

这样，我们就得到了与前文一致性的数理表达式。

对于红、绿通道，它们具有对各自波长过滤的特性，因此，我们把这两个通道的视见函数分别表示为 $V_{\text{RCv}}(\lambda)$ 和 $V_{\text{GCv}}(\lambda)$，分别称为"红色视见函数"和"绿色视见函数"。在这两个视见函数中，它们的参考波长分别记为 λ_{RCr} 和 λ_{GCr}，则根据放大率和视见函数的关系，红色信息通道和绿色

通道两种情况下的关系式：

$$K_{RCv}(\lambda) = w_o(\lambda_{RCr})V_{RCv}(\lambda) \quad （16.113）$$

和

$$K_{GCv}(\lambda) = w_o(\lambda_{GCr})V_{GCv}(\lambda) \quad （16.114）$$

又根据神经量子的变换关系，在明视觉和暗视觉情况下，两种信息流是独立的，这就意味着，在神经节变换时，它们分别满足对应的变换关系，即满足

$$f_u = \frac{K_{RCv}(\lambda)h}{h_u}v_1 \quad （16.115）$$

和

$$f_u = \frac{K_{GCv}(\lambda)h}{h_u}v_1 \quad （16.116）$$

这时，如果 $K_{RCv}(\lambda)$ 和 $K_{GCv}(\lambda)$ 都统一记为 $K_v(\lambda)$，可以看出，这时的红、绿信号采集的信息单元的信息编码关系，仍然满足以下形式：

$$\begin{pmatrix} f_u \\ p_{mo}(t) \end{pmatrix} = \begin{pmatrix} K_v h/h_u & \\ & K_v \end{pmatrix} \begin{pmatrix} v_1 \\ p_{psi}(t) \end{pmatrix} \quad （16.117）$$

在红、绿之间的水平细胞通信非截止条件下，依照前文的逻辑，这一关系仍然成立。这样，我们就得到了蓝、黄、暗信号合成的编码关系。至此，我们就找到了视网膜光信号的基本编码和变换关系。

综上所述，通过细胞功能搭建的办法，我们建立了关于光信号 A/D 变换的完备性独立单位。这一功能单位可以实现以下基本功能：

（1）实现明暗信号的采集，满足白天和黑夜的信号的采集与变换。

（2）实现色光信号的采集，满足红、绿、蓝三色信号的采集与变换。

因此，在基本功能单位的基础上，我们就可以根据光照条件对这一结构进行调整，以揭示视网膜在演化过程中的生物结构适应性变化机制。

16.4.5 细胞密布光信号变换

人的视网膜的视杆和视锥细胞与双极细胞相连接，并通过水平细胞的门控机制形成了独立的接收光信号的转换功能单位。即大量的视锥和视杆细胞与双极细胞相连接，经神经节细胞编译后，传输到大脑。因此，我们还需要从"完备性功能单位"出发，建立关于大量细胞密布情况下的光信号的变换。

在一个单位面积内，视杆和视锥细胞满足一定的分布，也就是用分布函数来描述，设单位面积内视杆的密度分布为 ρ_{ro}，单位面积内红、绿、蓝视锥的密度分布为 ρ_r、ρ_g、ρ_b。在一个面积微元 ds 内，输入到视锥和视杆的功率 dL_{ro} 和 dL_c，则这两类细胞单位面积上接收到的能量，可以表示为

$$dL_{ro} = p_{rpsi}(t)\rho_{ro} ds \tag{16.118}$$

$$dL_c = \left\{ p_{bcpsi}(t)\rho_b + \left[p_{rcpsi}(t)\rho_r + p_{gcpsi}(t)\rho_g \right] \right\} ds \tag{16.119}$$

令

$$dL_r = p_{rcpsi}(t)\rho_r ds \tag{16.120}$$

$$dL_g = p_{gcpsi}(t)\rho_g ds \tag{16.121}$$

$$dL_b = p_{bcpsi}(t)\rho_b ds \tag{16.122}$$

则根据上述关系，就可以得到

$$dL_c = \left(dL_r + dL_g \right) + dL_b \tag{16.123}$$

对视锥和视杆细胞，在一个单位面积内进行积分，则可以得到单位面积内的光的转换关系，表示为

$$L_{ro} = \int_u p_{rpsi}(t)\rho_{ro} ds \tag{16.124}$$

$$L_c = \left(L_r + L_g \right) + L_b \tag{16.125}$$

我们把 L_c 的表达式称为"颜色合成方程"。在这里 L_c 和 L_{ro} 的单位是

流明（luminance）。其中，

$$L_r = \int_u p_{rcpsi}(t)\rho_r ds \quad (16.126)$$

$$L_g = \int_u p_{gcpsi}(t)\rho_g ds \quad (16.127)$$

$$L_b = \int_u p_{bcpsi}(t)\rho_b ds \quad (16.128)$$

如果考虑到全天候情况，也就是同时考虑到夜间和白天，则颜色合成方程可以表示为

$$L_A = L_{ro} + \left[L_b + \left(L_r + L_g\right)\right] \quad (16.129)$$

其中，L_A 表示全天候的亮度，括号代表的是计算的优先级别。它是水平细胞的拮抗机制所决定的，分别代表色度型水平细胞拮抗性、亮度型水平细胞拮抗性。

在色度学中，利用不同颜色成分的配合形成等价亮度的关系是重要的标志。"颜色合成式"正是这一机制的数理性的回答。从这个关系式中，我们找到了不同颜色合成时的"约束条件"的神经生理机制。

这样，我们就得到了在真实情况下的视觉功能单元的亮度关系和颜色合成关系。

根据能量守恒关系，输入到细胞功能单位能量对等的被编码输出。输出的能量记为 L_o，则满足

$$L_o = K_v L_c \quad (16.130)$$

则视觉功能单元的能量变换关系，就可以修改为

$$\begin{pmatrix} f_u \\ L_o \end{pmatrix} = \begin{pmatrix} K_v h/h_u & \\ & K_v \end{pmatrix} \begin{pmatrix} v_l \\ L_c \end{pmatrix} \quad (16.131)$$

16.4.6 对颜色拮抗理论解释

综上所述，我们得到了光信号被采集、滤波和合成编码的机制，这是一个非常有趣的编码关系。这一关系的成立揭示了视网膜信息处理的功能

第16章 视觉能量信号模数变换

单元的数理逻辑：

（1）视网膜上分化的各类光感器件，可能是视网膜在长期的历史演化中逐级分离出来的。这就使得在分化的机制上，逐级表现出了拮抗性。

（2）视网膜分化的顺序是光频率距离相差较远的感光器件先分离出来。

（3）水平细胞的存在使得光信息成分保持相对独立，从而使光信号实现异步编码。

根据上述逻辑，并考虑换能编码方程。我们得到了光的合成方程。在白光的情况下，颜色合成的方程表述中，我们就找到了颜色拮抗理论的基本依据。

（1）颜色拮抗的本质。颜色拮抗的本质是水平细胞连接的不同神经信息通道，在经过双极细胞时，出现截止电压，导致一方工作时，另外一方停止。分时、异步工作，从而出现拮抗性。

（2）双极细胞的种类。双极细胞的分时、截止、异步工作机制，使得只需要三类水平细胞，就可以实现不同细胞之间的拮抗。包括亮度型水平细胞（实现视杆和视锥细胞之间的拮抗）、蓝黄双极细胞（实现蓝色视锥细胞和黄色视锥细胞之间的拮抗）、红绿双极细胞（实现红色视锥细胞和绿色视锥细胞之间的拮抗）。这里的黄色视锥细胞的本质是红绿视锥细胞的等价细胞。这样，拮抗理论存在的生理机制就找到了。

（3）拮抗的细胞结构。视网膜的机构在逐级搭建中，实现了各类视锥细胞之间的拮抗性作用，即实现它们之间的电耦合。这正是拮抗对颜色出现的基本原因。按照细胞搭建的基本逻辑，颜色的拮抗对出现的配对为：明暗、蓝黄、红绿（如图16.9所示）。这与颜色拮抗理论以及实验的观察相一致。

（4）色盲的本质。从进化的角度看，在演化中，每次感光细胞的分化如果出现异常的话，都会出现这类感光功能的异常。例如，昼盲和夜盲、蓝黄色盲、红绿色盲。它们可能是人类进化中，保留下来的进化过程中的基本证据。或者说是这些色盲是人类基因中的活化石。这一观念有待进一步考证。

基于视网膜的结构功能模型，我们就找到了颜色拮抗理论的数理依据，从而将其纳入科学的理论体系中。

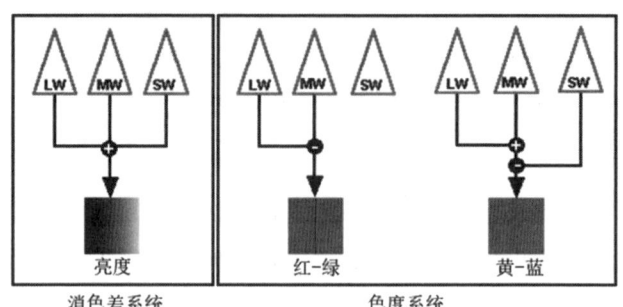

图 16.9　颜色拮抗理论

采自 https://www.visualexpert.com/FAQ/cfaqPart1.html。

基于上述理论，物理光信号包含 R、G、B 三色，并具有物理能量。这是光的两种属性。光的调制满足的是二维编码，经调制后进入眼球而成为视网膜的能量输入变量。视网膜功能实现的是二维编码，从而使得光信号编码实现了二维的转码变换，进而成为对称性变换。

1801 年，Thomas Young 提出三色学说，后由赫姆霍兹加以发展。它的基本内容是视网膜的感受器有对红、绿、蓝敏感的视色素，分别对三类色光敏感。分别产生对应色觉，而黄色则由红绿两色共同产生，这由视网膜的结构性所证实。在我们建立的结构逻辑和功能逻辑中，也符合这一学说。

1878 年，赫林观察到颜色成对出现的现象：黑白、蓝黄、红绿现象。他提出颜色 4 色学说，并提出视网膜上存在三类视素：黑 – 白色素、蓝 – 黄色素、红 – 绿色素来解释这一现象。尽管这一学说可以很好地解释色盲现象，但无法说明颜色的合成规律。

通过水平细胞、视杆和视锥细胞功能的搭建，所建立的功能单元不仅解决了三色说问题，同时也解释了拮抗理论中观察到的颜色配对现象，并与现代的视网膜生物结构学保持一致。

16.4.7 标准模型变形

我们把上述包含视杆、三色视锥的生物结构模型，称为视网膜结构标准模型。围绕这一结构模型，就可以组合因光学条件和生物结构功能性的其他模型，形成多样性的视网膜结构单元，实现更进一步的视网膜信号 A/D 变换功能。

在视网膜中，大量视杆、视锥共同连接在双极细胞和神经节细胞上，形成了功能单元，也就构成了感受野（receptive field）。将包含视杆、红、绿、蓝视锥细胞的感受野按照上述规律进行连接，称为标准感受野模型。在标准视野基础上，就可以产生各种其他形式的感受野。

16.4.7.1 饱和工作模式

对于任意一种光能量，如果使其值持续增加直到达到某个极大值时，光的颜色成分将无法分辨，而成为白色光。这时的输入功率记为 $p_{\text{psi-max}}(t)$，神经发放的最大频率记为 $f_{\text{u-max}}(t)$。在这种情况下，根据能量换码公式，则满足

$$p_{\text{psi-max}}(t) = E_{\text{u}}(t) \cdot f_{\text{u-max}}(t) \quad （16.132）$$

这就意味着不同的光将因为神经发生频率的趋于相同而无法进行区分。这时不同颜色的光均成为"白色光"。在眼球中，若某些区域的感受野一致处于高能量工作状态，也就处于白光状态，这时细胞分化用于区分颜色也就没有意义。三色视锥成为一种视锥。生物学的结构学证据表明，在中央窝的敏感区域，存在单个视锥和双极细胞、神经节细胞相连接的功能单元。我们认为它是标准感受野的一个变形。

16.4.7.2 弱光工作模式

按照同样方式，如果光能量降低，神经发放将开始降低，这时，$f_{\text{u}}(t)$ 将不断趋近基频。当这个趋近于某个临界值时，它们将无法分辨，即对应光能量和基频对应的生化能量值将无法区分，信号探测就失去意

义。这时的能量的临界值记为 $p_{\text{psi-min}}(t)$，频率发放记为 $f_{\text{u-min}}(t)$。它们满足以下关系：

$$p_{\text{psi-min}}(t) = E_u(t) f_{\text{u-min}}(t) \quad (16.133)$$

此时颜色成分也无法分辨，而成为黑色。这就意味着在视网膜上如果存在一直接受弱光的区域，白色光的分辨将无意义。在这些区域，暗光感知而成为一种必然。在这种情况下，视杆将成为主要的选择。这种视野的功能单元也是标准模型的一种变形。

基于上述模式，在两种模式的中间区域，则属于一种过渡模式。这在视网膜的视锥和视杆的分布中可以观察到。

16.5 全光谱信号 A/D 变换

太阳是自然界中最为普遍的光源，也是一个全光谱光源。描述太阳辐射光能和频率之间的关系可采用黑体辐射。在自然界中，很多发光体均可被视为"黑体"，并满足黑体辐射。黑体辐射提供了辐射物体的能量和波长之间的关系（或者频率之间的关系）。这样，我们就可以利用这个关系来研究全光谱光源的信号向神经变换的问题，或者说神经表征的问题。

16.5.1 视觉能量变换关系

根据视觉神经量子假设，我们可以得到一个基本信号关系：

$$v_l = \frac{h_u}{K_v h} f_u \quad (16.134)$$

在光学中，光的速度用 c 来表示，光的波长表示为 λ，根据物理学，满足

$$v_l = \frac{c}{\lambda} \quad (16.135)$$

设神经发放的周期为 T_u，则发放频率和周期之间的关系，可以表示为

$$f_u = \frac{1}{T_u} \quad (16.136)$$

代入上式，则可以得到

$$\lambda = \frac{K_v hc}{h_u} T_u \quad (16.137)$$

这样，我们就得到了波长和频率发放的周期之间的关系，则根据这一关系，光信号的信号变换关系可以修改为

$$\begin{pmatrix} T_u \\ L_o \end{pmatrix} = \begin{pmatrix} K_v hc/h_u & \\ & K_v \end{pmatrix} \begin{pmatrix} \lambda \\ L_c \end{pmatrix} \quad (16.138)$$

16.5.2 黑体辐射变换关系

进入眼球的客体的黑体辐射的光源，光线被眼球吸收。为了简化计算，我们不考虑眼球本身的吸收。由于黑体是朗伯体辐射，因此，也可以用辐射亮度公式来表示（金奇伟、胡威捷，2006）：

$$L = \frac{c_1}{\pi \lambda^5} \frac{1}{\exp\left(\dfrac{c_2}{\lambda T}\right) - 1} \quad (16.139)$$

其中，$c_1 = 2\pi hc^2$ 称为第一辐射常数；$c_2 = hc/k$，称为第二辐射常数；h 为普朗克常数。

根据变换关系，如果我们把这时的辐射的亮度量作为入射的变量，并将上述变换关系代入，则可以得到

$$L_o = \frac{c_1}{\pi \left(\dfrac{K_v hc}{h_u}\right)^5 T_u^5} \frac{1}{\exp\left(\dfrac{h_u c_2}{K_v hc T T_u}\right) - 1} \quad (16.140)$$

这样，我们就得到了在神经上的表征信号。从数学形式上，这一信号曲线沿袭了黑体辐射的波形特征。这是一个非常有趣的基本发现。因此，在神经编码的基础上，我们就得到了全光谱的神经表征信号的能量和频率之间的关系。

第 17 章 视觉空间信号模数变换

经感觉器调制的空间信号被投射到视网膜上，视网膜根据其空间特性将空间信号对等地转换为神经脉冲信号，实现空间信号的编码。因此，空间信号是视网膜 A/D 变换中的一类独立信息。

客体反射和透射的光能量信号在空间中分布，同时携带了关于客体的点、线、面的几何学信息。也就是客体的几何构型（configuration）。因此，空间信号的分布同时携带了客体的几何构型的信号。

从本质上讲，视觉通道充分利用了物质的光学属性，把光学属性和空间属性通过反射、透射等方式，加载到信息介质上传递出去，也就是物体的光学属性的"像"。在光学的属性像中，光的明暗起伏形成了点、线、面的区分，进而形成了不同的关于亮度起伏的"亮度的空间集合"，也就是几何学特征。它构成了一类关键信息。

反过来讲，客体的几何学信息是通过光的分布的起伏变化来传递的。视网膜对空间信息的变换本质上是对光信号的空间构型进行变换。

视网膜不仅实现了光的色度变换，同时也是关键空间信号变换器件。空间信号的变换必然受到视网膜生物结构和物理能量变换的约束。它们共同构成了视网膜空间信号 A/D 变换的物理学和生物学基础。

因此，本章将在上一章的基础上，从感光细胞的功能单位出发，也就是在双极细胞的感受野基础上，通过某种关系将并行的双极细胞关联起来，共同连接在神经节细胞上，就构成了更大的感受野，以实现空间信息的变换。它的建构逻辑就构成了视网膜空间信号变换的功能逻辑。这是视觉空间信号变换的生物学基础，并在结构学基础上建立关于空间单位的频率编码关系。

在本章中，我们将根据视网膜的生物结构学，发现并建构人的视网膜的空间信号的变换逻辑。主要包含以下4个机制：

（1）视网膜空间信号滤波机制。

（2）视网膜空间差异信号探测机制。

（3）视网膜空间信号运算机制。

在此基础上，建立了上述机制的编码机制，包括：

（1）视网膜空间滤波的编码机制。

（2）视网膜差异信号探测编码机制。

（3）视网膜空间信号运算编码机制。

并在编码机制的基础上，建立了信号的变换机制，包括：

（1）光能量、频率信号变换。

（2）空间信号变换。

（3）像信号变换。

（4）事件信号变换。

这样，外界物质的光属性信号、客体空间信号和事件构成要素信号就被编码、加载到神经系统中，为后续的大脑神经系统的解码等奠定了根本性基础。

17.1 视觉空间滤波功能

将感光细胞（S细胞、M细胞、L细胞）、视杆细胞关联在一起与双极细胞连接，就实现了光的全环境采集，这是一个最为基础的光能量信号。利用这一生物结构，纷繁的光信号实现了拆解和组装。它依赖于感光细胞对光成分选择的特性，即光滤波特性。

通过将全环境光的采集的功能单位进行拼接，就实现了面域的采集。我们在上一章已经得到了关于面域的采集的功能模型，并找到了它的编码关系。但是，这一功能单元是对空间信号均等采集的单元，即对空间面域内的信号实现的是等价变换。

而实际上，视网膜对空间信号具有滤波作用，即对转换的面域的信号并不是把能量等价转换，这就构成了空间信号的滤波。因此，我们可以在前述模型上进行修正，得到具有空间滤波功能的 A/D 换能机制。这样，视网膜的功能单元不仅承担了颜色变换的功能，同时也承担了空间信号的变换功能。因此，在本节中，我们重点讨论空间滤波的功能。

17.1.1 视觉空间滤波器

不同感光细胞和双极细胞相连接，并受水平细胞信息的协同调节，共同构成了具有一定面域的信息接收的单位，完成对空间面域的信息接收。这个单位被称为一个"感受野"。由于受到生化作用和电学作用机制的影响，这个感受野具有空间滤波特性，构成了空间滤波器的功能。尽管我们对空间滤波器的生化和结构学的数理机制并不完全清楚，但这并不影响我们在功能层次上构建它的滤波功能。

生物结构的证据表明：不同双极细胞构成的视野，并行和神经节细胞相连接，就构成了对空间采集信号的感受野，包含两种："开中心"（on center field）和"闭中心"（off center field）。如图 17.1 所示，这两个中心在采集空间信号中表现出了不同的特性。即当给予光照时，它们表现出了两种不同的功能特性，对于开中心型视野，在中心处对光反应最强烈，向周边则反应降低，在环绕区域，则表现出完全抑制的状态。对于闭中心，中心处对光线反应抑制，而周边则反应强烈。这就意味着，开中心和闭中心都表现出了对空间信号的过滤特性。我们将这两个生物装置称为"视觉空间滤波器"。

第 17 章 视觉空间信号模数变换

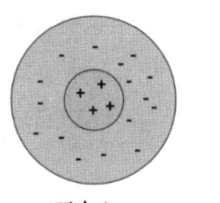 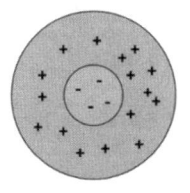

开中心　　　　　　　闭中心

图 17.1　中心感受野

注：视网膜存在两种形式的感受野结构：开中心结构和闭中心结构。对于开中心结构，中心处的细胞对光线反应强烈，周边反应减弱。对于闭中心，细胞反应规则相反。

17.1.2　视觉空间滤波器历史发现

空间滤波现象的发现源于一系列关键工作的推进，例如 Rodieck 对感受野同心圆模型的研究以及 Marr 和 Hildreth 关于空间滤波算子的假设，使得我们对视网膜官能有了更深入的理解。

Rodieck 等人提出了感受野同心圆模型（Rodieck，1965），如图 17.2 所示。在空间中，它由一个兴奋性、作用较强的中心机制和一个作用较弱，但面积更大的周边机制构成。这两个相互拮抗的机制都具有高斯分布性质，但中心机制作用更为敏感。因此，它的敏感度的空间分布模式，用 $S(x)$ 来表示：

$$S(x) = k_c \exp\left(-\frac{x^2}{2r_c^2}\right) - k_s \exp\left(-\frac{x^2}{2r_s^2}\right) \qquad (17.1)$$

其中，r_c 表示感光中心半径；r_s 表示抑制中心半径；k_c 表示中心点的峰值；k_s 表示周边敏感度的峰值。在神经节上，把众多双极细胞连接在一起形成的"开中心"，在对空间上的信号的采集和获取能力并不相同，表现为中间的采集能力最强，而两侧采集信号能力迅速降低。从空间来看，以中间为零点，向两侧延伸，空间信号迅速减弱，这就构成了空间信号的滤波器。换言之，该滤波器对于投射到这一视野的中间部分的信号是敏感的，而从中心开始，向周边延伸的过程中，空间的信号迅速衰减。

感受野在视网膜上密布，每个感光细胞构成了基本信息的获取单元，每个单元就构成了接收空间信号的单位。由于这些单位是按空间进行分布的,因此,同心圆接收模型中空间信号的变化,天然地揭示了空间滤波特性,即它揭示了视网膜感受野的一个基本功能——空间滤波。

(1)视野的中心处信号较大。

(2)在滤波器的边界处,衰减为0,从而使得空间信号在边界处保持连续性。

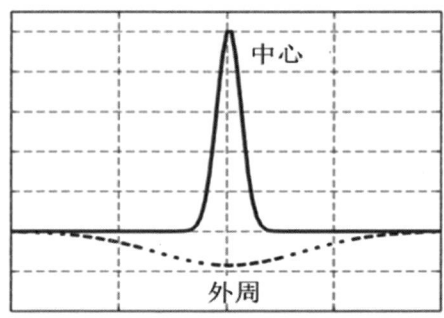

图 17.2 Rodieck 草帽模型

注:1965 年 Rodieck 提出视网膜感受野的草帽模型。中心位置对能量变换最高,两侧能量逐步降低,并包含两个成分,抑制成分的区域较大。采自 https://foundationsofvision.stanford.edu/chapter-5-the-retinal-representation/。

利用两个正态分布的函数,叠加而成的曲线形状,像"墨西哥草帽"的形状,因此,这个模型也称为墨西哥草帽模型。通过实验发现:通过调整模型中的正态分布的参数,这一函数形式在水平方向上和实验结果很好拟合,而在 y 方向上,和实验结果之间存在差异。这是对视网膜感受野官能理解的一次深入(Rodieck,1965)。在神经科学领域,对空间信号关系的描述模型被科学界广泛接受。

Marr 和 Hildreth 则从视觉计算的角度提出了视觉空间滤波算子,他们认为空间滤波最优算子是空间滤波器,用 $\nabla^2 G$ 描述。其中 ∇^2 是拉普拉斯算子 $\dfrac{\partial^2}{\partial x^2}+\dfrac{\partial^2}{\partial y^2}$,$G$ 代表高斯函数。利用这一假设,通过 $\nabla^2 G$ 运算,同样得到了墨西哥草帽功能曲线。它们检测了生物机制之间的关联性,很好的拟合了实验数据（Marr et al.，1980；Marr，1983）。从神经科学、计算科学得到的这两个模型都可以推理出"墨西哥草帽"，构成了两类独立的发现。它们之间是否存在内在关联关系，仍然不为科学界所知晓。

17.1.3 空间可视函数

无论是开中心还是闭中心，它们的本质均满足于空间信号的获取。为了方便讨论，首先将它们作为独立的功能单位，然后在这些功能单位的基础上进行功能搭建，使之成为复杂的功能结构。我们首先讨论开中心的功能描述问题。

对于开中心，它本质上仍然由感光细胞来构成，因此需要继承光信号的换能功能。同时，它还需要具备开中心的空间滤波的功能。这是两个独立的变量维度。

开中心是具有中心的环绕结构，设中心为零点，通过零点并垂直该点的轴为 z 轴。过零点并垂直 z 轴的 xy 平面为感光细胞平面，并设任意一个感光细胞在该平面上的坐标为 (x,y)，如图 17.3 所示。

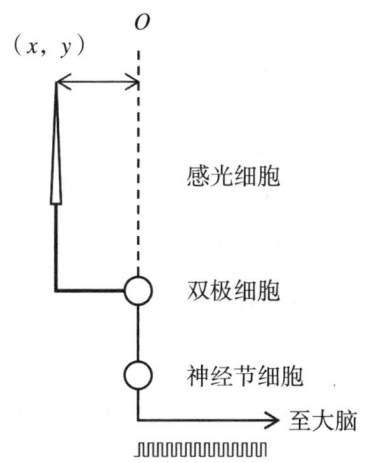

图 17.3 开中心坐标系

注：以开中心的中心处为零点，并以垂直视网膜方向为 z 方向（虚线所示）。空间中任意一个感光细胞的坐标记为 (x, y)。xy 构成的平面近似和 z 轴垂直。

由感光细胞、双极细胞和神经节细胞构成的信息通路具有独立性，则在不同的 (x,y) 对应的感光通道中，当输入相同的光时，神经节细胞反应强度会发生变化，也就是具有了空间滤波特性。在上一章中，我们引入了视见函数 $V_v(\lambda)$，它是输入能量的倒数，它满足以下形式：

$$K_v(\lambda) = p_o(\lambda_r)V_v(\lambda) \qquad (17.2)$$

而视网膜细胞在 oncenter 中都具有自己的相对位置，我们引入一个空间滤波函数 $V_v(x,y)$，也就是空间敏感函数，则放大率就可以修正为

$$K_v(\lambda) = p_o(\lambda_r)V_v(\lambda)V_v(x,y) \qquad (17.3)$$

同样地，它是标准化的相对函数。以某一固定光源做操作，设定在 on center 中心位置处，神经节细胞的能量输出为标准值：

$$V_v(x,y) = \frac{P_0(x,y)}{P_0(0,0)} \qquad (17.4)$$

在中心处，$V_v(x,y)=1$，其他位置的值小于 1。在颜色和能量的变换中，我们建立了视网膜功能单位中输入和输出之间的关系：

$$K_{Cv}(\lambda) = K_{CVS}(\lambda)K_{VB}(\lambda)K_{VG}(\lambda) \qquad (17.5)$$

其中，

$$K_{CVS}(\lambda) = K_{BVS}(\lambda) + K_{RVS}(\lambda) + K_{GVS}(\lambda) \qquad (17.6)$$

这两个关系是从总体角度对功能单元的一种数理描述。根据这一公式，我们可以假设在 on center 中，任意一个细胞都是这其中的一类。则增益系数仍然满足上述形式。这时，只需要引入和空间因素的系数就可以了，即增益系数也是与空间有关系的系数，则我们可以得到新的形式：

$$K_{Cv}(\lambda,x,y) = V_v(x,y)K_{CVS}(\lambda)K_{VB}(\lambda)K_{VG}(\lambda) \qquad (17.7)$$

该公式考虑了空间滤波关系的功能单元的表述形式。同样的情况下，视杆细胞同样具有这一约束形式：

$$K_{Rv}(\lambda,x,y) = V_v(x,y)K_{RVS}K_{VB}K_{VG} \qquad (17.8)$$

17.1.4　空间可视函数约束条件

与视见函数滤波功能相当，空间视见函数的本质也是对空间中的能量信息进行过滤。如果把 on center 和 off center 作为空间信号过滤器，它需要满足一定的约束条件。

（1）满足能量守恒。把 on center 和 off center 作为换能的功能单元，输入的能量和输出的能量均是大于零的值。

（2）连续性。on center 和 off center 共用边界细胞，这就意味着 on center 和 off center 的空间可视函数具有共同的连续边界。

17.2　视觉空间滤波机制

视觉空间功能为我们提供了关于视网膜空间滤波器功能的描述。它的功能实现需要视网膜的生物学结构提供物质支撑。空间信号仍然依赖于能量信号作为基础，这就为我们在已有能量机制理解基础上推进空间机制的揭示找到了路径。

人的视网膜上有两个接收光信号的中心，即 on center 和 off center。它们对光线都表现出滤波特性。所不同的是，它们反应的信号并不相同，前者对亮的信号进行编码，后者对暗的信号进行编码。这意味着，on center 和 off center 协同一起，形成了光信号的亮度信号和空间信号的完备编码关系。我们将这个问题拆解为两个子问题：

（1）on center 的空间滤波机制。
（2）off center 的空间滤波机制。
（3）二者之间的完备性关系。

在这里，我们首先讨论 on center 的空间滤波关系，再利用 on center 与 off center 的关系建立关于 off center 的空间滤波关系。这构成了本节论述的基本逻辑。

17.2.1 光信号在 on center 分布

on center 具有圆形对称结构,当光信号投射到视网膜时,考虑到它的粒子特性。以 on center 中心为零点,以水平向右方向为 x 轴,垂直向上的方向为 y 轴,建立平面坐标系,如图 17.4 所示。

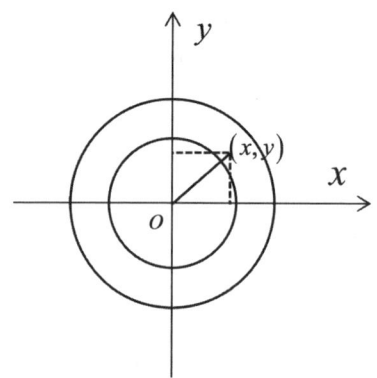

图 17.4 on center 中心坐标

注:以 on center 中心为零点,空间中任意一点的坐标为 (x, y),在垂直 x 轴的方向上的概率为 $p(x)$,在水平方向上的概率为 $p(y)$。

假设光粒子向视网膜投射,也就是向 on center 中心进行投射。投射的过程会产生随机误差。设空间中任意一点为 (x,y),它对应的极坐标表示为 (r,θ)。并设粒子出现在 x 垂线上的概率为 $p(x)$,出现在 y 水平线上的概率为 $p(y)$,出现在 (x,y) 点处的概率为 $p(x,y)$,则可以得到以下概率关系:

$$p(x,y) = p(x)p(y) \qquad (17.9)$$

若光粒子出现的概率具有各向同性,也就是在各个方向上的概率相同,则在距离中心位置相同点的光粒子出现的概率相同,则这时的概率仅仅是半径的函数,表示为 $p(r)$。

根据几何坐标变换关系,从平面坐标变换为极坐标关系,满足

$$\begin{cases} x = r\cos\theta \\ y = r\sin\theta \end{cases} \qquad (17.10)$$

由此，可以得到概率的关系为

$$p(r) = p(r\cos\theta)p(r\sin\theta) \quad (17.11)$$

由于概率与 θ 无关，则对上式进行求导，可以得到

$$p'(r\cos\theta)p(r\sin\theta)r(-\sin\theta) + p(r\cos\theta)p'(r\sin\theta)r\cos\theta = 0 \quad (17.12)$$

化简得

$$\frac{p'(x)}{xp(x)} = \frac{p'(y)}{yp(y)} \quad (17.13)$$

令上式等于 C，则可以得到

$$p'(x) = xp(x)C \quad (17.14)$$

因为函数的导数中含有函数本身，所以函数是以 e 为底的幂函数，则可以得到

$$p(x) = A\exp\left(\frac{C}{2}x^2\right) \quad (17.15)$$

当 x 增大时，出现的概率应该减小，所以常数 $C < 0$。因为函数 p 是概率分布，所以曲线下方的总面积必须为 1，根据该条件进行积分确定常数 A：

$$\int_{-\infty}^{\infty} p(x)\mathrm{d}x = \int_{-\infty}^{\infty} A\exp\left(\frac{C}{2}x^2\right)\mathrm{d}x = 1 \quad (17.16)$$

考虑到概率关于轴对称，化简可以得到

$$\int_0^{\infty} \exp\left(\frac{C}{2}x^2\right)\mathrm{d}x = \frac{1}{2A} \quad (17.17)$$

同理可以得到

$$\int_0^{\infty} \exp\left(\frac{C}{2}y^2\right)\mathrm{d}y = \frac{1}{2A} \quad (17.18)$$

故可以得到以下关系：

$$\int_0^{\infty} \exp\left[\frac{C}{2}(x^2 + y^2)\right]\mathrm{d}x\mathrm{d}y = \frac{1}{4A^2} \quad (17.19)$$

把上式简化为极坐标形式，则可以表示为

$$\int_0^\infty \exp\left(\frac{C}{2}r^2\right) r \mathrm{d}r \mathrm{d}\theta = \frac{1}{4A^2} \quad (17.20)$$

由这个式子，就可以得到

$$A = \sqrt{\frac{k}{2\pi}} \quad (17.21)$$

其中，$k = -C$ 代入概率的表达式：

$$p(x) = \sqrt{\frac{k}{2\pi}} \exp\left(-\frac{k}{2}x^2\right) \quad (17.22)$$

因此，我们就可以得到

$$\int_0^\infty \exp\left(-\frac{k}{2}x^2\right) \mathrm{d}x = \sqrt{\frac{\pi}{2k}} \quad (17.23)$$

由于光粒子在投射时具有各向同性，因此，概率的分布函数关于中心点具有对称性。如果对光粒子的空间坐标进行统计，我们就可以得到以下关系：

$$\mu = \int_{-\infty}^\infty x p(x) \mathrm{d}x = 0 \quad (17.24)$$

其中，μ 表示空间 x 的坐标的平均值，则标准差 σ 就可以表示为

$$\begin{aligned}\sigma^2 &= \int_{-\infty}^\infty (x-\mu)^2 p(x) \mathrm{d}x \\ &= 2\sqrt{\frac{k}{2\pi}} \int_0^\infty x^2 \exp\left(-\frac{k}{2}x^2\right) \mathrm{d}x \\ &= \frac{1}{k}\end{aligned} \quad (17.25)$$

代入 $p(x)$ 表达式，则可以得到

$$p(x) = \frac{1}{\sigma\sqrt{2\pi}} \exp\left(-\frac{1}{2\sigma^2}x^2\right) \quad (17.26)$$

同样，我们就可以得到

$$p(y) = \frac{1}{\sigma\sqrt{2\pi}} \exp\left(-\frac{1}{2\sigma^2}y^2\right) \quad (17.27)$$

第 17 章　视觉空间信号模数变换

在二维的情况下，把 $p(x)$ 和 $p(y)$ 代入 $p(x,y)$ 的表达式，则可以得到

$$p(x,y) = p(x)p(y)$$
$$= \frac{1}{2\pi\sigma^2}\exp\left(-\frac{x^2+y^2}{2\sigma^2}\right) \quad (17.28)$$

在这种情况下，我们就得到了在 on center 中心中，光粒子的分布满足正态分布形态，也就是光能量信号的分布状态（如图 17.5）。根据这一特性，同样得到了 σ 的本质含义，它是在以 on center 为中心的最大中心圆为直径对应的中心所对应的空间的标准差尺度。我们把这个量改写为 r_{on}，则 $r_{on} = \sigma$，则上述概率形式就改写为

$$p(x,y) = \frac{1}{2\pi r_{on}^2}\exp\left(-\frac{x^2+y^2}{2r_{on}^2}\right) \quad (17.29)$$

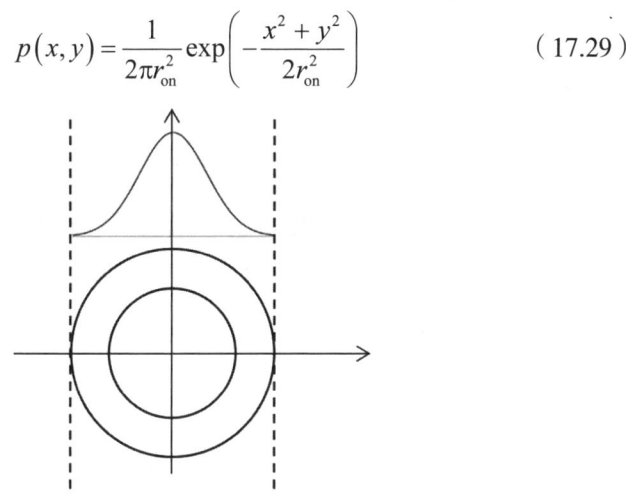

图 17.5　正态分布与 on center 的几何关系

注：正态分布平均值是 on center 的中心，它的最大值和最小值分别是 on center 中心和两个边界。

在实际中，我们需要根据实际情况对这个值进行测量。我们将在后续中找到实验测量关系。

这是一个非常有趣的发现，它直接揭示了在视网膜的微小尺度上，光粒子所扮演的角色，并直接为 Marr 等在滤波时对光信号采取的正态分布假设提供了一个基本依据。

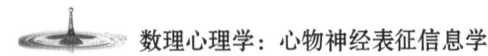

17.2.2 on center 空间滤波微分电路

在第十五章中,我们讨论了视网膜中光成分的编码问题,建立了三级信号放大机制,并有效地解释了光能量变换问题。光信号的空间变换与光能量共用神经通路,这也就意味着,在上述模型中还蕴藏着新的机制,与空间信号的滤波变换存在对应性。

为了简化讨论,并让问题本质简要呈现,我们将感光细胞的放大器电路看成一级放大单元,将双极细胞放大器单元看成第二级放大单元,将神经节细胞看成第三级放大器单元。把感光细胞和双极细胞之间的缝隙简化为电容,双极细胞和神经节细胞之间的缝隙也简化为电容。它们传导电流时的电阻分别归集到上一级的放大电路中作为一个系统。

这样,on center 中心中,纵向的信息流需要经历两次信息变换:①感光细胞到双极细胞的信息传递;②双极细胞向多极细胞传递。这两次信息传递之间均通过神经传递递质,越过两级神经间的缝隙来实现。同时,在上述两级上,分别伴随有水平细胞和无长突细胞产生的水平方向上的信息流。

我们将神经间的缝隙简化为电容,并将水平方向的水平细胞作为电阻(前文中已经把水平细胞进行了电路简化)。这里,无长突细胞仍然采用和水平细胞相同的模型。

这样,我们就得到了两级的信息流传递电路,如图 17.6 所示。设 R_p 为感光细胞构成的放大器阻抗,水平细胞的电阻为 R_h,水平细胞对应单向导通的二极管记为 D_h。感光细胞和双极细胞的缝隙的电容记为 C_{pb},双极细胞构成的放大器阻抗为 R_b。神经节细胞与双极细胞的间隙对应的等价电容记为 C_{bg},神经节细胞的放大器阻抗为 R_g。无长突细胞的电阻为 R_a,对应的单向导通的二极管记为 D_a。在光信号变换过程中,由于感光细胞换能引起的电压为 u_{ips},经感光细胞单元放大后输出的电压为 u_{ipo},经过电容 C_{pb} 后的电压为 u_{ib},经过双极细胞放大后的电压为 u_{bo},经电容 C_{bg} 之后的电压记为 u_{ig},该电压经神经节细胞放大后,输出电压为 u_{go}。

第 17 章 视觉空间信号模数变换

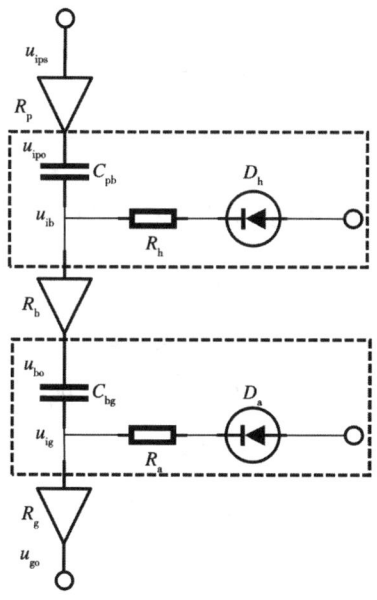

图 17.6 视网膜 on center 双极微分电路

注：水平细胞提供的电阻和双极细胞与感光细胞之间的缝隙电容，构成了第一级的微分电路。神经节细胞电阻和双极细胞与神经节细胞之间的缝隙电容，构成了第二级的微分电路。

根据物理学的电路原理，在这个电路中，由神经缝隙构成的电容和水平方向的电阻构成了 *RC* 微分电路，如图 17.6 中虚线框部分所示，共包含两级，即任何一级神经缝隙电容和水平方向的电阻都构成了 *RC* 微分电路。在这种电路结构下，输入到电容之前的电压和之后输出电压之间的关系满足

$$u_{ib}(t) \approx R_h C_{pb} \frac{du_{ipo}(t)}{dt} \quad (17.30)$$

同理，对于第二级 *RC* 微分电路，与上述原理相同，则可以得到

$$u_{ig}(t) \approx R_a C_{bg} \frac{du_{bo}(t)}{dt} \quad (17.31)$$

对于放大电路，我们前面讨论了能量的关系，并引入了能量放大系数，则可以得到上述电路之间的电压关系：

$$u_{\text{ipo}} = \sqrt{K_{\text{CVS}}(\lambda)} u_{\text{ips}} \qquad (17.32)$$

$$u_{\text{bo}} = \sqrt{K_{\text{VB}}(\lambda)} u_{\text{ib}} \qquad (17.33)$$

$$u_{\text{go}} = \sqrt{K_{\text{VG}}(\lambda)} u_{\text{ig}} \qquad (17.34)$$

这三个关系和上述微分电路关系联立，就可以得到以下关系：

$$u_{\text{go}} = \left(R_{\text{a}} C_{\text{bg}} R_{\text{h}} C_{\text{pb}} \right) \sqrt{K_{\text{CVS}}(\lambda) K_{\text{VB}}(\lambda) K_{\text{VG}}(\lambda)} \frac{\mathrm{d}^2 u_{\text{ips}}}{\mathrm{d} t^2} \qquad (17.35)$$

把图 17.6 中的整个电路看成一个系统放大电路，则输入端为 u_{ips}，输出端为 u_{go}。则图 17.6 的电路可以进一步简化为图 17.7 所示的电路。

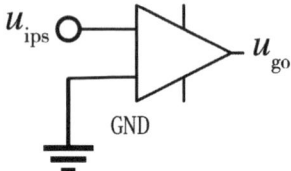

图 17.7　简化电路

注：把三级电路看成一个整体的放大电路，输入端是 u_{ips}，输出端是 u_{go}。

从输入端进去，设整个电路的阻抗为 Z_{A}，则这个电路的功率就可以表示为

$$P = \frac{u_{\text{ips}}^2}{Z_{\text{A}}} \qquad (17.36)$$

将 on center 首先看成一个独立的工作功能单元，从几何学上看，感光细胞层就构成了一个接收光能量的几何圆面，而感光细胞又同时和双极细胞连接，并又连接到神经节细胞。从系统角度来看，感光细胞层面接收的能量的变化影响到双极细胞和神经节细胞能量的输出。因此，设定一个单位面积，光投射的能量满足

$$P = p(x, y) p_{\text{ips}}(t) \qquad (17.37)$$

其中，$p_{\text{ips}}(t)$ 为输入的功率，把上两个等式联立，就可以得到

$$\frac{u_{\text{ips}}^2}{Z_{\text{A}}} = p(x, y) p_{\text{ips}}(t) \qquad (17.38)$$

对该式进行 2 阶微分，就可以得到

$$\frac{2}{Z_A}\frac{\mathrm{d}^2 u_{\mathrm{ips}}}{\mathrm{d}t^2} = p_{\mathrm{ips}}(t)\left(\frac{\partial^2}{\partial x^2} + \frac{\partial^2}{\partial y^2}\right)p(x,y) \qquad (17.39)$$

化简得

$$\frac{2}{Z_A}\frac{\mathrm{d}^2 u_{\mathrm{ips}}}{\mathrm{d}t^2} = p_{\mathrm{ips}}(t)\nabla^2 p(x,y) \qquad (17.40)$$

其中，$Z_A = R_p + R_{\mathrm{cpb}} + R_b + R_{\mathrm{cbg}} + R_g$（$R_{\mathrm{cpb}}$ 和 R_{cbg} 为两个电容的容抗）。把式（17.40）代入式（17.35），我们就可以得到一个基本关系：

$$u_{\mathrm{go}} = (R_a C_{\mathrm{bg}} R_h C_{\mathrm{pb}})\sqrt{K_{\mathrm{CVS}}(\lambda) K_{\mathrm{VB}}(\lambda) K_{\mathrm{VG}}(\lambda)} \frac{Z_A}{2}\left[p_{\mathrm{ips}}(t)\nabla^2 p(x,y)\right]$$

$$(17.41)$$

u_{go} 是视网膜输出端口。从这个端口可以看出，如果我们将 $\nabla^2 p(x,y)$ 作为空间滤波算子，p_{ips} 是视网膜中的能量输出，则经过视网膜的滤波变换后，空间信号转换为视网膜的电信号输出。从这一转换关系中，我们找到了空间信号和电学信号之间的关系。

17.2.3 on center 空间滤波机制

在 on center 的视网膜电路中，我们建立了输入能量与信号之间的关系，这是一个关键性的一步。从这个基本关系中，可以推导出空间微分算子 ∇^2，也就是从这一机制出发，我们可以得到一系列空间信号处理的机制。

17.2.3.1 拉普拉斯滤波算子产生机制

拉普拉斯算子是空间滤波算子，这在 Marr 的计算视觉中具有关键性的作用。它是计算视觉的关键算法之一，并具有神经科学的基础。通过视网膜神经电路的关系的推导，拉普拉斯算子的机制也就浮现了出来，它是由视网膜的水平方向的两级微分电路与视网膜的空间能量变化共同来决定的。因此，这一关系也就奠定了拉普拉斯算子作为视网膜滤波的神经生物学基础。

17.2.3.2 空间滤波和神经电路变换关系

对于以 on center 为中心的接收单元，视网膜细胞接收的能量必然经过双极细胞和神经节细胞向脑内传输。在给定时刻，空间上投射面积发生变化时，也就是 on center 输入的光的面积发生变化（如图 17.8 所示），双极细胞输入和输出的功率也会相应发生变化。这是因为空间输入的能量都要经过双极细胞而输出到神经节细胞。也就必然地表现为，空间能量变化引起输出功率的变化，也就是空间的变化会影响到视网膜功能单元输出的变化。

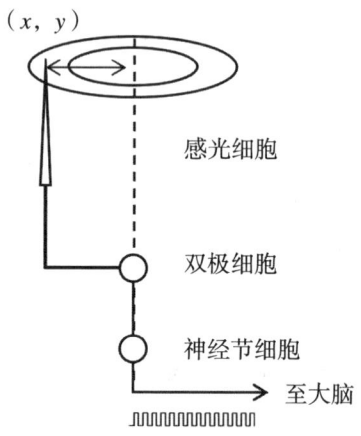

图 17.8 空间关系与输出关系

注：on center 是由空间分布的细胞组成的，当光投射的面积发生变化时，神经节细胞的输出也必然随之发生变化。

17.2.4 Rodieck 草帽

对视网膜三层结构的电路的简化，使得视网膜的信号处理本质暴露了出来，即视网膜的 on center 对空间信号进行了二阶的微分运算，这是一个非常有趣的发现，它使我们对视网膜复杂结构的理解一下清晰起来。把微分算子作为一种滤波器，就需要与我们前述的功能连接在一起，还需要我们进一步讨论微分算子对信号处理的根本性作用。

根据上述讨论的关系，令

第 17 章 视觉空间信号模数变换

$$\nabla^2 = \frac{\partial^2}{\partial x^2} + \frac{\partial^2}{\partial y^2} \tag{17.42}$$

∇ 为拉普拉斯（Laplacian）算子。把 $p(x,y)$ 的表达式代入二阶的拉普拉斯算子，则可以得到

$$\nabla^2 p(x,y) = \frac{1}{2\pi\sigma^2} \nabla^2 \exp\left(-\frac{x^2 + y^2}{2\sigma^2}\right) \tag{17.43}$$

首先对 x 求偏导数，可以得到

$$\frac{\partial p(x,y)}{\partial x} = \frac{1}{2\pi\sigma^2} \frac{\partial}{\partial x}\left[\exp\left(-\frac{x^2 + y^2}{2\sigma^2}\right)\right] \tag{17.44}$$

化简得

$$\begin{aligned}\frac{\partial p(x,y)}{\partial x} &= -\frac{x}{\sigma^2} \frac{1}{2\pi\sigma^2} \exp\left(-\frac{x^2 + y^2}{2\sigma^2}\right) \\ &= -\frac{x}{\sigma^2} p(x,y)\end{aligned} \tag{17.45}$$

则对该式求二阶偏导数，可以得到

$$\frac{\partial^2 p(x,y)}{\partial x^2} = \frac{1}{\sigma^2}\left(\frac{x^2}{\sigma^2} - 1\right) p(x,y) \tag{17.46}$$

同理，我们可以得到对 y 的二阶偏导数

$$\frac{\partial^2 p(x,y)}{\partial y^2} = \frac{1}{\sigma^2}\left(\frac{y^2}{\sigma^2} - 1\right) p(x,y) \tag{17.47}$$

由此，我们可以得到

$$\begin{aligned}\nabla^2 p(x,y) &= \frac{1}{\sigma^2}\left(\frac{x^2 + y^2}{\sigma^2} - 2\right) p(x,y) \\ &= \frac{x^2 + y^2 - 2\sigma^2}{\sigma^4} p(x,y)\end{aligned} \tag{17.48}$$

这个曲线，即为空间滤波曲线，它的形状与 Rodieck 的实验测量曲线相符合，也被称为墨西哥草帽曲线，为了纪念 Rodieck 的实验发现，我们把这个曲线也称为"Rodieck 草帽"。为纪念 Marr 和 Hildreth 首先注意到把 ∇^2 算子与正态分布之间的信号关系，把 ∇^2 算子记为 ∇^2_{MH}。对上述曲线

进一步分解，就可以得到以下形式：

$$\nabla^2 p(x,y) = \frac{1}{\sigma^2}\frac{x^2+y^2}{\sigma^2}p(x,y) - \frac{2}{\sigma^2}p(x,y) \quad (17.49)$$

令

$$A = \frac{1}{\sigma^2}\frac{x^2+y^2}{\sigma^2} \quad (17.50)$$

$$B = \frac{2}{\sigma^2} \quad (17.51)$$

则上式可以修改为

$$\nabla^2 p(x,y) = Ap(x,y) - Bp(x,y) \quad (17.52)$$

这就与前文最初墨西哥草帽发现的形式对应了起来。只要找到了标准差的值，就可以在事实上确定了这个函数。令上式等于 0，在可以得到

$$\frac{1}{\sigma^2}\left(\frac{x^2+y^2}{\sigma^2} - 2\right)p(x,y) = 0 \quad (17.53)$$

由于它是空间对称的几何结构，只需要代入特殊的值，就可以求出上述方程中的标准差。令 $y=0$，则可以得到这个方程的解：

$$x = \pm\sqrt{2}\sigma \quad (17.54)$$

这个点是滤波曲线与 x 轴的交点，也就是滤波函数从正值到负值穿过时零值对应的位置，也称为零交叉点（zero-crossing point），如图 17.9 所示。因此，这两个点之间的距离 d 可以表示为

$$d = 2\sqrt{2}\sigma \quad (17.55)$$

因此，在实验中只要测出这时对应的 x 的值，就可以测出标准差的值，也就是 r_{on} 的值。这样，标准差 σ 的数理含义也就找到了。

第 17 章 视觉空间信号模数变换

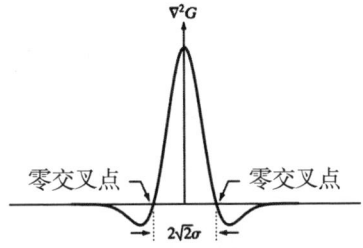

图 17.9 Rodieck 草帽

注：根据 Marr 的工作，把正态分布曲线，进行 2 阶求导，就可以得到墨西哥草帽曲线。该曲线从正到负的零点间的距离为 $2\sqrt{2}\sigma$。

17.2.5 on center 编码关系

当我们把拉普拉斯算子作为滤波算子时，输入的能量就表示 $p(x,y)p_{\text{ips}}$。由于在特定时刻 t，$p_{\text{ips}}(t')$ 是常数，才会有下述关系：

$$\nabla^2 \left[p(x,y) p_{\text{ips}}(t) \right] = p_{\text{ips}}(t) \nabla^2 p(x,y) \quad (17.56)$$

那么，$\nabla^2 p(x,y)$ 也就是我们要找到的空间可视函数。由此，把空间视见函数代入上式，则就可以得到

$$K_{\text{Rv}}(\lambda, x, y) = \nabla^2 p(x,y) K_{\text{RVS}} K_{\text{VB}} K_{\text{VG}} \quad (17.57)$$

由此，对于 on center 中心，在输入的能量为 $p_{\text{ips}}(t')$ 时，考虑了空间滤波的情况下，我们对视觉功能单位的放大系数进行了修正而具有了空间关系。在这一前提下，并同时考虑神经量子变换关系，把修正了之后的 $K_{\text{Cv}}(\lambda, x, y)$、$K_{\text{Rv}}(\lambda, x, y)$ 统一记为 $K_{\text{v}}(\lambda, x, y)$。这时的空间信号采集的信息单元的信息编码关系，仍然满足以下形式：

$$\begin{pmatrix} f_{\text{u}} \\ p_{\text{mo}}(t) \end{pmatrix} = \begin{pmatrix} K_{\text{v}}(\lambda,x,y)h/h_{\text{u}} & \\ & K_{\text{v}}(\lambda,x,y) \end{pmatrix} \begin{pmatrix} v_{\text{l}} \\ p_{\text{ips}}(t) \end{pmatrix} \quad (17.58)$$

同样，我们把 on center 面域上的光能量变换关系也修正为以下关系：

$$\begin{pmatrix} v_{\text{u}} \\ L_{\text{o}} \end{pmatrix} = \begin{pmatrix} K_{\text{v}}(\lambda,x,y)h/h_{\text{u}} & \\ & K_{\text{v}}(\lambda,x,y) \end{pmatrix} \begin{pmatrix} v_{\text{l}} \\ L_{\text{c}} \end{pmatrix} \quad (17.59)$$

综上所述，我们把 on center 理解为空间滤波器时，可以得到空间信号变换的最为基本的编码、换能关系，这就为视网膜对空间几何信号变换机制的理解奠定了基础。

17.2.6　on center 的功能

on center 构成的空间面域构成了采集空间点信号的功能单元，它采集的信号是光功率。为了实现这一功能，on center 依赖几个关键机制：

（1）依赖单个感光细胞对光信号的变换能力，实现对光能的变换。

（2）依赖感光细胞的滤波特性，实现对不同波长的信号的采集。

（3）依赖面域，实现对面域信号的累积，也就是对面积上的积分，实现对光功率变量采集。

（4）这一面域也构成了一个最基本的空间几何信号"点"，或者称为"点"元信号，它成为空间信号——点、线、面的运算基础。

综上所述，基于 on center 的信号的采集，空间信号的最基础信号也就得到了。在这个基础上，对点信号进行验算就构成了神经的新的功能机制产生的原因。

17.2.7　off center 滤波机制

off center 和 on center 拥有相同的生物形态结构，即它也是由感光细胞层、双极细胞层、神经节细胞、水平细胞、无长突细胞等构成的。结构上的共同性意味着它们具有相同的电学功能。因此，在 on center 机制得到揭示之后，off center 的机制也就显得容易理解。这时，只要找到了 off center 与 on center 在生化控制上的差异性，也就找到了它们之间功能上的差异。这就构成了 off center 的机制理解的一个路径。因此，这需要解决两个问题：

（1）off center 与 on center 的共通性。

（2）off center 与 on center 的差异性。

off center 的光反应机制与 on center 的光反应过程正好相反。双极细胞也相应地分为 on 型双极细胞和 off 型双极细胞。在光反应中，前者打开后者关闭，使得信号的反应正好反向。因此，这一机制存在使得对空间的滤波运算方向发生了变化。

而且，on center 和 off center 的边缘区域又存在重叠，即它们公用部分感光细胞层。因此，相邻的 on center 和 off center 两个中心之间具有对统一信息分享的机制，并依赖双极细胞反应的方向，建立了拮抗关系。那么，off center 的空间滤波算子就可以表示为

$$-\nabla^2 = -\left(\frac{\partial^2}{\partial x^2} + \frac{\partial^2}{\partial y^2}\right) \tag{17.60}$$

重复上述推导过程，我们就会得到 off center 的空间滤波函数：

$$-\nabla^2 p(x,y) = -\frac{1}{\sigma^2}\left(\frac{x^2+y^2}{\sigma^2} - 2\right)p(x,y) \tag{17.61}$$

这就意味着 on center 和 off center 的滤波函数正好相反，如图 17.10 所示。我们就得到了 on center 与 off center 两种情况下的空间滤波函数。

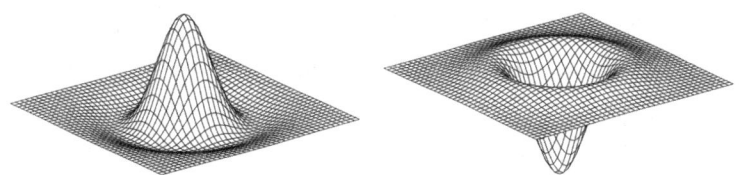

图 17.10　on center 和 off center 滤波器比较

注：左图为 on center 空间滤波器模型，右图为 off center 空间滤波器模型。它们之间极性方向相反。

17.2.8　滤波机制对能量信号调制

在 on center 和 off center 中，两种情况下的调制机制本质上相同，但在数理上而表现为相反。无论哪种情况，它们都表现出墨西哥草帽的形状。对于滤波曲线，把它从正值转向负值的临近点，称为零交叉点（zero crossing），在墨西哥草帽曲线中，具有两个零交叉点。on center 和 off center 在这个区域内外表现出不同的特性。

在 on center 中，零交叉以内是正值，如果光线向该区域投射，神经节细胞能量输出开始增加，并随着光斑增加。这是由于神经节细胞是上述空间区域能量的总和。而如果光线投射到交叉点以外的区域，滤波器的极性反向，为负值，它对神经节细胞输出起到抑制作用，也就随着抑制区域变大，抑制性也开始增大。

因此，当光线从中央区域投射光时，随着光斑的面积增加，神经节细胞的发放也就会出现发放速度先增加，至零交叉点后，随着面积增加，开始减弱，并当整个中心投满光线时，达到极值水平。off center 发放的情况则正好与之相反。这在神经科学的实验记录中可以得到验证。

17.2.9 滤波机制修正

上述推理是建立在输入能量信号上的机制信号，并未考虑神经本身的新陈代谢引起能量方法。因此，要在上述基础上加上新陈代谢的能量部分。在这里，我们把 on center 或者 off center 中代谢功率记为 p_{onb} 和 p_{offb}。

则根据这一关系，on center 和 off center 中，神经节细胞输出的总功率分别可以表示为

$$P_{ONT} = p_{onb} + p_{psi} K_{RVS} K_{VB} K_{VG} \int \nabla^2 p(x,y) dx dy \quad (17.62)$$

$$P_{OFFT} = p_{offb} - p_{psi} K_{RVS} K_{VB} K_{VG} \int \nabla^2 p(x,y) dx dy \quad (17.63)$$

dx、dy 是 on center 和 off center 上的面积微元。把 $K_{Rv}(\lambda, x, y)$ 修正为

$$K_{Rv}(\lambda, x, y) = \pm K_{RVS} K_{VB} K_{VG} \int \nabla^2 p(x,y) dx dy \quad (17.64)$$

则 on center 和 off center 的输出关系可以表示为

$$P_{ONT} = p_{onb} + K_{Rv}(\lambda, x, y) p_{psi} \quad (17.65)$$

$$P_{OFFT} = p_{offb} + K_{Rv}(\lambda, x, y) p_{psi} \quad (17.66)$$

把这两种形式的输出总功率统一表示为 P_T，基频统一记为 p_{base}，则上述两个式子统一表示为

$$P_{\mathrm{T}} = p_{\mathrm{base}} + K_{\mathrm{Rv}}(\lambda,x,y) p_{\mathrm{ips}} \tag{17.67}$$

这样我们就得到了两个一致形式的功率关系的表达式，则 on center 和 off center 的编码矩阵就可以表示为

$$\begin{pmatrix} f_{\mathrm{u}} \\ P_{\mathrm{T}} \\ 1 \end{pmatrix} = \begin{pmatrix} K_{\mathrm{v}}(\lambda,x,y) h/h_{\mathrm{u}} & & \\ & K_{\mathrm{Rv}}(\lambda,x,y) p_{\mathrm{ips}} & p_{\mathrm{base}} \\ & & 1 \end{pmatrix} \begin{pmatrix} v_{\mathrm{l}} \\ p_{\mathrm{ips}}(t) \\ 1 \end{pmatrix} \tag{17.68}$$

把 u_{go} 中的空间算子进行修正，则 u_{go} 的表达式就可以表示为

$$u_{\mathrm{go}} = \frac{Z_{\mathrm{A}}(R_{\mathrm{a}} C_{\mathrm{bg}} R_{\mathrm{h}} C_{\mathrm{pb}})}{2\sqrt{K_{\mathrm{CVS}}(\lambda) K_{\mathrm{VB}}(\lambda) K_{\mathrm{VG}}(\lambda)}} K_{\mathrm{Rv}}(\lambda,x,y) p_{\mathrm{ips}}(t) \tag{17.69}$$

令

$$T_{\mathrm{RAD}} = \frac{Z_{\mathrm{A}}(R_{\mathrm{a}} C_{\mathrm{bg}} R_{\mathrm{h}} C_{\mathrm{pb}})}{2\sqrt{K_{\mathrm{CVS}}(\lambda) K_{\mathrm{VB}}(\lambda) K_{\mathrm{VG}}(\lambda)}} \tag{17.70}$$

则式（17.69）可以简化为

$$u_{\mathrm{go}} = T_{\mathrm{RAD}} K_{\mathrm{Rv}}(\lambda,x,y) p_{\mathrm{ips}}(t) \tag{17.71}$$

而 $K_{\mathrm{Rv}}(\lambda,x,y) p_{\mathrm{ips}}(t)$ 是神经节输出的能量。这样就找到了神经节细胞输出时的信号的电压和能量之间的关系。

综上所述，我们得到了 on center 和 off center 的神经频率发放和输入能量之间的关系。这一关系，可以在对 on center 和 off center 的神经记录中得到证实，如图 17.11 所示。

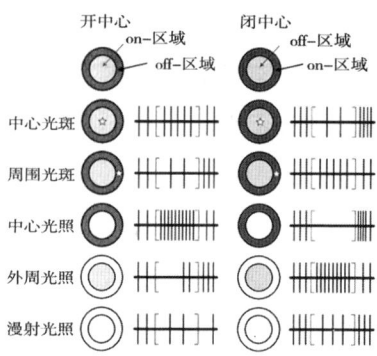

图 17.11　不同空间输入信号时的 on center 和 off center 的电反应

注：把光源投射到两个中心的不同位置和面积时的神经节发放频率的对比关系。左侧为 on center，右侧为 off center（Zurak, 2013）。

17.3　空间信号视网膜表征

客体反射或者投射的信号在介质上加载，形成了投射到视网膜上的光学空间信号，即空间变化信号。它是由能量在空间分布变化形成的一类光学信号。而人类的视网膜利用相邻的 on center 和 off center 在空间区域上的重叠性，建立了拮抗关系，使得两个功能单元具有了联合作用，实现对光信号分布不同时，进行区分的能力。空间信号的变化本质上与客体几何学信号相联系，这就为几何学信号变换奠定了基础。

因此，在空间滤波基础上，建立人类视网膜关于空间信号变换，最终实现客体的几何学信号的变换，是空间信号 A/D 变换关键，也就构成本节关注的重点。

17.3.1　空间点 A/D 变换表征

在视网膜上，on center 和 off center 的存在把空间的信号拆解为离散的信号进行表示。on center 和 off center 就构成了视网膜上信号采集的基本单元。它也就是视网膜上空间信号的基本单元，即"点"产生的基础。从这个几何学基础出发，我们将揭示空间信号点、线、面的 A/D 变换机制。

基于视网膜的生理结构，定义：在视网膜上无论是 on center 还是 off center，当光投射到感受野的"整个中心区"（包含中心区和环绕区域）时，我们将该区域定义为视网膜上的一个"点"（point）。设投射到 on center 和 off center 两个中心的光的亮度值为 $p_{on}(t)$ 和 $p_{off}(t)$。在这种情况下，我们认为 on center 和 off center 在空间点信号采集上是等价的，即两种情况下的编码是等价的，也就是 $P_{ONT} = P_{OFFT}$。由此，我们可以得到一个基本关系：

$$p_{offb} = p_{onb} + 2p_{ips} K_{RVS} K_{VB} K_{VG} \int \nabla^2 p(x,y) \mathrm{d}x\mathrm{d}y \quad (17.72)$$

根据这一关系，神经节细胞的输出的频率满足

$$P_{ONT} = P_{OFFT} = E_u f_p \quad (17.73)$$

其中，f_p 是点对点的编码。这样，我们就找到了空间点的编码。而对于视网膜上的 on center 和 off center，均具有在视网膜上的固定的相对位置，它又和空间中的点 (x,y,z) 相对应。因此，on center 和 off center 同时采集了三种信号：①光能量信号；②空间信号；③几何学意义上的点信号。

17.3.2 空间线 A/D 变换表征

把空间中具有连续相等的点连接在一起，就构成了线。因此，把依次相邻的 on center 或者 off center 的点，分别记为 $P_{ONT}(x_i, y_i)$ 和 $P_{OFFT}(x_j, y_j)$，它们构成的连续集合记为线，则线就可以表示为

$$L = \{P_{ONT}(x_i, y_i), P_{OFFT}(x_j, y_j) | i = 1, 2, \cdots, n, j = 1, 2, \cdots, m\} \quad (17.74)$$

由于线上的点由相同亮度的点组成，因此，对线的每个部分的编码，就是每个 on center 和 off center 的点信号的编码，与上述点的编码相同。

17.3.3 空间面 A/D 变换表征

空间中面的信号，也是由具有连续相等的点联系在一起。因此，相邻的 on center 或者 off center 构成的相同光信号投射的点，构成的面域，同样也可以用集合表示为

$$S=\{P_{\text{ONT}}(x_i,y_i), P_{\text{OFFT}}(x_j,y_j)|i=1,2,\cdots,n; j=1,2,\cdots,m\} \quad (17.75)$$

由于面上的点由相同亮度的点组成，因此，对面的每个部分的编码，就是每个 on center 和 off center 的点信号的编码，与上述点的编码相同。

17.3.4 空间边界的 A/D 变换

关于空间边界变换，主要基于 on center 和 off center 的空间滤波机制，即拉普拉斯算子 ∇^2。在图 17.12 中，分别表示了空间分布的不同亮度的面域，左图中，中间是一个白色的亮度区域，而两边是两个黑色面域。右图与之相反，是两侧白中间黑的空间区域。则在边界处，就形成了由于亮度不一致的边界（edge）。

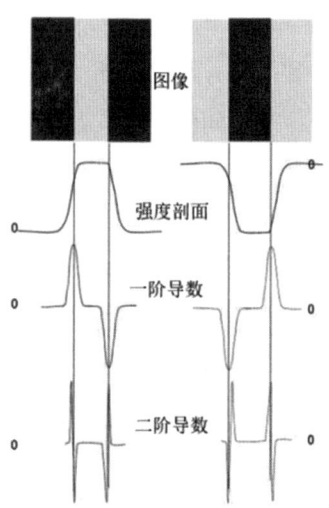

图 17.12　边界探测

注：由亮度不同的白带和黑带拼接在一起，就形成了黑白交界线。在边界处，二阶微分为 0，而边界的两边则形成了两个峰值（Marr, 2010）[93]。

以黑色为基准值，沿着横向把亮度值表示出来，就可以得到亮度随横向变化的剖面图，如图 17.13 所示（图中第二行）。对亮度值的变化进行二阶微分，则就可以得到 1 阶微分或者 2 阶微分的图示（图中第三行和第

第 17 章 视觉空间信号模数变换

四行）。

根据二阶微分，我们可以得到在边界两侧出现两个很大的峰值，也就是会出现亮度更亮、暗处更暗的现象。这种现象同样在神经的实验中得到证实。Marr 在计算视觉理论中，把计算的结果和电脉冲的记录进行了对比，结构符合预期 (Marr, 1982)，在神经科学中，Rodieck 利用墨西哥草帽模型，对这一工作进行对比，也趋于一致。从本质上讲，这是由于他们的两项独立工作都以用墨西哥草帽模型决定。他们的这一杰出工作是数理心理学在统一性开展时绕不开的关键发现，Marr 对信号机制的洞察、Rodieck 对神经功能现象的发现及唯象学描述都体现了他们不可磨灭的功绩。Marr 对二阶微分机制的洞察的巧妙更是神来之笔，这都为我们统一神经的信息机制带来了天然的、不可或缺的素材。

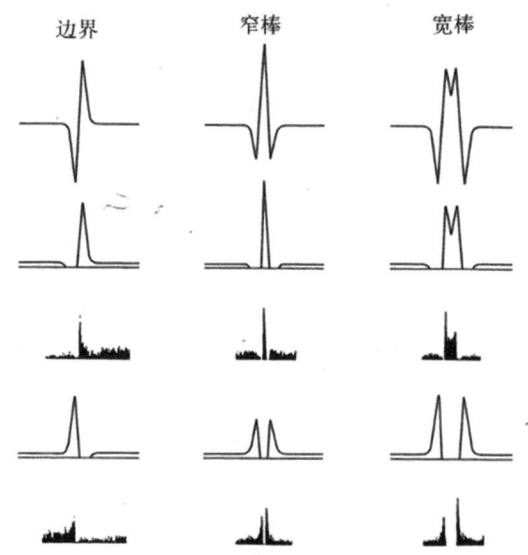

图 17.13 开中心和闭中心型 X 细胞的预测反应与电生理记录的比较

（Marr, 2010）[65]

在边界处的神经的反应趋势，如图 17.14 所示。在该图中，反映了不同的 on center 的电脉冲的发放趋势。这一趋势都是由墨西哥草帽的功能形态决定的。

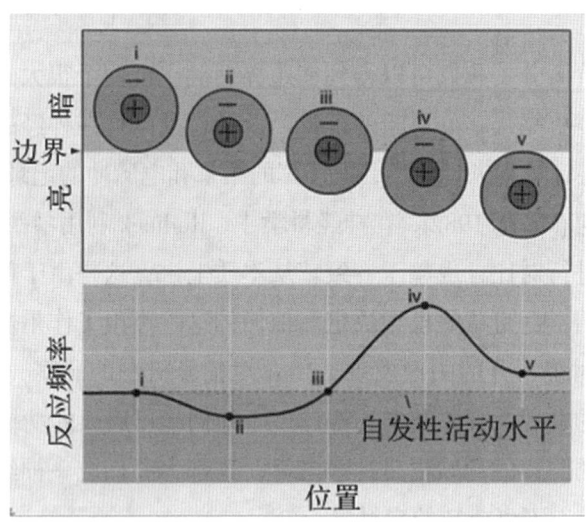

图 17.14 on center 在边界的不同位置时的发放频率

注：把一个 on center 置于边界的不同位置处，发放的频率会随 on center 在边界处的位置的变化而发生变化。这就表明 on center 具有边界探测的能力。

17.3.5 客体 A/D 变换表征

空间中客体，其几何形状由点、线、面构成，这些信号经过眼睛的角膜和晶状体投射到视网膜上，形成视网膜上的点、线、面。而这部分信号经过视网膜变换，成为客体的几何学信息。这样，光学的能量信息、颜色信息、空间几何信息，就通过 on center 为点的功能单元得以集成。因此，客体的信息，在视网膜上的表征的本质是空间信息的集合。因此，客体的信息就可以表示为

$$O_{A/D} = P_{ONT} + P_{OFFT} + L + S \quad (17.76)$$

其中，$O_{A/D}$ 代表客体信息。P_{ONT}、P_{OFFT}、L、S 分别代表四个集合，加号表示布尔运算。由此，我们就得到客体表达的信息结构，它是客体信息在视网膜上 A/D 变换之后的表征。

第 17 章 视觉空间信号模数变换

17.3.6 事件 A/D 变换表征

投射到视网膜上的任何一个点，均包含了颜色信息、空间位置信息和时间变动的信息，即 P_{ONT}、P_{OFFT} 均可以表示为上述独立变量的信号。因此，信息描述的空间仍然集成了调制的空间描述维度，则在视网膜 A/D 变换过程中，视网膜信号的表征空间仍然是 R^V，也就是视网膜表征空间为

$$R^V = \begin{pmatrix} \lambda_r & \lambda_g & \lambda_b & L & x & y & z & t \end{pmatrix} \quad (17.77)$$

那么，在视网膜上，由客体投射的任意一个"点"V_j'，在经 on center 或者 off center 上每个感光细胞在 on center 和 off center 上集成时，空间独立维度不变。这就意味着，P_{ONT}、P_{OFFT} 对应的"点"信号表达的独立维度不发生变化，而只是降低了分辨率，这是两个中心的功能完备性决定的。因此，P_{ONT} 和 P_{OFFT} 的特征值需要 R^V 的一组空间特征值来描述。为了区别调制的特征量表示，这里加入下标 R，它是英文 retina（视网膜）的缩写。投射到 on center 和 off center 的信号的特征值集合，我们记为 P_{ON} 和 P_{OFF}。

$$P_{ON} = \{\lambda'_{Rrj} \quad \lambda'_{Rgj} \quad \lambda'_{Rbj} \quad L'_{Rj} \quad x'_{Rj} \quad y'_{Rj} \quad z'_{Rj} \quad t'_{Rj}\} \quad (17.78)$$

$$P_{OFF} = \{\lambda'_{Rrj} \quad \lambda'_{Rgj} \quad \lambda'_{Rbj} \quad L'_{Rj} \quad x'_{Rj} \quad y'_{Rj} \quad z'_{Rj} \quad t'_{Rj}\} \quad (17.79)$$

对于客体 $O_{A/D}$ 而言，就是上述 P_{ON}、P_{OFF} 的空间特征量集合的相加，也就构成了布尔运算。因此，事件结构式的各个要素相加，就是对各个集合进行布尔运算求和。

$$\sum_{j=1} (P_{ON} + P_{OFF})_j = \sum_{j=1} \{\lambda'_{Rrj} \quad \lambda'_{Rgj} \quad \lambda'_{Rbj} \quad L'_{Rj} \quad x'_{Rj} \quad y'_{Rj} \quad z'_{Rj} \quad t'_{Rj}\}$$

$$(17.80)$$

在这里，j 表示第 j 个要素。在视网膜中，实现 A/D 变换，空间中的模拟量转换为电信号，或者说转换为神经发放的频率信号。在前文中，我们已经建立神经量子化假设，并确立了光频率和神经频率之间的关系。因此，上述公式中的每个波长都具有对应的频率特征量与之相对应。同时，空间位置的信号转换为了视网膜细胞在视网膜上的相对位置而进行表征（这在事实上要求向大脑传输的信号不能改变视网膜细胞在视网膜上的相

对位置），而不需要在电信号上进行表征，则事件结构式在视网膜上的表征变换，就可以进一步简化为

$$\sum_{j=1}(P_{ON}+P_{OFF})_j = \sum_{j=1}\{v_{lj} \quad L'_{Rcj} \quad t'_{Rj}\} \quad (17.81)$$

其中，v_{lj} 表示第 j 个要素中包含的光波的波长；L'_{Rcj} 为事件结构式中，任意一个要素投射到视网膜上的光能；t'_{Rj} 表示时间。

经视网膜输出的结果是视网膜所有空间点的集合，可以表示为

$$\sum_{j=1}(P_{ONT}+P_{OFFT})_j = \sum_{j=1}\{v_{uj} \quad L'_{Rcj} \quad t'_{Rj}\} \quad (17.82)$$

其中，v_{uj}、L'_{Rcj}、t'_{Rj} 分别表示神经节细胞输出的频率、能量和对应的时刻。

根据（17.59）式，任何一点 P_{ON}、P_{OFF} 均可以用一组特征值来表示：

$$P_{ON} = \begin{pmatrix} v_l \\ L_c \end{pmatrix} \quad (17.83)$$

或者

$$P_{OFF} = \begin{pmatrix} v_l \\ L_c \end{pmatrix} \quad (17.84)$$

当考虑的时间要素时，上述两种形式可以扩展为三维，也就是

$$P_{ON} = \begin{pmatrix} v_l \\ L_c \\ t \end{pmatrix} \quad (17.85)$$

或者

$$P_{OFF} = \begin{pmatrix} v_l \\ L_c \\ t \end{pmatrix} \quad (17.86)$$

同理，则可以得到，on center 或者 off center 神经节细胞的输出也可以用一组特征值来表示：

$$P_{ONT} = \begin{pmatrix} v_u \\ L_o \\ t \end{pmatrix} \quad (17.87)$$

第 17 章　视觉空间信号模数变换

或者

$$P_{\text{OFFT}} = \begin{pmatrix} v_{\text{u}} \\ L_{\text{o}} \\ t \end{pmatrix} \quad (17.88)$$

而它们之间变换关系，就修改为

$$\begin{pmatrix} f_{\text{u}} \\ L_{\text{o}} \\ t \end{pmatrix} = \begin{pmatrix} K_{\text{v}}(\lambda,x,y)h/h_{\text{u}} & & \\ & K_{\text{v}}(\lambda,x,y) & \\ & & 1 \end{pmatrix} \begin{pmatrix} v_{\text{l}} \\ L_{\text{c}} \\ t \end{pmatrix} \quad (17.89)$$

令

$$\boldsymbol{T}_{\text{R}} = \begin{pmatrix} K_{\text{v}}(\lambda,x,y)h/h_{\text{u}} & & \\ & K_{\text{v}}(\lambda,x,y) & \\ & & 1 \end{pmatrix} \quad (17.90)$$

把该变换乘以式（17.81），则可以得到

$$\boldsymbol{T}_{\text{R}} \sum_{j=1} (P_{\text{ON}} + P_{\text{OFF}})_j = \boldsymbol{T}_{\text{R}} \sum_{j=1} \{ v_{\text{l}j} \quad L'_{\text{R}cj} \quad t'_{\text{R}j} \} \quad (17.91)$$

进而得到

$$\sum_{j=1} (P_{\text{ONT}} + P_{\text{OFFT}})_j = \sum_{j=1} \{ v_{\text{u}j} \quad L'_{\text{R}cj} \quad t'_{\text{R}j} \} \quad (17.92)$$

由此，我们可以看到，事件结构经过视网膜的 A/D 变换后，对应地被变换到了视网膜的神经信号表征中。这是一种对称性变换。

从视网膜的 A/D 变换开始，神经通信的意义就体现了出来。在这个变换过程中，神经成功地实现了降维，把波长信号、亮度信号、空间信号等均进行了降维，并实现了对事件信号的编码。利用神经通信的底层，向大脑进行通信已经成为可能。人类长期进化出来的信号的变换机制的精巧也就得以一览无遗。

第 18 章　视觉感觉器图像逻辑控制

视网膜感光细胞与双极细胞相连接，形成中心型感受野。感受野分为两种类型：on 型感受野和 off 型感受野。这两类感受野依赖感光细胞共用、水平细胞与无长突细胞共用，以及它们之间的生化机制，实现信号的协同控制，并构成了对图像处理的"全域数字逻辑电路"。本章中，我们将根据视网膜结构逻辑，对视网膜数字逻辑电路进行构建。

18.1　视网膜空间基元

人的视网膜的感受野是空间信号接收的基本单元。on 型和 off 型排列在一起，组成接收空间内的不同亮度的空间单元。它们配合在一起，将投射到视网膜上的图片信号拆解为"点"信号，也就是视网膜图像"像素"信号。因此，我们首先要建立关于"像素"采集的功能单位数理描述。

18.1.1　视网膜空间基元

on 型和 off 型感受野是光能转换的功能单位。将这两种类型的单位组织在一起，就会形成对空间信号光能转换的变换结构。Wassle 发现，六方晶格是最有效的方式（Wassle，1981）。设 on 型和 off 型感受野之间的距离为 a。感受野的半径为 $a/\sqrt{3}$。在中心处为 on 型感受野，六边形的 6 个顶点作为 6 个 off 型感受野中心，就形成了六边形的感光单位（Howard et al., 1995），如图 18.1 所示为视网膜上的空间信号采集的基元单位，或者说是视网膜"像素"信号采集的单元。因此，我们将这个基元单位称为"视网膜空间基元"，或者称为 Wassle 基元。

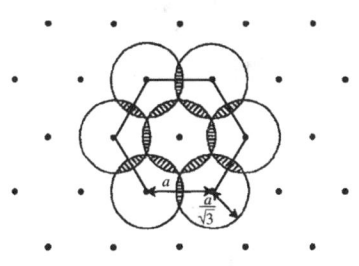

图 18.1 Wassle 基元

注：感受野的半径为 $a/\sqrt{3}$。on 型感受野为中心，边长为 a 的六边形的顶点为 off 型同半径感受野，就形成了恰好交叠的圆形排布结构。交叠的灰色区域为 on 型和 off 型视野之间相互共用感光细胞（Howard et al., 1995）[111]。

18.1.2 理想视网膜结构

根据上述的六边形表示视网膜基元，内部配备一个圆来表示 on 型感受野。视网膜就可以用六边形基元依次镶嵌进行排布，构成视网膜结构。这个结构被称为"理想视网膜晶体结构"。如图 18.2 所示，深黑色代表的是一个 on 型感受野细胞，灰色代表的是 off 型感受野细胞，中间交叉的白色区域是两者共用的感光细胞区。与之具有相同结构的基元按照同样规则排布。这样，就只需要用一个六边形来表示视网膜信号基元并依次排列就构成了视网膜结构。

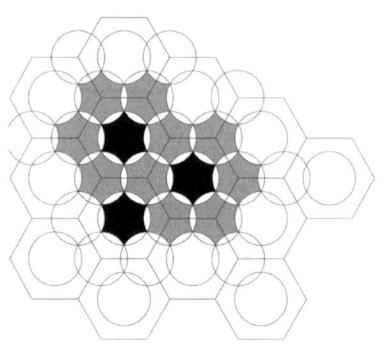

图 18.2　视网膜晶元结构排布

注：深色为 on 型感受野，灰色为 off 型感受野，它们构成六边形结构。六边形结构依次排列，就构成了视网膜采集信号的空间结构（Devries，1997）。

18.1.3　理想视网膜结构周期性

以六边形构成的视网膜基元按照镶嵌式结构排布，呈现出周期性。如图 18.3 所示，以 on 型感受野为中心的六边形基元，在空间信号上以六边形的两条水平边为周期边界，以过 on 型感受野中心并平行两条水平边方向为中心。视网膜基元构成了 off–on–off 的周期结构。根据几何学，可以得到它的空间周期为

$$c_y = \sqrt{3}a \quad (18.1)$$

其中，c_y 是周期的缩写。

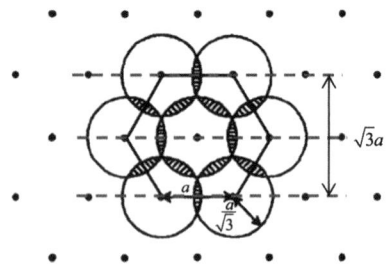

图 18.3　视网膜基元周期性

注：以六边形对边平行为最小的周期。从一边开始依次为 off、on、off，就构成了周期性的空间循环模式。它的变化周期为 $\sqrt{3}a$。

18.1.4　Nyquist 采样定律

根据上述视网膜基元的空间分布，就可以讨论信号与采样之间的关系。根据 Nyquist 采样定律（Nyquist，1928）。如图 18.4 所示。设一个周期性的信号的周期为 T，采样的周期为 $T/2$，则可以看到，在这种情况下，采样点恰恰可以保证采集到的信号不失真，也就保持了信号的波形。

设采样的频率为 f_s，信号的频率为 f_0，则满足以下关系：

$$f_s = 2\frac{1}{T} = 2f_0 \quad (18.2)$$

这就是 Nyquist 采样定律。当采样频率低于这个频率值时，信号将失真。它适用于时域和空域信号。

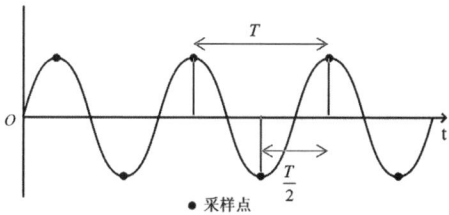

图 18.4　Nyquist 采样定律

注：当采样频率高于信号频率两倍时，采样的信号能够逼真保留原始信号信息。

18.1.5　视网膜的周期性

根据视网膜的周期性，从一个 off 中心到下一个 off 中心，信号可以完成一个由低到高再到低的一个周期的信号采集。临界空间周期为 $\sqrt{3}a$，空间中的单位长度为 a_0，则空间的周期频率可以表示为

$$f = \frac{a_0}{\sqrt{3}a} \quad (18.3)$$

通常情况下，周期性的光信号往往采用光栅来代替。通过光栅的辨识，可以测量人的视网膜上表现的周期性。如图 18.5 所示，DeVries 和 Baylor 以"兔子"为研究对象进行的动物测试中，证实了视网膜信息基元分布的

周期性（Devries et al., 1997）。

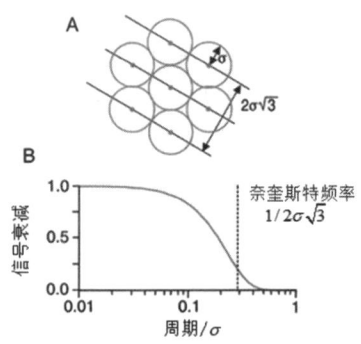

图 18.5　空间信号分辨和神经节细胞分布关系

（Devries et al., 1997）

18.2　视网膜空间信号控制

视网膜基元的空间排布提供了空间基元单位的逻辑关系，并在视网膜三级结构、神逻辑电路控制基础上，建立了关于视网膜的逻辑控制电路。一旦建立了逻辑运算电路，就可以理解人类视网膜运算的基本算理，为后续解调奠定理论基础。

18.2.1　视网膜空间基元电路

根据视网膜空间基元，一个 on 型感受野内的感光细胞分为两个部分：中央感受野非叠加部分与 off 型感受野叠加部分。这两部分感受器是感受野信号输入部分，叠加部分标记为 0、1、2、3、4、5、6，如图 18.6（a）所示。同理，off 型感受野也包括 7 个感光区域。这样，on 型感受野和 off 型感受野均可以简化为一个逻辑运算元件。如图 18.6（b）所示，on 表示 on 型感受野、off 表示 off 型感受野。以 on 型为中心的视网膜空间基元就可以等价为 18.6（b）的逻辑电路。on 型感受野 0 区的输入信号为 P_0，输出到下一级的信号为 p_0。

第 18 章 视觉感觉器图像逻辑控制

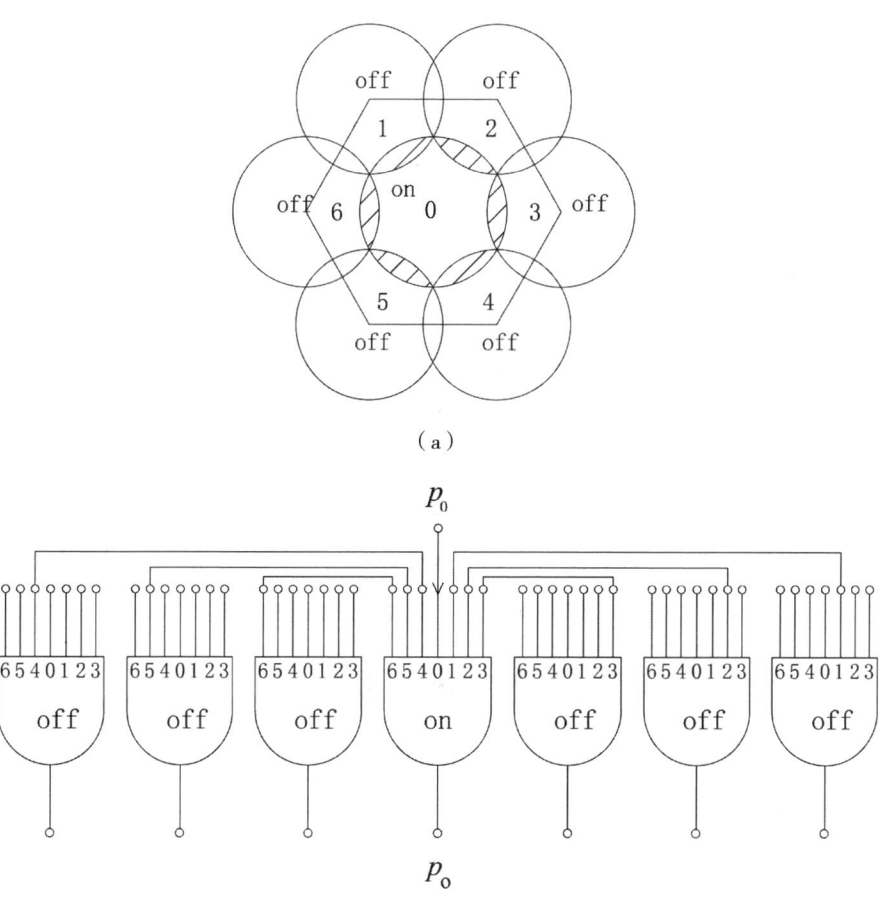

图 18.6 视网膜基元电路

18.2.2 视网膜三级逻辑电路

根据感受野二级微分电路,并考虑到视网膜的基元电路,可以得到视网膜三级控制电路,如图 18.7 所示。在这个电路中,我们只设置了临近两个 off 感受野和 on 感受野的连接电路,其他 off 型感受野和 on 型感受野的逻辑电路相同,未在此处完整展示。这样,视网膜的三级的电路结构就包含了基元结构和二级微分放大电路。

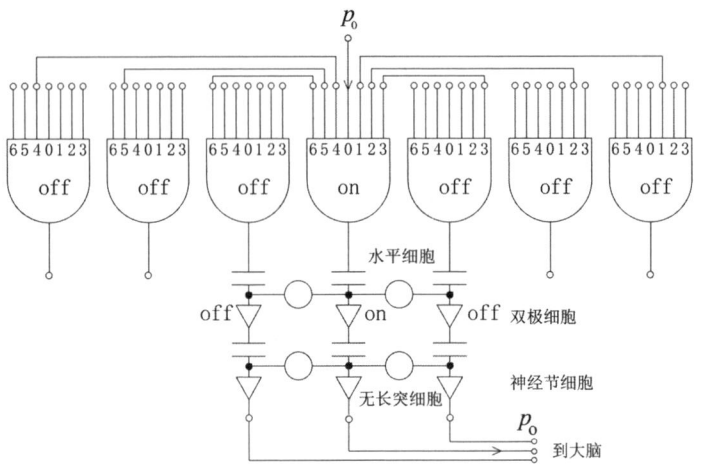

图 18.7 视网膜基元微型结构电路

注：由 on 中心视野和临近两个的 off 视野构成的连接电路，水平方向电阻代表的是水平细胞和无长突细胞，双极细胞分别是 on 型双极细胞和 off 型双极细胞。

18.2.3 视网膜图像表征与编码方程

根据上节电路，设任意一个感受野细胞的视网膜坐标为 (x_i, y_i)，输入功率为 p_0，输出的功率为 p_O。则输入功率和输出功率满足一一对应关系 $p_0(x_i, y_i) \to p_O(x_i, y_i)$，则视网膜图片的输入可以用一个输入矢量来表示：

$$\boldsymbol{p}_0 = \begin{pmatrix} p_0(x_1, y_1) \\ \vdots \\ p_0(x_i, y_i) \\ \vdots \\ p_0(x_n, y_n) \end{pmatrix} \tag{18.4}$$

同样经神经节输出后，视网膜输出的矢量可以表示为

$$\boldsymbol{p}_O = \begin{pmatrix} p_O(x_1, y_1) \\ \vdots \\ p_O(x_i, y_i) \\ \vdots \\ p_O(x_n, y_n) \end{pmatrix} \tag{18.5}$$

第18章 视觉感觉器图像逻辑控制

它们之间的变换可以表示为

$$\begin{pmatrix} p_O(x_1,y_1) \\ \vdots \\ p_O(x_i,y_i) \\ \vdots \\ p_O(x_n,y_n) \end{pmatrix} = \begin{pmatrix} K_v(x_1,y_1) & & & & \\ & \ddots & & & \\ & & K_v(x_i,y_i) & & \\ & & & \ddots & \\ & & & & K_v(x_n,y_n) \end{pmatrix} \begin{pmatrix} p_0(x_1,y_1) \\ \vdots \\ p_0(x_i,y_i) \\ \vdots \\ p_0(x_n,y_n) \end{pmatrix}$$

(18.6)

其中，$K_v(x_i,y_i)$ 为放大系数；n 表示神经感受野的总个数。这个方程表示的是外界图像信号经视网膜输入后的表达形式，我们称这个方程为"视网膜图像表征方程"。

根据神经编码方程，而 $p_O(x_i,y_i) = E_{ui} f(x_i,y_i)$，$E_{ui}$ 表示每个感受野发放单个脉冲的能量，$f(x_i,y_i)$ 为对应的发放的频率，则上式图片编码就可以表示为

$$\begin{pmatrix} E_u f(x_1,y_1) \\ \vdots \\ E_u f(x_i,y_i) \\ \vdots \\ E_u f(x_n,y_n) \end{pmatrix} = \begin{pmatrix} K_v(x_1,y_1) & & & & \\ & \ddots & & & \\ & & K_v(x_i,y_i) & & \\ & & & \ddots & \\ & & & & K_v(x_n,y_n) \end{pmatrix} \begin{pmatrix} p_0(x_1,y_1) \\ \vdots \\ p_0(x_i,y_i) \\ \vdots \\ p_0(x_n,y_n) \end{pmatrix}$$

(18.7)

根据这个变换方程，我们就可找到视网膜图片向大脑映射时的图片变换的映射方程，这个方程我们称为"视网膜图像编码表征方程"。

18.2.4 视网膜图像逻辑运算

根据神经电路之间逻辑关系，on 型感受野和 off 型感受野又构成了逻辑控制关系，这来源于它们共同交叉区域。

根据感受野的滤波器模型（见模数变换），p_b 是 on 型和 off 型输入信号的基准值，则输入信号值与之进行相减，可以得到

$$p_{in} = p_0 - p_b$$

(18.8)

p_{in} 表示输入的功率值,则会出现三种情况:

(1) $p_{in} > 0$。

(2) $p_{in} < 0$。

(3) $p_{in} = 0$。

当 on 型感受野接收的光功率信号为 $p_{in} > 0$ 时,则 on 型感受野双极细胞打开,输出功率信号为 p_O,而对于 off 型感受野,则接收了来自 on 型感受野的信号输入,off 型双极细胞接收 $p_{in} > 0$,细胞关闭,输出为 0(如图 18.8 所示)。从逻辑电路上而言,也就是"否"信号,记为 $\overline{p_O}$。反之,即 $p_{in} < 0$ 时,两者得到的信号正好相反。它们的逻辑关系如表 18.1 所示。

表 18.1 视网膜逻辑关系表

感受野输入	on 型感受野输出	off 型感受野输出
$p_{in} > 0$	p_O	$\overline{p_O}$
$p_{in} > 0$	$\overline{p_O}$	p_O
$p_{in} > 0$	0	0

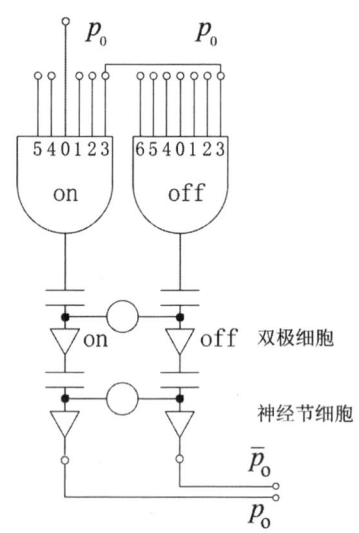

图 18.8 on 中心与 off 中心感受野逻辑

注:当输入 $p_{in} > 0$ 时,on 型双极细胞打开,输出为 p_O,则 off 型输出为否信号 $\overline{p_O}$。反之,则可以得到相反关系。

第 19 章　视觉感觉器图像分辨与滤波

通过对视觉光学系统的调制和 A/D 变换数理机制的确立，我们已经建立了关于人的视觉系统信号变换机制。前者负责将物理光学信号调制入人的神经系统；后者则负责将光信号编码为神经系统传输的电信号。

而从图像学的角度出发，视光学系统本质上是外界物理图像成像器件，而视网膜则是图像采集器件。因此，对外界物理信号的分辨和区分能力，由人的生物器件构成的物理光学系统的性能所决定。而图像采集中的分辨能力则由视网膜图像采集器件的性能所决定。

这两个因素影响着图像的成像质量以及人类视觉系统对物理空间信号的视觉辨识能力。这一能力同时也影响着人类视觉系统的调制和解调两个核心过程。因此，这一问题的数理核心机制包含了以下两个关键内容。

（1）人眼视光系统的信号分辨能力与性能，仅由生物物理的光学系统性能来决定。

（2）人眼的视网膜的信号分辨能力与性能，仅由视网膜的生物物理结构与性能来决定。

19.1　视光分辨性能

人眼的光学系统是由生物材料构成的物理光学系统，它遵循着物理光学的成像规律。根据物理光学知识以及人眼的光学器件原理，就可以得到人眼对外界光信号的区分和分辨能力。

19.1.1 艾里斑

人的眼球中央，由瞳孔限制构成的"孔径"结构，它决定着该光学系统对物理光源的极限分辨能力。根据波动光学原理，光具有波动性。当光进入到瞳孔并由于波动属性而发生衍射时，在焦点处形成光斑。

这个衍射光斑，中央处是明亮圆斑，周围则是一组较弱的明暗相间同心环状条纹。中心处的明亮圆斑被称为"艾里斑"（Airy, 1835）。以第一暗环为界限，如图19.1所示。

设小孔直径为 a，光源波长为 λ。从小孔到成像面的垂直距离为 d，从小孔中心到成像面做垂线，也称为中心线。成像面上任意一点与小孔中线的连线与水平线之间的夹角为 θ，该点到中心线的距离为 y，如图19.2所示，则根据物理光学，艾里斑大小可用下述公式来估计：

$$\theta = \frac{1.22\lambda}{a} \tag{19.1}$$

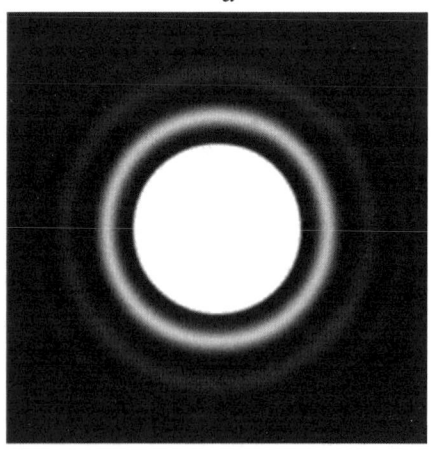

图 19.1 艾里斑

注：中央是明亮圆斑，周围有一组较弱的明暗相间的同心环状条纹。最初由英国皇家天文学家艾里给出了这个现象的理论解释并以他的名字命名。

第 19 章　视觉感觉器图像分辨与滤波

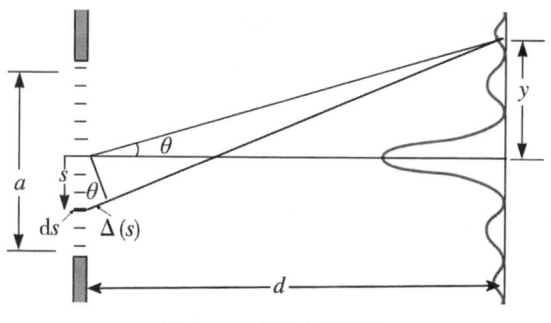

图 19.2　艾里斑的计算

注：小孔的孔径为 a，从小孔中心连接艾里斑直径上的两点直线的夹角为 θ。

19.1.2　瑞利判据

物理光学的波动理论阐述了一个基本的事实，即空间中的一个点光源经过小孔衍射后，不再是理想几何点像，而是有一定大小的光斑。

若空间中存在两个相邻的点光源 A 和 B。均经过小孔形成艾里斑。如果使距离变小，像斑将会逐渐重叠在一起，随着距离靠近将越来越难以分辨。这就构成了光学系统的分辨能力的极限（Bass et al., 2010）。

瑞利判据（Rayleigh criterion）给出了极限分辨的依据：让一个艾里斑中心与另一个艾里斑第一级暗环重合时，作为刚好分辨出两个艾里斑的依据（Rayleigh, 1879）。第一级暗环就是艾里斑为 0 的值，恰恰就是艾里斑的半径大小，也就是式（19.1）表示的大小，如图 19.3 所示。

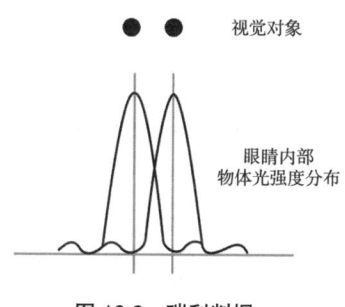

图 19.3　瑞利判据

注：把一个艾里斑放置到另外一个艾里斑的第一级暗环，这时它们之间的距离，恰恰保证两个艾里斑能够分辨（采自 Fannjiang, 2009）。

在第一级暗斑处，设在垂直方向的坐标为 y，若透镜焦距为 f_A，且满足 $f_A \gg y$。也就是 θ 为一个小量，则可以得到

$$\theta \approx \frac{y}{f_A} \tag{19.2}$$

代入艾里斑公式，则瑞利判据还可以近似表示为

$$y \approx \frac{1.22\lambda}{a} f_A \tag{19.3}$$

这就是光学系统的分辨力，即光学系统所能够分辨的最小距离。对于人眼而言，一般的虹膜瞳孔直径按 5mm 计算，肉眼对波长 555nm 的光敏感，则根据瑞利判据可以得到

$$\theta \approx 1.220 \times \frac{555 \times 10^{-9}}{5 \times 10^{-3}} = 1.35 \times 10^{-3} \text{ rad} \tag{19.4}$$

在眼科中，采用斯内伦视力表，应在 6m 的距离观察到 8.8mm 的图像，则可以得到

$$\theta \approx \tan\theta = \frac{8.8 \times 10^{-3}}{6} = 1.47 \times 10^{-3} \text{ rad} \tag{19.5}$$

该结果大于瑞利判据的最小分辨角。从这个关系中，我们就可以看到人眼的光学系统的优秀的分辨能力。

19.2　景深分辨性能

视光学系统的瞳孔和晶状体透镜的焦距相互配合，会影响在深度方向上的成像质量，进而影响到图像的分辨。这一性质是由物理的几何光学性质所决定的。我们可以根据几何光学的属性来讨论这一问题。

19.2.1　弥散圆

由于各种因素和像差（球差、彗差、场曲、像散、畸变、色差以及波像差），物点成像时光束很难汇聚于一点，而是在像平面上形成一个扩散的圆形投影，称为"弥散圆"（circle of confusion），如图 19.4 所示。像点是光线的

第 19 章 视觉感觉器图像分辨与滤波

汇聚点,在这之前和之后,均是光线散开的点,因此,弥散圆形成于像点之前和之后,由一个像点逐渐模糊放大而变成一个圆。由于弥散圆的存在,使得视锐度发生变化,影响人的信号感知。

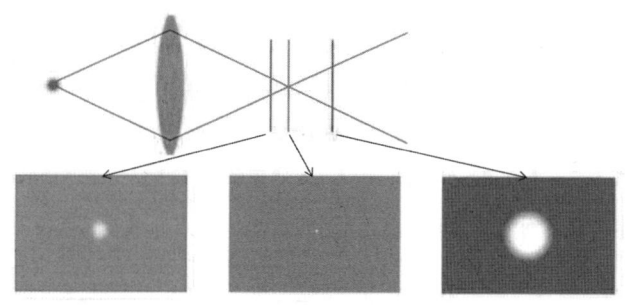

图 19.4　弥散圆

注:一个光点经凸透镜折射并聚焦后成像。成像点和凸透镜光轴的垂直面称为焦平面。在焦平面前后,由于像差,光线发散,形成了不同直径的圆,称为弥散圆。

19.2.2　焦比与景深关系

由于弥散圆的存在,使得人眼不能得到理想的视网膜点。但是,在一定范围内,仍然可以得到相对清晰的像。

在空间中的一个光点,经凸透镜成像后,会形成物像的聚焦,也就是在成像面上成像,这个面成为焦点平面。在这个面上,点和点之间一一对应成像,像点也就是一个绝对一一对应的点。在焦平面前后,像点则是一个具有一定半径的"弥散圆",如图 19.5 所示,对于光学器材,一定半径范围之内的弥散圆是可以存在的,即在一定距离范围内,仍然可以清晰辨别信号。

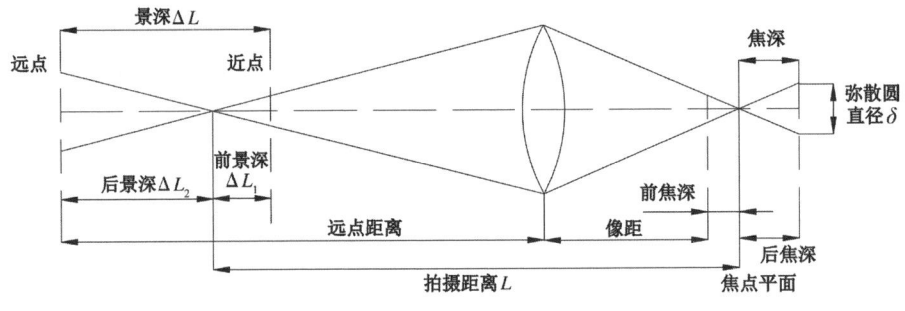

图 19.5 景深关系

注：物体在成像面上成像时，总是不能完全汇聚一点，而形成直径为 δ 的弥散圆。使得在允许范围内，可以清晰观察到物体，构成了景深。弥散圆直径为 δ，L 为对焦距离，ΔL_1 为前景深，ΔL_2 为后景深，ΔL 为景深。

在光学器件完成聚焦后，焦点前后的范围内所呈现的清晰图像的距离被称为景深。其呈现的影像模糊度都处于容许的弥散圆的限定范围内。或者说在这个范围内认为是"清晰的"，如图 19.6 所示。因此，景深是一个"物理量"，它对应的心理量是"深度量"。

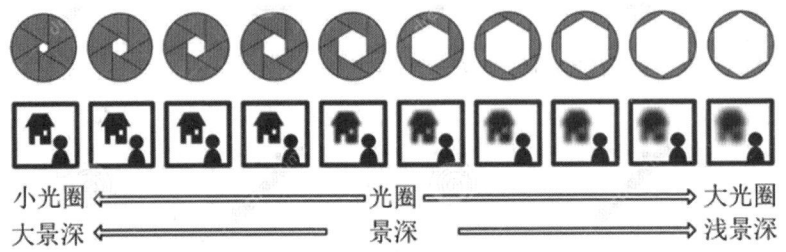

图 19.6 光圈和图片景深之间关系

注：在摄影学中，当光圈越来越大时，光线亮度增加，景深则变小，可观察的清晰距离变小。在这个过程中，图片的清晰程度越来越模糊，对比度越来越小。采自 https://cartoondealer.com/image/80654740/aperture-infographic-explaining-light-depth-field.html。

根据光学知识，设弥散圆直径为 δ，L 为对焦距离（即从凸透镜光心到物点的距离），也就是 Vieth-Muller 圆穿过的点，ΔL_1 为前景深，ΔL_2 为后景深，ΔL 为景深（也就是人可以辨识的深度距离），f_A 为焦距，d_p 为瞳孔直径，则定义"焦比"F 为

$$F = \frac{f_A}{d_p} \qquad (19.6)$$

则可以得到以下关系

$$\Delta L_1 = \frac{F\delta L^2}{f_A + F\delta L} \qquad (19.7)$$

$$\Delta L_2 = \frac{F\delta L^2}{f_A - F\delta L} \qquad (19.8)$$

$$\Delta L = \Delta L_1 + \Delta L_2 = \frac{2f_A^2 F\delta L^2}{f_A^4 - F^2\delta^2 L^2} \qquad (19.9)$$

常常利用这一关系来调整光学参数，获取不同深度，如图 19.6 所示。清晰地展示了焦比与图像景深、清晰程度之间的关系：

（1）焦比越大，进入到光学系统中的能量越大，光场照明增加。

（2）焦比变大，图像阴影变大，开始逐渐模糊，景深变小。

（3）焦比变大的过程中，图像明、暗对比程度降低，清晰程度降低。

这样，我们就得到了焦比和景深之间的关系，如图 19.6 所示。人眼瞳孔与凸透镜之间的配比的本质就是生物意义的焦比，焦比与景深之间的关系也就是人眼"焦比"和精神之间的关系。

这样，以物点为参考点（注视点），我们就找到了一个像范围$[-\Delta L_1, \Delta L_2]$，在这个范围内，像点是可以清晰分辨的。景深暴露了一个基本事实，在焦距、瞳孔直径等一定情况下，在"物点"前后的距离 ΔL_1 和 ΔL_2 内，仍然可以观察到清晰像，即像的构型保持不变。

19.3 视网膜图像采样率

人的视网膜由 on 型和 off 型两种感受野组成，它们配合在一起，把投射到视网膜上的图片信号拆解为"点"信号，也就是视网膜图像信号采集的"像素"信号，形成具有空间信号采集能力的功能单位。视网膜图像信

号采样率性能也就成为人所获取的信号的质量的关键。

这一性能的描述需要根据感光细胞、双极细胞和神经节细胞构成的"感受野"单位。它的空间排布结构建立了对视网膜图像采样率的数理描述。

19.3.1 信号分辨率

视网膜上细胞分布是不均匀的。从中央窝出发，沿水平方向，视锥细胞数量迅速下降。设水平方向的单位长度为 $d\theta$，在这个尺度内的视锥细胞的数量为 n，视锥细胞在单位长度上的数量为 $\rho(\theta)$，也就是密度分布函数，则满足以下关系：

$$n(\theta) = \rho(\theta) d\theta \qquad (19.10)$$

设 on 中心的分布与视锥细胞的数量 n 成正比，则满足以下关系：

$$N(\theta) = k_{on} \rho(\theta) d\theta \qquad (19.11)$$

则在不同的视网膜的位置，由于 on 型感受野的分布数量不同，各个位置的空间采样率也就不同。则根据上述公式，on 中心的分布的密度函数 $\rho_{on}(\theta)$ 可以表示为

$$\rho_{on}(\theta) = k_{on} \rho(\theta) \qquad (19.12)$$

这个关系就给出了人的视网膜信号的分辨率关系。它的单位是"个/弧度"。根据这一关系，我们就可以得到从中央窝开始向两端，人眼的视锥细胞数量急剧下降，on 型与 off 型感受野数量迅速下降，视觉分辨率急剧降低，投射到视网膜的图像质量下降，图像由中央窝视野的清晰的像，演变为周边视野的模糊像，如图 19.7 所示。

第 19 章 视觉感觉器图像分辨与滤波

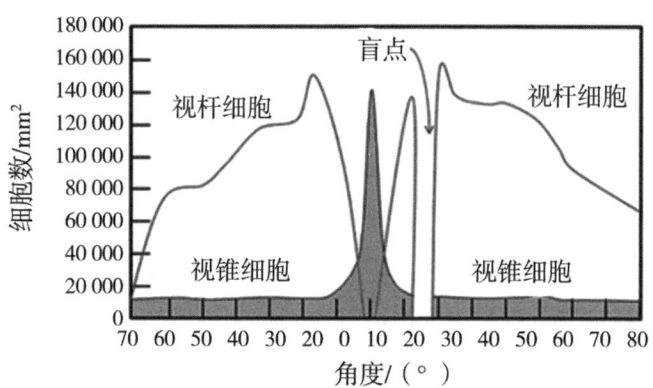

图 19.7 视网膜视锥细胞分布

（Lindsay et al., 1977）

19.3.2 视锐度

人眼的视光学系统需要对视野空间中的信号进行分辨，也就是对物体清晰度辨识的视觉能力，称为视锐度（visual acuity）。

通常情况下，在空间中设置两个刺激物，两个刺激物之间具有的最小距离形成的视角，恰恰能够进行分辨，这个距离所形成的视角 θ 就是两个刺激物的最小分辨阈限，它的倒数，就是视锐度，如图 19.8 所示。把视锐度记为 A_c，则可以写为

$$A_c = \frac{1}{\theta} \quad (19.13)$$

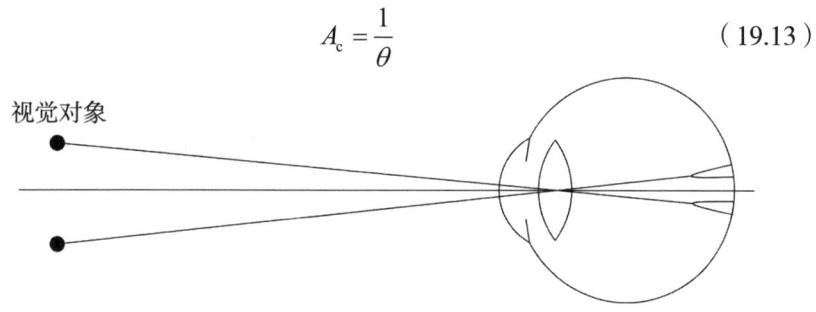

图 19.8 视锐度

注：在空间中，眼睛可以分辨两个相邻点的能力称为视锐度。视锐度取决于几个因素，但主要是光感受器在视网膜上的分布和眼睛折射精度。

数理心理学：心物神经表征信息学

在光学系统中，散射可以使得在人的视网膜上很难得到一个"点"，除此之外，人的眼睛。还会受到其他因素影响，导致视锐度降低。这些因素包括：

（1）折射误差。

（2）瞳孔大小。

（3）光照明。

（4）物体或者刺激呈现的次数。

（5）刺激在视网膜投射的面积。

（6）眼睛适应性。

（7）眼动。

这些因素主要使得在视网膜上的信号难以聚集，使得视网膜信号上的光"点"散开，并使不同的信号开始叠加，从而影响视锐度。

$$\rho_{on}(\theta) = k_{on}\rho(\theta) \tag{19.14}$$

$$\rho_{on}(x) = k_{on}\rho(\theta) \tag{19.15}$$

给定一个 θ 角度，在这个角度内的 on 型感受野的总数量为 n：

$$n = \int_\theta \rho_{on} \mathrm{d}\theta \tag{19.16}$$

则可以得到这个角度内的感受野的平均密度为

$$\overline{\rho_{on}} = \frac{1}{\theta}\int_\theta \rho_{on} \mathrm{d}\theta \tag{19.17}$$

根据该式，对该式取极限，也就是使之逼近人眼可以区分的最小值，则可以得到

$$\overline{\rho_{on}} = A_c \int_\theta k_{on}\rho(\theta)\mathrm{d}\theta \tag{19.18}$$

则视锐度就可以表示为

$$A_c = \frac{1}{\overline{\rho_{on}}}\int_\theta k_{on}\rho(\theta)\mathrm{d}\theta \tag{19.19}$$

第 19 章 视觉感觉器图像分辨与滤波

这样，我们就建立了视锐度与空间 on 型细胞分布函数之间的数理关系。在实践中，如果我们过中央窝，并以中央窝为零点（或者以固视点为零点），把视网膜分解成小的弧度段，就可以得到视锐度随空间的变化关系。显然，它将随着角弧度的增加，由于视网膜感光细胞数量的迅速下降，而迅速下降，如图 19.9 所示。

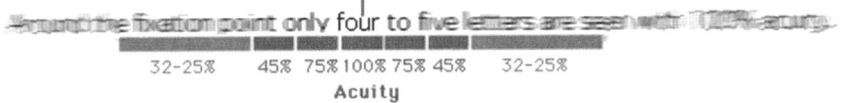

图 19.9　视锐度在横向维度变化

采自：http://en.wikipedia.org/wiki/Eye_movements_in_reading。

19.3.3　视锐度变化意义

在视网膜上，视锐度随着弧度增加而迅速衰减，就会产生一个基本的事实：图像的分辨率迅速降低，并使得图像迅速模糊，图像边界减弱。也就是说，即使进入到眼球边缘视野的图像是清晰的，由于视网膜感受野的数量的降低，图像也会变得模糊，进入到视网膜的图像"晕化"，并导致图像无法被识别。这在事实上就形成了一个"空间图像模式滤波器"，它的基本功能包括：

（1）在中央窝附近，图像清晰可辨，并通过。

（2）在周边视野，图像模式模糊，图像的模式被过滤。

从上述（1）、（2）可以看到，尽管视网膜允许能量通过，图像的构型模式由于空间滤波，在空间中会发生变化。这就解释了在神经科学中，为什么周边视野的信号被"抑制"的基理问题。视锐度随着空间的变化恰恰就成了"视网膜图像构型滤波器"的一个描述。这时，我们把视网膜上弧度用 α 来表示，则

$$A_c(\alpha) = \frac{1}{\theta} \qquad (19.20)$$

θ 则是目标物对应的张开的弧度，$A_c(\alpha)$ 则是以中央窝为零点，弧度为 α 处的视锐度。

19.3.4 视锐度模拟

在计算机科学中，Balasuriya 和 Siebert 通过计算机模拟方法，构建了不同大小的感受野，并给出了模拟细胞数量在空间中分布的曲线（Balasuriya et al., 2006），显示了和生理学上惊人的相似性。如图 19.10 所示。这也间接验证了我们得到的理论结果。

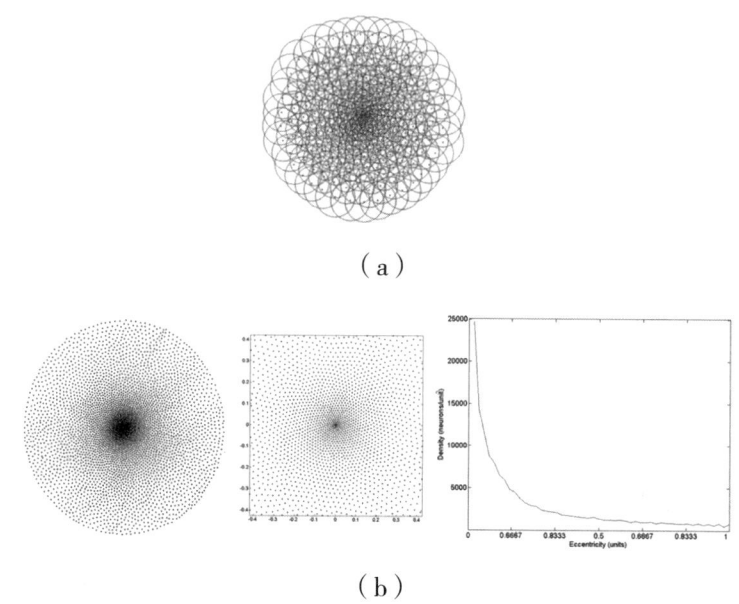

图 19.10　视网膜感受野空间分布

注：（a）为视网膜感受野重叠分布图，（b）为刺激阶段以放射状进行平移的自组织视网膜镶嵌图，以及放大的中央窝视图（视网膜的半径为一个单位）和视网膜的平均节点密度与偏心率（离中心的距离）的关系图（Balasuriya et al., 2006）。

第五部分

知觉解调原理

第 20 章　心物属性映射分装原理

感觉器采集了物质场景中的信号，它的基础是"能量信号"，并同时携带空间信号和时间信号，构成了人脑进一步加工外界物质信号的三基元信号材料。

客体或事件的属性量和特征量经过调制而被加载到神经信号中，这就构成了"物质信号"部分。物质的信号向大脑传输，经解调后而被人类认知。这个传输过程构成了物质信号到心理信号的映射逻辑。对于这个关系，需要从信息系统的角度进行考察，即从心物的角度考察这一信息的投射逻辑关系，也就是"心物映射"的基本逻辑。

调制构成了人类神经信息活动始端。从最为基本的几个通信与信息方程出发，我们得到了人类调制的机制。客体和事件信息被拆解为最基本的三基元结构后，通过不同的神经通道而进入人的大脑。这是一个高效的分解策略。

这是一个高效、现实的策略，即通过不同感觉器提供的不同换能装置，实现各类属性特征值向神经电能转换，从而实现神经编码后将信号向大脑传递。

也就是在 A/D 变换之后，心物神经信息学的基础问题就转向了解调。即大脑如何从神经输入的信号中，依赖神经器件实现信号的解调，以达到对现场信号的"组装"，从而形成对基元信号、客体信号和事件信号的解码，在精神功能上实现识别和知觉,并实现对现场信号的获得。

从一般意义上讲,解调过程是调制的"逆过程"。尽管这一观念在认知科学中仍存在争议,但并不影响我们在"逆过程"方向上的尝试,且在"心理空间几何学""人类动力学"的理论中,这一过程已经慢慢显现了出来。从本章开始,我们将利用前文建立的基础理论进行解调理论的建构。

20.1 心物属性映射分解原理

外界物质的属性是多样的,而人类感觉器采用多种解决方案来实现不同属性信号的采集,这是将客体或者事件的属性量和特征量信息进行分解的策略,而解调的过程需要把分解的信息和信号重新组装,成为对客体和事件的完备认知。

组装的存在意味着"分解"的逆过程发生。这需要对分解过程进行描述,从而为"逆向"的解调提供方向和算理的理论构建。这就需要我们对人的逆向分解策略进行数理描述。

20.1.1 属性与感觉通道对应性

对于具有物质意义的客体,在我们所知的科学内,它所具有的物质属性可以分为以下几类:物理属性、化学属性、结构属性和机械运动属性。不同的属性又与人的神经信息通道相对应。这一特性,我们将进行分解讨论,如表 20.1 所示。

表 20.1　客体属性与感觉通道

编号	客体属性或特性	感觉器
外界物体属性	原子物理属性	视觉
	热力学属性	温觉
	化学属性	嗅觉
	化学属性	味觉
	机械振动属性	听觉
	力属性	触觉
自我客体属性	身体机械运动	运动觉
	身体动力稳态	平衡觉
客体生态属性	生态属性	痛觉
	身体脏器状态	机体觉

20.1.1.1 分子材料属性通道

物质意义的客体，总是由一定分子、原子的材料（统一称为分子）来组成。在物理学中，这些不同的分子、原子的粒子，又表现为不同的物质状态，例如，晶体和非晶体。在形态上又可以分为固态、液态和气态。

材料的构成，使得原子的结构在接收外界高能粒子激发时发生能级跃迁，并释放出不同特征频率（或者特征波长）的光子。原子光谱是对这一现象的观察结果。图20.1所示为氢原子的原子光谱。氢原子的核外有不同的原子轨道，电子向不同能级跃迁，释放不同能量、频率的光子，也就形成了不同的光的成分。同样，来自外界的光源，某种频率的光子被对应跃迁轨道的电子吸收，也就形成了关于光的吸收谱。因此，不同材料的物体经光照射后会出现光的反射和透射，携带了和客体材料有关的信息，即属性信息。

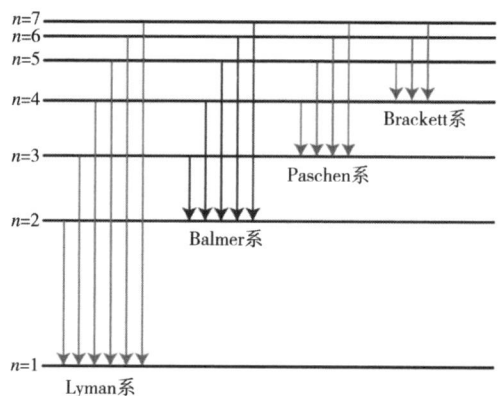

图20.1　氢原子光谱

注：氢原子的核外电子，处于不同的核外轨道，在不同的轨道间进行跃迁，释放出不同能量光子，就形成了原子光谱。同样，外来光源可以把核外电子向高能级激发，也就形成了吸收谱。

在人的感觉通道中，光通道是对物质的原子、分子材料属性信息获取的一个关键通道。它主要利用自然界的太阳光源的反射和透射来获取材料信息，构成感觉通道的核心通道。

20.1.1.2　分子热力学属性通道

根据物理学原理，原子和分子构成的客体都处于无休止的运动中，也就是它的热力学属性。分子和原子运动的快慢，从宏观上来看，就表现为它的温度的高低。

在人的感觉通道中，温觉是探测热力学属性的通道。通过不同的温区感觉器，人类可以获取不同温度的信息。

20.1.1.3　化学属性通道

客体都是由分子和原子构成的物质材料。分子或原子会与其他物质发生反应，从而表现为化学特性。而物质的形态又可分为气态、液态和固态。对不同状态下的物质的化学属性进行探测，人类进化了两类感觉器：嗅觉和味觉。前者负责对气态化学属性的探测，后者则负责对液态和固态物体化学属性的探测。

20.1.1.4　力学属性通道

物质客体往往处于相互作用中，从而处于稳定或非稳定状态中，表现出力学特性。对力学属性、要素进行探测，构成了一类信息通道。听觉是获得机械振动的一类重要通道，用以侦测各种客体在运动中激发的振动信号，从而获得关于物体的振动信息。

根据物理学知识，力是动力学的关键指标。人类的感觉、触觉可以探测各种压力的变化，构成了重要的力学属性通道之一。

20.1.1.5　自我属性通道

基于上述内容，人也是客体之一。它需要对自我的物质属性进行监控，包含对自我客体的运动状态的监控，对身体动力稳定性的监控，从而产生了运动觉、平衡觉。

20.1.1.6 客体生态属性通道

人是一类生物体，活体的人是人类进行社会化活动的基础和保障。这意味着人类的信息系统要对人的"生物体"工作状态进行监控，并同时对内外可能对生物体存在伤害的因素和属性进行监控。这就进化出了两种感觉通道：痛觉和机体觉。前者用来监控来自外部和内部的各种属性因素超出信号探测范围时的警报，而后者则是用来监控生物体生理活动时，生理性脏器的异常状态属性。

20.1.2 感觉调制分解原理

通过上述物质属性与感觉通道对应性，一个基本事实就显现了出来：人的认知系统通过对物质属性进行通道分解，实现了对物质属性的完备性采集。我们用 V_{is} 表示第 i 个神经通道的属性的特征量集合，v_{ij} 表示第 i 个神经通道中的第 j 个属性的特征量，则该神经通道的属性量集合可以表示为

$$V_{is} = \{v_{ij} | j = 1, \cdots, k\} \quad (20.1)$$

其中，k 表示属性的个数。则客体被采集的属性是各个神经通道采集属性的总集合 V，表示为

$$V = \{V_{is} | i = 1, \cdots, M\} \quad (20.2)$$

其中，M 表示神经通道的总个数。V_{is} 是这个集合中的子集，也可以表示为 $V_{1s}, \cdots, V_{Ms}$，则子集和全集之间满足以下关系式：

$$V = V_{1s} + \cdots + V_{Ms} \quad (20.3)$$

这个式子被称为感觉调制分解关系式，或称为"感觉调制分解原理"。其中，加号表示集合求和，即集合的布尔运算。

20.2 心物属性映射组装原理

对调制的信号进行解调是人的信息加工的必然步骤。只有在解调基础

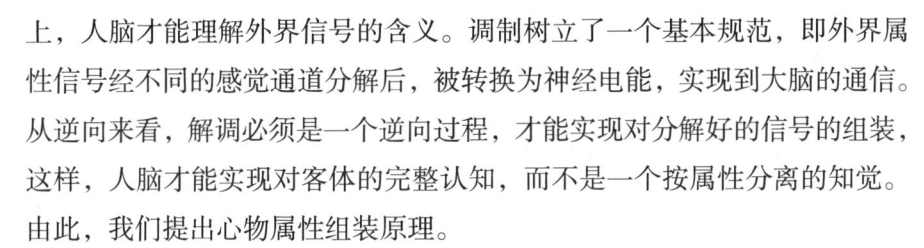

上，人脑才能理解外界信号的含义。调制树立了一个基本规范，即外界属性信号经不同的感觉通道分解后，被转换为神经电能，实现到大脑的通信。从逆向来看，解调必须是一个逆向过程，才能实现对分解好的信号的组装，这样，人脑才能实现对客体的完整认知，而不是一个按属性分离的知觉。由此，我们提出心物属性组装原理。

20.2.1 组装原理

人脑属性总集合 V，经大脑解调后的变量集合为 V'，V'_{is} 是第 i 个神经通道属性特征量集合 V_{is} 经神经解调后的集合，则可以表示为

$$V'_{is} = \{v'_{ij} | j=1,\cdots,k\} \quad (20.4)$$

其中，v'_{ij} 是特征量 v_{ij} 经大脑解调后的特征值。V_{is} 集合中的每个子集，经调制后，分别对应表示为 $V'_{1s}, \cdots, V'_{Ms}$，则解调后的子集和全集之间满足以下关系式：

$$V'_{1s} + \cdots + V'_{Ms} = V' \quad (20.5)$$

这个原理，我们称为"心物属性组装原理"。

解调原理实际上回答了一个问题：客体在进入到人的认知系统后，存在一个组装的过程。它是对这一过程的总概括，也就是在这一机制下，人才有可能对"客体"作为载体的属性有完备的理解。

20.2.2 事件整合变换原理

事件结构式中的每个元素都是一个属性特征量的集合，它是通过不同的神经通道来实现向人脑内部的通信的。根据信号的三基元，每个属性又可以分为物元、位元和时元。因此，在某一个时刻 t_0，解调对客体的组装也是对物元属性和位元属性信号的组装。在每个神经通道中，事件结构式的信号经解调后，仍然保持了事件结构式的形式，在多通道的解调中，根据组装原理，要实现所有通道的属性量集合的布尔运算求和。高闯提出了这一表达形式（高闯，2021）[450-453]。

$$E_{\text{phy}} = \sum_{i=1}^{n} w_{1pi} + \sum_{i=1}^{n} i_{pi} + \sum_{i=1}^{n} e_{pi} + \sum_{i=1}^{n} w_{2pi} + \sum_{i=1}^{n} c_{pi} + \sum_{i=1}^{n} t_{pi} + \sum_{i=1}^{n} w_{3pi}$$

$$E_{\text{psy}} = \sum_{i=1}^{n} w_{1pi} + \sum_{i=1}^{n} i_{pi} + \sum_{i=1}^{n} e_{pi} + \sum_{i=1}^{n} w_{2pi} + \sum_{i=1}^{n} c_{pi} + \sum_{i=1}^{n} t_{pi} + \sum_{i=1}^{n} w_{3pi} + \sum_{i=1}^{n} (\text{bt} + \text{mt})_{pi}$$

（20.6）

在这个表达式中，i 表示不同属性的信号，n 表示参与知觉信号整合的感觉通道的数量。在这个表达式中，时间和空间的一致性是一个必要条件，即所有通道知觉到的时间和空间都相同。事件中的每个属性都有对应的心理空间来表示。这个式子的推导清晰地表明，在人的解码过程中，每个要素的求和符号实质上是对属性集进行求和，从而构成了布尔运算。

从这个关系式的推理中，我们可以看到，知觉的整合算式的本质是解调过程中事件属性的逆解调的组装原理所决定的。

这两点呼应特性，决定了在解调过程中，我们需要在神经机制中建立起这一机制。这样，这一原理也将得到根本性的验证。由此，我们将在这一数理思想指导下，并结合生物学的结构学，建立关于神经解调的机制。

第 21 章　神经基元信息表征

外界物质世界的信号满足"事件信息结构"表达式。从这一根基出发，并结合物理学的能量变换规律，我们找到了事件信号输入神经系统的变换规则。这一工作令人鼓舞。

事件的信号被变换为神经的输入信号，即"神经信号的表征"。神经表征这一概念也就具象化了。

通过 A/D 变换形成的神经表征的机制，使得我们可以窥视到神经表征的一个基本本质：尽管外界信号纷繁复杂，神经的感觉器却利用了物质世界的物质属性的共通性属性，进化出了基于属性特征量的表征转换器件，既解决了属性的采集，也解决了特征量的采集和表达问题。这样，以事件信号为基础的认知的本质就暴露了出来。

信息与加工是认知科学的天然公设，但这一公设并未被公理化，而从事件结构式出发，就自然地解决了这一难题，并在信号本质上为研究心理神经信息提供了天然契机。一旦神经信号的本质清晰暴露，对神经的认知加工的问题就转换成对神经的信号及其编码本质的理解。这时，我们还需要从基本的数理维度，建立关于信号的基本数理观念。在本章中，我们将从信号的数理本质出发，讨论神经表征信号的数理性问题，即神经表征的信号的数理属性。

21.1 基元信号

对于通信系统，它需要建立最为基础的信号单元，在基础单元信号的基础上，根据编码规则生成更广域的信号。基础信号也就是基础单位信号，也被称为基元信号。一组基础信号是表达某种"属性"的完备集。我们从两个层次讨论基元信号。

（1）事件信息结构表达的基元。

（2）神经通信的基元。神经在信号传递中是否满足了事件基元信号的传递，它是事件信息结构完备性要求。

21.1.1 事件三基元信号

在物质世界中，客体与客体发生相互作用诱发事件。事件信息经介质向外传递，形成了人认知的"信号"。

对于事件信号，存在三种基本信息单元：物元、时元和位元。

物元是指物质客体及其特征量信息。w_1、w_2、i 均属于物元，c_0 和 e 中关于这三个量的特征值也是由物元生成。

时元是指"时间"的特征信息。它是任何进行的事件都具有的一个基本元素，不能由物元生成，也就构成了独立的信息单元。

位元是指"空间位置"信息。它是独立于物元、时元的又一类独立信息，因此也构成了一个独立的信息基元。c_0 和 e 中也有关于时间和位置的特征值。它们由这两个信息基元生成。

从本质上讲，事件三基元的本质源于物质世界的三个基本特性：

（1）世界是物质的，即它由物质组成。任何物质单元都构成了信息来源的一个"基元"，即"物元"。

（2）物质在时空中运动。运动依赖于时间和空间。因此，时间和空间就构成了信息的两个基本"基元"，即"时元"和"位元"。

这样，物质属性构成了人的知识的哲学属性。在事件结构式中，这一哲学属性也就完备地体现了出来。

21.1.2 神经物元信号

物质世界的属性决定了事件信息结构传递中的三个基元：物元、时元和位元。神经的感觉系统承担了将事件的信号输入神经系统的任务，即把三个基本信号单元输入到神经系统中。

21.1.2.1 神经物元集合

物元信号即物质客体信号。在事件中，w_1、w_2、i 都是具有物质属性意义的客体。对于任何一个"物元"，用 M_O 表示。它可以用一个属性集来表示，我们把属性的集合表示为

$$M_O = \{p_i | i = 1, \cdots, N\} \quad (21.1)$$

其中，i 表示第 i 个属性；N 表示属性的个数。基元信号中的属性均是独立的属性，因此，它也就构成了事件描述的维度。由属性构成的空间，则构成了物质属性空间 R^N。

客体的属性的值，也就是客体区别于其他客体的特征值，构成了与属性相对应的集合，这一观念，我们在事件信号中已经确立了这一观念。

$$V(o)_s = \{v_i | i = 1, 2, ..., N\} \quad (21.2)$$

上述两个集合就构成了神经物元信号的两个集合，分别称为神经物元属性集合和神经物元特征集合。

21.1.2.2 神经物元集合完备性

神经通信系统，要对属性和特征量进行表达，因此需要有对属性、特征量进行加工的神经通道。对于人而言，人的属性集合是以不同神经通道来实现的，即不同神经通道是物元的属性集。

根据物理学原理，物质世界的客体具有以下属性：

（1）原子、粒子属性。即任何物质客体均由微观粒子系统构成，这使得不同的物体接收外界粒子辐射和发出辐射时，与微观粒子有关的物质

属性得以表现，也就是光学属性。

（2）热力学属性。微观粒子的构成使得物质客体吸收和对外辐射能量，就构成了热源，也就是热力学属性，它的宏观表现为"温度"。

（3）化学属性。物质的微观粒子可以发生化学反应。化学属性是物质表现出的一种常见属性。

（4）机械振动属性。客体的存在因受到力的作用处于平衡和非平衡的状态变换中，或处于动态的平衡中，在现象学上表现为机械振动。机械振动是运动的一种属性。

（5）质量属性。不同物体含有的物质的多少不一定相同。物体所含物质的多少叫做物体的质量。质量是物体的一种基本属性，与物体的状态、形状、所处的空间位置变化无关。

上述这些属性构成了不同物体具有的普适性与共通性。因此，对一个物元信号的获取就是对物质属性的获取。人类获取物质"客体"的"物元"信息，就是在多大程度上，使得物元集合达到完备。如表21.1所示，是人的物元集合与神经通道的关系。

表21.1 人的物元集合与神经通道关系

	物元集合	神经通道
1	原子、粒子属性	视觉
2	热力学属性	温觉
3	化学属性	味觉、嗅觉
4	质量属性	触觉
5	机械振动属性	听觉

此外，人类个体自身也构成了一类客体，自我的属性包括身体姿势、平衡状态等。这里我们不展开论述。

21.1.2.3 神经物元特征集合完备性

物元属性集合中，属性量通过不同神经通道进入到认知系统。属性量的表示则是特征值，神经通道对特征值的采集范围构成了信号的"值域"，也构成了神经信息通道的带宽。这个范围在信号功能上也恰好承担了能表

第 21 章 神经基元信息表征

达的客体的范围，即能否对所观察到的客体进行表示。例如在视觉通道中，可见光谱的范围是 380～780nm，在这个范围内，人的可视范围能否表达地球上所看到的所有物体或大部分物体。

综上所述，进入人的认知系统的物元信号的完备性从本质上包含了两种完备性：

（1）所有感觉通道的合集构成的物元信号的集合的完备性。

（2）每个感觉通道采集的信号值域的完备性。

总之，人类认知系统通过设置不同的感觉通道，获取不同的属性，以实现"物元"信息的多元化。这就构成了人类个体自身的"完备性"物元信号的集合。这也就暗示了，在神经的解调阶段，各属性信号需要建立一个完备集，也就是实现"物元"属性信号的整合。

21.1.3 神经位元信号

在空间中所处的位置构成了"客体"的一类独立信息，即"位元"信息。"物元"的信息完备集依靠分化出来的不同的感觉通道来实现，而"位元"信号则需要在感觉通道中，布置关于空间信号采集的分化机构来完成。在不同的神经通道中，布置了关于位元信号的采集的机制，如表 21.2 所示。通过这一布置，使得"位元"信号进入人的认知系统。这一机制的实现，为事件信号的完备性变换奠定了关键基础。在前文调制中，关于事件位元信号机制问题，我们在事实上已经进行了大量的推进工作，它的实现也恰恰证实了这一观念。

表 21.2 人的位元信号的神经通道关系

	位元通道	神经通道	
1	视觉	单眼	(x, y) 空间信号
		双眼	(x, y, z) 空间信号
2	嗅觉	单鼻	(x, y) 空间信号
		双鼻	(x, y, z) 空间信号
3	触觉		(x, y, z) 空间信号
4	舌头		(x, y, z) 空间信号
5	听觉	单耳	(r, y) 空间信号
			(x, y, z) 空间信号

21.1.4 神经时元信号

时间是事件信息的基本要素,也是事件发展的过程。人的感觉器中并未进化出专门的"时间"的计时器,但这并不表示"时元"信号的消失或者降维。

进入人的神经系统的信号是"时间序列"的信号,也就是按照时间先后顺序排列的信号,这个进程与事件的进程一一对应。这就意味着,事件的"时元"信号是以进入人的神经系统的先后顺序中被加载进去的,这就构成了神经"时元"信号。

综上所述,我们基本上就得到了人的神经系统的三个基元信号:物元、位元和时元三个基础信号单元,它们构成了构建任何"事件"信息结构的三个基本信息单元。

21.2 神经元基元信号

事件三基元信号是神经信号的基础信号。这就意味着从感觉器开始,神经的基础信号中就携带了三基元信号,在三基元信号的基础上可以生成其他信号。在人的神经系统中,神经的最小单位是"神经元",它是信息传递的最小物质单位。在这个最小的物质单位载体中,它的信息和三基元信息之间的关系成为一个不可避免的核心问题。

21.2.1 神经元垒砌问题

从生物学的角度来看,神经元是生物神经的最小单位。通过对神经元垒砌而生成神经器件、核团,成为处理某种信息的功能单位。这也就暗示了一个基本逻辑:神经元从最基本传递能量信号的单位,垒砌成某种生物结构组织后,成为新的信息单位,即新的信息功能的产生是垒砌的结果,垒砌的逻辑构成了关键性的信号生成机制。这就成为我们理解神经器件、单元的信号功能的切入点。

21.2.2 神经元三基元垒砌机制

神经元是最基本的信号传输单位，根据换能编码关系，神经元传输的最基础的信号也就是能量信号。它是客体具有的某种属性和感觉器作用，实现对应的能量换能，把属性的特征量转换到了对应神经通道中。换能的本质，仍然是属性量的变换，也就是实现的是"物元"信号的变换。

以物元信号为基础，神经往往垒砌，如视网膜中的神经元，垒砌而成为 on center 和 off center 中心，具有了接收空间"点"信号的能力。点是空间几何学的信号，确切地讲，就是空间的坐标信号。依赖空间的点在视网膜的分布不同，神经垒砌了空间 (x, y) 的信号。这是空间的位元信号被加载到了神经的功能单位上。在不同的神经通道，神经元的垒砌机制并不相同。

神经元接收时间序列的信号，将不同的时序信号以时间序列形式发放出去，构成了时间先后的编码。实现了"时元"信号的发放。

综上所述，神经元通过垒砌，实现了"事件"的三基元信号的编码，向大脑进行传输。这一本质，也就是神经信号的本质。它构成了神经信号传输的基理。

21.2.3 神经表征空间

由神经功能单元构成的生物器件接收上一级传来的事件信号，通过换能对信号进行表征，并向下一级输出事件的信号。

输入到神经功能单元中的信号，被神经功能单元换能表示后，就构成了该神经功能单元对"事件"的表示，也即是"事件表征"。

事件结构式为信号表征提供了一个最基本的表示依据。它是信号表征的源起。这样，从事件的空间表述中，我们就可以讨论事件与表征之间的关系。物质空间和心理空间则提供了最为基本的理论支撑。

事件结构式中的任意一个要素都由物质属性来构成。它的所有属性构成的独立空间就是"物质属性空间" R_p^N。事件结构要素中，以每一个要素的属性的特征值为坐标，则事件的要素就构成了空间中的一个点。所有要素的点的集合就构成了"事件"在物质空间中的表示（或者表征），用 R_e 表示，可以表达为

$$R_e = (v_{i1}, \cdots, v_{ij}, \cdots, v_{NM}) \tag{21.3}$$

物质世界中的事件，经神经换能后成为神经的信号。这时，物质属性量被神经进行表达。如果物质属性的维度被忠实地转换到神经信号中，则"物质属性空间" R_p^N 被转换为神经表达的信号的空间 R_{ps}^N，也就是神经表达的空间，或者称为事件的神经空间表征。在这个表征下，事件的表征转换为

$$R_e = (v_{i1}, \cdots, v_{ij}, \cdots, v_{NM}) \tag{21.4}$$

第 22 章　神经映射通信编码

被感觉器变换的物质信号以基元信号的形式被加载到了神经单位上。经神经节细胞等向脑皮层进行基元传输。在此过程中，经历了神经换元，并投射到了皮层，形成心物关系。从数理上讲，构成了物质信号与心理信号的数理映射关系。

在数理映射中，神经元大量并行，成为映射关系物质底层。这就提示我们可以利用"神经并行"特性、物理信号 A/D 变换的信号、神经通信和神经编码规则，建立心物信号之间的映射关系成为可能。

映射关系是心物关系的重要一环。只有在映射关系基础上，人脑才能获得物质世界的信号。而映射的信号又是三基元的信号，只有在基元信号基础上，才有可能通过神经器件运算，实现物质客体属性的组织和组装，实现事件结构属性的组织和组装，神经的计算机理才可能被揭示。从本章开始，我们将面临 3 个核心机制。

（1）感觉器的信号集向大脑中神经解码器件的投射关系。

（2）在投射的信号点集基础上，神经器件通过对信号集合进行演算，得到客体或事件的信号。

（3）不同神经通道的客体或事件属性信号的组装，形成对事件的整体认知。

在本章中，我们将首先关注第 1 个问题。第 2 和第 3 个问题将在后续章节中进行讨论。

22.1 神经调制映射

经感觉器进入人的神经系统的信号，向大脑皮层传递的数理映射过程本质上分为两个数理映射：

（1）调制映射。这个过程是将物质属性信号加载到与人的感觉器通信的介质上的过程，实现物质属性特征量向感觉器的映射。在神经信号的调制过程中，我们建立了调制关系，这个关系的本质也就是一种映射关系。

（2）神经并行映射。感觉器 A/D 信号变换后，沿神经并行通路向大脑皮层映射。从感觉器发出的神经向大脑并行通信，构成了人脑低级阶段的一个显著性特征，它遍布在人的各种神经通道中。经过并行神经通道后，神经开始对并行的信息进行加工处理。在并行处理中，并行神经之间并未进行信息交换。

这两个映射关系决定了物质信号向大脑传输的过程中，信息的对称性与否。而调制映射关系是一种对称变换关系，在数理上已经得到了证明。在本节中，我们将重点从前述的关系中建立数理的神经映射关系，为属性信号、位元信号和时元信号的神经解码奠定基础。因此，我们首先从映射开始讨论信号关系。

22.1.1 映射

"映射"是在研究集合之间关系中提出的一种数理概念。若存在两个集合 A 与 B。对于 A 中的任何一个元素 a，集合 B 中均存在唯一的一个元素 b 与 a 相对应，如图 22.1 所示。它们之间的关系用 f 来表示，则由 A 到 B 的映射就可以表示为 $f:A \to B$。a 称为"原像"，b 则称为"像"。元素之间变换关系表示为

$$b = f(a) \tag{22.1}$$

第 22 章 神经映射通信编码

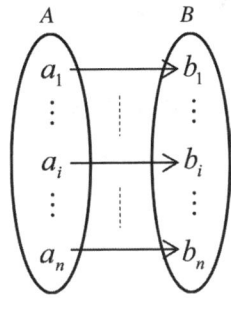

图 22.1 映射关系

注：A 集合中的元素用 a_i 表示，B 集合中的元素用 b_i 来表示。A 中的任何元素在 B 中均存在对应，则构成了映射关系。

集合 A 中的不同元素在集合 B 中均对应着不同的象，则该映射称为单射，如图 22.2 所示。

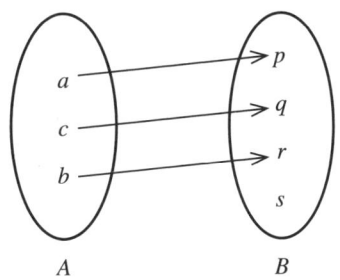

图 22.2 单射

注：集合 A 中的每个元素均在集合 B 中均存在对应元素。

对于集合 A 中的不同元素，在集合 B 中可能有相同的像。但是，集合 B 中的每个元素都有对应的原像，这种映射关系称为"满射"，如图 22.3 所示。

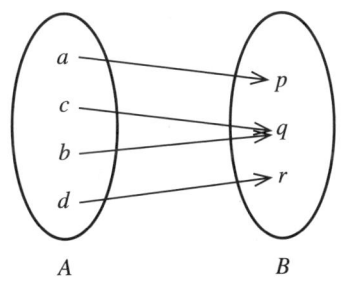

图 22.3 满射

注：集合 B 中的每个元素在 A 中均存在对应元素，则称为满射。

如果映射关系 f 既是单射又是满射，则集合 B 中每个元素的原像恰好对应一个元素，这时就构成了"双射"，也称为一一映射。在集合中，也称为"同构"。如果我们将从集合 B 到集合 A 的映射称为集合 A 到集合 B 的逆映射，记为 $f^{-1}: B \to A$。双射也就等价于"可逆"。一一映射关系如图 22.4 所示。

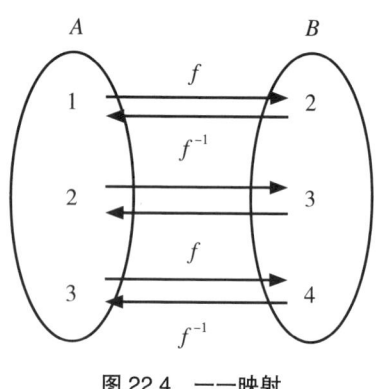

图 22.4　一一映射

注：集合 A 与 B 之间相互满足单射和满射，则二者构成了一一映射关系。

22.1.2　调制映射

经过感觉器的神经换能和 A/D 编码后，神经节细胞集成了人的三基元信息：物元、位元和时元信息。我们将这个信号作为神经的功能单元信号。例如，视觉的感受野就是一个集成了三基元信号的采集单位。

由此，我们将这个神经功能单元上再也无法拆解的信息单元作为感觉器上的"质点"信号单元，使它与物质世界的"质点"信源相对应。因为，从信号的完备性上和神经物质单位功能性两点出发，这个信号单位将无法进一步分解。

为了讨论属性信号的映射关系，我们将区分几种信号集合，这些信号在前文已经部分涉及。我们将信号集合分为：①物质世界属性信号集合；②物质属性调制信号集；③ A/D 变换信号集；④神经并行映射信号集。

22.1.2.1 物质世界属性信号集

在前文中,我们已经定义了物质的属性信号集合。为了方便讨论,我们把物质世界的属性的特征值集合用 V 来表示,它的元素用 v_i 来表示,则物质世界的客体的属性集可以表示为

$$V_\mathrm{m} = \left\{ v_{ij} \mid i = 1, 2, \ldots, N_\mathrm{p}; j = 1, \cdots, N_\mathrm{c} \right\} \quad (22.2)$$

在物质世界中,v_{ij} 表示第 i 个物质属性的第 j 个特征值。N_p 是属性总个数,即维度的个数。N_c 表示特征值的个数,即特征值的值域。在物质世界中,这个集合是物质世界属性的总集合,即全维度集合。任何客体或事件都是这个集合的一个子集。

客体或事件是物质属性全集的一个子集。设一个质点客体,它是一个三基元信号的物质载体,它的属性的特征值集合可以表示为

$$V_\mathrm{om} = \left\{ v_{kl} \mid k = 1, \ldots, N_\mathrm{op}; \ l = 1, \ldots, N_\mathrm{oc} \right\} \quad (22.3)$$

其中,v_{kl} 表示第 k 个物质属性的第 l 个特征值;N_op 是属性总个数,即维度的个数;N_oc 表示特征值的个数,即特征值的值域。则客体的集合是全集的一个子集,满足

$$V_\mathrm{om} \subset V_\mathrm{m} \quad (22.4)$$

通过这个集合,我们就知道了人类观察到的个体属于世界属性的一部分。

22.1.2.2 物质属性调制信号集

物质客体的信号通过调制进入到人的认知系统中。调制也就是把信号加载到信息介质中的过程。物质世界中的信号往往是连续的,通过调制向人的神经系统进行输入,充当神经系统的输入信号。这些信号携带了三基元信号。调制得到的信号集合表示为 V_omm,表示为

$$V_\mathrm{omm} = \left\{ v_{nq} \mid n = 1, \ldots, N_\mathrm{np}; \ q = 1, \ldots, N_\mathrm{qc} \right\} \quad (22.5)$$

其中,v_{nq} 表示第 n 个物质属性的第 q 个特征值;N_np 是属性总个数,即维

度的个数；N_{qc} 表示特征值的个数，即特征值的值域。

在这种情况下，质点客体属性集和调制集合之间构成了一种映射关系 $T:V_{om} \to V_{omm}$。根据前面在各个神经通道中建立的矩阵变换关系，我们可以看到这种关系满足"一一对应关系"，且矩阵是可逆的，则这两个集合之间也满足逆映射，即 $T^{-1}:V_{omm} \to V_{om}$。

22.1.2.3　A/D 变换属性信号集

调制好的信号经感觉器的 A/D 变换后，将外界连续的物质信号转换为离散的电脉冲信号。同时神经的功能单位是不连续的，在采集信号时，将外界的连续信号离散化而成为非连续信号。

因此，A/D 变换的过程就是对连续信号进行采样的过程，在满足采样条件的情况下，信号才不失真。在信息学中，采样定理是回答这一问题的关键。

采样定理，又称为香农采样定理、奈奎斯特采样定理：在频域内，只要采样频率大于或等于有效信号最高频率的两倍，采样值就能包含原始信号的所有信息，被采样的信号就可以不失真地还原成原始信号。

采样定理给了一个解决从连续信号到离散信号采集中，不失真的一个"约束"条件。人的感觉器在"空间""时间"两个维度上均进化出了解决信号采集的神经结构方案。在心理学中，对时间分辨、空间分辨的心理物理研究本质上是对这一问题研究的典范，如图 22.5 所示。在这里我们不再展开讨论。

图 22.5　视觉光栅

注：在心理物理学中，利用具有空间频率分布的明暗条纹构成光栅，它可以用来测试视觉系统的空间分辨能力。

但是，A/D 变换暴露了一个本质的问题，即 A/D 变换的物质信号是连续信号的一个子集。因此 A/D 变换之后的信号的集合我们表示为

$$V_{A/D} = \left\{ v_{ad} \mid a = 1, ..., N_{ap}; d = 1, ..., N_{dc} \right\} \quad (22.6)$$

其中，v_{ad} 表示第 a 个物质属性的第 d 个特征值；N_{ap} 是属性总个数，也就是维度的个数；N_{dc} 表示特征值的个数，也即是特征值值域。则这个集合是调制集合的一个子集，满足

$$V_{A/D} \subset V_{omm} \quad (22.7)$$

22.1.3 调制映射哲学意义

在上述的集合关系中，我们可以观察到一个基本事实，即物质世界的全维性质决定了客体的物质属性是其一个子集，即 $V_{om} \subset V_m$。同时，在调制的过程中，由于 A/D 变换，导致了进入人的神经系统的信号集是调制集合的一个子集，即 $V_{A/D} \subset V_{omm}$。而 V_{om} 和 V_{omm} 之间建立的是一个映射关系。可以简便地表示为

$$V_m \supset V_{om} \xrightarrow{T} V_{omm} \supset V_{A/D} \quad (22.8)$$

这个关系就清晰地显示了一个基本的关系：即使在不失真的变换 T 的映射条件下，人类的感觉系统通过"神经通道"实时、动态观察到的世界信息仍然是部分的，而不是全维的。因此，人的认知系统需要通过其他方案来实现认知内外的对称性。但是，这并不意味着我们"认知"的世界是不可知的。需要指出的是，我们"实时"观察的信息只是信息世界的一个采样。上述关系具有以下重要的方法学意义。

22.1.3.1 客体属性有限性

客体的属性有限性使得在对物质世界的认知中，总是可以通过有限属性的认知来达到对世界的认知。这样，就把对物质世界的无限认知、无限逼近的问题，转化为对"有限客体"的认知。这就是 $V_m \supset V_{om}$ 集合关系的

重要生态学、信息学和哲学的意义。

22.1.3.2 信号变换有限性

T 的本质是把外界物质的客体信息转换成人类介质通道信号的问题。这一变换往往受制于介质的有限性。例如，人的可见光区在 380～780nm 之间。通过有限介质的频段，使得人类能够通过介质加载达到认知的目的，但同时也带来了有限性。这也是发展各种方法学、工具、技术扩展人类认知观察范围的所在。

22.1.3.3 客体属性采样有限性

$V_{omm} \supset V_{A/D}$ 本质是采样的问题，只要满足"采样不失真"的条件，外界的连续信号就可以通过离散采样的信号来认知世界。信息的采样是有限的。这样就把一个无限性的信号转换为连续、有限的采样来解决信息采样问题。

综上所述，三点"有限性"，恰好使得物质属性信息"足够大"的集合转换为"有限""可处理""可知""不失真"的方案来进行处理。这形成了人类感觉系统中处理信息的一个内核，它是由调制所蕴含的"数理映射"关系所决定的。

22.2 神经并行映射与编码

经 A/D 变换的神经信号沿并行神经通路向大脑皮层映射。在并行的神经信息交叉之前，我们统称为"神经并行映射"关系。人类的高级神经单元以投射的信号为基础进行运算，提取客体和事件信号，并对客体和事件进行模拟，从而形成可知觉的信号。这一关系桥梁连接起"物质信号"和"心理信号"。这使得心物关系因物质底层连接而具象。因此，这一映射关系构成了对人脑神经内部信号和外部信号机制理解的第二大映射关系，也进一步关系到"解调"机制的揭示。

22.2.1 通信投射与编码

在人的低级神经加工阶段，神经向大脑皮层进行映射形成的是"拓扑关系"。即从感觉器到脑皮层的投射信号过程中经历神经换元到达皮层，如图22.6所示。我们把从"神经节"出发的神经信号到大脑皮层的拓扑结构，看作一个整体或看作一个映射的系统。

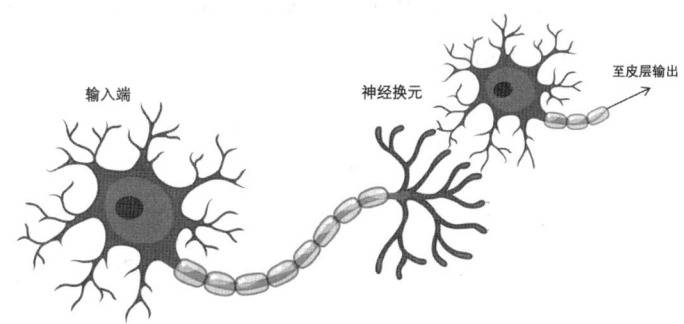

图 22.6 神经并行映射模式

注：感觉器的神经节细胞汇总了外界的基元信号，经过神经换元后，到达大脑皮层，输出基元信号。这就构成了从感觉器到皮层的基元信号映射。

设神经节细胞总输出为 p_o^G，整个系统代谢能为 p_{base}^{IM}，则皮层映射的总输出为 p_o^C。（不考虑神经节细胞产生分叉的情况下），则根据神经换能方程，可以得到下述关系：

$$p_o^G + p_{base}^{IM} = p_o^C \tag{22.9}$$

设在皮层投射的神经元发放的神经脉冲能量为 E_u^C，发放频率为 $f_u^C(t)$。它包含两个成分，满足

$$p_o^G = E_u^C f_u^{GC}(t) \tag{22.10}$$

$$p_{base}^{IM} = E_u^C f_u^{BC}(t) \tag{22.11}$$

其中，$f_u^{BC}(t)$ 为基频；$f_u^{GC}(t)$ 为信号频率。并满足

$$f_u^C(t) = f_u^{GC}(t) + f_u^{BC}(t) \tag{22.12}$$

则满足关系

$$p_o^C = E_u^C f_u^C(t) \quad (22.13)$$

令

$$K^{GI} = \frac{p_o^C}{p_o^G} \quad (22.14)$$

其中，K^{GI} 称为映射放大率。令神经节动作电位的能量为 E_u^G，神经节频率发放为 f_u^G，在皮层映射的神经细胞发放的动作电位能量为 E_u^C，神经节频率发放为 f_u^C，则存在以下信号关系：

$$\begin{pmatrix} p_o^C \\ f_u^C \end{pmatrix} = \begin{pmatrix} K^{GI} & \\ & K^{GI} E_u^G / E_u^C \end{pmatrix} \begin{pmatrix} p_o^G \\ f_u^G \end{pmatrix} \quad (22.15)$$

这个方程，我们称为"神经皮层映射方程"。

如果存在神经分叉现象，则皮层映射的输出端可以理解为总输出的一个部分，记为 p_o^{AC}，则

$$p_o^C = K^{AC} p_o^{AC} \quad (22.16)$$

K^{AC} 表示"皮层映射系数"，则存在以下关系：

$$p_o^G + p_{base}^{IM} = K^{AC} p_o^{AC} \quad (22.17)$$

由此，神经皮层映射方程可以修改为

$$\begin{pmatrix} p_o^{AC} \\ f_u^C \end{pmatrix} = \begin{pmatrix} K^{GI}/K^{AC} & \\ & K^{GI} E_u^G / (K^{AC} E_u^{AC}) \end{pmatrix} \begin{pmatrix} p_o^G \\ f_u^G \end{pmatrix} \quad (22.18)$$

其中，E_u^{AC} 是该输出端的输出的动作电位的能量。

上述两个基本关系清楚地表明，在神经节细胞向大脑皮层映射的过程中，均保持了线性关系。

22.2.2 电像关系与编码

上述映射的信号并未考虑空间信号关系。我们只把它们作为一个"点信号"。而根据三基元信号，该神经在感觉器中具有相对位置 (x,y,z)，有的只含有 (x,y) 信号。因此，在向后并行映射时，如果保持拓扑和并行关系，

这个相对位置关系并未发生改变，这就天然携带着空间位置信号。考虑到被映射的信号存在时间序列，也就天然携带着时间信号。由此，p_o^G 本身包含位元、时元信号，则 p_o^G 可以表示为 $p_\text{o}^\text{G}(x,y,z,t)$ 或者 $p_\text{o}^\text{G}(x,y,t)$。

在同一个神经感觉器中，若神经节功能单位向皮层并行，我们对输入的神经信号单元进行编号。设 $p_{j\text{o}}^\text{G}(x_j,y_j,z_j,t)$ 为在 t_j 时刻坐标为 (x_j,y_j,z_j) 的输入（下文我们统一用三维坐标来表示，二维坐标作为一种降维特例），则由神经节实现 A/D 变换的输入信号的集合 $V_\text{A/D}$，用功率形式，可以写为

$$V_\text{A/D}=\left\{p_{j\text{o}}^\text{G}(x_j,y_j,z_j,t)\right\} \tag{22.19}$$

这个集合，也就是空间信号的"构型信号"。而对应的在皮层上的投射，则可以表示为 $p_{j\text{o}}^\text{C}(x_j,y_j,z_j,t+\Delta t)$，$\Delta t$ 表示传输时间，则投射变换的信号的集合，用功率的形式，可以重写为

$$V_\text{C/D}=\left\{p_{j\text{o}}^\text{C}(x_j,y_j,z_j,t+\Delta t)\right\} \tag{22.20}$$

这个集合是空间信号构型信号在皮层映射的构型信号，则感觉器上"原像"的构型信号作为神经并行的总输入，可以用一个"信号矢量"来表示，统一记为 $\boldsymbol{P}_\text{O}^\text{G}$（用大写 $\boldsymbol{P}$ 来表示），则表示为

$$\boldsymbol{P}_\text{O}^\text{G}=\begin{pmatrix} p_{1\text{o}}(x_1,y_1,z_1,t) \\ \vdots \\ p_{j\text{o}}(x_j,y_j,z_j,t) \\ \vdots \\ p_{n\text{o}}(x_n,y_n,z_n,t) \end{pmatrix} \tag{22.21}$$

同理，在采用与上述同样符号系统情况下，仍然可以得到

$$\boldsymbol{P}_\text{O}^\text{C}=\begin{pmatrix} P_{1\text{o}}(x_1,y_1,z_1,t+\Delta t) \\ \vdots \\ P_{j\text{o}}(x_j,y_j,z_j,t+\Delta t) \\ \vdots \\ P_{n\text{o}}(x_n,y_n,z_n,t+\Delta t) \end{pmatrix} \tag{22.22}$$

根据上述推导，令

$$p_{jo}(x_j, y_j, z_j, t+\Delta t) = K^{GI} p_{jo}(x_j, y_j, z_j, t) \quad (22.23)$$

则可以得到它们之间的变换关系为

$$\begin{pmatrix} p_{1o}(x_1, y_1, z_1, t+\Delta t) \\ \vdots \\ p_{jo}(x_j, y_j, z_j, t+\Delta t) \\ \vdots \\ p_{no}(x_n, y_n, z_n, t+\Delta t) \end{pmatrix} = \begin{pmatrix} K_1^{GI} & & & & \\ & \ddots & & & \\ & & K_j^{GI} & & \\ & & & \ddots & \\ & & & & K_n^{GI} \end{pmatrix} \begin{pmatrix} p_{1o}(x_1, y_1, z_1, t) \\ \vdots \\ p_{jo}(x_j, y_j, z_j, t) \\ \vdots \\ p_{no}(x_n, y_n, z_n, t) \end{pmatrix}$$

(22.24)

令

$$\boldsymbol{K}^I = \begin{pmatrix} K_1^{GI} & & & & \\ & \ddots & & & \\ & & K_j^{GI} & & \\ & & & \ddots & \\ & & & & K_n^{GI} \end{pmatrix} \quad (22.25)$$

则

$$\boldsymbol{P}_O^C = \boldsymbol{K}^I \boldsymbol{P}_O^G \quad (22.26)$$

这个矩阵，我们称为"心物映射方程"。同理，可以得到神经分叉的情况下的表述形式。只是变化矩阵的各个项的关系，要改写为 K_j^{GI}/K_j^{AC}，也就是，它的矩阵变换为

$$\boldsymbol{K}^I = \begin{pmatrix} K_1^{GI}/K_1^{AC} & & & & \\ & \ddots & & & \\ & & K_j^{GI}/K_j^{AC} & & \\ & & & \ddots & \\ & & & & K_n^{GI}/K_n^{AC} \end{pmatrix} \quad (22.27)$$

这样，我们就得到了感觉器到神经皮层的映射关系。在人的神经系统中，大量神经并行构成了这个映射存在的科学基础。

通过上述推理，我们就得到了一个基本的逻辑，即从感觉器输出的神

经功率信号在本质上是一个映射信号。它和上一级的输入信号之间构成了线性关系。在信号处理中，我们最为关心的就是在信号传递过程中，每级神经输出的信号的"数理含义"是什么？也就是每一级的神经所表达的信号变量的含义，这也成为后续神经机制揭示的重点。

22.3 心物神经表征基本问题

感觉器的信号调制实现了功率信号、空间信号和时间信号的三基元调制，并利用神经的编码器实现换能，进而成为神经信号。物质世界的"像"，也就被感觉器采集而成为神经表征信号。随即出现的问题是：神经在电信号形成的"能量表征"的"像"上进行像的特征的提取，并最终形成人所知觉的信号。它构成了"心物神经表征"的基本问题，并建立在神经对特征信号运算的机制之上。我们将其分解为三个基础问题。

22.3.1 信号特征提取问题

感觉器采集到了客体和事件的"三基元信号"之后，它的第一个基本问题是：信号特征提取，即知觉发生的信号制备问题。

神经科学和功能科学的累积证据都表明，它依赖于神经形成的"硬件设备"，在经验未参与情况下对信号进行自动化演算。因此，沿着神经的通路对神经的核团及其功能机制进行揭示是神经科学的一个关键方向。我们认为，在低级阶段，它的根本出发点之一就是揭示信号特征提取问题。在后续，我们将仍以视觉通道为主，进行神经通道信号特征提取的机制的建立。

22.3.2 知觉信号组织问题

知觉信号的组织发生在信号特征提取之后。只有将特征信号组织在一起，才能形成关于"客体"和"事件"整体属性识别。

在心理学研究中，格式塔和视错觉等积累了大量经典实验发现，并部分建立了功能学的唯象学原理。这需要建立关于知觉组织信号的基本数理原理。它构成了信号组织的最为核心的基本问题之一。

22.3.3　知觉信号的意义

知觉到的信号必然伴随着"主观"意义的产生，即经验参与的信号释义。经验参与的信号释义是人的"主观性"与"客观性"相互作用在信号功能机制上的体现。主观性包含的偏好性，使得知觉的信号的意义具有了客观性，同时也因为个体之间的差异而表现为不同。

在人的低级阶段，神经路径并行，生物学在这一领域积累了大量经典发现。而在高级阶段，神经并行性消失。因此，在感觉器的神经编码功能建立后，我们在低级阶段仍然沿着神经行走的路径建立第一个问题的基本编码机制。而在信号组织层次，则需要建立基本运算的算理。

22.3.4　唯物哲学意义

物理客观性信号与主观信号的作用同时诱发一个最为基本的哲学命题：即在神经信号表征中，客观性信号能否被人的认知系统忠实表达。

高闯将对称律引入到人的认知规律的理解中（高闯，2022），提出"认知对称律"。它是对人的认知的总概括。从物质客体属性量在介质上的加载，到感觉器信号变换，再到信号映射。我们都找到了对应的对称性变换。

我们将继续把这一规律作为神经信号表征与加工的一个根本性指导定律，并在神经层次上验证或者分析这一底层机制。

对称性变换使得物质属性信号和事件结构属性信号被对称的映射到人脑中，它是物质信号忠实表达的一种反映，即这一属性构成了人类认知的唯物性的基础。属性特征量的模拟量是人脑高级信号加工的基础，同时也构成了人类高级认知活动唯物性的基础，具有重要的哲学意义。

第 23 章　视觉神经映射通信编码

视觉调制和 A/D 变换机制，把进入到人的神经系统的基元信号显现了出来。以这一数理机制为基础，神经加工过程对象就具象了。

这一基础信号是认知的"源起"信号。顺着它向神经内部的信息延展，就可以追踪它所经过的神经信号加工的功能。因此，研究视觉信号调制之后，神经对信号的解调就成为可能。

调制将信号加载到神经通信介质中，而从神经电信号中解出信号就构成了"解调"。换言之，解调是信号调制的"逆过程"。

三基元信号也是视觉系统中的最基础的信号。对神经信号的解调，即对三基元信号的解调，同步伴发神经编码机制。这样，解调问题的核心也就得以暴露，涉及以下 3 个核心问题：

（1）视觉神经中，解调的神经功能是什么？

（2）解调背后的神经编码运算机制是什么？

（3）在解调的三基元信号中，神经如何得到事件的结构要素？

这三个问题构成了知觉信号制备的底层机制。在神经科学的结构学和编码研究中累积了大量的唯象学发现成果。本章将吸收这些关键性发现的成果，并构建神经解调的数理机制。

23.1 视觉神经通路

从眼球视网膜出来的神经，形成视束，并行向大脑进行通信，构成了视觉神经的投射通路。视觉神经的功能开始转入了神经信号的解调。它依赖于神经在传递过程中形成的核团和功能单元器件。神经科学工作者对这一过程进行了长期、翔实的研究，为建立数理模型提供了坚实基础。在本节中，我们将对神经通路的发现逐一进行回顾，奠定它们在数理性前进中的道路。

23.1.1 视觉传导通路

视觉系统，经过眼睛信号调制和 A/D 变换后向脑后进行传输。每个眼球观察的范围构成了"视场"（visual field）。投射到视网膜，被分为左、右两个视场。分别称为鼻侧和颞侧视场。如图 23.1 所示的左眼球，虚线代表的是颞侧神经，实线代表的是鼻侧神经。

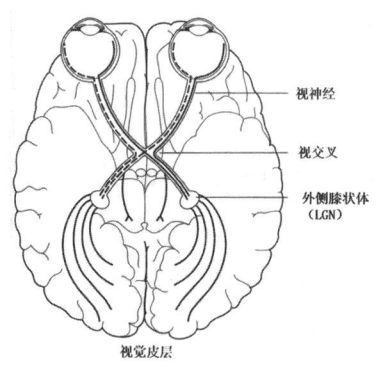

图 23.1 视觉神经通路

注：左右眼半场信号投射到视网膜上。虚线和实线分别表示不同的半场信号。左眼的颞侧（虚线）和右眼的鼻侧（虚线）信号，经视交叉到达外侧膝状体（LGN）。由 LGN 投射到初级视觉皮层（Eichhorn，2006）。

颞侧的神经与来自对向鼻侧的神经共同向后传输到达"外侧膝状体"（LGN）。双眼鼻侧神经向对向传输时，与对向脑形成交叉的点，称为"视交叉"。神经经外侧膝状体换元后，达到初级视觉皮层的单眼细胞层。这时，双眼神经信息仍未进行交流而保持独立。单眼细胞层也是初级视觉皮层的第Ⅳ层。这个路径构成了视觉的最基本的神经通路。

23.1.2 视神经并行通路

在视网膜上的神经节细胞分为5类：①大细胞（mangocelluar），也称为M型细胞；②小细胞（parvocellular），也称P细胞；③K型细胞（koniocellular）；④光敏神经节细胞；⑤其他神经节细胞。

23.1.2.1 P型细胞

在视网膜上，大约80%的细胞是P型细胞。这部分细胞对应的视野比较小，具有简单的中心环绕感受野，接收相对比较小的视锥和视杆的输入。它们对颜色变化有反应，而对对比度反应比较弱。

23.1.2.2 M型细胞

在视网膜上，大约10%的细胞是M型细胞。它们具有比较大的中心环绕型感受野，接收来自相对较多的视锥和视杆的输入。速度传导快，对颜色变化不敏感，对低对比度可以做出反应。

23.1.2.3 K型细胞

在视网膜上，大约10%的细胞是K型细胞。它的尺寸很小，以致很难被发现。它们接收来自中间数量的视杆和视锥的输入。它们具有非常大的感受野，只有中心而没有环绕，并且对蓝色视锥始终打开，对红色和绿色视锥始终关闭。

23.1.2.4 光敏神经节细胞

光敏神经节细胞包括但不限于巨大的视网膜神经节细胞，它们含有自己的感光色素黑视素。即使在没有视杆细胞和视锥细胞的情况下，通过视网膜下丘脑束投射到视交叉上核（SCN）等区域，用于设置和维持昼夜节律。

23.1.2.5 其他神经节细胞

其他类型的神经节细胞投射到外侧膝状体：①与埃丁格－韦斯特法尔（Edinger-Westphal）核（EW）连接的细胞；②用于控制瞳孔光反射；③巨大的视网膜神经节细胞（如图23.2所示）。

图 23.2　视网膜细胞分布

注：黑色细胞表示 M 型细胞，白色表示 P 型细胞。在视网膜细胞中，80% 的细胞为 P 细胞，10% 为 M 型细胞。

23.1.3　视神经到 LGN 的投射

在视网膜上的 P 型与 M 型细胞是 what 和 where 通路的始端。并行向外侧膝状体（LGN）投射，形成 LGN 的不同细胞层。其中，P 细胞形成 LGN 的 3、4、5、6 层。M 细胞则形成 1、2 层。在它们之间，则形成 K 细胞层。其中，4 和 6 层来自对向视网膜，而 3 和 5 层则来自本侧的视网膜。LGN 的结构如图 23.3 所示。双眼向 LGN 投射的关系则如图 23.4 所示。

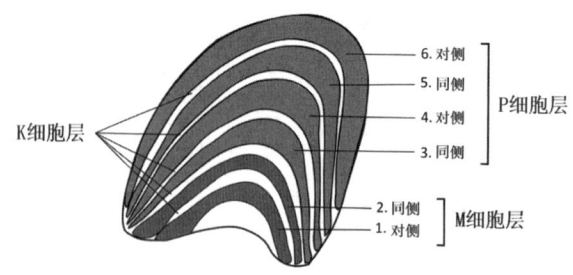

图 23.3　外侧膝状体的细胞层

注：3、4、5、6 层是 P 细胞层。1、2 是大细胞层。在这些细胞层之间，是 K 细胞层。采自 http://neurosenses.co.uk/vision/。

第 23 章　视觉神经映射通信编码

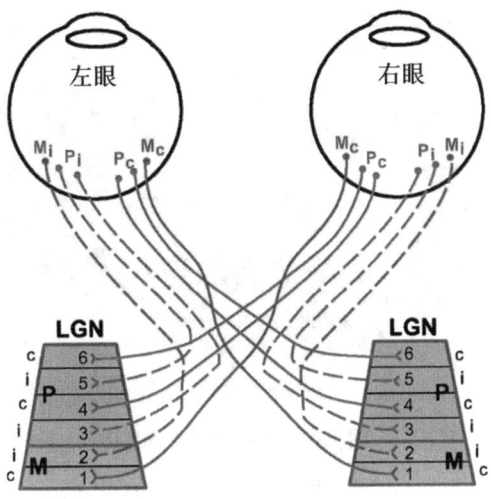

图 23.4　视网膜细胞投射

注：双侧的 LGN 各自都接收来自双眼的细胞的信号输入，它们进入了不同的细胞层，呈现双眼间镶嵌排列的形式。

23.1.4　视神经投射通路

在 LGN，神经元实现换元，并向下一级神经功能单元进行投射。初级视觉皮层是 LGN 投射的主要方向。LGN 的两种性质的细胞层，并行、独立到达初级视觉皮层的单眼细胞优势区。这时的信息并未实现交流，而保持了高度的独立性。在初级视觉皮层区颜色、几何学信息和运动等信号开始被解调。解调之后的信号分为两路，一路是小细胞的信号，走向颞侧。另外一路的信号到 V2 区和运动区 (MT)，实现更高一级的信号的解调。投射的方式见图 23.5。我们将根据每一级的神经器件的结构和神经信息流关系揭示它们的具体机制。

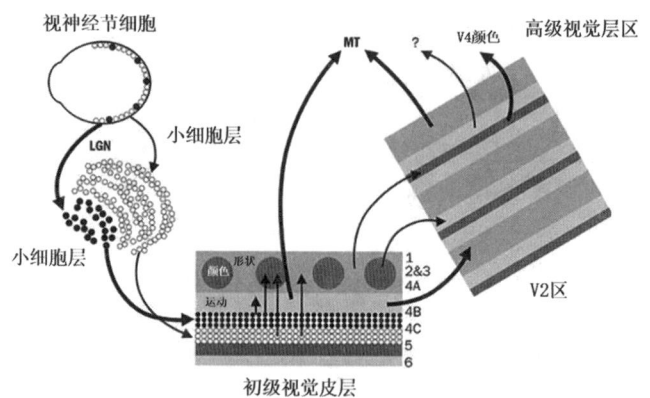

图 23.5 视神经投射通路

注：LGN 的大细胞和小细胞通路，并行、独立向后传输。在初级视觉皮层的单眼细胞层，分为两个单独的细胞层：大细胞层和小细胞层。在初级视觉皮层中，进一步对颜色、形状进行信号提取后，大细胞层信号投射到了 V2 区和运动区（MT），而小细胞层信号则走向颞侧（Livingstone et al.，1988）。

23.1.5 视觉感受野变化

LGN 接收视网膜感受野的信号，并向初级视觉皮层进行投射。由于在 LGN 视网膜神经节细胞的投射是并行且独立的，因此，视网膜的感受野并行映射到 LGN。这时，感受野并未发生变化。当感受野被投射到初级视觉皮层时，多个感受野经"简单细胞"联合起来，形成更大的感受野，运算新的信号，如图 23.6（a）所示。随后，多个简单细胞又经复杂细胞联合在一起，形成更大范围的感受野。感受野大小的变化过程，如图 23.6（b）所示。由于上述的神经电路的连接，视网膜感受野到皮层的感受野逐级变大，它们之间的变化关系如图 23.7 所示。感受野变化的内在信号机制将在下文中进行讨论。

第23章 视觉神经映射通信编码

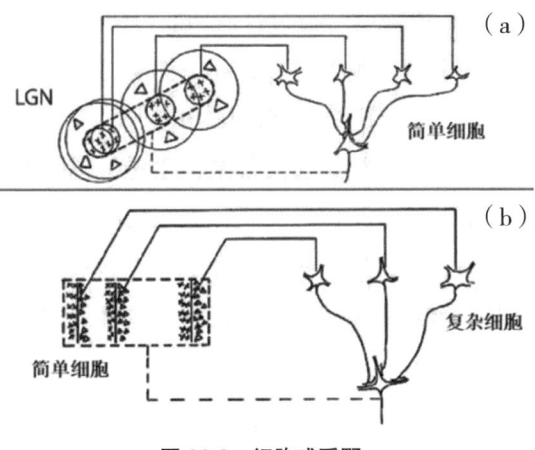

图 23.6 细胞感受野

注：来自 LGN 的多个感受野，与初级视觉皮层的简单细胞相连接，形成更高一级的计算单位，完成新的信号的运算，感受野变大。而多个简单细胞又与复杂细胞相连接，形成更大的视野，完成新的功能（Hubel et al., 1962）。

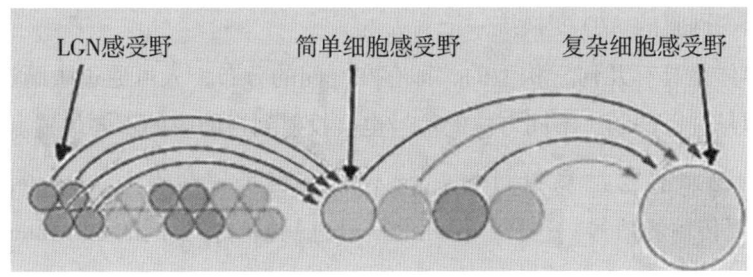

图 23.7 感受野的变化

注：小圆圈表示视网膜的感受野，在 LGN 映射过程中，LGN 的感受野就是视网膜的感受野。LGN 感受野投射到视网膜，经简单细胞求和，感受野变大。中等圆圈表示简单细胞的感受野，简单细胞的感受野经复杂细胞连接后，进一步变大，实现新的功能。

23.2 感受野能量信号

视网膜上的"感受野"，包含两种类型：on center 和 off center。它们是信号采集的基本功能单位。它集成了光学属性信号、空间信号和时间信号，从而使得事件的三基元信号通过这一功能单位被采集。

从感受野的这两个基本类型出发，利用神经传导通路和神经器件中神经的连接结构构建神经解调机制也就迫在眉睫。

首先，我们利用上述的神经通路关系，建立从视网膜到初级视觉皮层中单眼优势层的"基元信号"传导关系，为在初级视觉皮层神经解调信号的机制的建立奠定基础。这里，我们将分多节建立基元信号传导机制。首先建立关于感受野的物元属性信号传导机制，也就是物元信号在初级视觉皮层的解调。

23.2.1 视网膜感受野基元信号

视网膜感受野是信号的基本单位。我们在 A/D 变换中，已经讨论了它的编码功能。从它的 A/D 变换的功能中，我们已经得到了感受野的"物元"本质。它接收了客体光学属性信号，也就是物元信号。我们把这个属性信号根据视网膜的 A/D 变换统一记为 L_O。

客体是具有几何学构型的，即存在空间的分布，人可通过眼睛透镜对空间信号进行调制。不同方位的信号也会投射到视网膜的不同位置。因此，这时的物元信号 L_O 就修订为 $L_O(x,y)$，它也是视网膜上 on center 和 off center 要传输的信号。这样，位元的信号也就编辑在不同的 on center 和 off center 上，如图 23.8 所示。

时间信号则是输入到 on center 和 off center 上不同时间 $L_O(x,y)$ 的信号，则 $L_O(x,y)$ 就可以表示为 $L_O(x,y,t)$，这样，我们就得到了感受野的物元、位元、时元的信号表达。它也是视网膜感受野的功能。

第 23 章　视觉神经映射通信编码

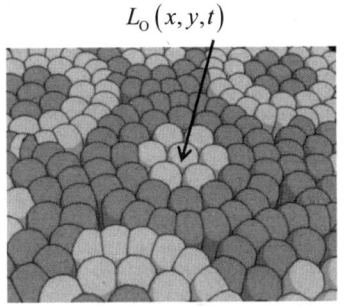

图 23.8　视网膜感受野基元信号

注：on center 和 off center 接收光属性信号：亮度和颜色，也就是物元信号。由于它在视网膜上分布，所以不同的 on center 和 off center 接收空间不同位置物元信号，也就接收了位元信号。当这些信号按照时间先后到来时，就会在神经中产生时序信号。即感受野就具有了接收物元、位元、时元信号的集成功能。

23.2.2　感受野位元信号数理映射

在视网膜的感受野中，三基元信号被集成，其数理上的本质并不相同。

（1）物元信号获取。在感受野中，物元的属性信号是通过神经编码来实现的。即通过不同的编码实现光波长、光能量的变换。这个在 A/D 变换中已经讨论清楚。

（2）位元信号获取。它是通过感受野在视网膜上分布的不同位置被集成到感受野中。即不同的感受野在视网膜上的位置不同，而不是通过频率编码来完成的。

（3）时元信号获取。它则是通过信号的时间序列来实现加载的，也就是它天然地蕴含在神经编码的前后的时间序列中。

这样，位元的编码问题立即就显示了出来。也就是视网膜的感受野的信号如何把位元信号向后传递，而把三基元信号保留下来。这依赖于视觉神经向后的传输结构：并行结构。

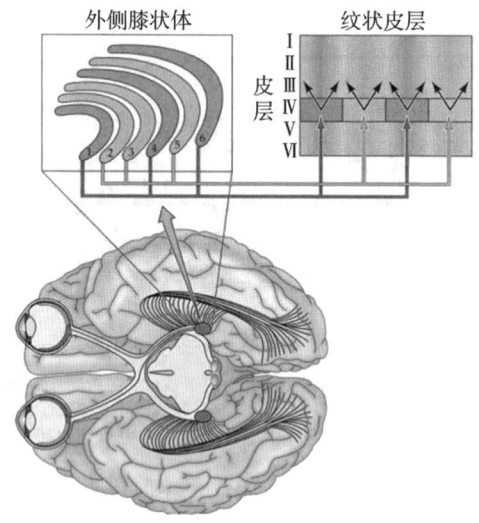

图 23.9 视网膜投射结构

注：视网膜的感受野经 LGN 向皮层进行投射，到达皮层的单眼细胞层，感受野保持独立。实现视网膜的感受野到皮层的一一映射，从而使得视网膜感受野位置关系向皮层一一映射，感受野相对位置信息保持，位元信号关系得到传输。采自 https://memorang.com/flashcards/142949/Vision+II+Central+Visual+Pathways+2-or-22。

视觉神经单元经过视交叉，把半场的信号传递到"外侧膝状体"（LGN），经 LGN 换元后，传递到初级视觉皮层的单眼细胞层（Ⅳ）。在这个过程中，双眼细胞并未交流，也就是保持了单眼信号的独立性，形同光纤完成了向后脑勺的映射。由于涉及左右眼信号，为便于区分，我们把左眼的感受野的信号改写为 $L_{LO}(x,y,t)$，右眼则改写为 $L_{RO}(x,y,t)$。

在初级视觉皮层的单眼细胞层（Ⅳ）中，根据神经解剖学的研究，左眼和右眼神经细胞依次排列。由于神经细胞并行的关系，使得以视网膜的感受野为参照，感受野在视网膜上的相对位置信息被对应投射到皮层。即皮层的单眼细胞层的神经细胞保持了视网膜细胞的相对位置信息，感受野的"位元"信息被"映射"到脑皮层。因此，我们把在单眼细胞层的细胞得到的信号，分别写为 $L_{CLO}(x,y,t)$、$L_{CRO}(x,y,t)$。它们之间的映射关系可以表示为

第 23 章 视觉神经映射通信编码

$$\begin{cases} L_{\text{LO}}(x,y,t) \to L_{\text{CLO}}(x,y,t) \\ L_{\text{RO}}(x,y,t) \to L_{\text{CRO}}(x,y,t) \end{cases} \tag{23.1}$$

综上所述，视网膜感受野经 LGN 到皮层的单眼细胞层的过程中，神经元并行映射关系的数理本质：实现"位元"信号向皮层"一一传递"。从数理上讲，就是实现视网膜信号集合到皮层信号集合的"一一映射"。"神经并行"构成了视网膜感受野信号的位元信号传输的"约束条件"。

23.2.3 感受野物元信号映射

在视觉通道，神经元向大脑进行信号映射的过程可以分为两级：

（1）视网膜细胞向 LGN 的映射。

（2）LGN 向初级视觉皮层的映射。

23.2.3.1 LGN 映射

为了简化讨论，我们首先简化视网膜感受野经 LGN 到视觉皮层单眼细胞层的映射。即"单个感受野"到 LGN 再到视觉皮层的过程，并假设它与周边感受野不发生关系。视网膜单个感受野，由神经节细胞向后传输，根据神经轴突通信方程 $S_{\text{o}}^{\text{AX}} = T^{\text{AX}} S_{\text{o}}^{\text{CB}}$。为了表示映射关系，我们将 T^{AX} 改写为 $T^{\text{AX}}(R \to \text{LGN})$，这样，神经节细胞到 LGN 的投射就可以表示为

$$S_{\text{o}}^{\text{AX}} = T^{\text{AX}}(R \to \text{LGN}) S_{\text{o}}^{\text{CB}} \tag{23.2}$$

这时，

$$P_{\text{o}}^{\text{AX}} = \alpha_{\text{d}}(R \to \text{LGN}) P_{\text{o}}^{\text{CB}} \tag{23.3}$$

对于一个感受野，它是具有一定面积的微小单元，因此，它输入的能量，也就是 L_{O}。对于左右眼细胞单元而言，就是 $L_{\text{LO}}(x,y,t)$ 和 $L_{\text{RO}}(x,y,t)$。则上式就可以表示为

$$\begin{cases} P_{\text{LI}}^{\text{LGN}} = \alpha_{\text{Ld}}(R \to \text{LGN}) L_{\text{LO}}(x,y,t) \\ P_{\text{RI}}^{\text{LGN}} = \alpha_{\text{Rd}}(R \to \text{LGN}) L_{\text{RO}}(x,y,t) \end{cases} \tag{23.4}$$

其中，$P_{\text{LI}}^{\text{LGN}}$ 为左眼映射的功率信号；$P_{\text{RI}}^{\text{LGN}}$ 为右眼映射的功率信号；

$\alpha_{\mathrm{Ld}}(R \to LGN)$ 为左眼的轴突衰减系数；$\alpha_{\mathrm{Rd}}(R \to LGN)$ 为右眼的轴突衰减系数。

这样，我们可以看到，由于映射性，神经节细胞在 LGN 换元前，就天然携带了从视网膜端携带的位元信息。它与视网膜信息保持了一一对应关系，它的信号忠实地表达了视网膜信号所携带的信息。由 LGN 换元之后进行的信号运算将在后续的机制中讨论。

23.2.3.2 单眼细胞层映射

从 LGN 输入到下一级的神经元信号，由于经过了神经元缝隙的变换，它输入到下一级的信号并不是 $P_{\mathrm{LI}}^{\mathrm{LGN}}$ 和 $P_{\mathrm{RI}}^{\mathrm{LGN}}$，而是经过变换的信号。我们把这个信号记为 $P_{\mathrm{RO}}^{\mathrm{LGN}}$ 和 $P_{\mathrm{RO}}^{\mathrm{LGN}}$。如果它们之间也满足一一映射关系，即

$$\begin{cases} P_{\mathrm{LI}}^{\mathrm{LGN}} \to P_{\mathrm{RO}}^{\mathrm{LGN}} \\ P_{\mathrm{RI}}^{\mathrm{LGN}} \to P_{\mathrm{RO}}^{\mathrm{LGN}} \end{cases} \quad (23.5)$$

则视网膜上携带的位元信号信息被忠实地向后传递并进行表达。与上述推理过程相同，则从 LGN 到视觉皮层的神经元的投射方程就可以表示为

$$\begin{cases} P_{\mathrm{LI}}^{\mathrm{CT}} = \alpha_{\mathrm{Ld}}(\mathrm{LGN} \to \mathrm{CT}) P_{\mathrm{LO}}^{\mathrm{LGN}} \\ P_{\mathrm{RI}}^{\mathrm{CT}} = \alpha_{\mathrm{Rd}}(\mathrm{LGN} \to \mathrm{CT}) P_{\mathrm{RO}}^{\mathrm{LGN}} \end{cases} \quad (23.6)$$

其中，$\alpha_{\mathrm{Ld}}(\mathrm{LGN} \to \mathrm{CT})$ 表示左眼到脑皮层的投射的轴突的衰减系数；$\alpha_{\mathrm{Rd}}(\mathrm{LGN} \to \mathrm{CT})$ 表示右眼到脑皮层的投射的轴突的衰减系数；$P_{\mathrm{LI}}^{\mathrm{CT}}$ 表示左眼皮层投射的信号；$P_{\mathrm{RI}}^{\mathrm{CT}}$ 表示右眼向皮层投射的信号。可见，由于左右投射的信号的一一对应性，由轴突投射到皮层的信号保持了忠实性。

23.2.4 映射的数理意义

从视网膜到大脑皮层进行信号映射，神经经历了两级神经单位 LGN 和大脑皮层。神经核团和皮层的信息处理单位是信号的加工单位。这就意味着，只要我们搞清楚了神经核团处理信号的加工机制，就可以建立关于神

经信号的基本规则和原理。

23.2.5 感受野映射矩阵表示

视网膜的感受野作为一个信号输入单位，经 LGN 映射到视觉皮层。令视网膜上任意一个感受野的坐标记为 (x_i, y_i, t)，根据"电像关系矩阵"，则视网膜的原像可以表示为

$$\boldsymbol{L}_\mathrm{I}^\mathrm{T} = \begin{pmatrix} L_{\mathrm{O}1}(x_1, y_1, z_1, t) \\ \vdots \\ L_{\mathrm{O}j}(x_j, y_j, z_j, t) \\ \vdots \\ L_{\mathrm{O}n}(x_n, y_n, z_n, t) \\ 1 \end{pmatrix} \quad (23.7)$$

其中，$\boldsymbol{L}_\mathrm{I}^\mathrm{T}$ 表示输入的原像；$L_{\mathrm{O}j}$ 表示视网膜上的第 j 个点的输入。把 LGN 到视觉皮层看成一个整体的映射系统，在皮层上单眼区映射点记为 $L_{\mathrm{p}j}(x_j, y_j, z_j, t)$，则映射的像可以表示为

$$\boldsymbol{L}_\mathrm{O}^\mathrm{T} = \begin{pmatrix} L_{\mathrm{p}1}(x_1, y_1, z_1, t) \\ \vdots \\ L_{\mathrm{p}j}(x_j, y_j, z_j, t) \\ \vdots \\ L_{\mathrm{p}n}(x_n, y_n, z_n, t) \\ 1 \end{pmatrix} \quad (23.8)$$

$\boldsymbol{L}_\mathrm{O}^\mathrm{T}$ 表示映射的像，令

$$\boldsymbol{L}_{\mathrm{mp}} = \begin{pmatrix} 1 & & & & P_{\mathrm{BO}1}(x_1, y_1, z_1, t) \\ & \ddots & & & \vdots \\ & & 1 & & P_{\mathrm{BO}j}(x_j, y_j, z_j, t) \\ & & & \ddots & \vdots \\ & & & & 1 & P_{\mathrm{BO}n}(x_n, y_n, z_n, t) \\ & & & & & 1 \end{pmatrix} \quad (23.9)$$

其中，$P_{\text{BO}j}(x_j, y_j, z_j, t)$ 表示感受野经 LGN 到皮层的两级神经的生化活动，则从视网膜像到皮层的投射像之间的映射关系就可以表示为

$$\begin{pmatrix} L_{\text{p}1}(x_1, y_1, z_1, t) \\ \vdots \\ L_{\text{p}j}(x_j, y_j, z_j, t) \\ \vdots \\ L_{\text{p}n}(x_n, y_n, z_n, t) \\ 1 \end{pmatrix} = \begin{pmatrix} 1 & & & & P_{\text{BO}1}(x_1, y_1, z_1, t) \\ & \ddots & & & \vdots \\ & & 1 & & P_{\text{BO}j}(x_j, y_j, z_j, t) \\ & & & \ddots & \vdots \\ & & & & 1 & P_{\text{BO}n}(x_n, y_n, z_n, t) \\ & & & & & 1 \end{pmatrix} \begin{pmatrix} L_{\text{O}1}(x_1, y_1, z_1, t) \\ \vdots \\ L_{\text{O}j}(x_j, y_j, z_j, t) \\ \vdots \\ L_{\text{O}n}(x_n, y_n, z_n, t) \\ 1 \end{pmatrix}$$

（23.10）

也就是

$$\boldsymbol{L}_{\text{O}}^{\text{T}} = \boldsymbol{L}_{\text{mp}} \boldsymbol{L}_{\text{I}}^{\text{T}} \qquad (23.11)$$

这个形式，即视觉系统电像矩阵表达形式被称为"视电像矩阵"。视觉电像矩阵是视觉信号向皮层映射后进一步进行视觉计算的基础。对于这一关系的揭示使我们能够深入到大脑皮层层次揭示皮层中神经功能和核团的信息处理功能成为可能。它是视觉系统解码的关键基础。

第 24 章　视觉几何学信号运算

物质世界的客体均具有几何学属性。几何学的形状不同使得与介质作用时，几何学变化的信号被调制到介质中，从而引起介质属性量发生变化。对于光介质而言，客体反射或投射的光信号携带了客体或事件要素的点、边、面的几何信息。

换言之，客体投射到视网膜上的光信号，由于点、边、面光反射的能量发生变化，使得光在空间上分布不均，在视网膜上接收到了客体的点、线、面的几何学特征信号。这些信号构成了客体的几何学变量信息。经视网膜的感受野接收，而感受野显然是一个"点"信号的采集单位。根据这个单位，恢复关于客体的线、面的信号就构成了关于客体几何学信号的解调。

在解调过程中，神经系统需要对点、线、面进行测度上的模拟，以精确恢复外界物质的变量信息。这就需要根据神经的结构和编码，逐步建立神经功能核团器件对几何学特征量的模拟机制，为神经计算提供原理制成。

利用映射到视觉皮层的"光能"信号（"物元"信号），神经的各个功能层进化出了解调的功能单位。Hubel 和 Wiesel 对功能柱的率先揭示，建立了神经编码和几何学特征、色度特征、运动学特征等的关联关系，并建立视觉皮层"冰格模型"，这一信息硬件机制的揭示为神经信号模拟与计算机制奠定了唯象学基础，也成为神经科学发展中的奠基性工作。

24.1 线元信号解调

视觉系统中的映射关系本质上是将视网膜的感受野的光能量映射到初级视觉皮层。通过神经换能方程，我们可以找到这种映射关系，它是一种对称映射关系。在单眼优势眼的基础上，我们就可以对 M 细胞和 P 细胞层后续的解调功能进行揭示。我们首先讨论"位元"信号的解调。

在三基元中，位元和时元是两个独立的属性信号。光学的物元信号主要包括两种属性：能量属性和波长成分。在前文的解调过程中，我们已经得到了这一核心机制。

物元属性信号依赖位元和时元就可以生成其他属性信号，从而进行基础信号的制备，为事件的结构解调奠定基础。在本节中，我们将在生物神经结构学的基础上，逐步建立关于几何学信号生成的基本算理问题。

24.1.1 点信号模拟

来自 LGN 的神经信号首先达到初级视觉皮层的单眼优势皮层，并按左眼、右眼的顺序排列，构成单眼优势区。这时来自两眼的信号并未发生交流，因此保持了独立性。由于这些信号均来自 LGN 的直接映射，则这个皮层上的信号是 $L_{pL}(x,y,t)$ 和 $L_{pR}(x,y,t)$。它与视网膜上的点的信号相对应，从而构成了点信号。即这一级已经实现了几何学的点的信号的解码。这就意味着在视觉系统中，点的信号是以一个感受野的"功率"作为模拟量。

在这里，我们首先考虑静态关系，而不考虑动态关系，则点的几何学量可以简化为 $L_{pL}(x,y)$ 或 $L_{pR}(x,y)$。(x,y) 表示这个点对应的视网膜上的相对坐标。只要给定任何一个点的坐标，我们就能找到这个对应的点。这个表达式也就是点的模拟量或者表征量。

24.1.2 线元信号模拟

空间中的任意点投射到视网膜上就形成视网膜上点。在视觉信号调制中，我们已经建立了这一映射关系。

第24章 视觉几何学信号运算

视网膜感受野在视网膜上的位置本质上对应着空间中的点 (x_{vr}, y_{vr}, z_{vr})，在信号调制中，我们已经建立了空间点和视网膜面之间的几何关系。由此，视网膜上任意一个感受野都携带了 (x_{vr}, y_{vr}, z_{vr}) 的坐标信息。包括 on center 和 off center 两种类型。在初级视觉皮层，基于这两个功能单元，神经对上述信息进行运算，以获取几何学信息。

从单眼优势细胞层到细胞层和简单细胞相连接，简单细胞和多个感受野连接。这个过程包含两个信号过程：位置信号解调过程和能量变换过程。

24.1.2.1 HW 冰格模型

由简单细胞和单眼细胞相连接，形成可以提取各种方向的"棒"的功能单元。Hubel 和 Wiesel 发现，初级视觉皮层区中存在一个最小的单位，每个单位均对一定方向的"棒"进行反应，称为方向柱。

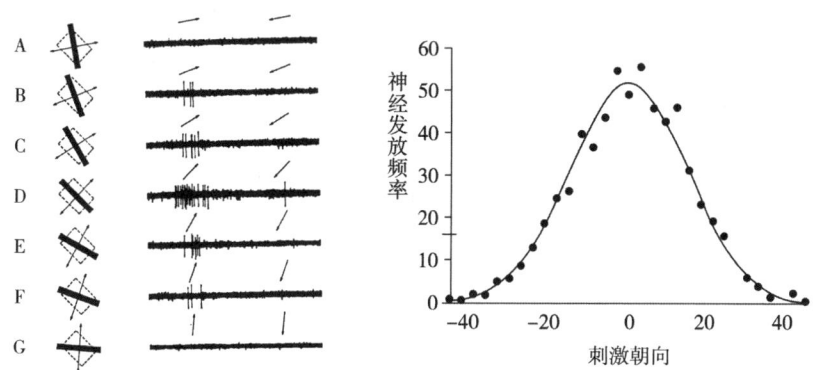

图24.1 方向选择性

注：Hubel 和 Wiesel 对神经细胞记录发现，神经发放频率强度与刺激朝向相关，即存在一个最优方向，细胞的发放频率最大。左图所示为朝向刺激与对应的神经发放记录，右图所示是朝向和频率强度之间关系（Hubel et al., 1968）。

棒的方向构成了"斜率"，满足 $[0, \pi]$ 的值域的探测。每个方向构成了一个格，类似冰箱的"冰格"。这个模型也被称为"冰格模型"（ice cube model）（Hubel et al., 1977）。在这里，我们简称为 HW 冰格模型，如图 24.2 所示。这一经典发现揭示了几何学信号解码的神经硬件器件。

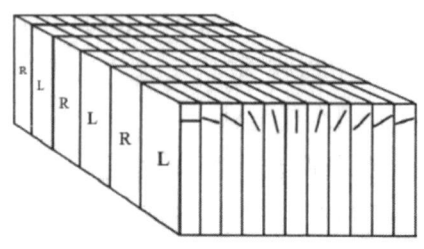

图 24.2　Hubell–Wiesel 冰格模型

注：在皮层中，存在独立的功能单元，看成一个冰格。它只对一定朝向的长方形条反应。不同朝向构成了 $[0,\pi]$ 的集合，满足各个方向的探测。在左眼、右眼中，均存在这种并行的独立模块，也就是冰格模型（Hubel et al., 1977）。

我们把 $[0,\pi]$ 这一范围看作一个完备集，即该范围内的冰格可以实现 $[0,\pi]$ 的探测。考虑到左右眼的等价性，我们把"单眼"的 $[0,\pi]$ 的所有冰格视为一个完备集的单元。

由于这个完备集来自视网膜上的感受野集合映射，可把视网膜上的这个集合用数理方式表示。设在这个集合内，第 i 个感受野的位置信息为 $L_i(x_{vri}, y_{vri}, z_{vri})$，则这个集合就是由感受野构成的"点"的集合，表示如下：

$$L = \{L_i(x_{vri}, y_{vri}, z_{vri}) | i = 1, \cdots, n\} \quad (24.1)$$

其中，n 表示这个集合中感受野的数量。

冰格模型的本质暴露了在神经形成了一个独立、完备的功能单位。在这个功能单位内，可以提取各种朝向的"线"的单元，由于视觉的 V1 区是这种线性单元的并行分布区，因此，我们将单眼的 $[0,\pi]$ 的"线"提取单元称为"线元"，对应着冰格模型的单眼 $[0,\pi]$ 的一组冰格。

对于具有一定朝向的冰格，其内部神经连接的结构由单眼优势细胞与"简单细胞"（simple cell）相连，也就是 LGN 视网膜感受野与简单细胞连接。它揭示了简单细胞本质上是在"点"信号基础上对"线元"信号进行模拟、提取和编码。

24.1.2.2 线的属性

几何意义的线具有两种基本属性：长度和朝向（或者倾斜）。因此，对线的刻画就需要对这两个量进行度量。在单眼情况下，投射到视网膜上的像是二维像，那么，被映射到皮层的像也是二维像。这就意味着，在二维情况下，只要找到单眼的长度和斜率，就可以完成对线的描述。因此，在神经中必须实现：

（1）对线的"长度"的大小模拟。

（2）对线的"斜率"的大小模拟。

即建立上述两个量的神经"模拟量"，神经才能实现对几何学特征的提取。这需要考察神经的连接结构和神经计算的基本原理。

24.1.2.3 简单细胞功率编码

对于简单细胞，它接收多个感受野信息输入，因此，它的通信关系可以采用通信方程来描述。

多个 LGN 的感受野与简单细胞相连接，可以用一个集合来表示：

$$L = \{L(x_i, y_i) | i = 1, \cdots, N_{\max}\} \qquad (24.2)$$

不同的"简单细胞"和不同斜率方向感受野相连接，对"特定斜率"的"线元"进行反应，即简单细胞对不同方向的斜率具有了"区分性"，如图 24.3 所示。

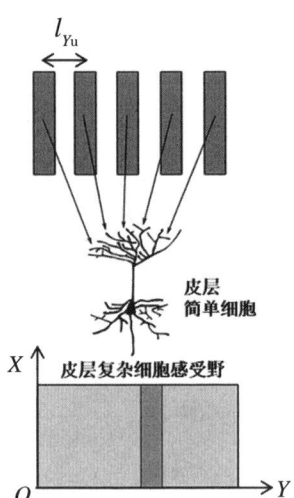

图 24.3 简单细胞对不同斜率线元的反应

注：在视网膜上的一个特定区域，映射到皮层后，不同简单细胞和不同斜率方向的感受野相连接，使得简单细胞对线元的斜率具有了区分性，实现对斜率的提取和编码（Georgiev，2002）。

冰格模型关于神经通信底层对几何学信号处理的关系的分析，清晰地显示了神经之间的信息联通关系。根据上述神经结构关系，并根据神经能量频率编码，可以导出神经对几何学信号的编码关系。

在实际中，与简单细胞连接的视野极其微小，每个感受野具有自己的位置坐标(x_i, y_i)。我们将所有与简单细胞相连接的感受野的中心坐标记为$(\overline{X_j}, \overline{Y_j})$，也就是$[0,\pi]$这个"冰格"单元坐标，$j$表示第$j$个"冰格单元"，则它们的平均值可以表示为

$$\begin{cases} \overline{X_j} = \dfrac{\sum\limits_{i=1}^{N_{max}} x_i}{N_{max}} \\ \overline{Y_j} = \dfrac{\sum\limits_{i=1}^{N_{max}} x_i}{N_{max}} \end{cases} \quad (24.3)$$

利用这个中心值作为简单细胞的坐标。N_{max}表示与简单细胞连接的感

受野的总数目。

根据神经的换能方程和通信方程，可以得到简单细胞的信号求和关系为

$$L^S\left(\overline{X_j},\overline{Y_j}\right) = A^S \sum_{i=1}^{N_{\max}} L_p\left(x_i, y_i\right) \quad (24.4)$$

A^S 为简单细胞的放大率。这时简单细胞完成了对信号的加工处理。

令

$$L_i^S = \sum_{i=1}^{N_{\max}} L_p\left(x_i, y_i\right) \quad (24.5)$$

则上式就可以简化为

$$L^S\left(\overline{X_j},\overline{Y_j}\right) = A^S L_i^S \quad (24.6)$$

设简单细胞的轴突的衰减系数为 α_d^S，轴突末端输出的单个脉冲的能量为 E_u^S，频率 $f_u^S(t)$ 为简单细胞的频率发放，则可以得到它的简单细胞输出的能量编码形式为

$$L_o^S\left(\overline{X_j},\overline{Y_j}\right) = E_u^S f_u^S(t) = \alpha_d^S A^S L_i^S \quad (24.7)$$

这样，我们就找到了输入和输出之间的逻辑关系。

24.1.2.4 线长度模拟量

设由 LGN 映射过来的任意一个点的功率记为 $L_p(x_i, y_i)$，这个点 (x_i, y_i) 表示该点的坐标。该点又占据了一定空间尺度，从这个感受野的中心到紧邻下一个的同类性质的感受野的距离，作为一个长度单位 l_{Xu}，也就是 on 中心到下一个 on 中心（记为 on-on），或者 off 中心到下一个紧邻的 off 中心（记为 off-off）。相邻感受野依次连接起来，形成的线的长度用 l 表示，则线的长度大小就等于

$$l = n_X l_{Xu} \quad (24.8)$$

其中，n_X 表示线经过的感受野个数。在视网膜上的感受野，经 LGN 与简单细胞相连接。它的连接方式是由 Hubel 等人提出的，如图 24.4 所示。利

数理心理学：心物神经表征信息学

用这个连接模式方式，并利用我们提出的神经计算与编码方程，我们可以得到线的长度的模拟机制。

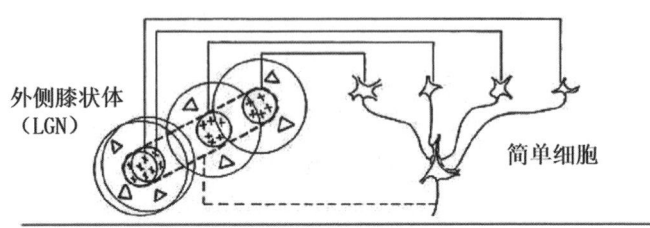

图 24.4 斜率信号提取

注：来自视网膜上不同方向的感受野，构成了不同斜率的"线元"。线元与简单细胞相联系，由简单细胞对斜率进行编码（Hubel et al., 1962）。

在单眼优势区中，多个感受野与简单细胞相连接，则简单细胞输入总功率为

$$L_i^S = \sum_{i=1}^{N_{max}} L_p(x_i, y_i) \tag{24.9}$$

在这里，只要我们把 $[0,\pi]$ 的区间范围内的冰格看作一个"微元"的信息处理单位，并在尺度上作为微小尺度的"线元"，简单细胞所做的"线元信号"的处理就是"平均意义"的。为了对这个线元进行标记，我们采用感受野的平均值坐标来标度。

同时，在一个微小空间尺度内，每个感受野接收功率近似相等，用 $L_p(\overline{X_j}, \overline{Y_j})$ 表示。因此，j 就表示第 j 个"线元"，它与简单细胞相对应。则上述表达式就可以改写为

$$L_i^S = n_X L_p(\overline{X_j}, \overline{Y_j}) \tag{24.10}$$

在空间中，感受野是一个"点" $L_p(x_i, y_i)$ 的单位。感受野在空间分布，不同的感受野连接在一起构成了线。在空间尺度上，将感受野作为计数单位，则 n 的数目也就是线的单位的数目。用 $L_p(x_i, y_i)$ 模拟"长度计数单位" l_{Xu}，则 L_i^S 就是长度 l 的模拟量，它们的数电逻辑关系为

$$\begin{cases} L_{\mathrm{p}}(x_i, y_i) \to l_{X\mathrm{u}} \\ L_i^{\mathrm{S}} \to l \end{cases} \quad (24.11)$$

采取上述对应的数理逻辑后，和简单细胞相接的感受野的个数 n 就是 l 的长度，它们的逻辑关系可以表示为

$$\frac{L_i^{\mathrm{S}}}{L_{\mathrm{p}}(\overline{X_j}, \overline{Y_j})} = \frac{l}{l_{X\mathrm{u}}} = n_X \quad (24.12)$$

它们之间的逻辑运算可以用图 24.5 的曲线来表示。这个关系也清楚地表明，"线元"的长度可以转化为"感受野"的数目的增加诱发的"功率"增加的逻辑关系进行度量。对于神经细胞而言，具有求和功能，则简单细胞逻辑运算就得到了。在空间中，l 长度发生变化，输入到简单细胞的功率 p_{sc} 对等发生变化。因此，简单细胞首先是线的长度度量加法器，这是它的基本功能之一。

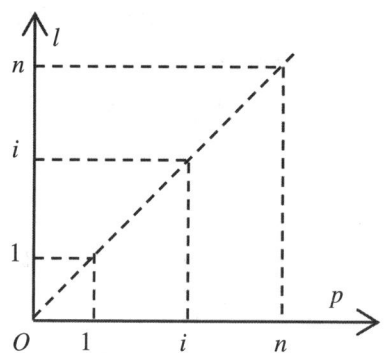

图 24.5　线长度与数字逻辑关系

注：简单细胞具有能量求和功能，它所连接的"线元"长度，与感受野的数量之间关系成正比。因此，线长度数量的增加也就是它接收功率数量的增加，构成了数字演算逻辑运算关系。

加法器的工作范围为 $[0, N_{X\max}]$。其中 $N_{X\max}$ 为简单细胞的最大测量范围值。则简单细胞度量线的长度的原理，就可以表示为

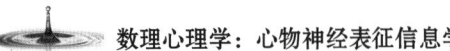

$$\begin{pmatrix} 0 \\ 1 \\ \vdots \\ j \\ \vdots \\ N_{X\max} \end{pmatrix} = \frac{1}{L_p} \begin{pmatrix} 1 & & & & \\ 1 & 1 & & & \\ \vdots & \vdots & \ddots & & \\ 1 & 1 & \cdots & 1 & \\ \vdots & \vdots & \vdots & \vdots & \ddots \\ 1 & 1 & \cdots & 1 & \cdots & 1 \end{pmatrix} \begin{pmatrix} 0 \\ L_p(x_1, y_1) \\ \vdots \\ L_p(x_j, y_j) \\ \vdots \\ L_p(x_{N_{X\max}}, y_{N_{X\max}}) \end{pmatrix} \quad (24.13)$$

这个矩阵是一个元素为1的半边矩阵。

24.1.2.5 斜率模拟量

简单细胞和多个感受野相连接解决了线长度的模拟机制。但是,线又具有朝向性,数理上用斜率来表示。Hubel 和 Wiesel 发现了简单细胞具有方向选择性。这一特性依赖 $[0,\pi]$ 范围内"冰格功能单元"上不同感受野与不同的简单细胞相连接,用来解决斜率信息的提取,即不同的"简单细胞"与不同方向上的感受野相连接,从而实现对不同方向的斜率属性的区分。

因此,如果将"线"的长度的模拟理解为由神经的计算来实现的话,即用"神经软件"来实现"线"的长度的运算,那么线元的斜率则是由神经连接的硬件来实现的。

对投射的斜率进行模拟,并不是通过编码来实现的,而是通过对不同方向上的细胞的连接方式实现的。这种方式是依赖硬件的连接方式,使得不同的简单细胞对不同方向的斜率进行反应。

根据上述内容,设空间中在视网膜投射的任意几何形状的曲线,在二维情况下表示为

$$y = f(x) \quad (24.14)$$

则该曲线中任意一点处的斜率可以表示为

$$k = \frac{\mathrm{d}f}{\mathrm{d}x} \quad (24.15)$$

对该方程进行近似计算,就是在曲线上选取一个"微元"$\mathrm{d}f$,对该微元内的斜率进行计算。简单细胞的感受野成为对斜率计算的一个"微元",

微元的大小影响着对曲线斜率提取的精度，这就构成了眼球的视网膜感受野的生物工程问题。至此，我们就得到了"方向柱"的功能方程的描述。

设在一个冰格内，与同一个简单细胞相连接感受野的坐标表示为 (x_j, y_j)，则它的坐标关系可以表示为

$$\begin{pmatrix} y_1 \\ \vdots \\ y_j \\ \vdots \\ y_n \\ 1 \end{pmatrix} = \begin{pmatrix} k & & & & b \\ & \ddots & & & \\ & & k & & b \\ & & & \ddots & \\ & & & & k & b \\ & & & & & 1 \end{pmatrix} \begin{pmatrix} x_1 \\ \vdots \\ x_j \\ \vdots \\ x_n \\ 1 \end{pmatrix} \quad (24.16)$$

这就构成了斜率变换矩阵。不同的冰格斜率不同，但对于同一个冰格而言，斜率和截距是常数值。

从感受野到简单细胞之间的连接关系中，我们已经找到了3种基本信号关系：

（1）简单细胞的感受野是一个新的信号的生成单位。

（2）简单细胞的感受野中，来自LGN的感受野按照斜率关系组成了"线"的探测的单位，即线元。

（3）线元的不同斜率由不同的简单细胞来负责。

由此，我们可以得到以下数理关系：线的集合、线的斜率、线的编码表示。

$$l_k = \left\{ L_i \left(x_{vri}, y_{vri}, z_{vri} \right)_k \mid i = 1, \cdots, m \right\} \quad (24.17)$$

其中，下标 k 表示斜率。这个集合 l_k 表示斜率为 k 的线元的集合，m 为简单细胞连接的LGN感受野的个数。

简单细胞构成了一个新的感受野，它的中心坐标记为 (x_s, y_s)，为了区分不同的简单细胞对斜率的计算，我们把简单细胞记为 $S_k(x_s, y_s)$，它的功能方程表示为

$$S_k(x_s, y_s) = \frac{dy}{dx} = k \quad (24.18)$$

k 表示不同简单细胞对应的斜率。即不同简单细胞负责不同的斜率的角度。它构成的值域就是 $[0,\pi]$。它的编码方程则由上述编码式来求解。这样,我们就得出了线元的解调机制。

24.1.2.6 线元信号模拟运算

综上所述,神经在对线的信号的几何学特征提取上采取了非常有趣的处理机制。神经进化出处理"线元"信号的功能单位,也就是 $[0,\pi]$ 的一组冰格。分别处理线元信号的两个特性:

(1) 每个冰格通过功率量的变化来模拟线元长度。

(2) 不同冰格的简单细胞连接不同方向的感受野,实现不同冰格对不同斜率响应。

基于上述两种考虑,我们对不同方向的简单细胞的加法器,用 k 来表示,改写为

$$\begin{pmatrix} 0 \\ 1 \\ \vdots \\ j \\ \vdots \\ N_{X\max} \end{pmatrix}_k = \frac{1}{L_p} \begin{pmatrix} 1 & & & & & \\ 1 & 1 & & & & \\ \vdots & \vdots & \ddots & & & \\ 1 & 1 & \cdots & 1 & & \\ \vdots & \vdots & & \vdots & \ddots & \\ 1 & 1 & \cdots & 1 & \cdots & 1 \end{pmatrix}_k \begin{pmatrix} 0 \\ L_p(x_1, y_1) \\ \vdots \\ L_p(x_j, y_j) \\ \vdots \\ L_p(x_{N_{X\max}}, y_{N_{X\max}}) \end{pmatrix}_k \quad (24.19)$$

这个矩阵方程被称为"简单细胞""线元逻辑运算方程"。

这样,我们就得到了不同方向上的简单细胞的工作的机制。把上述的功率项移到右端,则可以得到

$$\begin{pmatrix} 0 \\ 1 \\ \vdots \\ j \\ \vdots \\ N_{X\max} \end{pmatrix}_k L_p = \begin{pmatrix} 1 & & & & & \\ 1 & 1 & & & & \\ \vdots & \vdots & \ddots & & & \\ 1 & 1 & \cdots & 1 & & \\ \vdots & \vdots & & \vdots & \ddots & \\ 1 & 1 & \cdots & 1 & \cdots & 1 \end{pmatrix}_k \begin{pmatrix} 0 \\ L_p(x_1, y_1) \\ \vdots \\ L_p(x_j, y_j) \\ \vdots \\ L_p(x_{N_{X\max}}, y_{N_{X\max}}) \end{pmatrix}_k \quad (24.20)$$

该方程中，左边代表的是简单细胞的逻辑输出功率，后边代表的是输入的功率。这就构成了逻辑运算的能量变换过程。因此，我们将该方程称为"线元逻辑通信方程"。

24.1.2.7 简单细胞逻辑运算电路

"线元"作为线的采集的最小单位的本质已经显现了出来，这就意味着 $[0,\pi]$ 的一组冰格可以看成一个逻辑运算的独立模块。它的输入是一组来自感受野的功率量：$L_p,\cdots,jL_p,\cdots,N_{X\max}L_p$，输出量为 $p_{sSO}\left(\overline{X_j},\overline{Y_j}\right)=jL_p$。它模拟的是线元斜率为 k 的线元的长度 jl_{Xu}。用集成块的方式可以表示，如图 24.6 所示，是 $[0,\pi]$ 的一组冰格，k 表示斜率。左图表示功率输入和功率输出，右图表示模拟的输入量和输出量。当输入的功率为 $L_p,\cdots,jL_p,\cdots,N_{X\max}L_p$ 中的任意一个量 jL_p 时，输入的结果为 jL_p。这时，对应的模拟量是输入的 j 个感受野的长度 jl_{Xu}，输出为 jl_{Xu}。这样，我们就得到了简单细胞的"逻辑运算电路"。

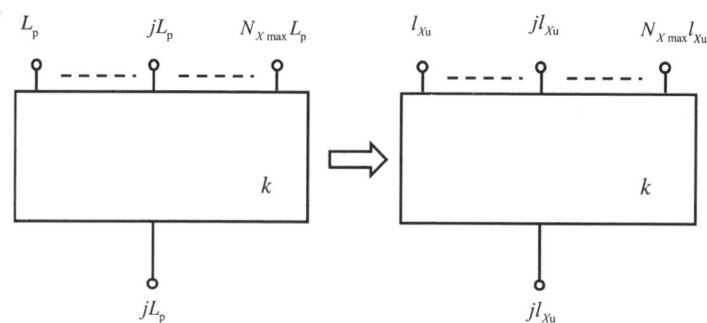

图 24.6　简单细胞逻辑器件

注：方框表示$[0,\pi]$的一组冰格的集成模块，k表示斜率。左图表示功率输入和功率输出，右图表示模拟的输入量和输出量。当输入的功率为 L_p，$\cdots$，jL_p，$\cdots$，$N_{X\max}L_p$ 中的任意一个量 jL_p 时，输出的结果为 jL_p。这时，对应的模拟量是输入的为 j 个感受野的长度 jL_{Xu}，输出为 jl_{Xu}。

通过以上推导，我们就找到了简单细胞在对线元进行运算时的"逻辑"关系、通信关系和编码关系。以此为始点，对神经的几何学信号的逻辑运算问题在神经层次就展开了。从这一逻辑电路开始,可以深入到功能柱的其他功能的研究。

24.1.3 简单细胞感受野

在视网膜上,感受野分为两种类型:on 型感受野和 off 型感受野。二者之间共用部分感光细胞,即感受野在空间区域上发生重叠。单独的 on 型感受野和单独的 off 型感受野具备以下两种能力:

(1)独立完成"明""暗"两种情况下的光点信号采集,构成了两种信号的完备集合。

(2)具有明、暗两种信号边界探测能力,实现几何学边界属性探测。

感受野对应的神经节细胞投射到 LGN 后,具有一定朝向的 on 型细胞排列在一起形成并列排布,并与 off 型中心平行排列,从而构成了相互重叠排布的 LGN 感受野排布。

这个排布被投射到皮层并与简单细胞相连接后,简单细胞和 on 型感受野相连接,也和 off 型感受野相连接,形成了更大的感受野,即形成了条形的感受野。

简单细胞构成的"方向功能柱",本质上是对"线元"信号探测的"完备单元"。既要完成线的边界探测,也要完成"线"的探测。这两种能力在感受野的连接方式中得到体现,如图 24.7 所示。

(1)简单细胞连接了具有一定朝向(也就是斜率方向)的 on 型感受野,并同时连接了 off 型感受野。这种功能就使得简单细胞保持了对方向的探测。

(2)对线元长度的探测。

(3)保持了线边界探测能力。

第 24 章　视觉几何学信号运算

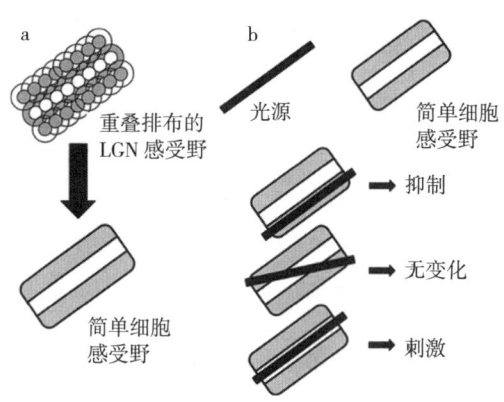

图 24.7　简单细胞感受野功能

采自 https://entokey.com/the-primary-visual-cortex/#Fig5。

综上所述，我们可以看到视网膜感受野和简单细胞的感受野的共通性，如表 24.1 所示。正是它们在功能上的共通性使得感受野在变化时，单位性质发生了变化。即视网膜感受野采集的是空间的"点"单位。在 LGN 和简单细胞，则要转换为"线"单位，就形成了不同的"功能单位"。视网膜的采集单位只是在"明""暗"、颜色上形成独立采集的功能单位。到了简单细胞，信号的单位则转变为"线元"。单位空间尺度变大，感受野的完备集也发生了变化，这也构成了感受野变大的原因。

表 24.1　感受野比较表

分类	采集对象	信号	探测功能
视网膜感受野	点元信号采集	点空间能量信号	明、暗、边界
LGN 感受野	线元信号排布	线空间能量信号	明、暗、边界
简单细胞感受野	点、线信号采集	点、线空间能量信号	明、暗、线长度、边界

24.2　面元信号解调

通常意义上，点、线、面是物质意义的客体具有的普遍性几何学特征。感受野完成了点信号模拟，简单细胞的求和机制和空间连接方式解决了"线"属性的模拟，而面的信号模拟机制则需要新机制来实现。

按照信息的层次，简单细胞输出的线元信号，被输入到了复杂细胞做进一步处理。针对这一关系，Hubel 和 Wiesel 提出复杂细胞和简单细胞之间的连接方式模型。这就为以线元为基础的信号逻辑运算机制提供了基础。利用这一基础，并在线信号的基础上，我们将建立"复杂细胞"的"面元"信号模拟机制。

24.2.1　复杂细胞信息关系

复杂细胞与简单细胞的连接方式仍然是 Hubel 和 Wiesel 在等级假说（hierarchical hypothesis）中提出的，如图 24.8 所示。

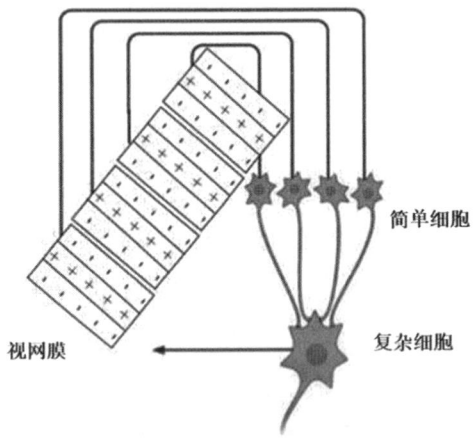

图 24.8　复杂细胞连接方式

注：简单细胞的感受野对应着视网膜上的一条直线。复杂细胞感受野由具有相同最优方位感受野的简单细胞排成一条线，汇聚而成（Hubel，1995）。

外侧膝状体细胞由视网膜同心圆感受野汇聚而成。外侧膝状体细胞感受野在视网膜上排列成一条直线，也就是 LGN 和视网膜之间的对应关系。LGN 细胞在简单细胞汇聚，形成简单细胞感受野。直线的方位也就是它们汇聚简单细胞的最优方位，从而构成了简单细胞朝向性。

复杂细胞感受野由具有相同最优方位的感受野的简单细胞（它们也排成一条线）汇聚而成，这些简单细胞的感受野空间位置排成一条线，如图

24.7所示。所以垂直的"条形刺激"不管落在感受野任何地方，总能引起复杂细胞反应，如图24.9所示。

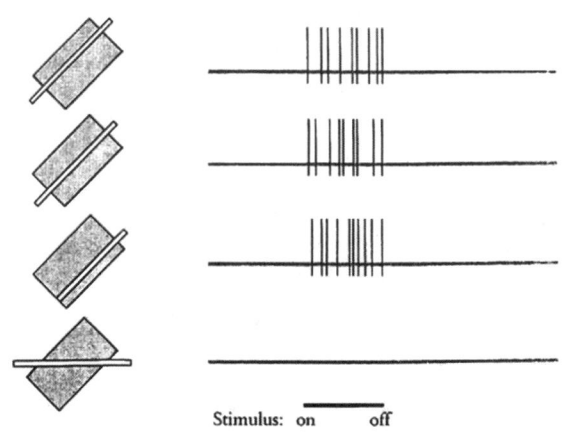

图 24.9　复杂细胞响应

注：复杂细胞感受野由简单细胞感受野构成。条形刺激与简单细胞感受野垂直。无论条形刺激放在何处，均能引起刺激的反应（Hubel，1995）。

24.2.2　面信号模拟

简单细胞所连接的感受野构成了一个"线元"单位，具有长度和斜率两种属性特征，形成了具有一定倾斜度的线元采集单位。

将具有相同倾斜方向的"线元"连在一起，就构成了空间的"面域"，如图24.10所示。从生物的排布上看，设相邻的且具有相同斜率的两个"线元"之间，在垂直"线元"方向两者之间的距离构成一个空间单位l_{Yu}，线元的单位l_{Xu}，这两个方向恰恰构成了垂直关系，我们将这个空间称为$X-Y$感受野空间。这就意味着复杂细胞是对线元进行积分，从而成为一个面域。即复杂细胞是对空间面域进行模拟运算。在这个方向上，空间的长度可以表示为

$$l = nl_{Yu} \quad (24.21)$$

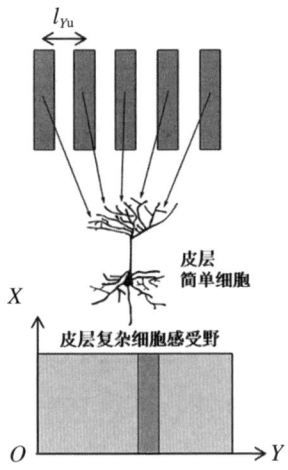

图 24.10　复杂细胞面域模拟

注：由线元构成的单位，按照一个方向排布，线元之间构成了空间上的距离单位。线元在该方向累加，就构成了面域单位，形成 X–Y 面（Georgiev，2002）。

这样，线元的数量也就是 Y 向的值域范围 $[0, N_{Y\max}]$。空间的度量的单元数目值就可以表示为

$$n = \frac{l}{l_{Yu}} \tag{24.22}$$

在这个面域内，一个最小的面积单位为 $l_{Xu}l_{Yu}$，则复杂细胞对应的面域内，任意一个面域 S_c 的大小可以表示为

$$S_c = \int_{N_a}^{N_b} dl_{Xu} \int_{N_c}^{N_d} dl_{Yu} = (N_b - N_a)(N_d - N_c) l_{Xu} l_{Yu} \tag{24.23}$$

其中，N_a、N_b 是 X 方向的给定积分区间；N_c、N_d 是 Y 方向的任意一个给定积分区间。

与线元的模拟机制相同。用面域内的总投射功率与面积相对应，即满足 $L_{cc} \to S_c$ 映射关系，L_{cc} 表示一个面域的总能量功率，则任意给定输入面域 $[N_b - N_a]$ 和 $[N_d - N_c]$，输入的功率就可以表示为

$$L_{cc} = (N_b - N_a)(N_d - N_c) L_p \tag{24.24}$$

第 24 章　视觉几何学信号运算

由此，我们可以得到

$$\frac{L_{cc}}{L_p} = \frac{S_c}{l_{Xu}l_{Yu}} = (N_b - N_a)(N_d - N_c) \quad (24.25)$$

其中，$N_b - N_a$ 代表的 X 方向的尺度大小；$N_d - N_c$ 则代表 Y 方向尺度大小。这样，我们就得到了面域的数量模拟关系，即通过复杂细胞输入总功率大小来模拟面积大小，而复杂细胞连接方式恰恰满足对面域功率进行求和。

由于一个线元的输入关系满足下式：

$$\begin{pmatrix} 0 \\ 1 \\ \vdots \\ j \\ \vdots \\ N_{X\max} \end{pmatrix}_k = \frac{1}{L_p} \begin{pmatrix} 1 & & & & \\ 1 & 1 & & & \\ \vdots & \vdots & \ddots & & \\ 1 & 1 & \cdots & 1 & \\ \vdots & \vdots & & & \ddots \\ 1 & 1 & \cdots & 1 & \cdots & 1 \end{pmatrix}_k \begin{pmatrix} 0 \\ L_p(x_1, y_1) \\ \vdots \\ L_p(x_j, y_j) \\ \vdots \\ L_p(x_{N_{X\max}}, y_{N_{X\max}}) \end{pmatrix}_k$$

$$(24.26)$$

复杂细胞的线元是多个线元输入的相加，则可以得到

$$\sum_q L_p \begin{pmatrix} 0 \\ 1 \\ \vdots \\ j \\ \vdots \\ N_{X\max} \end{pmatrix}_{kq} = \sum_q \left\{ \begin{pmatrix} 1 & & & & \\ 1 & 1 & & & \\ \vdots & \vdots & \ddots & & \\ 1 & 1 & \cdots & 1 & \\ \vdots & \vdots & & & \ddots \\ 1 & 1 & \cdots & 1 & \cdots & 1 \end{pmatrix}_{kq} \begin{pmatrix} 0 \\ L_p(x_1, y_1) \\ \vdots \\ L_p(x_j, y_j) \\ \vdots \\ L_p(x_{N_{X\max}}, y_{N_{X\max}}) \end{pmatrix}_{kq} \right\}$$

$$(24.27)$$

其中，q 表示线元的个数。这个公式，我们称为"面元逻辑通信方程"。由上式则可以得到

· 377 ·

数理心理学：心物神经表征信息学

$$\sum_q \begin{pmatrix} 0 \\ 1 \\ \vdots \\ j \\ \vdots \\ N_{X\max} \end{pmatrix}_{kq} = \sum_q \left\{ \frac{1}{L_p} \begin{pmatrix} 1 & & & & \\ 1 & 1 & & & \\ \vdots & \vdots & \ddots & & \\ 1 & 1 & \cdots & 1 & \\ \vdots & \vdots & & & \ddots \\ 1 & 1 & \cdots & 1 & \cdots & 1 \end{pmatrix}_{kq} \begin{pmatrix} 0 \\ L_p(x_1, y_1) \\ \vdots \\ L_p(x_j, y_j) \\ \vdots \\ L_p(x_{N_{X\max}}, y_{N_{X\max}}) \end{pmatrix}_{kq} \right\}$$

（24.28）

我们将这个矩阵方程称为"复杂细胞""面元逻辑运算方程"。它给出的是复杂细胞的数字逻辑关系。复杂细胞的数字逻辑模拟电路如图24.11所示。

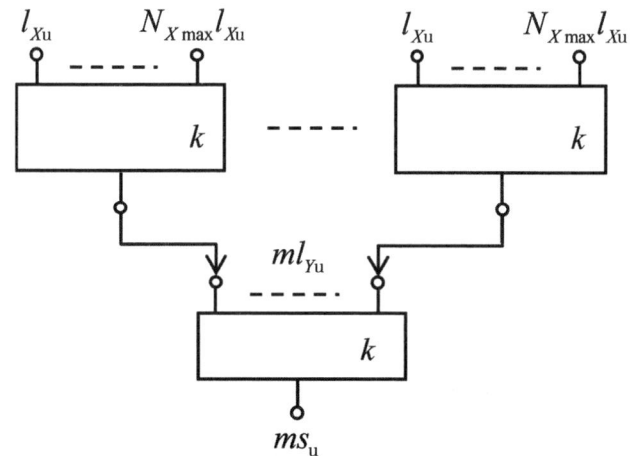

图 24.11 复杂细胞数字逻辑电路

注：设 m 个简单细胞构成的线元与复杂细胞相连接，则构成了复杂细胞的输入，复杂细胞通过功率表示，实现面元计算，输出面域大小。

复杂细胞通过对同方向的线元求和，实现了对面域的求和，这在事实上找到了复杂细胞的几何学功能。这一功能的实现使得我们对面域的信号的研究机制得到了延伸。这样，从几何学角度来看，点、线、面的信号的神经加工机制就得到了揭示。

第 25 章　视觉单眼信号解调运算

当我们建立了基本的信号模拟机制之后，回看感觉器到初级皮层信号的模拟，神经制备"基元"信号的逻辑也就显现了出来。

物质属性信号经过换能解决了神经通信编码问题，这是最为基础的信号。在能量信号的基础上，通过并行实现位元信号和时元信号的传输，对客体的属性的构型通过空间分解的策略实现了连续量向离散量的转换。

解调的机制通过以能量为基础的信号，对点、线、面的特征变量进行变量模拟。通过神经硬件实现点、线、面的大小的几何学特征逻辑运算。几何学数字逻辑模拟运算算理被找到后，我们就可以在此基础上，讨论视觉神经几何学逻辑运算问题。我们将沿着从单眼信号到双眼信号的逻辑逐步深入。本章将只讨论单眼信号的逻辑运算，然后在单眼基础上加入双眼信号。

这个问题可以分为两个基本问题。

（1）信号正负属性逻辑运算。

（2）单眼空间信号布尔运算。

25.1　拮抗性数理本质

在光信号中，人所获得最为基础的信号，首先是能量信号。在能量信号的基础上，对其他信号进行编码，并生成其他信号。这构成了编码和解码的基础。要建立信号的运算逻辑，我们首先要清楚信号编码和解码的数理逻辑。

25.1.1　光属性完备性

光信号是视觉通道的基础信号，携带了客体材料的两种基本属性：①光能量属性；②光成分属性。它由客体的原子材料结构决定。

视网膜感受野细胞分化为两类细胞：视杆和视锥。解决光信号的两种属性的采集：①光能采集；②光成分采集，实现了对光信号采集的完备性。它的集成单位就是感受野。在变换过程中，满足能量守恒，神经电脉冲的本质也是对能量信号的模拟，即传输的功率大小也代表着能量信号的大小。

25.1.2　边界完备性

点、线、面信号意味着空间需要有对应的边界。边界需要神经生理的机制来支撑。感受野中出现的拮抗机制解决了这一困难。它分为点、线、面三种形式的边界拮抗机制。

25.1.2.1　感受野拮抗性

感受野拮抗机制源于水平细胞和无长突细胞共同构成的二阶电路。它使光信号形成了"点信号"。抑制区域也恰恰是点边界。这构成了感受野的拮抗性。on 型和 off 型是对明、暗"点"信号探测的两个独立单元。在调制部分，我们已经对这个问题进行了讨论，不再重复。

25.1.2.2　on-off 感受野拮抗性

能量信号会存在空间的分布不均匀，这意味着空间的区域需要对能量分布不均的边界进行探测。on-off 感受野共用一部分感光细胞。它构成了两个视野"交集"。当两侧信号不一致时，共用的感光细胞将不同信号实现一致，以达到探测边界的目的。交集的信号恰恰实现了两个视野拮抗感受野通信的基础。

同时，当光覆盖两个区域时，on 和 off 两个感受野又一致性地对信号进行同步编码，实现空间区域的一致运算。它是线、面布尔运算的基础。

25.1.2.3　LGN 感受野拮抗性

在 LGN 中，由视网膜感受野汇聚而来的感受野实现换元。感受野的形态发生了变化，但是拮抗性被继承了下来。换元成为一种中继。这就意味着上述视网膜中的拮抗性被保留了下来，也就是边界探测的特性被保留了下来。

25.1.2.4　简单细胞感受野拮抗性

简单细胞的功能是实现线信号的模拟。线同样具有边界性。与视网膜像对应，简单细胞实现了对视网膜上点的信号的汇聚集成，把视网膜上一个线区域内的 on 型感受野和 off 型感受野的兴奋区和抑制区进行了对等映射，实现了"线边界"的功能。由于它集成的是视网膜传输来的信号，这意味着简单细胞集成了感受野区分信号的特征。这也是在简单细胞中可以观察到拮抗区的原因。

在简单细胞中，由于拮抗区不同，形成了不同类型的简单细胞感受野。如图 25.1 所示，左图表示中间兴奋型，中图表示中间抑制型，右图表示亮 – 暗边界型。

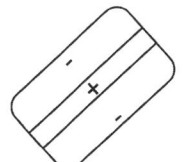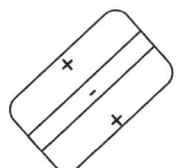

图 25.1　简单细胞类型

注：Hubel 把简单细胞划分为三种类型：中间兴奋型（左）、中间抑制型（中）、亮 – 暗边界型（Hubel, 1962）。

这就意味着，简单细胞既可以探测明亮的线，同时也可以探测暗的线的长度。在视网膜中,我们得到 on 型和 off 型的功率的描述(见调制部分)。因此,抑制类型的信号编码方程与 on 类型的简单细胞的描述方程形式一致,边界探测也是如此。

这样,简单细胞的线探测就形成了信号探测的闭环系统。既可以探测"亮"的线的长度,也可以探测"暗"的线的长度,同时也可以探测边界的长度。

25.1.2.5　复杂细胞感受野拮抗性

复杂细胞在上述线边界的基础上对线进行求和,就可以得到面域。因此,复杂细胞的感受野不再需要边界。但是复杂细胞又分为两种类型:

(1)兴奋性的复杂细胞。

(2)抑制性的复杂细胞。

它们的功能需要在后续的功能中才能显现出来。

综上所述,视觉系统中"拮抗"的数理本质就暴露了出来。由于拮抗的存在:

(1)能量实现了两种性质的划分:亮信号和暗信号。例如,on 型感受野和 off 型感受野分别采集两种形式的信号。

(2)能量在空间分布的边界被划分。边界能够被探测。

(3)能量空间信号的连续性被表达。例如,光信号在 on 型和 off 型感受野同时满覆盖时,能量发送相同,实现了空间的等价编码,为布尔运算奠定基础。

25.2　布尔运算机理

"拮抗性"为视觉空间几何学信号的表达提供了生理保证,这在编码和调制中都得到了体现。简单细胞和复杂细胞的逻辑运算为点、线、面均提供了从离散信号到连续信号提取的运算保证。在这些硬件基础上,对空间信号进行运算并建立逻辑运算法则成为可能。

25.2.1 信号布尔运算

从视网膜到初级视觉皮层，逻辑运算的三个几何学模块可以分为三级：感受野、简单细胞和复杂细胞，它们分别编辑不同的光信号。如表 25.1 所示。

表 25.1 不同模块功能

	明	暗	边界
感受野	on 型	off 型	on-off 型
简单细胞感受野	中心给光型	中心撤光型	给－撤型
复杂细胞感受野	面域		

设感受野输入的任何一个点信号（对应 on 与 off 感受野）记为 $A(x_A, y_A)$ 与 $B(x_B, y_B)$，它们同属于一个值域 $[a,b]$，且满足

$$A + B = C \tag{25.1}$$

$C \in [a,b]$，这就意味着在单眼情况下，它们可以进行两种形式的运算，而简单细胞的"线运算"正好满足这一关系。

对于两个"线元" C 和 D，输入同一个面元的感受野，则可以满足以下关系：

$$C + D = E \tag{25.2}$$

$E \in [c,d]$，$[c,d]$ 为线元的一个值域。

这两个逻辑关系构成了线和面的布尔运算的算理基础。由于拮抗机制的存在，每个信号都具有它的相反信号。这就意味在空间范围内，明、暗信号同时参与了布尔运算。在简单细胞和复杂细胞的"线长度"求和实验中，我们可以观察到这一现象。如图 25.2 所示，一个线段在复杂细胞的感受野投射，当长度逐渐增加时，本质是简单细胞接收的信号在增加，与之相联系的复杂细胞的能量对应增加，达到满视野后，即达到极值，也就是它的最大长度。

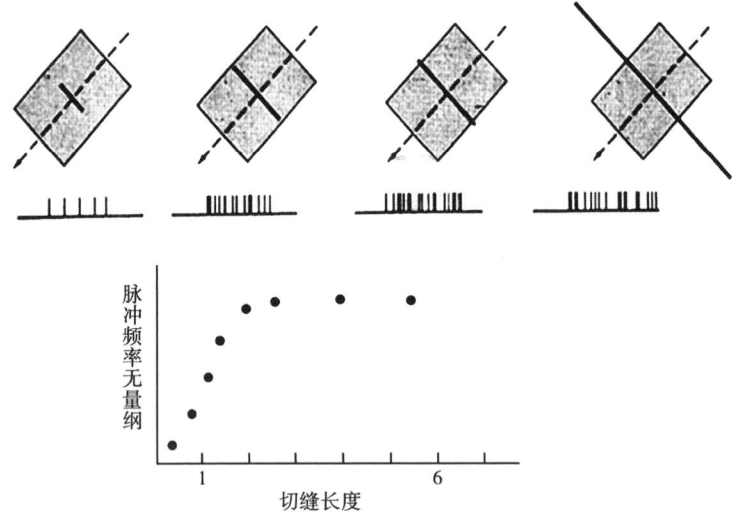

图 25.2 简单细胞和复杂细胞的线求和

注：一个线段随着长度增加，细胞发放频率增加。把整个区域占满后，达到最大（Hubel，1995）。

25.2.2 视觉信号解调运算意义

在视觉信号的解调过程中，点、线、面的布尔运算及其神经机制的发现，使得对空间的几何形状进行布尔运算成为可能。这一发现具有以下重要意义。

（1）物质属性信号在介质搭载中采用的是布尔运算的方式。布尔运算在解调中被对应地继承下来。这就使得物质空间的布尔运算，被对称地变换到了解调的过程中来。

（2）布尔运算的存在为空间信号在空间维度的整合提供了支撑，即为如何将空间内的信号进行整合提供了理论支撑。点、线、面信号是从神经信号到解调的精神功能信号的一个连接点，也就是从解调开始，精神功能量及其运算就建立了。布尔运算的机制是精神功能信号生成的运算机制。以此为始点，我们就可以开始在功能信号层次讨论人的精神信号的运算问题，而不是限制在编码信号。

（3）在布尔运算情况下，就可以利用单眼视网膜投射的像对左右眼双眼关系信号进行叠加讨论，这就构成了双眼关系。从单眼关系转向双眼关系的信号也就成为数理上的必然。

25.3 单眼布尔几何运算原理

视觉的神经细胞构成的功能单元都趋向于一个事实：视觉神经系统的信号处理进行的是布尔运算。这就意味着，我们需要在上述基础上建立关于视觉功能单位的布尔运算的算理。

25.3.1 视觉单位元素

视觉系统从视网膜开始，感受野就构成了一个视觉信号的采集单位，集成了三基元信息，它是三基元信号的物质载体。以视网膜感受野为基础，简单细胞和复杂细胞通过神经硬件结构的组建，实现了空间信号的编码，本质上是通过布尔运算完成空间信号的采集。它的基础均是在 on 型感受野和 off 型感受野。由此，我们将这两个类型的感受野，作为视觉计算的基本单位，用 A_{on} 和 A_{off} 来表示。考虑空间坐标，则表示为 $A_{on}(x_i, y_i)$ 和 $A_{off}(x_j, y_j)$。其中，i 和 j 分别表示第 i 个 on 型感受野和第 j 个 off 型感受野。它们满足墨西哥草帽模型。根据感受野的模型（见解调部分），它的最大值为 A_{max}，最小值为 A_{min}。则两者之间的中间值为 $(A_{max} + A_{min})/2$。以这个值为参考点，则值域 $\left[(A_{max} + A_{min})/2, A_{max}\right]$ 为亮域，$\left[A_{min}, (A_{max} + A_{min})/2\right]$ 为暗域。在视网膜的感受野就可以采集黑、白两种信号。

25.3.2 视觉空间布尔运算

在视网膜和视觉皮层中，两种类型的感受野相互重叠，形成空间排布的区域。上述 $A_{on}(x_i, y_i)$ 和 $A_{off}(x_j, y_j)$ 均构成了空间的点单位。在空间中，两种单位按照不同连接方式，形成由 $A_{on}(x_i, y_i)$ 和 $A_{off}(x_j, y_j)$ 构成的集合，则该集合满足布尔运算法则：

$$A_S = \sum_i A_{on}(x_i, y_i) + \sum_j A_{off}(x_j, y_j) \quad (25.3)$$

即空间的线域、面域均满足上述运算法则，也就是空间布尔运算。

25.3.3 视觉空间布尔运算通信

$A_{on}(x_i, y_i)$ 和 $A_{off}(x_j, y_j)$ 单位通过神经被组织在一起，形成一个新的信息单元。若两者输入的功率为 $p_{on}(x_i, y_i)$ 和 $p_{off}(x_j, y_j)$，则 A_S 布尔运算区域的总功率 p_S 就可以表示为

$$p_S = \sum_i p_{on}(x_i, y_i) + \sum_j p_{off}(x_j, y_j) \quad (25.4)$$

25.3.4 布尔运算编码

神经在进行通信时，需要考虑到生化活动，在运算过程中同样需要考虑到这一关系。若布尔运算的单元 p_S 分为两项：p_{Son}、p_{Soff}，分别表示由 on 型感受野输入的功率、off 型感受野输入的功率以及生化活动输入的功率。上式就可以表示为

$$\begin{cases} p_{Son} = \sum_i p_{on}(x_i, y_i) \\ p_{Soff} = \sum_j p_{off}(x_j, y_j) \end{cases} \quad (25.5)$$

其中，on 型感受野与 off 型感受野输入的电脉冲能量分别为 E_{onU} 和 E_{offU}。经布尔运算的神经的输出的能量为 E_{sU}，则上式就可以改写为

$$\begin{cases} E_{sU} f_{on} = \sum_i E_{onU}(x_i, y_i) f_i \\ E_{sU} f_{off} = \sum_j E_{offU}(x_j, y_j) f_j \end{cases} \quad (25.6)$$

25.3.5 简单与复杂细胞布尔运算

基于以上论述,我们就可以通过对感受野的组合,找到它们的组合方式以及产生的功能。由于在单眼的情况下,在空间的组合只能出现二维,我们可以从两个维度进行讨论。

25.3.5.1 on 中心 1 维型

这种情况对应着"线元",把若干个 on 型感受野连在一起,也就是简单细胞的连接情况。再考虑到线元的边界性,在 on 型的两侧同时配上 off 型感受野,就构成了简单细胞感受野。因此,根据布尔运算,简单细胞感受野的总功率就可以表示为

$$p_S = \sum_i p_{on}(x_i, y_i) + \sum_j p_{off}(x_j, y_j) \quad (25.7)$$

它对应的模拟空间线域为

$$A_S = \sum_i A_{on}(x_i, y_i) + \sum_j A_{off}(x_j, y_j) \quad (25.8)$$

在这里,只对那些投射光的区域进行求和。如图 25.3 左图和右图所示。

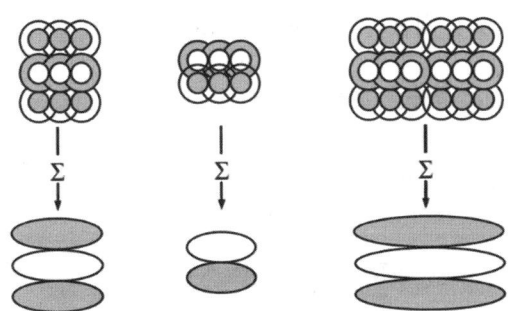

图 25.3 感受野的布尔运算

注:左图是 on 型感受野与 off 型感受野在空间中排布,形成中间兴奋性的感受野,对应着简单细胞的感受野。如果这个区域扩大,则可以得到更大的感受野(右图)。中图是 on 型和 off 型感受野 1 维并列情形,形成对边界探测的感受野。采自 https://foundationsofvision.stanford.edu/chapter-6-the-cortical-representation/。

25.3.5.2 off 中心 1 维型

这种情况仍然对应"线元",把若干个 off 型感受野连在中心,它对"暗"线进行求和,得到灰色的线条长度。两侧则并行 on 型的感受野。根据布尔运算,它得到的表达式,仍然满足

$$p_S = \sum_i p_{on}(x_i, y_i) + \sum_j p_{off}(x_j, y_j) \quad (25.9)$$

$$A_S = \sum_i A_{on}(x_i, y_i) + \sum_j A_{off}(x_j, y_j) \quad (25.10)$$

25.3.5.3 on-off 并列 1 维型

若干个 on 型和 off 型并列,构成两个线元,如果同时被连接在一起,则满足布尔运算,如图 25.3 中图所示。它的形式为

$$p_S = \sum_i p_{on}(x_i, y_i) + \sum_j p_{off}(x_j, y_j) \quad (25.11)$$

$$A_S = \sum_i A_{on}(x_i, y_i) + \sum_j A_{off}(x_j, y_j) \quad (25.12)$$

上述这些形式,在简单细胞中都可以观察到。同样,如果将 off 中心型并列,可以证明它们在做布尔运算时和 on 为中心型的并列排布是等价的。

25.3.5.4 on 型并列 2 维型

将 on 中心 1 维型沿垂直方向重复上述单元,则得到二维情况,功率和模拟量的二维运算就可以表示为

$$p_S = \sum_i p_{on}(x_i, y_i) + \sum_j p_{off}(x_j, y_j) \quad (25.13)$$

$$A_S = \sum_i A_{on}(x_i, y_i) + \sum_j A_{off}(x_j, y_j) \quad (25.14)$$

这时的 $A_{on}(x_i, y_i)$ 与 $A_{off}(x_j, y_j)$ 则表示面域单位。这种情况对应了复杂细胞的信息和模拟量的求和。见前文的复杂细胞感受野。

第 25 章　视觉单眼信号解调运算

25.3.5.5　off 型并列 2 维型

将 off 型的感受野并列排列,实现面域完全的"暗"信号输入,则在这种情况下,它的布尔运算为

$$p_S = \sum_j p_{\text{off}}(x_j, y_j) \qquad (25.15)$$

$$A_S = \sum_j A_{\text{off}}(x_j, y_j) \qquad (25.16)$$

这时的 $A_{\text{off}}(x_j, y_j)$ 则表示面域单位。这种情况对应了复杂细胞的信息和模拟量的求和。

25.3.5.6　终点 2 维型

将 on 型 2 维型和 off 型 2 维型合并在一起,形成的空间面域,如果被联系在一起,则形成新的构型结构,这类构型称为终点型(end-stop cell),如图 25.4 所示。图中把这类细胞分为 9 个区域。

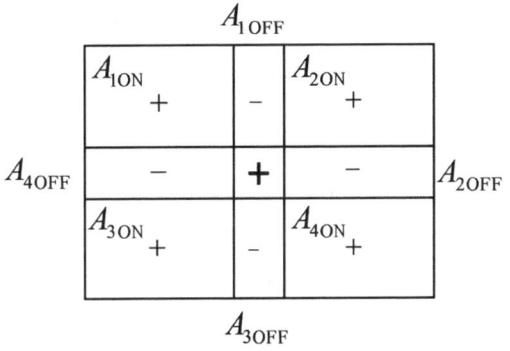

图 25.4　终点型复杂细胞

注:Hubel 把终点复杂细胞连接的简单细胞分区,每个区域分别接入兴奋和抑制性细胞。兴奋区域用"+"表示,抑制区域用"-"表示(Hubel,1995)。

我们对这九个区域进行标号,兴奋区域用"+"表示,抑制区域用"-"表示。它们和同一个复杂细胞相连接。它们的标号分别记为 $A_{1\text{ON}}$、$A_{2\text{ON}}$、$A_{3\text{ON}}$、$A_{4\text{ON}}$、$A_{5\text{ON}}$(中间兴奋区)、$A_{1\text{OFF}}$、$A_{2\text{OFF}}$、$A_{3\text{OFF}}$、$A_{4\text{OFF}}$,则根

据布尔运算，它们联合在一起的模拟量的表达式为

$$A_S = \left(A_{1\text{ON}} + A_{2\text{ON}} + A_{3\text{ON}} + A_{4\text{ON}} + A_{5\text{ON}}\right) \\ + \left(A_{1\text{OFF}} + A_{2\text{OFF}} + A_{3\text{OFF}} + A_{4\text{OFF}}\right) \quad (25.17)$$

它对应的功率，就是每个区域对应的输入功率，仍然表述为

$$p_S = \sum_i p_{\text{on}}\left(x_i, y_i\right) + \sum_j p_{\text{off}}\left(x_j, y_j\right) \quad (25.18)$$

这一形式在实验中得到了验证，Hubel 发现在中间兴奋区域输入白色条状物时，细胞大量发放频率。而延伸时，则出现频率减小，意味着抑制区域增加。而在四周投射与之非平行的刺激时，发放增加。证实了这种连接结果如图 25.5 所示的形式。这一形式可以找到空间点、线、面的终点。利用布尔运算，可以有效对这一构型进行运算。

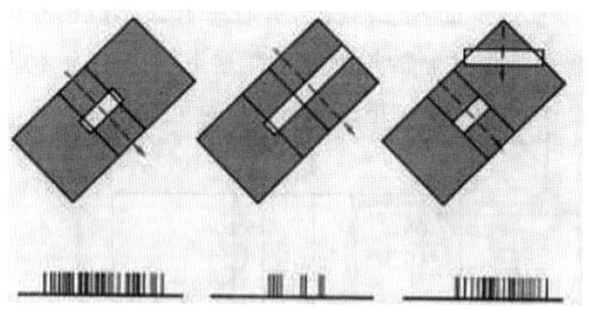

图 25.5　终点型复杂细胞

注：Hubel 把终点复杂细胞连接的简单细胞分区，每个区域分别接入兴奋和抑制性细胞。兴奋区域用"+"表示，抑制区域用"-"表示（Hubel，1995）。

综上所述，简单细胞和复杂细胞以各种连接方式和编码方式相互关联。因此，我们把在神经上发现的这种运算规则称为"单眼布尔几何运算原理"。它的本质是空间信号具有独立性的一种体现，也是"位元信号"的一种体现。

25.3.6　运动与时元模拟运算

几何学特征提取形成了提取时的完备集合。位元特征信号也就得到了

提取。空间布尔运算使得二维空间属性被模拟了出来。这些模拟量为进一步运算提供了基础。在这些基础上，我们能够找到几何学的点、线、面和终结点的模拟量。计算就成为可能。除此之外，二维的信号又处于空间变动中，这就意味着神经系统要对前后的信号进行比对。这个过程中，时间因素就在信号中出现了，时元在信号制备中不可避免地就体现了出来。对"运动"信号进行制备和探测也就不可避免。

Hubel 和 Wiesel 发现，复杂细胞对运动方向敏感，而且对方向具有选择性（Hubel et al., 1959）。如图 25.6 所示，当某一方向的细条，沿着一定方向通过复杂细胞的感受野时，细胞开始发放，而反方向则停止发放。这就意味着，神经对运动客体进行了两个变量的模拟：

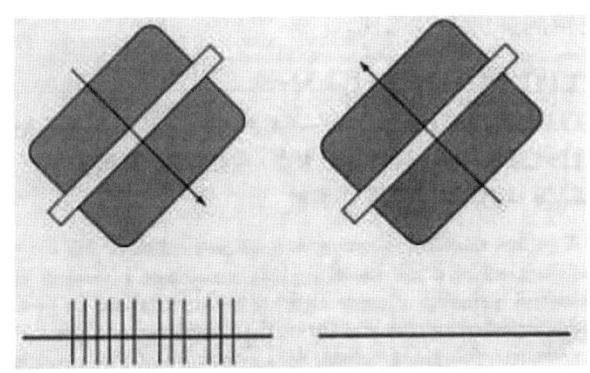

图 25.6　运动方向敏感细胞

注：在复杂细胞中，存在一类细胞，当光条沿着一个方向运动时，神经发放，而相反的方向，则停止发放。即具有方向选择性（Hubel，1995）。

（1）运动方向。实验的结果表明，复杂细胞只能对一种方向进行探测，这就意味着相反方向则由另外的复杂细胞来承担。两者之间构成了方向探测的完备集合。换言之，方向是由不同的复杂细胞构成的"神经硬件"来完成的。

（2）运动速度大小。不同的物体在复杂细胞的感受野移动时，神经单位时间内接收到的能量也就不同。

运动方向是速度的"矢量"特性体现，大小则是变量的特征反映。在方向选择细胞中,是否能够模拟这两个量也就成为重点。

25.3.6.1 矢量性模拟

Barlow 和 Levick 提出方向选择性复杂细胞的生物学结构（Barlow et al., 1965）,如图 25.7 左图所示。在这个图示中,简单细胞由一个抑制神经元与相邻级神经元相连。当该神经元接收到信号时,对当前级不构成抑制,而对相邻级产生抑制性输入。它的电路构成用逻辑电路来表示,则复杂细胞进行的是"与"运算,而抑制性神经元进行的是"否"（not）运算。由此,可以用简化的逻辑电路来表示,如图 25.7 右图所示。这个逻辑电路本质上可以用突触的逻辑控制电路来解释。尽管如此,Barlow 和 Levick 对这一问题的逻辑洞察仍不容忽视。

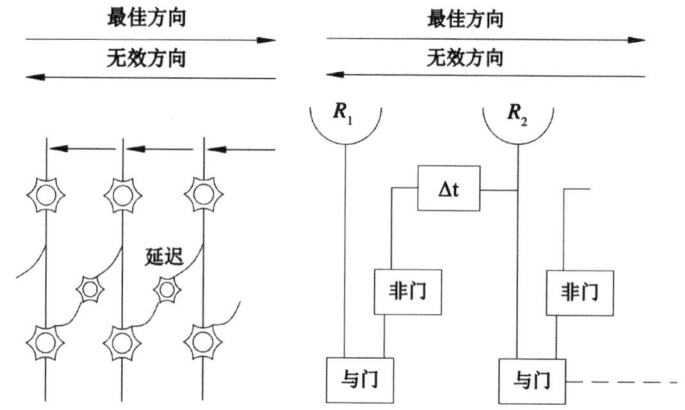

图 25.7 Barlow–Levick 模型

注:简单细胞由一个抑制神经元与相邻级神经元相连。当该神经元接收到信号时,对当前级不构成抑制,而对相邻级产生抑制性输入。这个结构可以用逻辑电路简化为右图所示的逻辑电路,即复杂细胞实现的是"与"运算,抑制输入实现的是"否"运算（Hubel, 1995; Marr, 1988）。

当运动"线条"沿着非抑制方向运动时,当前时刻发送的信号对运动方向上的信号并不构成抑制关系。这时,对运动方向构成检测。反之,当逆方向运动时,当前信号向运动方向的前级发送抑制信号,当经过 Δt 时间

第25章 视觉单眼信号解调运算

间隔后,到达下一级。激发的兴奋性信号和抑制信号相冲抵,神经不能形成发放。复杂细胞无法发放信号形成编码,这就使得复杂细胞连接而具有了方向性,即完成速度的"矢量性编码"。它是通过硬件构成来完成的。

25.3.6.2 速度大小模拟

设"线条"以一定速度移动,它在复杂细胞感受野的长度为 l_m,通过感受野的时间为 t。线条移动的速度为 v_c,则单位时间内扫过的面积 s_{cu} 可以表示为

$$s_{cu} = v_c l_m \tag{25.19}$$

若 p_s 为单个 on 型视野在皮层投射的功率,则扫过的面积的总功率为

$$p_c = v_c p_s l_m \tag{25.20}$$

而 $p_s l_m$ 恰恰是线条功率,若 l_m 的值与复杂细胞视野宽度相等,则一个固定刺激 p_s 是个恒定值,p_c 与 v_c 之间呈线性关系。这时,通过复杂细胞输出的量 p_c 的大小就可以模拟速度大小。

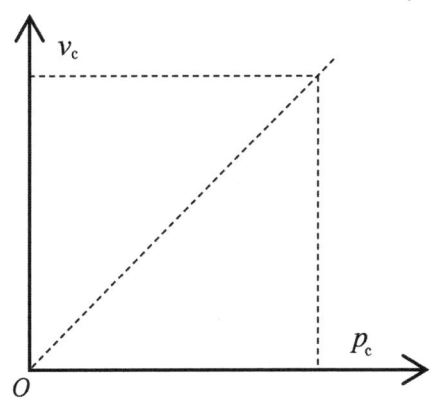

图 25.8 速度大小模拟量

注:方向选择性复杂细胞发放功率强度反映了速度大小,它是速度大小的模拟量。

至此,方向选择性复杂细胞对速度的模拟机制就找到了,它完备地表达了速度的方向和大小。

25.3.7 几何学信号制备完备性

通过以上论述，我们可以得到几何学信号探测的全貌。通过视网膜两种类型的视野，视觉系统实现了信号采集和制备的完备性。

25.3.7.1 几何学属性采集完备性

空间的信号是连续的，视网膜的视野利用 on 型和 off 型视野，实现在光照条件下的明、暗条件的两种信号的处理。并利用草帽模型，对边界信号实现探测。这样，我们就得到了关于空间信号的全部变换。

同时，感受野又利用细胞的分化，实现昼、夜两种条件的信号的探测，并采用光分解机制，实现三色细胞分别采集策略，实现信号的完备性采集。如表 25.2 所示。

表 25.2　采集的完备性

	完备性	
视杆、视锥	昼、夜	信号调制
三类视锥	R/G/B	
on-off 型感受野	明、暗	
LGN 投射	点	信号解调
简单细胞感受野	线、线边界	
复杂细胞感受野	面	
复杂细胞感受野	面边界	
复杂细胞感受野	速度	

25.3.7.2 几何学属性解调完备性

利用投射 LGN 投射信号，神经开始对信号进行解调。LGN 投射构成了点，简单细胞在此基础上，利用布尔运算实现线、线边界探测。复杂细胞利用同样算理，实现面、面边界探测。并把空间信号和时间信号合并，形成了运动方向探测。自此，位元信号和时元信号得以合并。

上述两种情况下的完备性，使得物质世界的信号被进一步地完备表达成为可能。完备性是对物质世界"客观"认知的保证。

第 26 章　视觉双眼信号逻辑运算

单眼神经解调编码解决了空间平面信号解调机制问题。从单眼关系到双眼关系就转向立体视问题。

双眼信号关系起源于视网膜结构，并自 V1 区开始，单眼细胞与双眼细胞连接。因此，立体视问题涉及两个关键结构：

（1）从视网膜细胞到初级视觉皮层的通路关系。

（2）单眼细胞和双眼细胞连接结构关系。

这样，依赖单眼建立的神经解调编码数理机制，并结合上述两个结构，建立立体视就成为可能。立体视数理机制的建立将在根本上解决双眼关系的下述核心问题：

（1）对应性问题（corresponding problem）。即两个单眼之间通过什么样的物质信息关系，实现数理关系上的一一对应性。

（2）融像问题（fusion problem）。即两个单眼的图像模式，如何叠加而成为一幅独立图片问题。

本章通过解决以上两个核心问题，构建人的立体视差的解调编码机制，并以这些机制为逻辑，该逻辑涉及双眼中的其他关系：

（1）双眼能量叠加问题。

（2）填充问题（filling in）。

（3）Panum 融合区问题。

(4)遮挡和透明问题。

从本章开始,我们将建立关于立体视实现的解调编码理论,并通过这个理论统一上述关键性问题。

26.1 中央眼单视像

来自左右眼的单眼信号,能依赖神经拓扑映射关系,实现在初级视觉皮层的映射。即在不考虑双眼关系的情况下,实现了单眼图像映射。双视场信号汇集才能形成单视场信号,即中央眼信号,并实现立体视。这需要我们首先根据神经的结构学,解决双眼信号的融合问题。这个问题可以分为两个方面进行讨论:

(1)双眼视场信号融合的物理约束关系。

(2)双眼视场信号融合的神经拓扑关系。

在解决上述两个问题时,我们首先采取理论上的理想情况,即考虑单一条件的情况下,建立双眼信号的关系,然后再考虑人的生物工程的误差控制问题,将理论推广到更一般的情况。

26.1.1 理想视轴固视约束

对双眼信号运算并解调出三维信息,这就需要双眼之间建立"关联关系"。它就构成了双眼信号运算中的"物理约束"关系。以物理约束为条件,对双眼图像数据开始比对,从而构建三维信息。

人眼的双眼图像信号在向后脑进行投射的过程中,利用双眼的光路和神经通路,建立了双眼信号交叉的通路,实现了双场信号交流。利用神经结构关系、神经和视觉皮层形成了功能性——映射关系,就可以构建双眼关系的数理关系。

双眼在观察物理世界时,每个眼球观察到的可视范围(视野)就构成了一个"视场"。根据视觉生理学,它并不是一个均匀的视场,如图26.1所示。以"十"字型注视点为参考点,以单眼可视的边界为边界,包含鼻

第 26 章 视觉双眼信号逻辑运算

侧和颞侧两个可视区，对应映射到人眼的视网膜上，也就是单眼可视区。由于在视网膜上成的像是倒像，双眼视网膜上鼻侧的信号交叉进入左右大脑，而视网膜上的颞侧信号投射到本侧皮层。这就导致在大脑半球皮层，均是接收的来自眼球的同侧信号（左侧或者右侧）。这就为大脑皮层基于同样的"物理对象"进行信号运算提供可能，或者说，基于同样一个物体，在双眼产生的微小差异，为计算视差提供了可能。

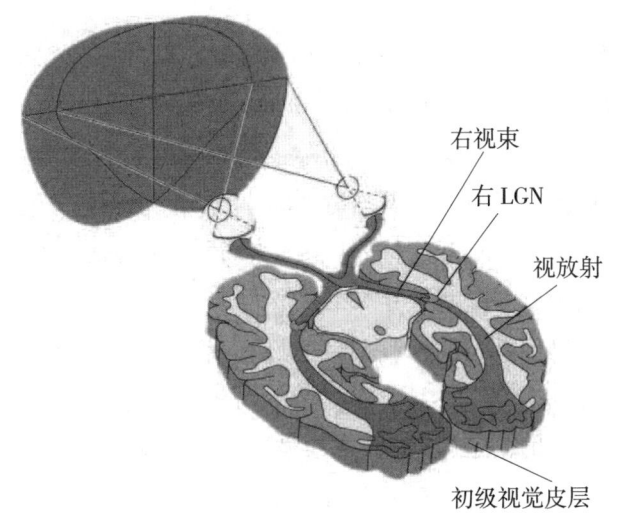

图 26.1 视场融合约束

注：以"十"字形的固视点为参考点，以单眼可视的边界为边界，包含鼻侧和颞侧两个可视区，对应映射到人眼的视网膜上，也就是单眼可视区。由于在视网膜上成的像是倒像，双眼视网膜上鼻侧的信号交叉进入左右大脑，而视网膜上的颞侧信号投射到本侧皮层。采自 https://brunch.co.kr/@hayun-write/24。

以双眼球心，双眼固视点三点，构成了一个平面，这个平面，我们称为"赤道面"，以双眼连线的中心为零点（也是中央眼零点），以过"赤道面"零点，并经过固视点、垂直"赤道面"的面为"双场融合面"（fusion face），如图 26.2 所示。

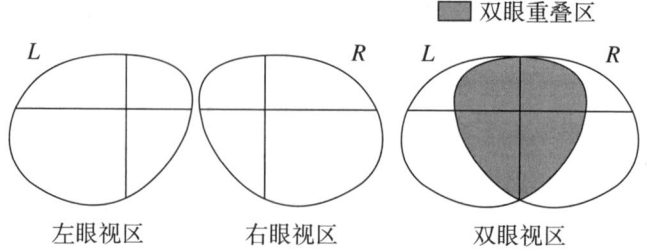

图 26.2 双眼视场的构成

注：左右眼视场均是一个不均匀的区域。视场的融合面和双眼水平线的交叉点是双眼视场的固视点。双眼融合时，固视点重合，存在双眼的一个交叉区域，也就是双眼区。采自 http://www.ssc.education.ed.ac.uk/courses/vi&multi/vmar06v.html。

人的单个眼球视场是一个不均匀视场。双场融合面为界限将单眼分为左右半场。并又以赤道面为界，分为上下半场。在一般情况下（立体视），赤道面和融合面构成了视场约束条件。即：

（1）赤道面约束。即投射到视网膜的图像，赤道面是图像上下对齐的物理约束条件。

（2）融合面约束。即投射到视网膜的图像，融合面是图像左右对齐的物理约束条件。换言之，在融合面与视场的交线上，这个线被称为"融合线"。所有视网膜上对应的"图像信号构型"完全相同。

视觉双场约束给双眼视觉图像的匹配融合限定了工作条件。在垂直方向上，融合面限制使得双眼单场图像在匹配时，保持了垂直方向上的自由度，而在水平方向上，只有在固视点所在的垂直线上进行匹配。

赤道面约束使得双眼的单场在匹配时，由于赤道面的限制，在垂直方向上的自由度也就不存在，即双场图像的匹配方式就被固定了下来。

如果这两个约束条件确实存在，则需要人的神经生理基础的支撑。在视光学系统中，光轴和视轴构成了两个关键轴。视轴也就是固视点对应的轴，与视网膜的中央窝相对应。在视觉通路中，视网膜的双场以中央窝为界分别进入脑的所有半球，并投射到视网膜上，它构成了双眼融合面的生理基础。

双眼以固视点为约束，通过辐辏、辐合实现远处和近处调节，这就使得赤道面构成了约束。但是，当头发生偏移时，这个约束也会发生变化。

26.1.2 双眼细胞齐性约束

从视网膜映射到皮层的神经，经过单眼区之后，由单眼细胞输入高级细胞，双眼信号开始融合。

映射之后的细胞与简单细胞和复杂细胞相连接，形成双眼驱动性质。在最简单的情况下，我们可以将从视网膜神经节到皮层的映射模式用图26.3 的方式表示出来。也就是从视网膜上映射到皮层的神经节细胞在双眼上对应着两个点，投射到皮层之后，则由双眼细胞实现了加和，将双场图像转换为单场图像。

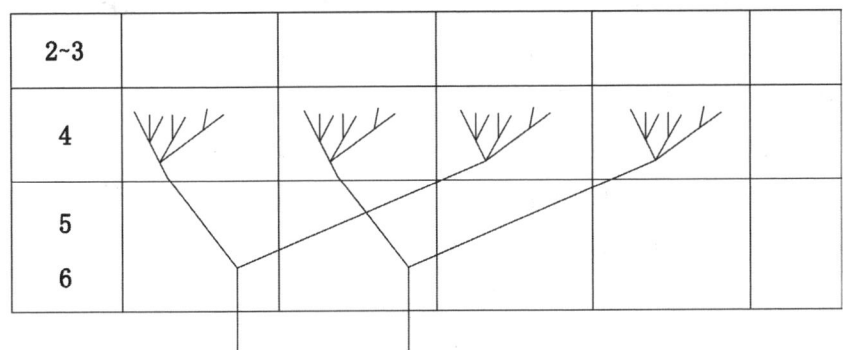

图 26.3 双眼神经映射

注：来自双眼的神经，映射到初级视觉皮层的第 4 层，左右眼依次排列，之后发生双眼信息的融合。这是一个信息映射关系 (Hubel, 1995)。

这个关系是由神经细胞的"硬件底层"所决定的，我们称为"融合性约束"。这里的融合并不是由图像决定的，而是由生理过程决定的。

根据约束条件，以固视点为零点，水平方向为 x 轴，垂直方向为 y 轴，则左右眼单眼细胞坐标记为 (x_i, y_i)，i 表示第 i 个细胞，且左、右眼在"初级视觉皮层"上的投射的功率写为 $p_c(x_{li}, y_{li})$ 和 $p_c(x_{ri}, y_{ri})$，其中，l 表示左眼，r 表示右眼。

考虑最简单的情况,也就是单眼细胞和1个双眼细胞相连接,则在零点处:

$$p_c(0_{li}, 0_{li}) + p_c(0_{ri}, 0_{ri}) = p_c(0_c, 0_c) \qquad (26.1)$$

其中,$p_c(0_c, 0_c)$ 代表的是初级视觉皮层上固视点的零点。我们称之为中央眼零点。这种关系被称为"皮层固视点约束"。

对于左、右视野,我们可以得到任意两个由视网膜上映射到皮层的通信关系,均可以表示为

$$p_c(x_{li}, y_{li}) + p_c(x_{ri}, y_{ri}) = p_c(x_{ci}, x_{ci}) \qquad (26.2)$$

其中,$p_c(x_{ci}, y_{ci})$ 表示在初级视觉皮层上由左右双眼投射,并与双眼性质的细胞相连接而形成的中央眼的任意的点。如图26.4所示,这个关系也是在皮层的区域中双眼图像叠加的区域,或者说是双眼信号能量叠加区域。

从这个神经结构中,我们可以看到两个基本的关系,即初级视觉皮层的双眼细胞从左右眼获取亮度信息。

这就意味着双眼固视点对应的双场分界线处的细胞,会在皮层上映射为与之对应的双眼细胞,在皮层上,无论双眼如何运动,这条线上的细胞都接收"融合线"上的对等信息。即在皮层上,存在双眼图像对齐的"约束",我们称之为"皮层融合线"约束。它与融合面"约束"是对应关系。

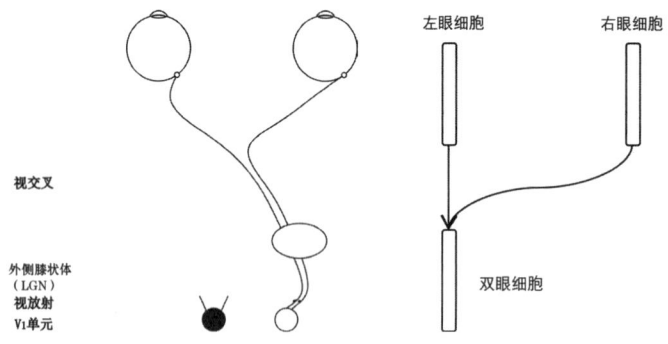

图 26.4 双场映射关系

注:左图:左眼和右眼神经节细胞,和皮层双眼细胞相映射。每个视网膜单眼细胞实际上在双眼细胞之间形成了整合关系。右图:忽视中间传递环节,信息映射关系可以简化为左右眼神经节细胞直接和双眼细胞连接,在双眼细胞处加和。

26.1.3 双眼融合像表示

根据上述理论，双眼细胞接收来自双眼的信号，把双眼的重叠区的能量进行叠加，则可以得到一个复合图片。因此，这个完整的图片是所有图片形成的集合，满足空间的布尔运算。因此，双眼融合之后，双眼融合区的图像 C_B 可以表示为

$$C_B = \sum \left[p(x_{li}, y_{li}) + p(x_{ri}, y_{ri}) \right] \qquad (26.3)$$

其中，求和表示布尔运算，后续同理。考虑到双眼中还存在由颞侧投射到视网膜的图片，而没有实现双眼信号叠加，则这部分单眼信号投射到初级视觉皮层，分别表示为 $p_{lT}(x_{li}, y_{li})$ 和 $p_{rT}(x_{ri}, y_{ri})$，其中下标 T 表示颞侧，l 和 r 分别表示左眼和右眼。则这部分单眼信号，投射的图像 C_{LT}、C_{RT} 分别可以表示为

$$C_{LT} = \sum p_{lT}(x_{li}, y_{li}) \qquad (26.4)$$

和

$$C_{RT} = \sum p_{rT}(x_{ri}, y_{ri}) \qquad (26.5)$$

则在视觉初级皮层，中央眼的融合像可以表示为

$$\begin{aligned} C_I &= C_{LT} + C_{RT} + C_B \\ &= \left[\sum p_{lT}(x_{li}, y_{li}) + \sum p_{rT}(x_{ri}, y_{ri}) \right] + \sum \left[p(x_{li}, y_{li}) + p(x_{ri}, y_{ri}) \right] \end{aligned} \qquad (26.6)$$

这个数理关系如图 26.5 所示。

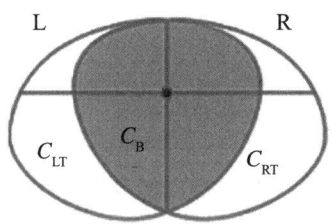

图 26.5　初级视觉皮层中央眼信息构成

注：令初级视觉皮层双眼进行融合，也就是中央眼视觉，包含三部分信息：C_B、C_{LT} 和 C_{RT}，它们共同组成了中央眼信息。

26.1.4 双眼融合像通信关系

设左、右视网膜上任意一点输入的功率为 $p_R(x_{li},y_{li})$、$p_R(x_{ri},y_{ri})$。它投射的点与皮层上的 $p_c(x_{li},y_{li})$ 和 $p_c(x_{ri},y_{ri})$ 相对应。把从视网膜到皮层的传入神经和换元看成一个系统。根据神经通信方程，则有以下关系：

$$\begin{pmatrix} p_c(x_{li},y_{li}) \\ p_c(x_{ri},y_{ri}) \end{pmatrix} = \begin{pmatrix} \alpha_d^L & \\ & \alpha_d^R \end{pmatrix} \begin{pmatrix} p_R(x_{li},y_{li}) \\ p_R(x_{ri},y_{ri}) \end{pmatrix} \quad (26.7)$$

其中，α_d^L 和 α_d^R 为两个常数，由于这是一个映射关系，我们将不再关注它的映射过程中产生的系数，而回到信号的本质上来。将上述过程用一个变换 $\boldsymbol{T}^{RC}$ 来表示，则上式就可以简化为

$$\begin{pmatrix} p_c(x_{li},y_{li}) \\ p_c(x_{ri},y_{ri}) \end{pmatrix} = \boldsymbol{T}^{RC} \begin{pmatrix} p_R(x_{li},y_{li}) \\ p_R(x_{ri},y_{ri}) \end{pmatrix} \quad (26.8)$$

这个关系描述了双眼单视野区域中神经信号的通信关系。当信号接入双眼细胞时，根据（26.2）式，则可以得到双眼细胞信号满足

$$p_c(x_{ci},x_{ci}) = \begin{pmatrix} 1 & 1 \end{pmatrix} \begin{pmatrix} p_c(x_{li},y_{li}) \\ p_c(x_{ri},y_{ri}) \end{pmatrix} \quad (26.9)$$

其中，$p_c(x_{ci},y_{ci})$ 表示在初级视觉皮层上由左右双眼投射，并与双眼性质的细胞相连接而形成的中央眼的任意的点。由这些点构成的集合就构成了双眼融合区的点。

26.1.5 对应性问题

从单眼神经细胞到双眼神经细胞的连接中，我们已经在事实上找到了物质硬件意义上的"对应性"。

（1）神经对应性。使得不需要在神经通信的硬件层次做其他的操作，单眼神经之间就已经实现对应性。

（2）神经非对应区。单眼中的非对应区是双眼中的非对应性信号发生区。通过映射性，双眼实现了对应性和非对应性的拼接。

26.2 双眼图像亮度叠加

单眼信号向皮层进行映射，图像被一一映射到视觉皮层。单眼半场信号以融合线为参照，分别发送到了 V1 区，也就是把半场图像投射到了 V1 区。根据能量换码和映射关系，它是一个用"光功率"表达的、实时"电功率像"。在单眼细胞层，左、右眼两张"图像"并未叠加。这就使得双眼的信号保持了独立性。在这个独立性基础上，依赖神经拓扑形成的映射关系，进行双眼信号合成。

26.2.1 双眼细胞皮层分布

Huble（1962）在对初级视觉皮层的研究中给出了从单眼到双眼的细胞分布关系，如图 26.6 所示。在这个分布关系中，来自左、右双眼的细胞依次进行分布，排列成左右眼关系。且在左、右眼的分布过程中，单眼的神经分为两个支路，实现交错排布。

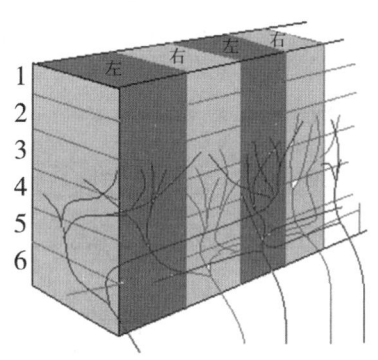

图 26.6　双眼细胞关系

注：来自视网膜数据流，达到 V1 皮层后，形成左、右镶嵌分布结构，进入单眼优势区，实现双眼信息交流。采自 https://commons.m.wikimedia.org/wiki/File:Corticalcol.png。

26.2.2 双眼细胞图像关系

根据神经这一联系结构，我们分两步揭示信号关系中的数理机制。

（1）只考虑从单眼中分离的一个支路。在这种情况下，双眼细胞只接收来自左右单眼的信号。

（2）考虑双支路情况下，双眼细胞如何在上述一个支路情况下，添加新支路的新增机制。如图 26.7 所示。

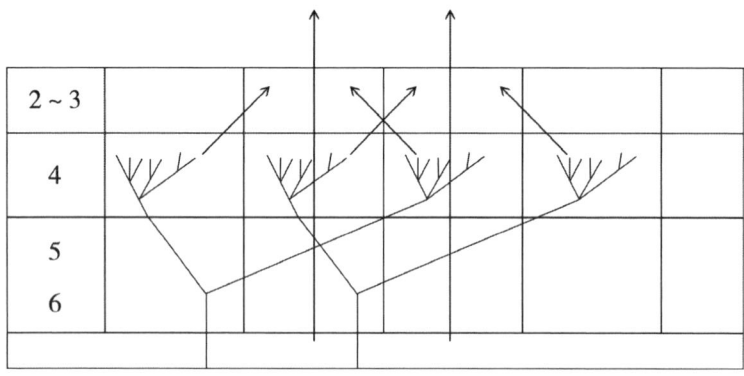

图 26.7　双眼关系

注：以任意一个单眼优势区做参照，它同时接收来自临近两个单眼优势区的信号，而根据神经的连接性，它的本质仍然是接收同一个视网膜神经细胞的输入。

26.2.3　双眼图像合成

以皮层"融合线"为参照的水平轴，以双眼直视的水平线为水平轴，则双眼神经节细胞排布顺序可以用坐标 (x_i, y_i) 表示，该点映射到皮层的光功率表示为 $p_l(x_i, y_i)$ 和 $p_r(x_i, y_i)$。其中 l 表示左眼，r 表示右眼。则左右眼视场的图片，是由 $p_l(x_i, y_i)$ 和 $p_r(x_i, y_i)$ 点集构成的集合：

$$\begin{cases} I_l = \{p_l(x_i, y_i) | i = 1, ..., n\} \\ I_r = \{p_r(x_i, y_i) | i = 1, ..., n\} \end{cases} \quad (26.10)$$

又根据双眼细胞和两眼之间的关系，在水平方向上，当双眼具有共同固视点时，双眼信号能量相加。在给定任意一个 y_i 的值时，输入双眼单眼细胞的图像的值，就可以用水平方向的 x_i 来表示，即纵坐标相同而横坐标不同。这时，图片可以用矢量来表示。

第 26 章　视觉双眼信号逻辑运算

$$\boldsymbol{p}_\mathrm{l}(x_{\mathrm{l}i}) = \begin{pmatrix} p(x_{\mathrm{l}1}) \\ \vdots \\ p(x_{\mathrm{l}i}) \\ \vdots \\ p(x_{\mathrm{l}n}) \end{pmatrix}_{y_i} \quad (26.11)$$

其中，$\boldsymbol{p}_\mathrm{l}(x_{\mathrm{l}i})$ 表示左眼的图片的矢量；$x_{\mathrm{l}i}$ 为左眼每个细胞横坐标的坐标值；$p(x_{\mathrm{l}i})$ 下标表示在给定 y_i 的情况下。同理，我们可以得到右眼在给定 y_i 的情况下是图片矢量 $\boldsymbol{p}_\mathrm{r}(x_{\mathrm{r}i})$，$x_{\mathrm{r}i}$ 为右眼每个细胞横坐标的坐标值。

$$\boldsymbol{p}_\mathrm{r}(x_{\mathrm{r}i}) = \begin{pmatrix} p(x_{\mathrm{r}1}) \\ \vdots \\ p(x_{\mathrm{r}i}) \\ \vdots \\ p(x_{\mathrm{r}n}) \end{pmatrix}_{y_i} \quad (26.12)$$

则根据双眼关系，左右眼和双眼细胞相联系，双眼细胞对双眼进行加和，则双眼细胞的图片矢量 $\boldsymbol{p}_\mathrm{c}(x_{ci})$ 为

$$\boldsymbol{p}_\mathrm{c}(x_{ci}) = \boldsymbol{p}_\mathrm{l}(x_{\mathrm{l}i}) + \boldsymbol{p}_\mathrm{r}(x_{\mathrm{r}i}) = \begin{pmatrix} p(x_{\mathrm{l}1}) \\ \vdots \\ p(x_{\mathrm{l}i}) \\ \vdots \\ p(x_{\mathrm{l}n}) \end{pmatrix}_{y_i} + \begin{pmatrix} p(x_{\mathrm{r}1}) \\ \vdots \\ p(x_{\mathrm{r}i}) \\ \vdots \\ p(x_{\mathrm{r}n}) \end{pmatrix}_{y_i} \quad (26.13)$$

其中，x_{ci} 为中央眼横坐标。把上式简化，则可以得到

$$\boldsymbol{p}_\mathrm{c}(x_{ci}) = \begin{pmatrix} p(x_{\mathrm{l}1}) + p(x_{\mathrm{r}1}) \\ \vdots \\ p(x_{\mathrm{l}i}) + p(x_{\mathrm{r}i}) \\ \vdots \\ p(x_{\mathrm{l}n}) + p(x_{\mathrm{r}n}) \end{pmatrix}_{y_i} \quad (26.14)$$

26.2.4 视网膜光亮度计算

调焦而成的物理场景的图片质量受到图形的焦距的影响，同时也受到进入视网膜的光流能量大小的影响。人眼的视光学机构进化出了可调焦的光能控制的系统，对"瞳孔"大小进行控制，从而影响光流，并进而影响成像的图片质量。由此，在调焦的基础上，我们需要了解人的视网膜的光的亮度与瞳孔大小之间的数理逻辑关系。

外界的物体反射或者折射的光，经人眼的透镜投射到视网膜上。在客观上需要我们建立物理光源与视网膜上光的辐射能量之间的关系。

如图 26.8 所示，设 L_s 表示光源亮度，A_p 表示瞳孔面积大小，D 是光源到瞳孔距离。因此，从光源到瞳孔的立体角为 A_p/D^2。并设光源的面积是 A_s，f_e 为瞳孔到视网膜的距离。面源 A_s 在视网膜上投射的面积为 A_R，则根据物理几何光学理论中的成像关系，可以得到两者之间关系为

$$\frac{A_R}{A_s} = \left(\frac{f_e}{D}\right)^2 = m^2 \quad (26.15)$$

$m = f_e/D$，也就是放大率。

设 ϕ_p 为光源投射到瞳孔的光通量，则它可以表示为

$$\phi_p = A_s L_s \frac{A_p}{D^2} \quad (26.16)$$

在视网膜上，单位面积的光通量或者照度（illuminance），就可以表示为

$$E_R = \frac{\phi_p}{A_R} = \frac{L_s}{m^2} \frac{A_p}{D^2} = \frac{A_p L_s}{f_e^2} \quad (26.17)$$

它是视网膜像成的"影像"的平均面积上的光能量，即影像照度，而 D/f_e 则反映了放大倍率。令瞳孔的直径为 d_p，则

$$A_p = \frac{1}{4}\pi d_p^2 \quad (26.18)$$

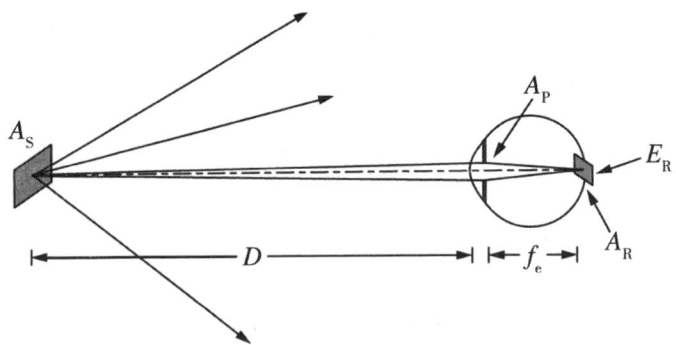

图 26.8 视网膜照度计算

注：L_s 表示光源亮度；A_p 表示瞳孔面积大小；D 是光源到瞳孔距离；f_e 为瞳孔到视网膜的距离；面源 A_s 在视网膜上投射的面积为 A_R；E_R 为视网膜单位面积上获得的能量。

代入上式，则可以得到

$$E_R = \frac{1}{4}\frac{\pi d_p^2 L_s}{f_e^2} \qquad (26.19)$$

26.2.5 双眼光亮亮度解调

根据上述关系，左、右眼输入的光功率就可以表示为

$$\begin{cases} p_l(x_{li}) = \dfrac{\pi}{4}\dfrac{d_{lp}^2}{f_{le}^2}L_s \\ p_r(x_{ri}) = \dfrac{\pi}{4}\dfrac{d_{rp}^2}{f_{re}^2}L_s \end{cases} \qquad (26.20)$$

其中，d_{lp} 和 d_{rp} 分别表示左、右眼的瞳孔直径；f_{le} 和 f_{re} 分别为左、右眼瞳孔到视网膜的距离，则投射到左右眼亮度的差异主要由这两个系数引起。根据这一关系，投射到双眼细胞的光亮度就是两者的叠加。

外界物理的光亮度 L_s，输入双眼时，由于双眼的视光学参数变化，双眼的亮度并不一定一致。当这一光亮度转换为光功率后输入双极细胞，则双极细胞实现了两者的求和。这时双眼细胞的光功率将由物体光亮度和人

眼光圈系数决定。设 d_{cp} 为中央眼的瞳孔直径，f_{ce} 为中央眼瞳孔到中央眼视网膜的距离，并令

$$\frac{d_{cp}^2}{f_{ce}^2} = \frac{d_{lp}^2}{f_{le}^2} + \frac{d_{rp}^2}{f_{re}^2} \quad (26.21)$$

如果设 d_{cp} 为常数，也就会满足

$$p_c(x_{ci}) = p_l(x_{li}) + p_r(x_{ri}) = \frac{\pi}{4}\left(\frac{d_{lp}^2}{f_{le}^2} + \frac{d_{rp}^2}{f_{re}^2}\right)L_s \quad (26.22)$$

简化为

$$p_c(x_{ci}) = \frac{\pi}{4}\frac{d_{cp}^2}{f_{ce}^2}L_s \quad (26.23)$$

这个方程清晰地揭示了一个事实，对于一个"物体"，它投射到人眼的光亮度 L_s 是一个常数，这是由物体来决定的。而视网膜上获得的功率，则由瞳孔直径来决定。

但是，这个关系也暴露了一个事实：双眼区细胞驱动的双眼细胞的功率输入，高于单眼区细胞向皮层单眼细胞的功率输入，如图 26.9 所示。

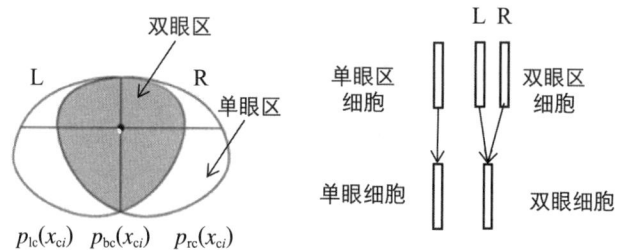

图 26.9 双眼区和单眼区能量

注：左右眼双眼区细胞和皮层的双眼细胞连接，接收双眼的功率输入。而单眼区细胞向皮层的单眼细胞输入功率信号。

在人眼双眼区细胞将左右眼的功率信号与人的双极细胞连接，这就会导致双眼细胞接收的能量与两侧单眼细胞接收的能量不相同。这就直接导致向皮层映射的图像信号，双眼区的功率高于两侧单眼区的功率。这就意味着，双眼区看到的图像比较亮，而单眼区则比较暗，而事实上这种情况

并未发生。这就说明神经蕴含了新的机制来解决这一问题。

26.2.6 双眼光平衡律

Hubel（1962）在研究单眼与双眼细胞关系时，给出了初级视觉皮层第4层的细胞分布结构：

（1）来自 LGN 的神经节细胞，到达第 4 层时，神经"一分为二"，并按照左、右的规则进行排布。

（2）被分化之后的单眼细胞和双眼细胞相连接。

由此，我们假设：

由单眼细胞一分为二的细胞，在功率输出上等价。这就意味着左眼或者右眼与双眼细胞连接的功率输入是未分化时的一半。即在第 4 层中，单眼细胞的功率输入为 $p_l(x_{li})$ 和 $p_r(x_{ri})$。而与双眼细胞相连接的细胞的功率输入则表示为 $\frac{1}{2}p_l(x_{li})$ 和 $\frac{1}{2}p_r(x_{ri})$。这样，我们就可以得到单眼细胞与双眼细胞连接的功率为

$$p_c(x_{ci}) = \frac{\pi}{4} \cdot \frac{1}{2}\left(\frac{d_{lp}^2}{f_{le}^2} + \frac{d_{rp}^2}{f_{re}^2}\right)L_s \quad (26.24)$$

特殊地，当双眼 $f_{ce} = f_{le} = f_{re}$，$d_{cp} = d_{lp} = d_{rp}$，则上式就可以简化为

$$p_{bc}(x_{ci}) = \frac{\pi}{4}\frac{d_{cp}^2}{f_{ce}^2}L_s \quad (26.25)$$

$p_{bc}(x_{ci})$ 表示中央眼双眼输入信号。同样，对于眼球的单眼区，它接收的信号来自颞侧的细胞信号，并映射到初级视觉皮层。它的输入功率可以表示为

$$p_{lc}(x_{ci}) = \frac{\pi}{4}\frac{d_{lp}^2}{f_{le}^2}L_s \quad (26.26)$$

和

$$p_{rc}(x_{ci}) = \frac{\pi}{4}\frac{d_{rp}^2}{f_{re}^2}L_s \quad (26.27)$$

其中，$p_{lc}(x_{ci})$表示中央眼左侧的单眼信号（颞侧信号）；$p_{rc}(x_{ci})$表示中央眼右侧的单眼区皮层信号。在向双眼投射相同信号时，我们就会得到

$$p_{bc}(x_{ci}) = p_{lc}(x_{ci}) = p_{rc}(x_{ci}) \quad (26.28)$$

也就可以看到视场是均匀的信号。而不会在双眼和单眼区的边界出现亮度不均匀的边界，如图26.10所示。根据上述关系，我们也可以得到双眼区的与单眼区的光功率的关系式：

$$\begin{aligned} p_c(x_{ci}) &= \frac{1}{2} \cdot \left(\frac{\pi}{4} \frac{d_{lp}^2}{f_{le}^2} L_s + \frac{\pi}{4} \frac{d_{rp}^2}{f_{re}^2} L_s \right) \\ &= \frac{1}{2}\left[p_l(x_{li}) + p_r(x_{ri}) \right] \end{aligned} \quad (26.29)$$

即在双眼区，光功率是双眼的功率的平均值。我们将这个规律命名为"双眼光平衡定律"。通过上述双眼关系和单眼关系，这一经验定律的数理含义也就清楚了。从这一性质中，我们可以看到人眼的视光学系统的调节导致的眼睛的光亮度变化的合成情况。Lei和Schor对双眼信号合成进行了实验测量，得到了相同的结果（Lei et al., 1995）。因此，我们得到的双眼合成的公式。

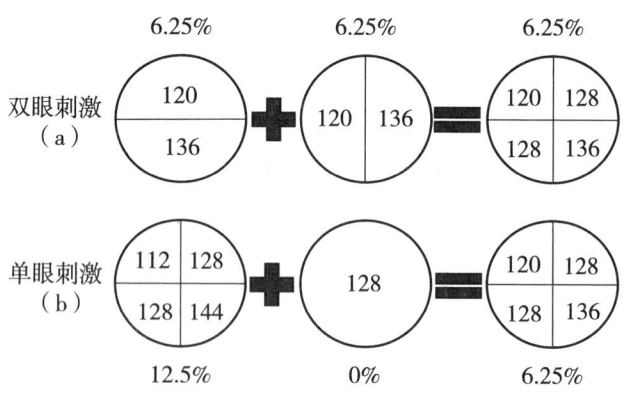

图26.10　双眼模式和单眼模式的逐点亮度平均值

注：图中的数字表示在低对比度范围内，与显示器上的亮度线性相关的显卡的颜色指数（Lei et al., 1995）。

26.2.7 双眼图像插值平滑

左右眼的单眼细胞经一分为二后形成左右镶嵌的排列结构。根据上一节 26.2.6 内容表述，从 V1 区的第 4 层向上和双眼细胞相连接后，双眼细胞的功率输入表示为 $p_{bc}(x_{ci})$，与之相邻的左右两级分别记为 $p_{bc}(x_{c(i-1)})$ 和 $p_{bc}(x_{c(i+1)})$。而对于 $p_{bc}(x_{ci})$，则依据双眼与单眼的排列，会出现空间中相同的信号排列结构，如图 26.11 所示的横向上有三类细胞接收来自交叉单眼区的信号。这就意味着在横向上会出现 3 种双眼细胞相同的信息流。换言之，在 $p_{bc}(x_{c(i-1)})$、$p_{bc}(x_{ci})$、$p_{bc}(x_{c(i+1)})$ 三个空间信号之间，被插入了两个相同的信号。这种情况将使得空间两点信号之间被插入了信号的值，使得信号变得平滑。我们将这一现象称为"双眼图像插值平滑"。

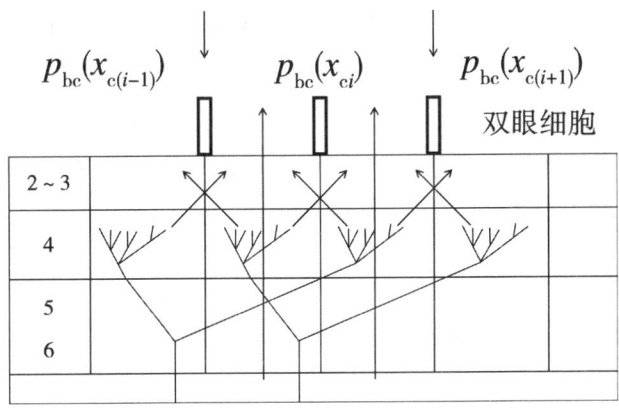

图 26.11 双眼图像插值平滑

注：$p_{bc}(x_{c(i-1)})$、$p_{bc}(x_{ci})$、$p_{bc}(x_{c(i+1)})$ 是空间三个功率信号，由于单眼神经达到皮层后一分为二排列，使得 $p_{bc}(x_{ci})$ 两侧被插入了两个相同信号，也就使得空间的信号更加过渡平滑。

26.3 深度基准面

神经拓扑映射机制使得视网膜上的物理空间信号平面变量 x、y 被等价地变换到了皮层，即单眼细胞与双极细胞相连接，使得两个单眼之间的信号连接是对应性的，即双眼图片被对应地叠加在一起，它就构成了中央眼信号的基础。这是神经硬件提供的信号基础。接下来的问题是：

（1）外界物质世界的图片内容按照什么样的输入方式，才能实现内容上的融合？

（2）外界信号的深度维量按照什么样方式，才能被提取出来？

这两个问题构成了深度信号加工的两个内核。本节中，我们首先讨论第一个问题，即深度参照问题。

26.3.1 双眼图像绝对对应

根据神经上的双眼映射关系，双眼神经之间已经实现了一一对应，这与输入两个单眼信号的相同与否并不相关。

只要投射到视网膜上的双眼图像之间满足两个图片内容上的一一对应关系，就可以实现从视网膜到视觉皮层的完全匹配。我们将这种情况称为"绝对对应"（absolute corresponding）。然而，这对物理空间有一定的限制条件，这是因为同一个内容投射到双眼时，并不一定投射到双眼的对应性细胞。满足这类条件的空间中的点被称为"双眼单视野"（horopter）。包含水平和垂直两种情况。

26.3.1.1 双眼单视野

设双眼注视点为 F，通过双眼光心、注视点三点做圆，这个圆也称为"双眼单视圆"，或"Vieth–Muller 圆"。这时，从节点到注视点的线就是视轴。空间中任意的一个点 B 在左右眼成的像分别记为 B_L 和 B_R。投射线和视轴之间的夹角为 α_1 和 α_2，如图 26.12 所示，则可以得到

$$\alpha_1 = \alpha_2 \tag{26.30}$$

由此，我们可以得到近似关系：

$$FB_L = FB_R \tag{26.31}$$

也就是在这个圆上的任意一个点，在双眼的投射相等，也就满足双眼

第 26 章 视觉双眼信号逻辑运算

对应投射。Vieth-Muller 圆所在的平面，也就是双眼平面。当眼球做上下运动时，Vieth-Muller 圆所在平面也会发生变化，如图 26.13 所示。

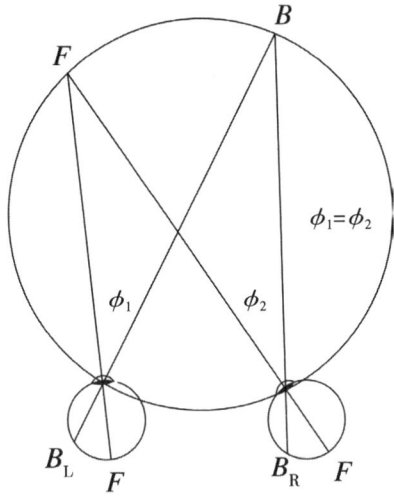

图 26.12 Vieth-Muller 圆

注：经过双眼光学节点，并经过固视点的正圆，也就是 Vieth-Muller 圆。在该圆上的任意一个物点，经过双眼节点投射到视网膜上成像，像点与固视点像之间的弧长相等。

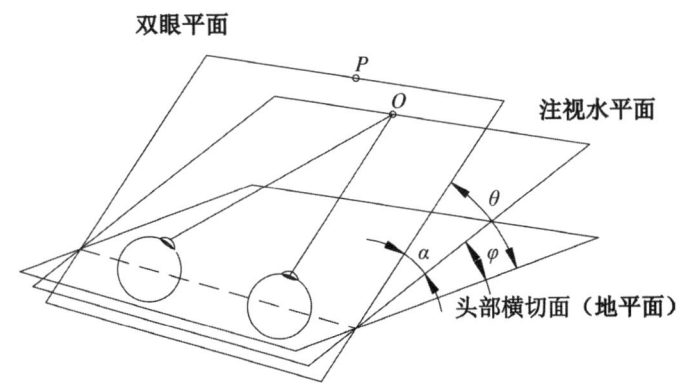

图 26.13 双眼平面

注：Vieth-Muller 圆构成了一个平面，当眼球做上下运动时，会形成不同的双眼平面（Howard et al., 1995）[39]。

26.3.1.2 垂直双眼单视野

在垂直方向上，同样也存在一个双眼单视野。经过双眼球心并作一个水平方向的平面，在双眼中线上，作垂直于水平面的一条直线，则在这条直线上的任意一个点，相对于注视点，投射到双眼视网膜上的弧长相等。也就意味着在垂直方向，双眼存在一一对应性。这条垂直线也就构成了双眼在垂直方向上的单视野，如图26.14所示。

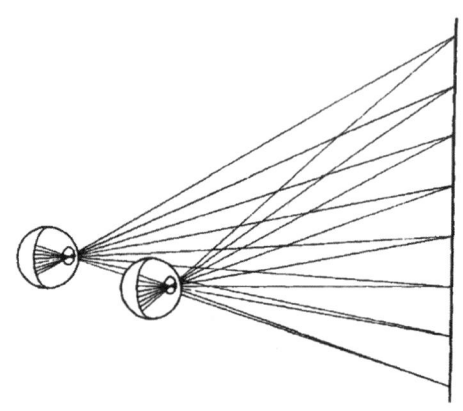

图26.14 垂直双眼单视野

注：经过双眼球心并作一个水平方向的平面。在双眼中线上，作垂直与水平面的一条直线。则在这条直线上的任意一个点，相对于注视点，投射到双眼视网膜上的弧长相等。这条垂直线，也就构成了双眼单视野（Howard et al., 1995）[61]。

26.3.2 融像基准面假设

在水平方向和垂直方向上的双眼单视野提供了一个空间信号约束，即在这个平面上，均存在水平和垂直方向上的空间位置点，满足像点在视网膜上投射的对应性。当这两类条件的信号被对应投射到初级视觉皮层的双眼细胞时，就满足一一对应关系，也就自然地发生了像的融合。

由于双眼的成像是二维的，因此，相对于双眼，在给定一个到双眼的距离z时，就会得到一个曲线面域S，这个面域，我们称为"双眼融像面"，如图26.15所示。由于Vieth-Muller圆是一个弧线，所以S面是一个曲面。

这样,就在理论上得到了一个曲面,在这个面上的任意一点在双眼形成了像点的对应性,这个面我们称为"融像基准面"。换言之,在这个面上的任意一点在双眼投射的像的纵坐标和横坐标无差异。在"基准面"的基础上,我们才能建立关于深度计算的理论,因此,我们把基准面也称为"深度基准面"。

以注视点为参考零点,设这个面上任意一点的坐标为(x_A, y_A),它投射到左、右双眼的坐标分别记为(x_L, y_L)和(x_R, y_R),根据几何学关系,则满足以下关系:

$$\begin{cases} x_L = x_R \\ y_L = y_R \end{cases} \quad (26.32)$$

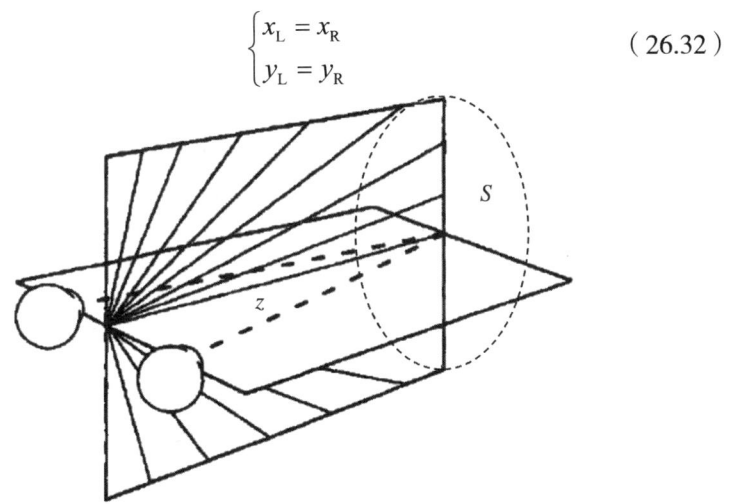

图 26.15 深度参考面

注:相对于双眼,在给定一个到双眼的距离 z 时,就会得到一个曲线面域 S,也就是"双眼融像基准面"(Howard et al.,1995)[55]。

26.4 Panum 融合区

双眼单视圆给出的是理想化的成像的情况,即在深度基准面上的任意一点,均满足双眼之间存在 0 视差,并满足单眼细胞间的一一对应性,在向初级视觉皮层的双眼细胞投射中实现一一对应。而人眼的生物工程系统中,信号的采集单位并不是理论上的"点",而是受到散射、弥散和视网膜空间晶元排布结构的影响，使得空间信号在一定尺度内具有不可区分性。这就意味着在基准面附近存在着不可辨识和区分的区域。

26.4.1 空间不可辨识区

在 Vieth-Muller 圆上，任意取一个固视点 A，它的左右眼投影为 A_L 和 A_R，则以这两个点为中心，视网膜上对外界不可辨识的区域范围为 σ（以弧度为单位）。在以 σ 为范围的双眼交叉视野内的点，必然是不可区分的，对于双眼而言，则两个区域的交叠区是双眼均不能辨识信号的区域，如图 26.16 所示。

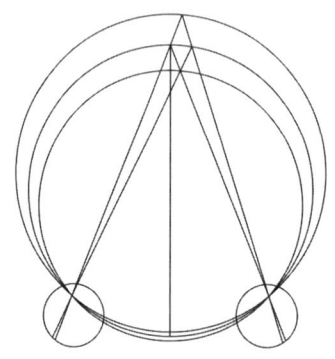
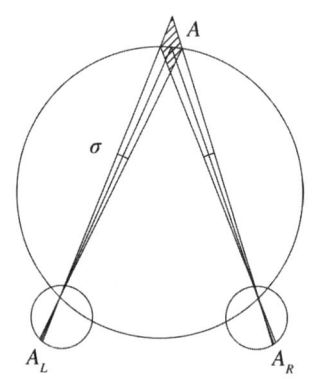

图 26.16　空间非辨识区

注：在双眼单视野上的任意点 A，A_L 和 A_R 是投射到双眼的点，σ 是不可辨识的范围。斜线区域是双眼不可辨识的区域。

从理论上讲，双眼单视野满足的是双眼之间的对应性。但是上述关于人的光学器件的性能参数也已经表明，人眼在一定范围内对信号不具有区分性。这就使得离开双眼单视野的一个比较近的范围内，感觉器对信号无法区分。这就导致在物理空间上分离的两个物体，在视网膜上仍然是对应的，而不会引起复视。

26.4.2 Hering-Hillebrand 偏差

根据上述不可辨识性，在实验中则会观察到以下现象。Hering 和

Hillebrand 首先发现了实验数据和 Vieth-Muller 圆的不一致,并观察到视野得到的曲线和 Vieth-Muller 圆的偏离现象。因此,我们将实验上得到的双眼单视野称为经验双眼单视野,而它与理论上的偏差效应被称为 Hering-Hillebrand 偏差,如图 26.17 所示。

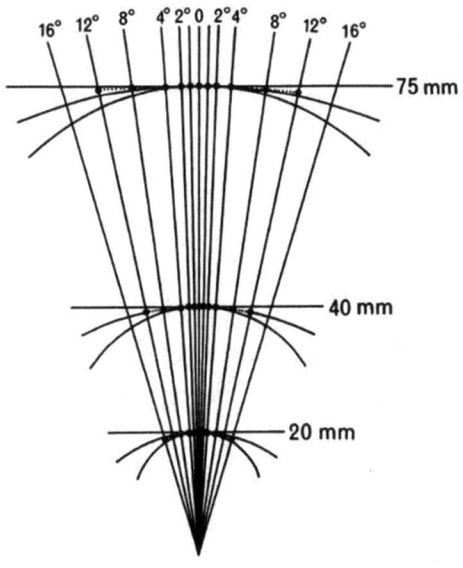

图 26.17　Hering-Hillebrand 偏差

注：在不同距离上测量的经验单视野。水平线代表的是到中央眼中心的距离。每个距离上的圆弧代表的是双眼单视野,在圆和水平线之间的线是经验双眼单视野,它和 Vieth-Muller 圆存在偏差（Ogle,1950）。

26.4.3　Panum 融合区

Panum 也注意到了这一现象,对这一效应给出了系统性描述（Panum,1858）,从而得出了一个以"经验双眼单视野"为中心,能够前后实现视觉像融合的区域,也被称为 Panum 融合区。如图 26.18 所示,在双眼单视野上放置一个光点,以此光点为参照,在其前后临近部分放置光点,则仍可以发生融合。

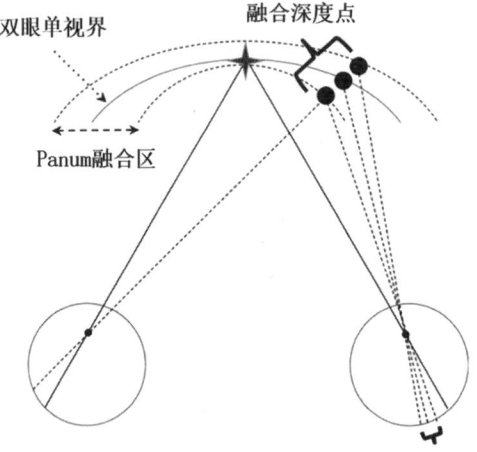

图 26.18　Panum 融合区

注：图中的圆环是不同距离上的理论 Vieth-Muller 圆。与之相切的线是经验测量的双眼单视圆。在经验单视野前后的区域是 Panum 融合区。采自 https://www.opticianonline.net/cpd-archive/4557。

Panum 融合区给出了一个结论：维持双眼视并非双眼的点对点的对应，而是点与区域的对应。这就在事实上扩大了点对点的对应范围，如图 26.18 所示。Panum 单视区的范围在正前方很小，越周边越宽。在无限远的注视点即视界圆的基础面，虽有双眼单视但无立体视。处于 Panum 单视区内的注视点，由于双眼视差的逐渐增加，保持着双眼单视并形成立体视觉，立体感的程度也随着两眼视差的增大而增加。单视，在双眼注视一个物点的同时，对任何离开该注视点所在单视区的物体都会产生生理性复视，立体视消失。

26.4.4　Panum 融合区意义

Panum 融合区的本质是空间上相邻的两个点，在双眼上仍然满足融合的一个区域。我们认为它的本质满足以下三点：

（1）如果以固视点作为参照，其中一个点与固视点相对应，在其临近放置的像与之融合的本质是视网膜上的像不可分辨。

（2）基于此，它仍然回到了工程学的基本概念，即由于在空间上的不可分辨，仍然是在视网膜上满足点对点对应。

（3）上述两点仍然保证了两个事实：融合和数理上的一一对应性。

由上述三点，我们可以得出一个基本假设：如果以经验单视野为参考，在经验单视野临近与之融合的点，都可以视为等价点。这样，我们就可以采用等价方法来研究空间成像问题。由此，我们就可以把经验上存在的双眼单视野作为"经验上的深度基准面"，从而研究深度视差问题。

26.5 深度解调方程

在双眼信号的空间信号调制中，我们找到了深度调制方程。这一机制揭示了空间变量 z 如何转换为双眼差异量。也就是 z 被转换为弧度表示视差量。这是由感觉器的物理器属性决定的。

弧度表示的视差变量依赖光功率信号和神经并行关系投射到初级视觉皮层。基于映射关系和视网膜的视差投射，我们将寻找视觉皮层中深度视差量的解调和编码，从而建立深度特征信号提取的数理机制。我们首先从行为层面上寻找对应的神经机制。

26.5.1 深度辨识范围

双眼以固视点 F 为参考点，也就是参考零点。水平弧度方向右侧为正方向。定义空间中的任意一个点 A 在左、右视网膜上的投影点为 A_L 和 A_R。固视点到两个点的弧长分别记为 FA_L 和 FA_R。这两个量的差异 ΔA 可以表示为

$$\Delta A = \frac{1}{2}(FA_R - FA_L) \quad (26.33)$$

两个量的中位数 A_m 为

$$A_m = \frac{1}{2}(FA_R + FA_L) \quad (26.34)$$

根据上述两个量，我们可以理解为在 A_m 深度量的基础上，增加 ΔA 时，深度仍然可以被辨识。由此，我们定义深度辨识量为

$$\frac{\Delta A}{A_m} = \frac{FA_R - FA_L}{FA_R + FA_L} \quad (26.35)$$

而这个量,恰恰和"视差梯度"表达的形式一致。令 G_d 表示视差梯度,则上式就可以简化为

$$G_d = \frac{\Delta A}{A_m} \quad (26.36)$$

设 ΔA 为某个最小值时,恰恰可以分辨,这时就构成了深度识别的阈值。我们把这个值记为 $\Delta A_{\min}$,则上式就可以表示为

$$G_{d\min} = \frac{\Delta A_{\min}}{A_m} \quad (26.37)$$

其中,$G_{d\min}$ 为视差梯度的最小值。同样,当 ΔA 达到某个极大值 $\Delta A_{\max}$ 时,双眼仍然可以融合,则上式可以表达为

$$G_{d\max} = \frac{\Delta A_{\max}}{A_m} \quad (26.38)$$

其中,$G_{d\max}$ 为视差梯度最大值。这样,我们就得到了给定 A_m 值时,视差梯度范围为 $[G_{d\min}, G_{d\max}]$。在这个范围之内,像点 A 可以形成不同深度的立体,过程如图 26.19 所示。

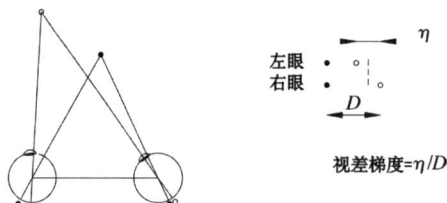

(a)视差梯度小于 2 的两个物体

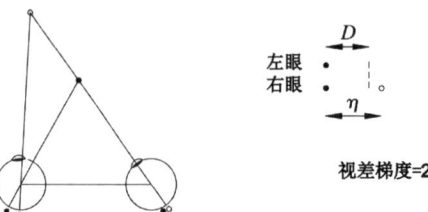

(b)位于一条单眼视线上的两个物体的视差梯度等于 2

第 26 章 视觉双眼信号逻辑运算

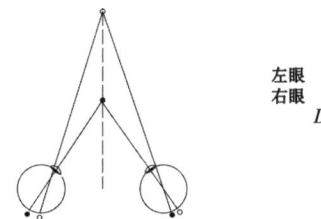

（c）位于 Hillebrand 双曲线上的两个物体的视差梯度接近无穷大

图 26.19 视差梯度

（Howard et al., 1995）[40]

26.5.2 深度解调方程

根据信息的可辨识性，对于任意给定的 A_m，ΔA_{min} 为最小的可辨识的值，也就是它的阈值。若两者的比值为一个常数，并记为 G_c，则可以得到

$$G_c = \frac{\Delta A_{min}}{A_m} \quad (26.39)$$

这个方程被称为"深度解调方程"。这个方程也就清晰地告诉我们，深度的获得需要建立在两个量的基础上：A_m 和 ΔA_{min}。A_m 显示的是绝对的深度的大小，而 ΔA_{min} 则是相对深度的大小。因此，在视觉皮层上，寻找神经上深度特征量的解调机制构成了神经机制研究的核心。

26.5.3 交叉视和非交叉视

对于空间中的任意点，相对于固视点而言，它在视网膜上的投射会出现多种情况。设空间中的点为 P_1 和 P_2，固视点为 F。这两个点在左、右视网膜上的投射分别为 P_{l1}、P_{r1}，P_{l2} 和 P_{r2}。

在深度方向上，以固视点为参照，若 P_1 和 P_2 分别在固视点的远处和近处，则会出现两种情况：交叉视和非交叉视，如图 26.20 所示。对于 P_1 点，视线交叉在固视点之后，称为非交叉视。对于 P_2 点，视线交叉在固视点之前，称为交叉视。

设逆时针方向为圆弧的正方向。在上述两种情况下，则可能出现的情况是：P_1 在视网膜的透射均在鼻侧。这就意味着，在数理上，若以固视点为 0 点，它们分别在 0 点两侧。同样的情况也会发生在 P_2，如图 26.21 所示。

根据视野向初级视觉皮层的映射关系（见上文视野分布），它们的投影不在同一侧脑球，而分别在对侧的脑半球投影。而在一侧的物体，才会发生投影到同一侧大脑的情况。

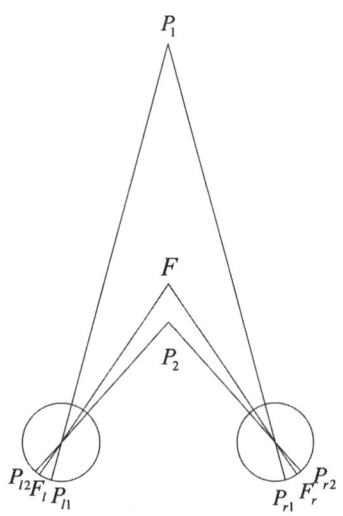

图 26.20　交叉视和非交叉视

注：在双眼单视野上，固视点在双眼视网膜上一一对应，双眼之间无差异，也就无视差，以此为参照，在双眼单视野前后放置物体，并被双眼融合时，双眼视线交叉点发生在之前的称为交叉视，之后的称为非交叉视。

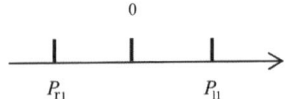

图 26.21　立体视中的投影关系

注：以固视点为参考点。P_1 在视网膜的投影可能均在双眼鼻侧。

上述情况就直接暴露了一个问题，仅仅依赖单侧大脑的信息无法完成计算，它需要双脑的信息实现通信才能完成这一任务，而承担双侧信息任务的是胼胝体。

26.5.4 胼胝体投射

双脑之间关于视觉信息的交换需要实现向对侧大脑进行投射，接收了单侧大脑的信号，而在视觉的 18 区，则接收来自对侧投射信号，使得双脑信号得以拼接而计算总的视差。对于胼胝体的精细结构，我们仍然无法确切知道它的具体的信息加工。但是，在这个点上，我们认为胼胝体投射、V1 区向 18 区投射共同完成了视差计算，如图 26.22 所示，视差的数理表达为

$$\eta = p_{ll} - p_{rl} \quad (26.40)$$

根据这一关系，我们可以得到深度为

$$z = \frac{ac_z}{\eta} \quad (26.41)$$

其中，η 为视差，z 为深度，a 瞳孔间距，c_z 深度的相对辨识，$c_z = \Delta z/z$。

在这个过程中，我们还无法找到神经的关于深度 z 的编码量，这是未来神经科学需要建立的基本问题和探索方向。

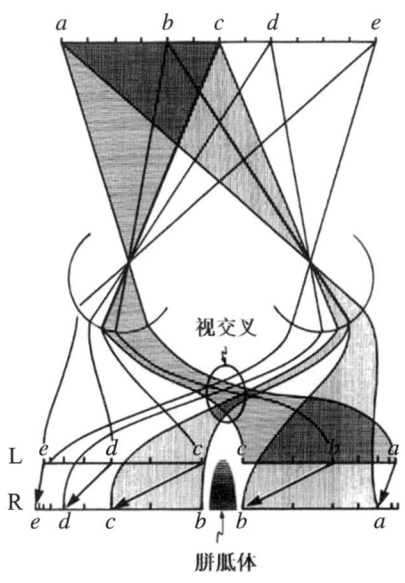

图 26.22 胼胝体投射

采自 http://www.oculist.net/downaton502/prof/ebook/duanes/pages/v8/v8c024.html。

第六部分

感知反馈控制原理

第 27 章　认知反馈控制原理

自感觉器向上的神经回路是"自下而上"的神经通路。它是物质世界信息进入大脑并被加工的过程。从本质上讲，也是外界信息向人脑通信过程中信号的对称性变换过程。

外界"客体"及其信号是一个随时间、空间位置发生变化的动态过程。这一过程在客观上，需要人的神经系统或高级系统对"信号源"的变动进行响应，或者确切地说，随"信号源"的变动而变动，甚至提前做出预测性的变动。这就构成了"认知控制"。高闯提出了两级的认知反馈加工系统（高闯，2022）[517-554]，将人的认知反馈控制分为低级阶段的反馈系统和高级阶段的反馈系统，这为从认知控制的角度理解人的问题提供了基础。

本章中，我们将从认知控制模型的角度出发，对认知控制的上行通路、反馈回路中的关键器件、上行与反馈的信号关系以及正负反馈的机制等问题进行构造，从而建立低级阶段的认知控制架构。必须说明的是，在这里我们并不企图建立知觉以上的精神控制问题，它在本书作者的另一著作《数理心理学：人类动力学》中已经进行了基本架构。

27.1　神经反馈控制模型

关于认知控制的基本问题，我们需要回到一般的控制论和信息论模型中，明确阐述一般的控制性问题。在此基础上，根据神经信号、生物机械系统的一般性结构，实现关于低级阶段的生物系统中的认知控制。

27.1.1 控制系统模型

Wiener 将控制论定义为对动物和机器中的控制与通信的科学研究（Wiener，2019）。换句话说，这是关于人、动物和机器如何控制和通信的科学研究。以此出发，控制论（cybernetics）是研究动物（包括人类）和机器内部的控制与通信一般规律的学科，着重于研究过程中的数学关系，包括在各类系统中的控制结构、信息交换和反馈调节。这一特性决定了控制科学必然横跨人类工程学、控制工程学、通信工程学、计算机工程学、一般生理学、神经生理学、心理学、数学、逻辑学、社会学等众多学科。

闭环控制模型包括控制器、控制对象和信息反馈三个关键环节，如图27.1 所示。输入信号通过控制器控制对象的输出，输出的信号又作为反馈信号对输入信号进行校正，构成了控制的内核。在这个过程中，包含3个重要的特征：

（1）输入的信息经过控制器和控制对象而输出。具有外部的信息流，即通过控制影响了信息流的输出。

（2）反馈信息。由于反馈的存在，才能回馈到输入端，它是校正的基础。

（3）信息校正。一般的信息控制，通常具有参考值，反馈信息与参考值相比对，构成了调整的基础。

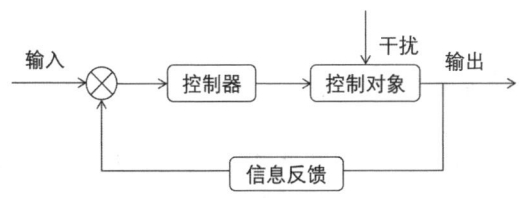

图 27.1　控制系统模型

注：控制模型包括三个环节：控制器、控制对象、信息反馈。它的主要特征是：系统输出的信息作为信息反馈到输入端，并在输入端通过校正装置，实现输入信息校正，从而实现对控制对象的控制。在这个过程，同时也包含来自外部信息的噪声干扰。

从这个关系中可知，控制模型本质上是系统、信息和控制的统一体。根据控制的方向，反馈又分为两种类型：正反馈和负反馈，如图 27.2 所示。

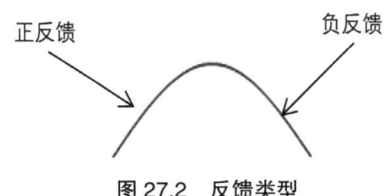

图 27.2　反馈类型

注：经反馈调节后，朝着与它原先活动相同的方向改变，则为正反馈。反馈信息调整控制部分的活动，最终使受控部分的活动朝着与它原先活动相反的方向改变，则为负反馈。

输出的信息是受控的信息，如果受控的输出信息，经反馈调节后朝着与它原先活动相同的方向改变，则为正反馈。如原来的信号在增加反馈后继续增加，也就是反馈信号的极性与系统输入信号的极性相同，从而起到增强系统净输入信号的作用，称之为正反馈方式。

负反馈则指受控部分发出的反馈信息调整控制部分的活动，最终使受控部分的活动朝着与它原先活动相反的方向改变。反馈又将系统的输出返回到输入端并以某种方式改变输入，进而影响系统功能。

综上所述，正反馈起加强控制信息的作用，使输出起到与输入相似的作用，使系统偏差不断增大，起到放大控制的作用。负反馈则起纠正、减弱控制信息的作用，使输出起到与输入相反的作用，使系统输出与系统目标的误差减小，系统趋于稳定。

27.1.2　低级控制系统模型

在人的低级阶段，神经系统进化出了反馈系统。在不进入高级认知的情况下，就可以通过低级阶段的自动反馈，实现对外界信号的反应，使得生物机械装置快速制动。在控制模型的基础上，我们就可以根据一般性的神经结构建立关于神经的低级阶段的信号控制模型。

根据神经科学，低级阶段一般可以划分为感受器、效应器、传入与传

第27章 认知反馈控制原理

出神经、低级神经中枢。根据前文的理论，感觉器又被我们划分为调制器和 A/D 变换器件，它们构成了闭环的神经反馈通路。从信息控制的角度来看，上述各个器件承担了反馈控制的控制对象、控制器件、信息流的输入、输出和信息叠加功能（如图 27.3 所示）。

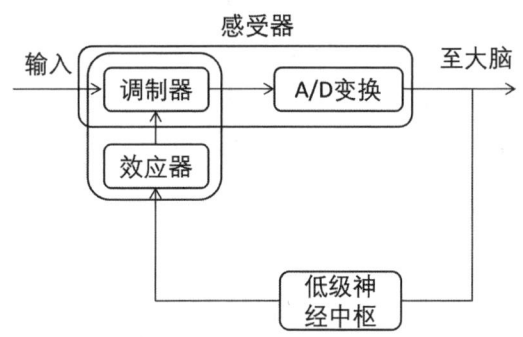

图 27.3　低级神经反馈控制

注：调制器、效应器、A/D 变换构成了人的感觉器。效应器构成了对调制器、A/D 变换的控制器。通过大脑信号到神经中枢的神经反馈，实现对调制器的控制，进而影响输入信号。

根据上述内容，我们可以得到低级阶段普遍性的认知控制模式。即在人的低级加工阶段，来自外界的信息经过调制器实现信号的 A/D 变换，然后输出后到达低级神经中枢，其中一路则通向大脑。

低级神经中枢则把信息加工处理后，释放信号到效应器。效应器对应着反射弧的输出端，通常由传出神经末端加上它所控制的肌肉或腺体组成。

在效应器实现与历史信息的叠加和比对（后文我们将重点讨论效应器的反馈功能意义）。这对调制器产生影响，实现了输入信号的变化，从而达到对输入信号的反馈调节。然而，效应器的这一数理特性往往被忽视。

这是一个闭环的、最简约形式的神经系统控制模型。在此基础上，增设各种新式的神经控制器件，可以组成更为复杂的神经控制电路，这需要在具体的神经回路中进行考察。

27.2 肌肉差动效应器模型

人的各级效应器，包括肌肉及其腺体构成响应端，往往以配对的方式出现，形成拮抗对，使得响应形式形成"功能可复位"的"往复循环"系统。当效应器处于某种平衡状态时，肌肉处于稳定的拉伸状态，但当状态发生改变时，则形成功率差动的驱动状态。效应器与感觉器相连，使得效应器状态改变，进而影响感觉器信号输入。在这里，我们首先建立关于肌肉工作的控制机制。将肌肉作为一个控制器件，称为"肌肉差动效应器"。

27.2.1 效应器状态量

设肌肉构成的效应器在 t_0 时刻处于平衡状态。这时与之相联系的运动神经元的"频率发放"处于平衡状态，设运动神经元单脉冲的能量为 E_u，发放的频率为 $f_0(t_0)$，则维持这一状态的功率可以表示为

$$p_0(t_0) = E_u f_0(t_0) \tag{27.1}$$

在平衡状态下，当一个电脉冲被促发时，肌肉收缩。而脉冲是不连续的，在两个脉冲的间隙，肌肉获得恢复原来状态的时间，会进行反向收缩。当下一个脉冲达到时，肌肉开始重复前一个流程，这就使得肌肉不断地处于状态的复位中，从而使得肌肉的状态处于一个具有平衡点的动态平衡中。即肌肉处于平衡的状态是一个动态的平衡状态。在这一状态下，稳定的频率是肌肉处于某个状态的保障。这时的频率值也构成了一个初始状态的值。不同的平衡位置对应的平衡发放频率也不相同。

27.2.2 效应器差动

当效应器接收到与之不同的频率信号时，这种状态将发生变化。设在 t 时刻，输入的频率值为 $f_0(t)$，这时的频率为 $p_0(t)$，则满足以下关系：

$$p_0(t) = E_u f_0(t) \tag{27.2}$$

在这种情况下，原来的力学状态将被破坏，它们之间的差值可以表示为

$$p_0(t) - p_0(t_0) = E_u \left[f_0(t) - f_0(t_0) \right] \quad (27.3)$$

根据该式,我们就可以得到下述三种情况:

(1) $f_0(t) - f_0(t_0) = 0$ 时,$p_0(t) - p_0(t_0) = 0$。即输入肌肉频率不变,肌肉功率输入不变。

(2) $f_0(t) - f_0(t_0) > 0$ 时,$p_0(t) - p_0(t_0) > 0$。即输入肌肉频率增加,肌肉功率输入变大。拉力增强,肌肉朝着继续拉大的方向变化。

(3) $f_0(t) - f_0(t_0) < 0$ 时,$p_0(t) - p_0(t_0) < 0$。即输入肌肉频率减少,肌肉功率输入减小。拉力减弱,肌肉朝着恢复的方向变化。

根据这种情况,肌肉控制的数理机制就显露了出来,t_0 时刻肌肉所处的状态由 $p_0(t_0)$ 所决定,也是肌肉状态的初始值。在 t 时刻,输入功率发生变化。它的运动状态由前后输入的功率的差值来驱动,因此,它是一个"差动"驱动的效应器,如图 27.4 所示。

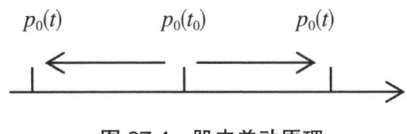

图 27.4 肌肉差动原理

注:$p_0(t_0)$ 为初始值,任意时刻的功率值为 $p_0(t)$,以 $p_0(t_0)$ 为基础,驱动肌肉发生变化。当在新的位置平衡时,它的增加值是两者的差值。

27.2.3 肌肉差动效应器模型

肌肉工作的上述机理揭示了两个基本的事实:

(1) 处于平衡状态的肌肉,"记忆"了这时的"状态值"$p_0(t_0)$。这是产生差动的基础。即肌肉记忆了控制的"初始值"。

(2) 肌肉的状态是按照功率的大小进行编码的。即不同的功率和发放频率,肌肉处于不同的状态,这就使得从一个功率值 $p_0(t_0)$ 到另外一个功率值 $p_0(t)$ 之间一旦出现差值,则状态就会发生改变。

基于以上论述,作为效应器的肌肉就可以被简化为以下模型,当前的

输入为 $p_0(t_0)$，当新输入为 $p_0(t)$ 时，肌肉将在它们之间的差值 $p_0(t) - p_0(t_0)$ 的驱动下制动，这就构成了差动器件。这个器件我们称为"肌肉差动效应器"，如图 27.5 所示。

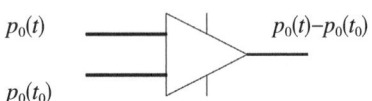

图 27.5 肌肉差动效应器

注：在肌肉上，肌肉当前的输入值为 $p_0(t_0)$，当 $p_0(t)$ 为新的输入时，将引起肌肉状态发生变化，从而转向新的状态，驱动动力是二者的差值 $p_0(t)-p_0(t_0)$，这一特性，是由肌肉的物理学特性决定的。肌肉也就可以被看为一个差动的效应器。

它的通信方程可以表示为

$$\Delta p = \begin{pmatrix} 1 & -1 \end{pmatrix} \begin{pmatrix} p_0(t) \\ p_0(t_0) \end{pmatrix} \quad (27.4)$$

Δp 表示 $p_0(t) - p_0(t_0)$ 的差值。它们的编码方程为

$$\Delta f_0 = \begin{pmatrix} 1 & -1 \end{pmatrix} \begin{pmatrix} f_0(t) \\ f_0(t_0) \end{pmatrix} \quad (27.5)$$

其中，$\Delta f_0 = f_0(t) - f_0(t_0)$。

肌肉效应器模型的建立提供了一个最为基本的机制，即肌肉可以实现对当前信号的记忆，并实现对新加信号相对于当前信号的对比功能，即肌肉信号实现了前后信号的对比控制和叠加。

第28章　视觉图像反馈控制

经人眼的物理光学系统调制，我们获得了视网膜图像。但是，物理世界不是静态的，它需要人眼不断地调制光学系统，以适应整个视场的图形和图像的获取。这就需要反馈的系统，即它需要根据视觉场景的图像质量，不断修正自己的光学系统状态。这是一个全新的问题，它把我们的工作从上行的信息加工中逐步转向了对下行信号的关注。

这一性质的改变也促使我们重新认识人的成像光学系统及其附件功能的解释。也就是从这一角度出发，我们对人的视觉系统的完备性机制的认知才得以完善。

视网膜图像的质量涉及图形的修正和进一步的处理。在本章中，我们将对视觉系统的图像质量问题进行讨论，它包括以下问题：

（1）成像系统的图片质量影响的工程因素。

（2）人眼图片成像中图像质量控制要素。

（3）图像控制的神经回路。

上述三个逻辑关系的建立将使我们清晰地看到：人的视网膜上"非成像细胞"在图像质量控制中担负的基本功能。为这一领域的信号、频段占用、编码等处理机制带来了新的可能性。

28.1 人眼图像质量因素

经凸透镜成像的视网膜像受到人的眼睛的生物系统参数的约束。它需要借助物理光学系统和物理光学参数来发现成像过程中，图像质量和物理光学系统之间的数理关系。而巧合的是，在摄影学中，借助物理几何光学的原理，已经建立了关于光学成像系统和图像质量的基本关系，并在事实上和人的眼球的成像系统进行了结合。利用它们之间的原理相同性，就可以得到人眼成像质量和成像系统参数之间的关系。这就为讨论人眼系统的控制机制奠定了基础。

28.1.1 景深关系

焦距和瞳孔半径之间的配合关系形成了数理关系，对人看到的景象会产生影响，即在深度上对成像质量产生影响，也就是景深问题。从摄影器材物理光学中可以得到这一关系，如图 28.1 所示。

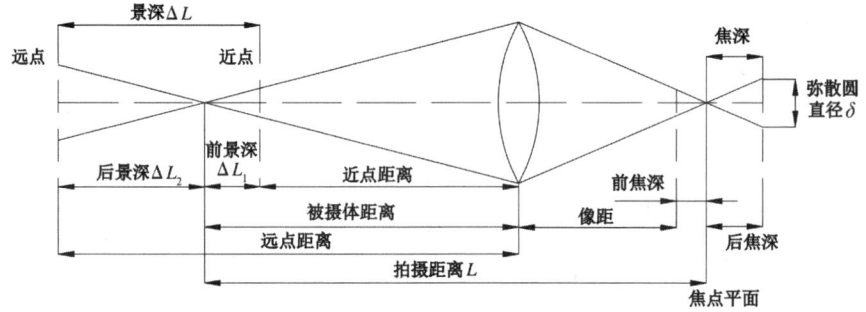

图 28.1 景深关系

注：物体在成像面上成像时，总是不能完全汇聚一点，而形成直径为 δ 的弥散圆。使得在允许范围内，可以清晰地观察到物体，构成了景深。散圆直径为 δ，L 为对焦距离，ΔL_1 为前景深，ΔL_2 为后景深，ΔL 为景深。

弥散圆（circle of confusion）：物点成像时，其成像光束往往不能会聚于一点，在像平面上形成一个圆形投影，称为弥散圆。近视和远视可以认为是弥散圆发生的两种极端情况。

第28章 视觉图像反馈控制

在光学器材聚焦完成后，焦点前后范围内所呈现的清晰图像的距离被称为景深。其呈现的影像模糊度都在容许弥散圆的限定范围内。或者说在这个范围内，认为是"清晰的"。

设弥散圆直径为 δ，L 为对焦距离，ΔL_1 为前景深，ΔL_2 为后景深，ΔL 为景深，则满足以下关系：

$$\Delta L_1 = \frac{d_{\mathrm{rp}} \delta L^2}{f_{\mathrm{A}} + d_{\mathrm{rp}} \delta L} \quad (28.1)$$

$$\Delta L_2 = \frac{d_{\mathrm{rp}} \delta L^2}{f_{\mathrm{A}} - d_{\mathrm{rp}} \delta L} \quad (28.2)$$

$$\Delta L = \Delta L_1 + \Delta L_2 = \frac{2 f_{\mathrm{A}}^2 d_{\mathrm{rp}} \delta L^2}{f_{\mathrm{A}}^4 - d_{\mathrm{rp}}^2 \delta^2 L^2} \quad (28.3)$$

在摄影学中，常常利用这一关系来调整摄像器材的光圈，以获取不同的景深，如图28.2所示。图中清晰地展示了光圈和图像景深，清晰程度之间的关系：

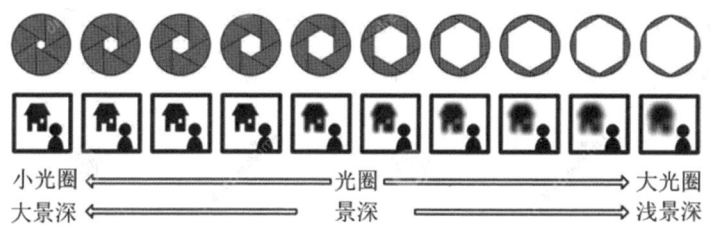

图28.2 光圈和图片景深之间关系

注：在摄影学中，当光圈越来越大时，光线亮度增加，景深则变小，可观察的清晰距离变小。在这个过程中，图片的清晰程度越来越模糊，对比度越来越小。采自https://cartoondealer.com/image/80654740/aperture-infographic-explaining-light-depth-field.html。

（1）光圈越大，进入到光学系统中的能量越大，光场照明增加。

（2）光圈变大，图像阴影变大，开始逐渐模糊，景深变小。

（3）光圈变大的过程中，图像明、暗对比程度降低，清晰程度降低。

这样，我们就得到了光圈和景深之间的关系，如图28.3所示。这一关系也恰恰与人眼观看远处物体时处于放松状态的瞳孔变小现象相一致，即人眼调节首先满足了光学的物理特性。

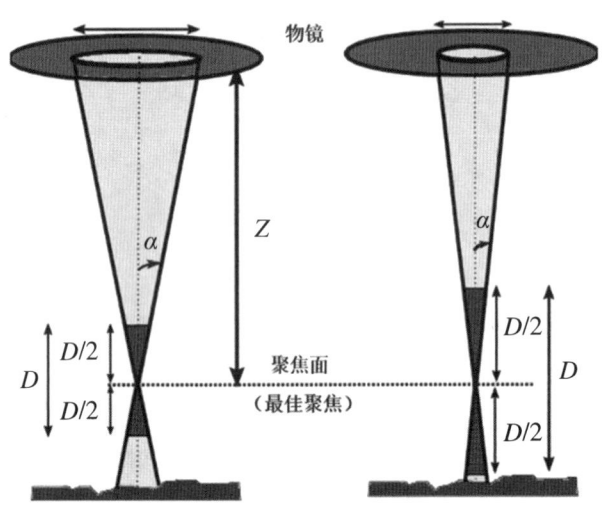

图 28.3　光圈和景深调制的关系

注：当光圈变小时，物体的景深开始逐渐加大。这一变化，和人眼观察远处，睫状肌放松、近处睫状肌收缩来调整瞳孔大小，达成了行为学一致（Marturi et al., 2013）。

28.1.2　物理比对度

视网膜的光亮度是对进入人眼的光学系统整体能量的一个平均值水平的计算。即对进入到人体的图片的总面积进行平均而得到的平均意义上的光的强度。这一因素受瞳孔大小、焦距形成的光圈的影响，同时，也受到发光体亮度的影响。眼球的变焦系统蕴涵了对这一影响因素的调节。我们将在神经反射的环路中讨论这一机制。

光圈的因素同时又暴露了另一个问题：随着光圈的变化，图像的清晰程度也会发生变化，这就意味需要对图像的清晰程度进行度量。这个指标采用"对比度"(contrast)来度量。

在视觉系统中，一个视场内的平均的亮度值，我们记为 L_0。视觉系统的每个采集信号的 on center 和 off center 均从光信号中进行采样。它的物理的尺度、视网膜分布的数量，使得我们把视网膜的采集的亮度值作为一个集合的话，就会得到一个大的数据集合。我们将这个集合的元素记为 L_i，则视网膜采集到的亮度集合就可以表示为

$$L = \{L_i | i = 1,\cdots,n\} \tag{28.4}$$

则对这些亮度值求平均就可以得到

$$L_0 = \frac{\sum_{i=1}^{n} L_i}{n} \tag{28.5}$$

显然，这个集合是关于空间亮度的一个采样分布，因此，当它的数量足够大时，我们就可以认为这个分布满足正态分布，如图 28.4 所示。若它的最大值和最小值分别为 $L_{\max}$ 和 $L_{\min}$，则它的平均值也可以表述为

$$L_0 = \frac{L_{\max} + L_{\min}}{2} \tag{28.6}$$

同样，光亮度在平均值水平左右的变动范围可以表示为

$$\Delta L = \frac{L_{\max} - L_{\min}}{2} \tag{28.7}$$

由上述两项，我们就可以得到

$$\frac{\Delta L}{L_0} = \frac{L_{\max} - L_{\min}}{L_{\max} + L_{\min}} \tag{28.8}$$

而这一形式是对物理图像区分的表达，它提供了一个对"图像"清晰程度进行区分的一个客观性的标准。

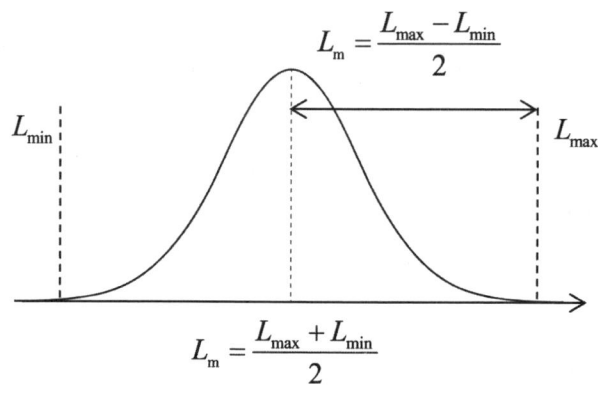

图 28.4 空间亮度分布

注：当视网膜对整个光场进行采样时，视网膜的采集的感受野的数量足够多，每个采集的亮度值为 L_i，则 L_i 的分布构成正态分布。

在这里，我们需要强调的是，它并不是心理量而是物理客观量。这些物理量在经神经转换而变换为心理量时，就可以得到人对这些信号的辨识能力。即，若 L_0 对应的心理量为 L_0'，在这个之上的区分的量为 $\Delta L_0'$。上述的形式，就可以表示为

$$\frac{\Delta L_0'}{L_0'} = \frac{L_{\max}' - L_{\min}'}{L_{\max}' + L_{\min}'} \quad (28.9)$$

这就是"韦伯定律"的形式，它是韦伯定律在视觉通道中的表现形式。我们可以看出，对比度中暗含了"心理物理关系"。穆尔登（Moulden，1990）对比度公式在视觉图像系统中的定义并不是一个偶然。它们之间的本质数理联系，我们将在未来的章节中进行推导。

28.1.3 视网膜成像质量因素

通过上述对物理光学成像系统的分析，事实上我们已经找到了影响"图像"成像质量的因素，这些因素回溯到人的眼球的视光学系统，包括：

（1）瞳孔光圈。包含瞳孔大小和凸透镜焦距两个因素。它直接影响人眼成像的景深和清晰程度。

（2）图像对比度。它直接反映了图像的清晰程度。

这就意味着，人眼的自控系统需要根据影响光学成像质量的因素进行调控，才能获得高质量成像图片，以满足人的社会化生活需要。

28.2 人眼图像质量调制控制

物理光学系统的参数是光学在处理光学器件时发现的重要成果，并在工程领域中得以应用。人眼的光学系统天然地集成了光学系统的工程学特征。采用物理光学的知识，可以有效地揭示人眼视光学系统的工程学原理和视光学神经控制原理。这种潜在的一致性是由物理原理决定的。在人的视光学系统中，它的反馈控制包括：

（1）瞳孔大小的控制。
（2）焦距调节的控制。
（3）瞳孔与焦距调节的协同性。

从本节开始，我们将逐节展开对上述 3 个问题的讨论。

28.2.1 瞳孔生物机械结构

"瞳孔"是人眼睛的进光孔道，类似摄像器材的透镜光圈的孔径。它的大小影响着进入到人眼的光的光流流量。因此，瞳孔大小和焦距之间的配合关系，必然类似摄影器材的"光圈"的作用。

对于人的物理光学系统来说，瞳孔大小是影响进入到人的光学系统的关键因素。人的神经系统对瞳孔大小进行控制，是对成像质量进行控制的手段之一，也就构成了其中的一个核心机制。

人的瞳孔大小控制依赖虹膜结构。虹膜是中间开孔的结构，它由两部分肌肉结构组成：①瞳孔括约肌，②瞳孔开大肌。中间部分是可以透光的瞳孔，如图 28.5 所示。辐射状的肌肉称为瞳孔开大肌。

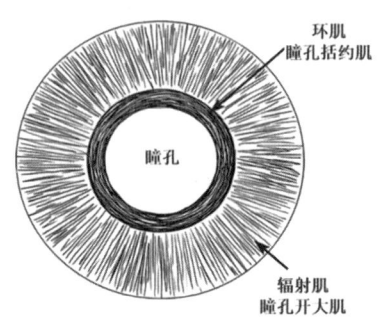

图 28.5 瞳孔控制的虹膜结构

注：虹膜的肌肉包括辐射状的瞳孔开大肌、瞳孔括约肌。中间是透光的瞳孔。虹膜的两部分肌肉，分别产生两个方向的应力：向内拉动肌肉的应力，使瞳孔面积减小。向外拉动的力，使瞳孔面积变大。达到控制瞳孔面积大小，影响进光量。

在正常光亮情况下，瞳孔处于中等打开状态。以此为参照，当光强增强时，括约肌产生应力作用，向内拉动肌肉，瞳孔变小。反之，当光线变弱时，增大肌作用，拉动肌肉，瞳孔增加，进入到瞳孔的光亮度增加，如图 28.6 所示。

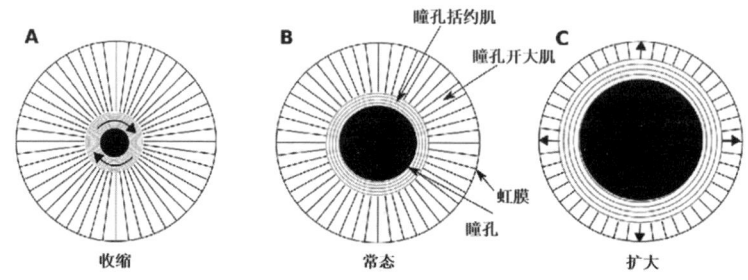

图 28.6 虹膜肌肉力学机制

注：虹膜的括约肌和开大肌，沿着瞳孔中心的径向，产生两个相反方向的弹性应力，使得瞳孔产生放大和缩小的两种结果。中图是正常光亮情况下，瞳孔所处的状态。左图：光线较强时，括约肌收缩，瞳孔变小。右图：光线变弱，瞳孔扩大肌作用，瞳孔变大（Szczepanowska-Nowak et al., 2004）。

28.2.2 眼球变焦系统

人的眼球还是一个可变焦的物理光学成像系统。它是由一组不同的光学介质构成的透光体，可简化为一个透镜，也就构成了"简化眼模型"的基础。有趣的是，这个简化眼同时也是一个可"变焦"的系统。利用光学透镜焦距变化，可实现不同距离物体在视网膜上的投射。

人的眼球主要通过改变眼球前端晶状体的形状来实现对焦距的改变。晶状体通过睫状肌的韧带悬挂在眼球前部。睫状肌韧带的纤维交叉分布连接在晶状体前部、后部和边缘，如图 28.7 所示。当睫状肌收缩时，睫状体移向前内，晶状体变圆，厚度增加，近处物体的光信号易于聚焦，适于观察近处物体。反之，当睫状肌放松时，晶状体变窄，厚度变小，远处物体光信号易于投射到视网膜。这样，就构成了远、近过程中晶状体变焦调整的变化过程：

（1）睫状肌收缩，由当前物体移向近处物体，实现变焦。

（2）睫状肌放松，由当前物体移向远处物体，实现变焦。

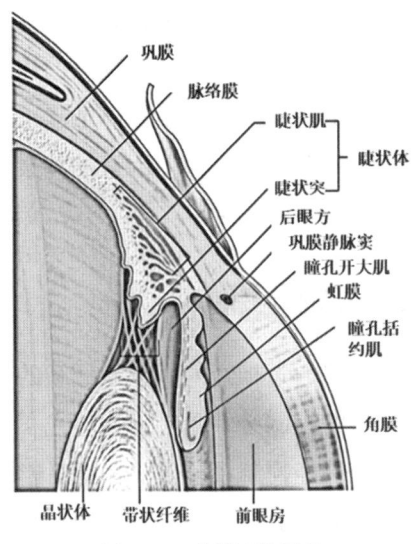

图 28.7 人眼变焦机构

注：晶状体是眼睛的透镜，通过交叉的睫状肌韧带，由睫状肌拉动。韧带的不同方向拉动，使得晶状体曲率发生变化，实现焦距变化。近处的曲率大，远处的曲率小。

这两个过程由睫状肌驱动，构成了两个不同的能量收发方向，如图28.8 所示。

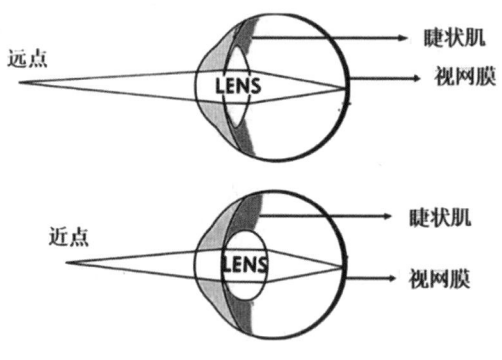

图 28.8　眼球调焦结构

注：人的眼球的前端，眼球的透镜经睫状体悬韧带悬挂在眼睛前端。当视近处物体时，睫状肌收缩，睫状体移向前内，睫状小带松弛，增加晶状体曲度，起近距离调节作用。当视远处物体时，睫状肌松弛，睫状体后移，拉紧睫状小带，晶状体曲度减少，形成聚焦。采自 https://en.m.wikipedia.org/wiki/Accommodation_(vertebrate_eye)。

上述这两个系统就清晰地表明了人的视光学成像系统中，既存在进入光学系统的孔径因素（瞳孔），也存在透镜变焦的焦距因素。这两个因素的存在，就与物理光学中的"光圈"完全对应了起来，即人的视网膜成像的图像质量必然受到人的眼球的"光圈"因素的约束。对"人眼光圈"进行控制构成了人眼光学控制的一个核心。

28.3　人眼光圈神经环路

人眼生物光学系统需要通过神经的高级与低级的反馈系统来驱动，实现对信号的自由采集。它的控制必然受制于物理光学系统的物理约束。即为了获得最佳图像质量，神经控制系统需要根据对影响图像质量的因素进行调控，以达到图像优化的目的。在上述建立物理视光学与图像质量之间的关系后，我们就可以在这个基础上，寻找神经环路及其机制。它是我们更进一步深度理解人的信息加工机制所必需的。

第28章 视觉图像反馈控制

根据上述物理光学原理，意味着神经控制需要对人眼实现两个关键控制。

（1）人眼的光圈控制，也就是对瞳孔和焦距的协同控制。

（2）对图像质量的控制。

人的眼睛构成的光学系统，既有瞳孔大小，也有凸透镜的焦距成像因素，这就构成了生物光学系统，或者说是"人眼光圈系统"。而光圈系数对图像质量的影响，意味着人的神经要对这些因素进行协同控制，才能满足最佳的成像效果。而事实上，确实存在着这类神经环路来反馈调制这一参数。

28.3.1 自主感光神经节

对于光场信号调节，我们认为，它由视网膜自主感光神经节（intrinsically photosensitive retinal ganglion cells，简称 ipRGCs）细胞实现信号控制。也就是，它的目标仍然是用来调整视网膜成像的质量。

与视锥细胞和视杆细胞一样，ipRGC 也是一类光感受器细胞，它们能够合成感光蛋白黑视素（melanopsin），从而具有自主感光能力。它共有五种亚型（M1~M5），是神经节细胞的一类亚群，如图 28.9 所示。几乎所有的哺乳动物视网膜组成中都有 ipRGC。

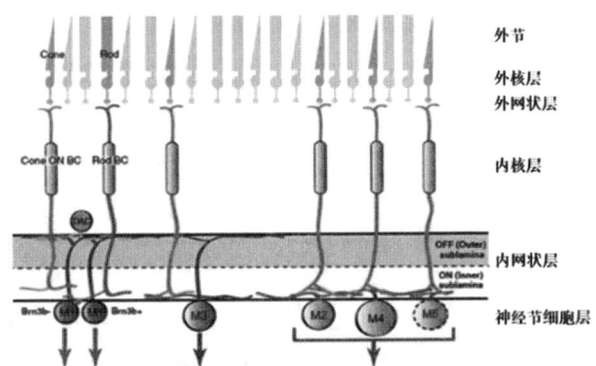

图 28.9 视网膜上的自主感光神经节

注：主要包含 4 个亚型，分别通向不同神经节。采自 https://wiki.eyewire.org/Intrinsically_Photosensitive_Retinal_Ganglion_Cells_(ipRGCs)。

其轴突主要投射到视交叉上核、橄榄顶盖前核等脑区，参与调控昼夜节律和瞳孔对光的反射。部分 ipRGCs 的轴突投射到外侧膝状体和上丘。在这里，我们将主要关注和"人眼光圈"调节有关的回路机制，而不去讨论生物节律的问题。

28.3.2 人眼光圈调制回路

根据上述关于图像成像质量的讨论，影响光圈的因素中，"人眼光圈"在客观上要求人的瞳孔与焦距之间进行协同，并实现最优的配置。因此，从这一角度出发，从视网膜出发的自主感光神经节的作用也就显现了出来：

（1）通过光场流量的处理，以获得较好的景深。

（2）通过瞳孔和焦距系统，获得比较好的清晰度的照片。

根据景深和视场能量之间的关系，由于它并不涉及光学图片的每个细节点，也就从表面上表现出似乎与光学成像无关，而事实上却影响了成像的质量。在视光学和神经科学中，通常将这个通路称为"瞳孔反射与调焦通路"。它的数理本质也就被找到了。

28.3.2.1 人眼光圈协同通路

在人的视网膜中，存在一类特殊细胞，称为黑视蛋白神经节细胞（melanopsin ganglion）。它并不是为了看清物体形状，但它却能与光反应，特别是对蓝光发生反应。这一信号波段设置是哺乳动物通过黑视蛋白的光敏蛋白设置"生物钟"所必需的。

在这类神经节细胞中，存在一路细胞构成的信息流，经视交叉投射到橄榄顶盖前核（olivary pretectal nucleus），然后进入到双侧的 EW 核（Edinger–Westphal nucleus）。经动眼神经到达睫状神经节、节后纤维和瞳孔括约肌。如图 28.10 所示。这路神经中的一个关键功能是实现焦距和瞳孔的协同调节，也就是"人眼光圈"的协同调节。

（1）从睫状体神经发出的神经，通过睫状肌收缩的控制，实现焦距的调节，也就构成了对焦距调节。

（2）对睫状体收缩控制的同时，也对括约肌进行同步控制。

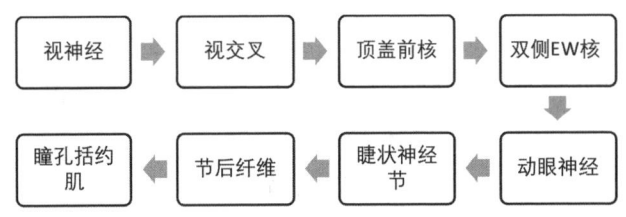

图 28.10　人眼光圈协同神经通路

注：黑视蛋白神经节细胞，经视交叉，投射到橄榄顶盖前核（olivary pretectal nucleus），进入到双侧的 EW 核（Edinger Westphal nucleus）。经动眼神经，到达睫状神经节、节后纤维、瞳孔括约肌，实现瞳孔括约肌和凸透镜的同步协同控制。

上述两个关键实现的控制方法是：当人眼调节的睫状肌收缩时，凸透镜变厚，人眼观察近处物体。这时，瞳孔收缩，进入光强变弱，便于观察清楚细节。而睫状体和括约肌的系统，依赖两者在眼球上的神经通路，如图 28.11 所示。副交感纤维支配瞳孔括约肌和睫状肌。当环形肌肉收缩时，瞳孔变小，晶状体透镜曲率也随之变大。即实现了近处观察，曲率变大，瞳孔孔径变小的协同。这就实现了人眼光圈的配置。反之，则得到相反的结果。副交感神经主要是对光强比较大时实现控制。

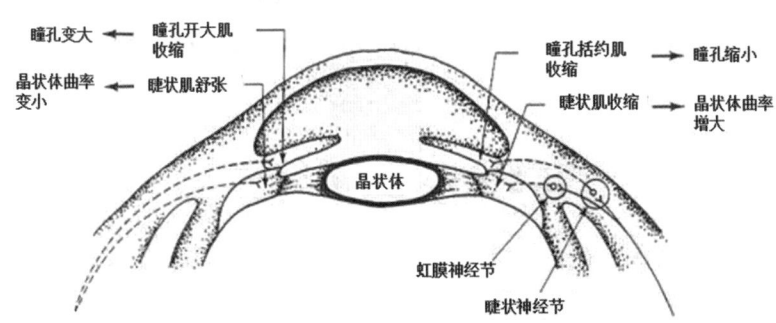

图 28.11　人眼光圈协同神经通路

注：副交感纤维支配瞳孔括约肌和睫状肌。当环形肌肉收缩时，瞳孔变小，晶状体透镜曲率也随之变大，即实现了近处观察，曲率变大，瞳孔孔径变小的协同。这就实现了人眼光圈的配置。反之，则得到相反的结果。

28.3.2.2 交感神经通路

副交感神经是"光强度"比较大情况下,神经对瞳孔、凸透镜的调节方式,并达成了两种同步协同性。神经上还需要对弱光情况下反向控制。即在弱光下,瞳孔增加,晶状体透镜变薄。在弱光下,瞳孔受"交感神经"调节。它与副交感神经构成拮抗性,也就是实现两个方向上的控制。交感神经实现的是对增大肌的控制,正好构成了瞳孔控制的反向。由于与副交感控制的拮抗作用(副交感同时控制瞳孔和晶状体),这就同步实现了对瞳孔、晶状体透镜的反向控制。如图28.12所示。这样,一个全貌性的调制"人眼光圈"系统就实现了,它的本质与物理光学成像质量达成一致。即在副交感神经和交感神经的共同作用下,实现了对瞳孔孔径的开、闭两个方向和晶状体凸透镜的协同控制,实现"人眼光圈"控制并达到了图像质量的调整。

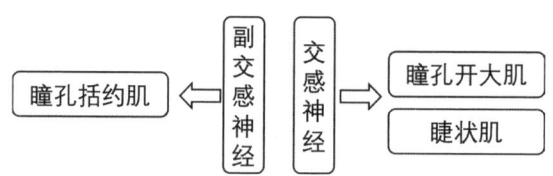

图 28.12　瞳孔的两个肌肉控制

注:交感神经和副交感神经,分别控制着瞳孔的括约肌和瞳孔开打肌,实现瞳孔面积的调整。

28.4　人眼光圈神经编码

对"人眼光圈"进行协同控制的观念一旦建立,就打破了一种观念:自主神经节细胞参与图像信号的处理,而应该确切地理解为它是对人的图像质量做整体的调整。由于图像质量是全视场意义的,因而,它不需要关注到视场中每个具体点的成像信息。这样,对光成像的理解的全貌就慢慢浮现了出来。在人眼光圈系统控制基础上,我们就可以根据神经通路,利用神经换能方程、神经通信方程、神经编码方程对人眼光圈的控制,建立神经方程的控制机制。

28.4.1 变焦边界条件

人所观察到的物质世界的光能量处于波动起伏当中,也就是说在空间中光分布是不均匀的。换言之,光能量分布是具有梯度的。

人眼的光圈系统,在距离上要在远、近之间进行变焦,实现不同距离的观察。根据 ϕ_p 的表达式,设无穷远处的距离为 d_∞,代入 ϕ_p 的表达式,则可以得到

$$\phi_\infty = A_s L_s \frac{A_p}{d_\infty^2} \tag{28.10}$$

ϕ_∞ 表示在无穷远处的光流量。根据该式,当 $d_\infty \to \infty$ 时,则可以得到

$$\phi_\infty = 0 \tag{28.11}$$

由此,把这个结果代入视网膜照度的表达式,可以得到无穷远处的光照度 E_∞:

$$E_\infty = 0 \tag{28.12}$$

我们将在 $d_\infty \to \infty$ 时,$\phi_\infty = 0$ 和 $E_\infty = 0$ 称为人眼光圈调制的物理边界条件。在这种状态下,眼球直视前方,睫状肌处于放松状态,晶状体曲率最小。

如果对统一发光体,从无穷远处向近处移动,距离的值变小,根据 ϕ_p 的表达式,如果瞳孔保持不变,则进入到瞳孔的能量也就会越来越大。这个能量值就会驱动神经转换成神经能量,拉动睫状肌使得晶状体曲率变大,观察近处物体。这与空间能量变化的特征正好一致。

28.4.2 人眼副交感神经通信方程

设人的左、右眼颞侧输入的光的功率分别为 p_{LT}、p_{RT}，左、右眼鼻侧输入的光的功率分别为 p_{LN}、p_{RN}，则根据人眼调焦反射的神经通路（如图 28.13 所示），输入到左、右顶盖前核（pretectal nucleus）的信号就可以表示为

$$\begin{cases} p_{Lp} = p_{LT} + p_{RN} \\ p_{Rp} = L_{RT} + L_{LN} \end{cases} \quad (28.13)$$

其中 p_{Lp}、p_{Rp} 分别表示输入到左、右顶盖前核的信号功率。而从顶盖前核输出的信息分为两路，分别输出到本脑半侧和对侧的动眼神经副核（Edinger-Westphal nucleus），其信号功率分别记为 p_{LLed} 和 p_{LRed}，如图 28.14 所示。

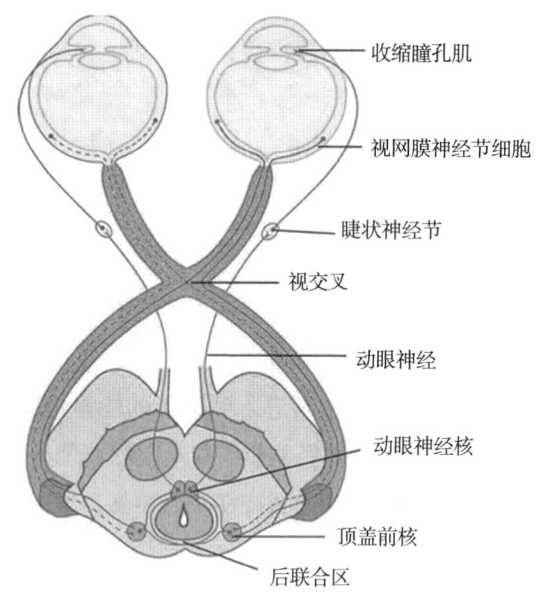

图 28.13　人眼调焦神经通路

采自 https://doctorlib.info/anatomy/clinical-neuroanatomy-28/8.html。

第 28 章　视觉图像反馈控制

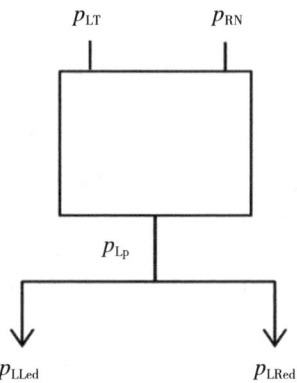

图 28.14　顶盖前核数字控制关系

注：来自左右眼的信号 p_{LT}、p_{RN} 输入到顶盖前核，经求和后输出为两路信号 p_{LLed} 和 p_{LRed}。

设

$$p_{LLed} = k_{ed} p_{Lp} \quad (28.14)$$

其中，k_{ed} 为比例常数。则可以得到

$$p_{LRed} = (1 - k_{ed}) p_{Lp} \quad (28.15)$$

在顶盖前核的输入和输出之间的信号关系，可以用矩阵表示为

$$\begin{pmatrix} p_{LLed} \\ p_{LRed} \end{pmatrix} = \begin{pmatrix} k_{ed} & \\ & 1-k_{ed} \end{pmatrix} \begin{pmatrix} p_{LT} + p_{RN} \\ p_{LT} + p_{RN} \end{pmatrix} \quad (28.16)$$

同理，我们可以得到，右侧顶盖前核的矩阵表示为

$$\begin{pmatrix} p_{RLed} \\ p_{RRed} \end{pmatrix} = \begin{pmatrix} 1-k_{ed} & \\ & k_{ed} \end{pmatrix} \begin{pmatrix} p_{RT} + p_{LN} \\ p_{RT} + p_{LN} \end{pmatrix} \quad (28.17)$$

上述两个矩阵被称为"顶盖前核通信矩阵"。其中 p_{RLed} 和 p_{RRed} 分别表示由侧顶盖前核分别输入到左、右两侧动眼神经副核的功率信号。

动眼神经副核接收来自"顶盖前核"的神经信号，并向下一级信号输入。根据神经通信方程，将人脑左右动眼神经副核输出的信号记为 p_{Ledo}、

p_{Redo}，则可以得到以下关系：

$$\begin{cases} p_{\text{Ledo}} = p_{\text{LLed}} + p_{\text{RLed}} \\ p_{\text{Redo}} = p_{\text{LRed}} + p_{\text{RRed}} \end{cases} \quad (28.18)$$

这部分功率输出又经睫状神经节，分别输入到括约肌和睫状肌。根据上面的关系，我们就可以得到以下矩阵关系：

$$\begin{pmatrix} p_{\text{Ledo}} \\ p_{\text{Redo}} \end{pmatrix} = \begin{pmatrix} k_{\text{ed}}(p_{\text{LT}} + p_{\text{RN}}) + (1-k_{\text{ed}})(p_{\text{RT}} + p_{\text{LN}}) \\ k_{\text{ed}}(p_{\text{RT}} + p_{\text{LN}}) + (1-k_{\text{ed}})(p_{\text{LT}} + p_{\text{RN}}) \end{pmatrix} \quad (28.19)$$

这个关系清楚地刻画了左右睫状肌神经节信号的来源。从这个关系中，我们可以看出，任意一个神经节都接收了左右眼睛全场信号。它们包含两个信号成分：

（1）两个眼球的左侧信号。

（2）两个眼球的右侧信号。

在这双侧信号中，左侧信号和右侧信号所占的位置的重要性相同。这就保证左、右眼在处理信号时，具有等价重要性。这是一个非常重要的"信号"平衡策略。即通过这种信号平衡关系，保证了在信号处理上，左右物质硬件上的等价性。

28.4.3 人眼光圈肌肉协同控制

从睫状体神经节输出的神经信号，分两路到达睫状肌和括约肌。由于它来源于同一神经节的输出，则它的能量被分配到上述两块肌肉上，实现信号协同。设左、右眼括约肌的获得功率分别记为 p_{LSp}、p_{RSp}，睫状肌的左右眼获得的输入功率为 p_{LCm}、p_{RCm}，则可以得到以下关系：

$$p_{\text{Ledo}} = p_{\text{LSp}} + p_{\text{LCm}} \quad (28.20)$$

设

$$p_{\text{LSp}} = k_{\text{SP}} p_{\text{Ledo}} \quad (28.21)$$

其中，k_{SP} 表示 p_{LSp} 在总功率中占有的能量比率。则

$$p_{\text{LCm}} = (1 - k_{\text{SP}}) p_{\text{Ledo}} \qquad (28.22)$$

这样，我们就可以得到对肌肉控制的协同表示为

$$\begin{pmatrix} p_{\text{LSp}} \\ p_{\text{LCm}} \end{pmatrix} = \begin{pmatrix} k_{\text{SP}} & \\ & 1 - k_{\text{SP}} \end{pmatrix} \begin{pmatrix} p_{\text{Ledo}} \\ p_{\text{Ledo}} \end{pmatrix} \qquad (28.23)$$

这个矩阵被称为"人眼光圈协同控制矩阵"。同理，我们可以得到右眼的"人眼光圈协同控制矩阵"为

$$\begin{pmatrix} p_{\text{RSp}} \\ p_{\text{RCm}} \end{pmatrix} = \begin{pmatrix} k_{\text{SP}} & \\ & 1 - k_{\text{SP}} \end{pmatrix} \begin{pmatrix} p_{\text{Redo}} \\ p_{\text{Redo}} \end{pmatrix} \qquad (28.24)$$

交感神经控制人的眼球开大肌（如图28.15所示）。它的输入信息的形式，可以仿照上述的通信方程的形式进行构造。由于在这个通路中涉及其他多个环节的信息的注入，它的信号过程的本质仍然是对这一信号过程中注入的其他信号的控制，因此，它的完整的机制需要更多的神经科学进展。在这里，我们不再展开讨论它的通信过程。

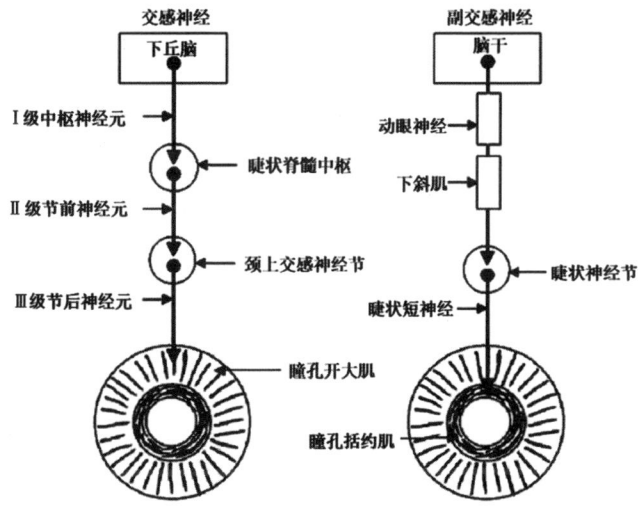

图28.15　瞳孔开大肌与瞳孔括约肌的控制方式

采自 https://www.ndrs.scot.nhs.uk/?page_id=1617。

28.4.4 人眼光圈差动效应器

人眼光圈控制系统是睫状肌和括约肌协同工作的结果。我们首先关注睫状肌工作状态。睫状肌是一个弹性体,即具有恢复到原来状态的能力。当眼球注视某一物体时,光能经神经系统反馈到睫状肌肌肉时,睫状肌肌肉要处于稳定工作状态,这时促发的神经脉冲功率记为 $p_0 = E_u f_0$。当眼球向近处或者远处移动时,人眼进入的光的能量会发生变化,即这时在新位置输入到睫状肌的能量为 $p_0' = E_u f_0'$,则两者的差为

$$p_0' - p_0 = E_u \left(f_0' - f_0 \right) \tag{28.25}$$

这样我们就可以得到三个可能出现的状态:

(1) 若 $p_0' - p_0 = 0$,则光能未发生变化,人眼光圈调焦系统不变。

(2) 若 $p_0' - p_0 > 0$,则光能增加,人眼瞳孔收缩,晶状体曲率变大。

(3) 若 $p_0' - p_0 < 0$,则光能减小,人眼瞳孔变大,晶状体曲率变小。

这个结果揭示了一个有趣的事实,睫状肌作为一个效应器,当前保持了来自光源信息的功率信号 $p_0 = E_u f_0$,而新变化的信号输入被反馈后到达睫状肌,在睫状肌实现新的功率和原有功率比对,一旦失衡,就会立即制动。新旧信息的比对是通过肌肉组织来实现的,即肌肉保持"记忆"了旧信息,而实现新信息"差动"运作。这是一个对"差动"进行反应的模拟器。

第七部分

感知运算原理

第29章　心物基元信号

感觉器通过信号的调制,实现物质属性的功率信号、空间信号、时间信号的三基元调制。它是物质客体的像和客体相互作用信号的基石。

通过神经的换能、编码、通信映射,实现向大脑的传递,并通过特征信号的提取,实现知觉信号的制备。

在这些信号的基础上,人脑通过知觉的运作,实现对信号的组织和对知觉信号意义的赋予。

在神经层次,神经处理的经典实验发现和环路仍然亟待解决和新的方法学的突破。在行为功能层次,则可以根据前面建立的一些基本律来建立心物信号的功能机制。这将具有挑战性。尽管如此,我们仍然通过已经建立的基础理论,实现心物功能信号的讨论。

在前文各章中,我们解决了信号的特征提取问题。在这里,我们将逐步构建下述三个基本问题:

(1)人的基元信号的守恒性。

(2)知觉信号的组织。

(3)知觉信号的意义。

通过这几个问题的构建,实现心理物理层次的机制理论的统一性构建。

29.1 三基元模拟信号

感觉器将基元信号调制到人的神经系统中,神经通过信号的映射传递到脑皮层,以满足知觉的加工。在这些底层中,功率信号和频率编码成为两个重要的特征,这就为我们讨论基元信号提供了数理基础。

29.1.1 功率信号模拟量

为了考虑普适性,我们将感觉器的输入的量记为 P^S,投射到大脑的对应的信号记为 P^C,它对应的编码频率为 f_u^C,它们经过神经,忽视中间经过的换元,则可以表示为

$$P^C = A_e P^S \tag{29.1}$$

其中,A_e 为一个常数。对大多数感觉器,它往往具有与之相对应的成分,例如光通道具有频率 v_1,而发放频率 $f_u(t)$ 和 v_1 之间存在对应性关系,也就是满足

$$f_u(t) = A_f v_1 \tag{29.2}$$

A_f 是一个常数。感觉器发放的频率到皮层的上述这两个关系由神经的工作机制决定,则可以得到变换关系:

$$\begin{pmatrix} P^C \\ f_u^C \end{pmatrix} = \begin{pmatrix} A_e & \\ & A_f \end{pmatrix} \begin{pmatrix} P^S \\ f_u^S \end{pmatrix} \tag{29.3}$$

其中,f_u^S 是感觉器神经节功能单位发出的动作电位频率。这样,我们就得到了由感觉器采集的信号到达皮层的变换关系。这是一种线性变换关系,也是一种对称性变换关系,满足"认知对称性原理"。

29.1.2 位元信号模拟量

在从感觉器到低级阶段映射的过程中,大量神经并行,感觉器的采集单元是三基元信号的载体,感觉神经在空间调制中的相对位置不发生变化。空间相对位置的信号在神经并行中被模拟了出来,即利用神经的并行结构

来模拟位置信号，也就是位元信息。因此，在上述质点的变换矩阵中，加入位置坐标，就得到了对属性信号关于位置的模拟量。

$$\begin{pmatrix} P^C(x,y,z) \\ f_u^C(x,y,z) \end{pmatrix} = \begin{pmatrix} A_e(x,y,z) & \\ & A_f(x,y,z) \end{pmatrix} \begin{pmatrix} P^S(x,y,z) \\ f_u^S(x,y,z) \end{pmatrix} \quad (29.4)$$

从这个表述关系可以看出，神经并行的本质是对"位置信号"的模拟。而在感觉器中，二维的位置的调制信号关系，可以证明满足下述关系：

$$\begin{pmatrix} x_u^C \\ y_u^C \end{pmatrix} = \begin{pmatrix} k_x & \\ & k_y \end{pmatrix} \begin{pmatrix} x_u^S \\ y_u^S \end{pmatrix} \quad (29.5)$$

其中，k_x 和 k_y 是两个常数；x^S 和 y^S 分别表示感觉器上信号的位置坐标；x_u^C 和 y_u^C 分别表示皮层映射的位置坐标。对于深度的位置坐标，则根据"双眼视差"或者"双耳位置差"来提取深度量，则使得感觉器采集到的深度量 z^S 和皮层建构的深度量 z^C 之间存在线性关系可以表示为

$$\begin{pmatrix} x^C \\ y^C \\ z^C \end{pmatrix} = \begin{pmatrix} k_x & & \\ & k_y & \\ & & k_z \end{pmatrix} \begin{pmatrix} x^S \\ y^S \\ z^S \end{pmatrix} \quad (29.6)$$

其中，k_z 为常数。从这一关系中我们可以看出，空间位置满足线性关系，且满足对称性变换，也就是满足"认知对称律"。

29.1.3 时元信号模拟量

对客体和事件而言，时间用来表示事件的演化过程。对于信号而言，则是信号是否随时间发生变化。也就是说，属性量的特征量是否会随着时间而发生变化。这就意味着映射到人脑皮层的信号是否会随着"时间"而发生变化。在输入端，时元的信号是通过输入的特征量的信号而改变的。即在属性的时间变动中来模拟时间，若把上述的量加上时间，则就引入了时元信号。

$$\begin{pmatrix} P^{\mathrm{C}}(x,y,z,t) \\ f_{\mathrm{u}}^{\mathrm{C}}(x,y,z,t) \end{pmatrix} = \begin{pmatrix} A_{\mathrm{e}}(x,y,z,t) & \\ & A_{\mathrm{f}}(x,y,z,t) \end{pmatrix} \begin{pmatrix} P^{\mathrm{S}}(x,y,z,t) \\ f_{\mathrm{u}}^{\mathrm{S}}(x,y,z,t) \end{pmatrix}$$

（29.7）

和

$$\begin{pmatrix} x^{\mathrm{C}}(t) \\ y^{\mathrm{C}}(t) \\ z^{\mathrm{C}}(t) \end{pmatrix} = \begin{pmatrix} k_x & & \\ & k_y & \\ & & k_z \end{pmatrix} \begin{pmatrix} x^{\mathrm{S}}(t) \\ y^{\mathrm{S}}(t) \\ z^{\mathrm{S}}(t) \end{pmatrix}$$

（29.8）

29.2 认知对称不变性

认知对称性原理是在"心理空间几何学"中提出的一个基本原理。在神经的关系中，由于各种物质关系都可以简化为三基元的形式，这让它的表现形式更加简约。我们将在认知对称性原理的基础上，找到它的神经的表达形式。

29.2.1 认知对称性律

根据认知对称性原理，我们定义：对于任意一级的神经功能单位，它的输入和输出信号用三基元的形式来表示，记为

$$\boldsymbol{S}_{\mathrm{i}} = \begin{pmatrix} p \\ w_3 \\ t \end{pmatrix}, \boldsymbol{S}_{\mathrm{o}} = \begin{pmatrix} p' \\ w_3' \\ t' \end{pmatrix}$$

（29.9）

则变换关系用矩阵 $\boldsymbol{T}_s$ 来表示。根据"能量守恒和编码律"，它总可以表示为

$$\boldsymbol{S}_{\mathrm{o}} = \boldsymbol{T}_s \boldsymbol{S}_{\mathrm{i}}$$

（29.10）

这个形式是认知对称性原理在神经层次的一个变形，我们也将其称为"认知对称方程"。在从感觉到高级的各个阶段，我们总可以得到上述形式。它的证明我们将不再重复。从低级阶段到高级阶段的所有信号变换过程都

满足这一定律形式。它构成了人的认知加工的一个基本律。

29.2.2 认知守恒律

在认知的过程中,任意信号都满足认知对称律。根据对称性定律,任意一种形式的对称性都对应一种守恒量,这就需要我们从对称性中找到这种守恒量。

29.2.2.1 功率守恒量

从感觉输入的信号为功率信号,它经过神经的变换后,转换为人可以知觉到的能量,则无论中间经过什么环节,可得以下公式:

$$\begin{pmatrix} P^C \\ f_u^C \end{pmatrix} = \begin{pmatrix} A_e & \\ & A_f \end{pmatrix} \begin{pmatrix} P^S \\ f_u^S \end{pmatrix} \quad (29.11)$$

若 P^S 是一个守恒量,f_u^S 是守恒量,则可以得到 P^C 和 f^C 也是常数。这是功率守恒和成分守恒的基础。在这里我们不展开论证。例如,视觉中的"亮度守恒"和"颜色守恒",它们是知觉的两个重要的恒常性。

29.2.2.2 大小与形状守恒量

当空间中存在一个相对的位置变化,它在感觉器上引起的量为 Δx^S、Δy^S、Δz^S,则它们在脑皮层投射引起的对应的差异量为 Δx^C、Δy^C、Δz^C,可以得到

$$\begin{pmatrix} \Delta x^C \\ \Delta y^C \\ \Delta z^C \end{pmatrix} = \begin{pmatrix} k_x & & \\ & k_y & \\ & & k_z \end{pmatrix} \begin{pmatrix} \Delta x^S \\ \Delta y^S \\ \Delta z^S \end{pmatrix} \quad (29.12)$$

若 Δx^S、Δy^S、Δz^S 这三个量为常量,则 Δx^C、Δy^C、Δz^C 也是常量。这个关系是"大小守恒""形状守恒"的基础。高闯(2021)在这个基础上提出了可逆运算矩阵,进一步证明了它们的恒常性。

29.2.2.3 事件结构守恒

对于事件结构表达式，它的每一项均可以表述为三基元形式，则事件结构式投射到感觉器的形式记为

$$\begin{cases} E_{\text{phy}}^{\text{S}} = w_1^{\text{S}} + w_2^{\text{S}} + i^{\text{S}} + e^{\text{S}} + t^{\text{S}} + w_3^{\text{S}} + c_0^{\text{S}} \\ E_{\text{psy}}^{\text{S}} = w_1^{\text{S}} + w_2^{\text{S}} + i^{\text{S}} + e^{\text{S}} + t^{\text{S}} + w_3^{\text{S}} + \text{bt}^{\text{S}} + \text{mt}^{\text{S}} + c_0^{\text{S}} \end{cases} \quad (29.13)$$

它们在皮层的映射可以表示为

$$\begin{cases} E_{\text{phy}}^{\text{C}} = w_1^{\text{C}} + w_2^{\text{C}} + i^{\text{C}} + e^{\text{C}} + t^{\text{C}} + w_3^{\text{C}} + c_0^{\text{C}} \\ E_{\text{psy}}^{\text{C}} = w_1^{\text{C}} + w_2^{\text{C}} + i^{\text{C}} + e^{\text{C}} + t^{\text{C}} + w_3^{\text{C}} + \text{bt}^{\text{C}} + \text{mt}^{\text{C}} + c_0^{\text{C}} \end{cases} \quad (29.14)$$

例如 w_1^{S} 可以表示为 $w_1^{\text{S}}(p^{\text{S}}, x^{\text{S}}, y^{\text{S}}, z^{\text{S}}, t)$，经过向脑皮层投射，可以表示为 $w_1^{\text{C}}(p^{\text{C}}, x^{\text{C}}, y^{\text{C}}, z^{\text{C}}, t)$，则 w_1^{S} 被对称地转换到了人的高级活动中。事件结构也被对称地变换到了人的高级阶段。事件结构维持了"守恒性"。

综上所述，在心理学中，我们观察到的各种恒常性本质上是人的认知神经系统，在变换信号时，遵循了"认知对称性"，使得保持了"恒常性"。它是认知对称律的必然结果。在"心理空间几何学"中，尽管我们在功能层次上得到了对应的守恒律，在神经层次上这一结果也将再次被验证。

29.2.3 唯物哲学意义

根据诺特定理，任何一种对称性变换中都对应一个守恒律。高闯把对称律引入到人的认知规律的理解中，提出了"认知对称律"（高闯，2022）[588]。它是对人的认知总概括。从物质客体属性量在介质上的加载，到感觉器信号变换，再到信号映射，我们都找到了相应的对称性变换。

对称性变换使得物质属性信号和事件结构属性信号被对称地映射到人脑中，它是物质信号忠实表达的一种反应，即这一属性构成了人类认知的唯物性的基础。属性特征量的模拟量是人脑高级信号加工的基础，也就构成了人类高级认知活动唯物性的基础。这具有重要的哲学意义。

第 30 章　认知布尔加工原理

感觉器将物理信号调制到人的神经系统，并经过神经传递，映射为高级的基元信号，它构成了人的高级阶段信号生成的基础。特征提取是人脑依赖感觉器的硬件机构实现的一类高效信号的提取方式。在特征信号提取的基础上，人的认知系统对信号进行运算。认知运算的基本原理就暴露出来，也就是信号的组织原理。

在这一部分，我们将把布尔运算作为一个基本原理，进而构成信号的组织性原理。它将涵盖三个部分：

（1）客体信号的布尔运算原理。

（2）事件结构的布尔运算原理。

（3）多通道事件结构的布尔运算原理。

布尔运算原理将不限于上述三个部分，它将涵盖人的思维部分。因此，我们可以将这个原理称为"认知布尔加工原理"，并将其作为认知加工的基本原理。

30.1　认知布尔加工原理

基元信号是人的信号生成的基础，即它是其他信号生成的基础。这就意味着，我们需要在基元信号的基础上实现对信号的生成操作，或者建立更为复杂的信号。

30.1.1 信号生成原理

我们已经建立了描述信号的三类基元信号：物质材料属性功率信号 p、空间位置信号 (x,y,z)、时间信号 t。复杂信号均可以被分解为这三类信号。反之，复杂信号则可以由这三类信号来生成。这也是基元信号的本质。三基元的组合将生成不同的信号。

30.1.1.1 空间信号生成

将物质材料属性的功率信号 p 和空间信号 (x,y,z) 组合，则可以生成空间信号，表示为 $p(x,y,z)$。这类信号即为空间信号。例如，视网膜上的信号就是单视野的功率信号和空间信号的组合。

30.1.1.2 时间信号生成

将物质材料属性的功率信号 p 和时间信号 t 组合，则可以生成时间序列信号，表示为 $p(t)$。例如，向人的认知系统传输的信号就是一个具有时间先后的信号，也就是时间序列信号。

30.1.1.3 时空信号生成

将物质材料属性的功率信号 p 和空间、时间信号 t 组合，则可以生成时空信号，表示为 $p(x,y,z,t)$。这类信号是常见的一类信号。

30.1.2 认知布尔加工原理

对于上述的任何一类基元信号和它的生成信号，如果存在两个性质相同的集合为 A 和 B，对这两个集合进行的认知操作，满足布尔运算原理，我们将这个原理称为"认知布尔加工原理"，它满足集合运算的"加""减""并""交""补"等运算。

30.2 认知布尔运算

在前面的信息论部分,我们已经讨论了信息的布尔运算,它是对"信源"信号进行的讨论。满足布尔运算的信源信号经信号介质和神经传递到达高级皮层,成为知觉的信号。它所满足的算理,也就是认知布尔加工原理。该原理实现了两个功能任务:

(1)客体信号识别。

(2)事件结构搭建。

为了完成这两个任务,需要建立数理逻辑运算。这就需要在知觉层次上建立知觉层次的"逻辑运算"算理。包含以下两个内容:

(1)知觉布尔运算变量。

(2)知觉布尔运算操作法则。

30.2.1 知觉布尔运算变量

在人的知觉水平,利用特征信号:点、线、面,通过构型得到客体形状。因此,点、线、面就构成了基础布尔运算变量。这是知觉中的第一类逻辑运算变量。第一类变量满足客体识别的需要。

基于第一类变量,知觉可以生成各种事件结构要素。因此,我们把物体、时间、空间作为第二类逻辑运算变量。而第二类变量能够满足事件识别的需要,如表30.1所示。

表30.1 知觉逻辑运算变量

逻辑运算	第一类逻辑变量	第二类逻辑变量
客体识别	点	
	线	
	面	
事件识别		客体
		时间
		空间

设点的信号表示为 $p(x_i, y_i, z_i)$,其中 p 表示功率;(x_i, y_i, z_i) 表示该点的坐标,则点的集合可以表示为

第30章 认知布尔加工原理

$$P = \{p(x_i, y_i, z_i) | i = 1, \cdots, n\} \quad (30.1)$$

线和面均可以表示为点的集合：

$$L = \{p(x_i, y_i, z_i) | i = 1, \cdots, n\} \quad (30.2)$$

$$S = \{p(x_i, y_i, z_i) | i = 1, \cdots, n\} \quad (30.3)$$

由此，P、L、S 构成了知觉中几何学逻辑运算变量。根据"认知逻辑运算律"，在视觉中，几何学变量之间满足布尔运算律。

30.2.2 遮挡和透明逻辑运算

在知觉中，最为直接的空间几何布尔运算是阻隔和遮挡。如图 30.1 所示，空间中存在完全不透明的物体和一个透明的物体，产生了两种情况下的区域分割。

在遮挡情况下，空间区域包括 A、B、C。它们在空间形成的图形是这三个图形的合成，记为 S_B，则 S_B 表示为

$$S_B = A + B + C \quad (30.4)$$

而在透明情况下，产生的图形区域则包括 A、B、C、D、E、F、G，则可能形成的空间区域为

$$S_{B1} = A + D + E + G \quad (30.5)$$

$$S_{B2} = B + F + D + G \quad (30.6)$$

$$S_{B3} = C + F + E + G \quad (30.7)$$

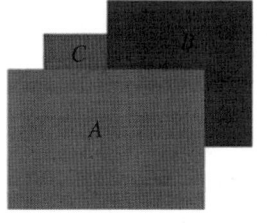 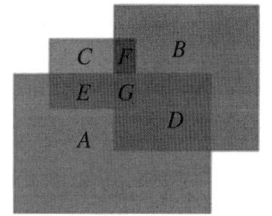

图 30.1 遮挡和透明

注：左图是遮挡形成的空间区域，右图是透明情况下形成的空间区域。人所知觉到的结果，是知觉操作的布尔运算。

30.2.3　同构图形

同构图形是艺术学中经常使用的一类手法，它是利用两个图形具有相同的边界或者相同的元素而拼接在一起形成的空间图形。在心理学中，它又被称为两可图。

如图 30.2 所示，白色的图形构成了空间的一个面域 A，而黑色杯子图形构成了空间的另外一个面域 B。这两个面域构成了"否"关系，即 $B=\overline{A}$，则这个复合图形的构型是两个图形求和的结果：

$$S_B = A + B \tag{30.8}$$

这样，在这个图形中，就会存在 3 个图形 A、B、S_B。这三个图形是知觉布尔逻辑运算的结果。在这个图形中还存在语义的竞争性行为，即当脸存在时，杯子被知觉为背景，这是杯子消失的原因。而同样杯子被识别时，脸被识别为背景，从而导致同一个符号具有不同的语义，产生语义的竞争性行为。高闯讨论了符号被语义化的竞争性行为（高闯，2021）[254-276]，这里不再展开。

图 30.2　脸与花瓶

注：脸构成的面域是一个独立面域，黑色杯子构成了另外一个独立面域。它们具有共同的图形边界。

上述均为较为简单的图形，而对于复杂的图形，则可能利用更多的布尔运算法则。如图 30.3 所示，其中包含了三种基本性质的布尔运算。在这种图形中，包含三个基本图形：人脸 A、两个黑色的鱼 B 和 C，它们利用同构的边界组合在一起，形成了复合图形。

在这个图形中，进行布尔运算则可以得到：人的头部为 $A+C$，人的耳朵边的头发为 $A\cap C$。而人的头部和投射的阴影图形则是三者的相加 $A+B+C$。即在这个两可图形中，存在比前一个图形更为复杂的运算。而同样 B 和 C 又可以作为独立的"鱼"来表示。这就使得这幅图具有了多种含义。

图 30.3　鱼与脸

注：在这个图形中，包含了头、头发、鱼三个元素，利用布尔运算可以合成不同的语义解释。

30.3　知觉布尔采样

如果我们将感知觉看作一个系统。感知觉把外界的信号实现了向心理量的变换，即物理量向心理量的变换。在工程学上，感知觉系统实现了对物理量的采样而变成了心理量。一个核心问题是，感知觉的总体的采样率达到多大时，外界的信号不失真，或者说在何种情况下能够忠实地表达物理量。

从三基元信号出发，各个神经通道的信号均为功率信号，同时也是时间、空间坐标的功率信号。知觉信号忠实表达的采样率问题就转换为时间采样和空间采样的忠实问题，只要找到它们的临近值就能够解决这一问题。

30.3.1 时间采样

心理物理学是最早研究时间分辨的关键领域。通过特定的实验来测量时间的融合性是这一领域的关键性研究。

在心理物理学中,将频闪的信号输入到人的视觉系统中,就可以得到人的视觉分辨的连续性的测量。时间格式塔是关于时间信号进行组织的一类运算,也就是时间序列信号的布尔运算。

30.3.2 空间采样

在空间中,将空间信号组织起来,也会涉及空间信号的不连续性和采样问题。即在空间中,将不连续的信号放置在一起,就构成了一个集合。它构成了空间信号布尔运算的采样问题,如图 30.4 所示,是一个由各种不连续的斑点构成的狗。

图 30.4 空间采样

采样点增加的过程中,可以存在用以界定边界的点,第一张图加入第二个,则增加了面域边界的采样点,这使得采样数量增加,边界也变得更明显。如图 30.5 所示。

图 30.5 采样点增加

注:采样点越多,知觉到的轮廓越明显。

格式塔心理学提出了信号的组织中，知觉信号的采样规则：相似性、连续性、闭合性和接近性原则（如图 30.6 所示）。我们认为，它是对不同的元素特征进行布尔运算时，对空间采样规则的一种完备性的总结。

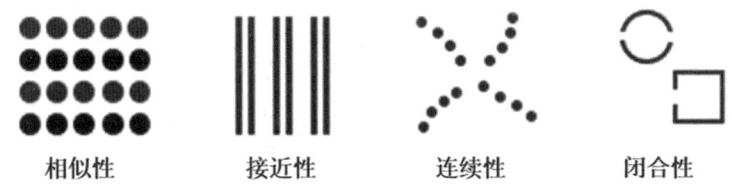

图 30.6　格式塔的信号处理原则

30.4　事件布尔运算

对客体进行信号组织可以实现信号分割，这样就可以得到事件结构式中的每个项目。知觉就可以对事件进行组装，也就是事件的布尔运算。

30.4.1　事件皮层投射

在感觉的任何一个感觉通道内，对于事件结构式，它映射到人的大脑中的结构形式均可以表示为

$$\begin{cases} E_{\text{phy}}^C = w_1^C + w_2^C + i^C + e^C + t^C + w_3^C + c_0^C \\ E_{\text{psy}}^S = w_1^C + w_2^C + i^C + e^C + t^C + w_3^C + bt^C + mt^C + c_0^C \end{cases} \quad (30.9)$$

在这个表达式中，它的每一项都可以用三基元信号的形式进行表达。例如 w_1^C 是三基元信号的函数，则可以表示为 $w_1^C(p, x, y, z, t)$，其他项目同理。而对于事件结构式中的每一项都是三基元信号构成的集合，它满足集合的布尔运算。当把不同项目连接在一起时，则仍然满足布尔运算。因此，在事件结构式中，这些项目形成的信号的总集合，也就是这些项目的子集相加，由此，"+"表示的也是布尔运算。

30.4.2　事件多通道布尔运算

人的知觉要将各种感觉通道信号整合在一起，就会形成多通道的信号

的整合，而形成关于属性的整体知觉。高闯提出了多通道信号整合运算模型（高闯，2021）[450-453]，即多个通道之间，事件结构方程中的每项进行布尔运算求和，则得到多通道的布尔运算形式。

$$\begin{cases} E_{\text{phy}} = \sum_{j=1}^{n} w_1^C + \sum_{j=1}^{n} w_{j2}^C + \sum_{j=1}^{n} i_j^C + \sum_{j=1}^{n} e_j^C + \sum_{j=1}^{n} t_j^C + \sum_{j=1}^{n} w_3^C + \sum_{j=1}^{n} c_{j0}^C \\ E_{\text{psy}} = \sum_{j=1}^{n} w_1^C + \sum_{j=1}^{n} w_{j2}^C + \sum_{j=1}^{n} i_j^C + \sum_{j=1}^{n} e_j^C + \sum_{j=1}^{n} t_j^C + \sum_{j=1}^{n} w_3^C + \sum_{j=1}^{n} \left(\text{bt}_j^C + \text{mt}_j^C \right) + \sum_{j=1}^{n} c_{j0}^C \end{cases}$$

（30.10）

其中，j 表示感觉通道；n 表示感觉通道的个数。求和符号 $\sum$ 表示多通道的布尔运算求和。

第八部分

心物信能原理

第 31 章 信能关系方程

在对信息的理解上,人类积累了大量的经验,这些经验遍布在物理学、生物学、人文科学的各类知识系统中。而对信息形式的度量和广域理解,在数学及其背后的机制上尚未达成的一致。自然界相互作用、信号传递、信息量和能量之间的关系构成了它们的共同的底层。这在一定意义上已经提醒我们可以基于上述的理解建立关于"相互作用、信号传递、信息量、能量"之间关系的最为基础的原理,我们称之为"信能关系"。

而一旦找到这一普适性关系,就可以用于对人的普遍性信息关系的理解。例如,人的感觉器的信息传输和变换、语义信息的度量和变换,使得人的信息加工和度量的基本机理和度量得到原理性的支撑。因此,我们将回到人的物理性、生物性和精神性信号的共同底层——物质性——来讨论物质信号问题。

31.1 物质守恒律

所有的信号都需要物质载体,在物质载体上进行信号变换和传输。这时,物质载体、信号、能量和信息问题将连接在一起。这一切都暗示了信息问题运作的基础层次是物理学。由此,我们将回顾物理学的基本原理,并在这些基本原理的基础上建立关于物质信号变换的基本机制。

31.1.1 物理守恒律

物理学建立了三个关键性的守恒律：物质守恒、电荷守恒和能量守恒。这三个守恒律成为理解物质世界的基本与关键。在后期的发展中，物质守恒和能量守恒又发生合并形成了"质能守恒"。在低速状态下，我们仍然可以把它作为三个守恒律来使用。尤其在我们讨论生命信息时，我们将采用三种守恒律。

物质守恒定律，也称为物质不灭定律，是自然界的基本定律之一。它是指：在任何与周围隔绝的物质系统（孤立系统）中，无论发生何种变化或过程，其总质量保持不变。换言之，变化只是改变了物质原有的形态和结构，却不能消除物质。

电荷守恒定律是指：对于一个孤立系统，无论发生什么变化，其中所有电荷的代数和永远保持不变。它是物理学的基本定律之一。

电荷的多少被称为电荷量，通常简称为电量，故电荷守恒定律又称电量守恒定律。在国际单位制中，电荷量用字母 Q 表示，单位为库伦（C），通常正电荷的电荷量用正数表示，负电荷的电荷量用负数表示。

这三个物理的守恒律在人体与生命体中的作用已经显现了出来。利用物质守恒，人体建立了生命的材料，搭建了生命体的物质层。利用电荷守恒，人体实现了电信号的传送和控制。利用能量守恒，实现了信号强度的大小控制。在"心物神经信息学""心身动力电化控制学"中，已经对后两个问题进行了深入讨论。

31.1.2 物理量变换

在一个物理系统中，若存在某种物理或化学相互作用过程，使得在这个过程中发生物质、电荷和能量的转移，将这个系统输入的物质、电荷、能量记为 ΔM_I、ΔQ_I、ΔW_I，从这个系统输出的物质、电荷、能量为 ΔM_O、ΔQ_O、ΔW_O，则根据物理守恒律，则可以得到下述变换：

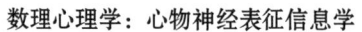

$$\begin{pmatrix} \Delta M_O \\ \Delta Q_O \\ \Delta W_O \end{pmatrix} = \begin{pmatrix} 1 & & \\ & 1 & \\ & & 1 \end{pmatrix} \begin{pmatrix} \Delta M_I \\ \Delta Q_I \\ \Delta W_I \end{pmatrix} \quad (31.1)$$

这个公式，也就是物质守恒律的体现。

31.1.3 物理信号守恒律

在这里，我们把质量、电荷、能量三个物理变量，定义为"信号"，则 M_I 和 M_O 反映了三个物理量在转移过程中的变化大小。令

$$\boldsymbol{M}_I = \begin{pmatrix} \Delta M_I \\ \Delta Q_I \\ \Delta W_I \end{pmatrix} \quad (31.2)$$

$$\boldsymbol{M}_O = \begin{pmatrix} \Delta M_O \\ \Delta Q_O \\ \Delta W_O \end{pmatrix} \quad (31.3)$$

$\boldsymbol{M}_I$ 和 $\boldsymbol{M}_O$ 称为信号矢量，则式（31.1）可以简化为

$$\boldsymbol{M}_I = \boldsymbol{M}_O \quad (31.4)$$

这个式子被称为"物理信号守恒律"，它是我们理解信息变化的基础。当考虑信号矢量的一般性时，信号 $\boldsymbol{M}_I$ 和 $\boldsymbol{M}_O$ 均具有以下标准形式：

$$\boldsymbol{M} = \begin{pmatrix} \Delta M \\ \Delta Q \\ \Delta W \end{pmatrix} \quad (31.5)$$

其中，$\boldsymbol{M}$ 表示物理变化过程中的信号矢量；ΔM、ΔQ、ΔW 分别表示转移过程中的质量、电荷、能量。

将物理过程中的变化量定义为信号，是将物理量转换为信息量的关键。它反映了物质世界物质的三个关键属性：质量属性、电属性和能量属性。这三个属性将渗透物理物质运作、生命信息运作和人的精神运作的信息底层，构建信息规则的基石。这时，我们将可以看到，当把信息作为一个基础物理属性时，物理信号虽然在物理守恒律的基础上构建，但是，它是物质运作的一个新的基础属性。

由此，我们把"物理信号守恒律"作为一种新的律提出来。这时，将具有 4 个并行的定律，反映基础的物理运作过程，如表 31.1 所示。

表 31.1 守恒律与物质运作属性

守恒律	属性
质量守恒	质量属性
电荷守恒	电属性
能量守恒	能属性
信号守恒	信息属性

在这里，我们必须谨慎地指出，从这个规则开始，信息与物质过程被联系了起来。在这个基础上，我们将构建各种人类信号。它将清晰地表明，脱离物质过程的信息过程是不存在的。建立在物质相互作用关系之上来构建信息过程将是一条不可回避的道路。尽管在人类信息中，我们采用上述有限的作用关系，使信号得以发生，比如质量之间的客体，发生的是重力或者引力作用，电荷之间发生的是电作用。然而，信息的发生还可能发生在更广域的过程中。这个构建的思路将不容回避。

31.2 信能关系方程

物理学的守恒律决定了信号传递过程中伴随的物质、电荷和能量流动，从而构成最为基本的信息流。它也是各类形式信号和信息的生成基础。

接下来的问题是在基础物理信号上，建立信号、能量和信息的关系过程，即建立信息发生过程中信号、能量和信息之间的关联关系，我们称之为"广义信能关系"。其目标是建立信息发生的物质过程中信息和能量之间的动力过程。由此，我们将在学理上建立两个基本动力机制：

（1）信息动力过程模型。

（2）信息与能量的关系，简称信能关系。

31.2.1 信能关系方程

物质之间，如果存在能量差并发生能量流动，就伴发信息的产生。我们把能量流动之间的环节用方框来表示，如图 31.1 所示。

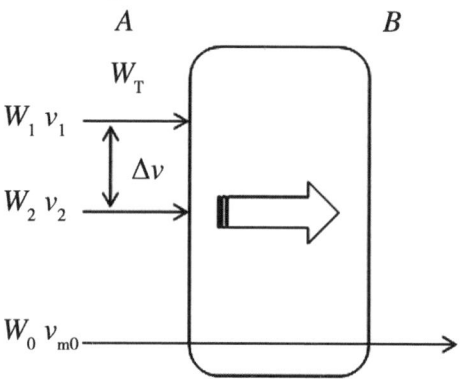

图 31.1 能量变换过程

设能量从系统 A 流向系统 B。当能量流动发生变化后，会引起物质载体所在的系统的某个变量发生变化。这个变量，记为 v，也称为信号变量。在初始状态下，设这个系统的存储的总能量为 W_T，称为"系统能量容量"，或"系统容量"。定义：$\dfrac{W_T}{v}$ 为"势"。它表示在单位变化尺度内的能量值。并令

$$f_A(v) = \frac{1}{v} \quad (31.6)$$

这个函数，我们称为"信号调制函数"。即当 v 不同时，单位变化尺度内的能量由于 v 的变化，而发生改变。如果变量 v 发生一个微小变化 dv，对应产生能量变化 dW，则可以得到以下关系：

$$dW = \pm \frac{W_T}{v} dv \quad (31.7)$$

± 表示信号 dv 变化和 dW 的变化可能相同，也可能反向。这个方程，我们称为"信息能量方程"。它是信息能量方程的"微分表达形式"。

上式可以进一步简化为

$$dW = W_T d(\pm \ln v) \quad (31.8)$$

第31章 信能关系方程

令

$$S^W = \pm \ln v \tag{31.9}$$

S^W 称为"熵"或者"信息熵",则信能方程可以改写为

$$dW = W_T dS^W \tag{31.10}$$

这样,我们就得到了一个很重要的关系:熵的变化,反映了能量状态的变化,因此。熵这个量,我们称为"能量状态量"。

对上式进行积分,则可以得到

$$\int dW = \int W_T dS^W \tag{31.11}$$

若系统的 W_T 是个常量,则可以得到

$$W = W_T S^W \tag{31.12}$$

对于初始的两个状态,满足

$$w_2 - w_1 = W_T(S_2^W - S_1^W) \tag{31.13}$$

其中,$S_1^W = \ln v_{w_1}$;$S_2^W = \ln v_{w_2}$。令 $\Delta W = w_2 - w_1$,$\Delta S^W = S_2^W - S_1^W$,则上式进一步简化为

$$\Delta W = W_T \Delta S^W \tag{31.14}$$

ΔS^W 则反映了"熵"变化大小,也称为"信息量"。这个方程表明,对于一个系统,它的信号发生变化时,它产生了对应"信息量"。而对应的信息量,一定产生对应"能耗"。这样,我们就找到了信号、信息、能量三者之间的数理关系。从上述推理关系中,S^W 即反映了"能量的状态",也反映了"信息状态",它是连接能量与信息的一个桥梁。

若系统的 W_T 是个变量,则可以得到

$$W = \int W_T dS^W \tag{31.15}$$

$W = W_T S^W$ 和 $W = \int W_T dS^W$ 两个方程,我们称为信能方程的一般形式或者积分形式。

31.2.2 信能关系属性

从上述推导中，可以看到信号变量 v 发生变化，它的变化值为

$$\Delta v = v_2 - v_1 \quad (31.16)$$

其中，v_1、v_2 表示信号始、末的值。信号的变量产生变化，是产生信息的基础。它的信息度量为（在这里，我们仅考虑 $S^W = \ln v$）

$$\Delta S^W = \ln \frac{v_2}{v_1} \quad (31.17)$$

也就是信息量大小。显然 $S^W = \ln v$ 是一个对数函数，如图 31.2 所示。从这个关系中，我们可以得到以下基本关系：

（1）$v_2 = v_1$ 时，$\Delta S^W = 0$，也就是信号变量没有发生变化，信息量为 0。系统 A 的能量不变。系统熵不变，即无变化，无信息。

（2）$v_2 < v_1$ 时，$\Delta S^W < 0$，也就是信号变量变小时，信息量为负，这时的能量变小，系统向外输出能量，系统的熵减少。

（3）$v_2 > v_1$ 时，$\Delta S^W > 0$，也就是信号变量变大时，信息量为正，这时的能量向内流入，系统熵增加。

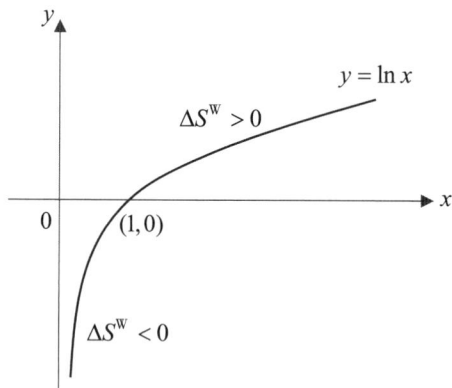

图 31.2 对数函数

在 $S^W = -\ln v$ 时，函数为减函数。则信号和熵的变化情况与上述情况正好相反。

31.2.3 信能关系含义

厘清信号变量 v_w、能量、熵和信息量 4 个变量的物质过程关系，是得到信能关系方程的关键。在这个基础关系中，它确立了几个关键的数理变量和数理关系。

31.2.3.1 信号变量定义

信息变量是"信息科学"中的基本构成概念，往往被定义成"信息的载体"。在信能关系中，则定义为"引起能量变化的变量"。它就在事实上和"能量状态"联系在了一起。而"变量变化"就构成了"信息内容"，即"变量变动值"。因此，这揭示了"信号"的数理含义，也与我们一般的知识常识相一致。

31.2.3.2 信号变化幅度的度量

信息量的大小由"信号变量"的始、末状态的比值决定，并满足对数关系。它是对"信号变化"大小的"信息"大小的度量。即信号的值发生了变化，它的变化大小的信息用"信息量" ΔS^W 来度量。

31.2.3.3 熵是信息状态量

熵是一个状态量，它可以描述信号变量变化前后，系统所处的不同信息"状态"，信息量的大小就是信息状态的改变。

31.2.3.4 熵态与能态

根据 $W = W_T S^W$，熵又联系了能量状态量，即熵的状态又决定了"能量状态"。也就是说，能量、信息、信号变量以及状态量（信息状态、能量状态）之间的关系决定了"信能关系方程"的表述。

31.2.4 信能功效方程

根据"熵"的公式，W_T 为常数情况下对两边进行求导，则可以得到

$$\frac{dW}{dt} = W_T \frac{dS^W}{dt} \quad (31.18)$$

令 $P = dW/dt$,$J_s = dS^W/dt$。则可以得到

$$P = W_T J_s \quad (31.19)$$

其中，J_s 称为信息流速。这个方程被称为"信息功效方程"，它建立了信息流量、能量和功率之间的数理关系。

31.3 信能关系应用

利用信能方程，我们可以处理广域意义内的信号、能量和信息之间的关系。它可以渗透在物理学、生物学、社会学和心理学所涉及的对象。我们将通过几个简单的案例来介绍信能方程所表现出来的强大的数理意义。

31.3.1 水坝发电案例

如图 31.3 所示，这是一个水电站的坝体，以水坝的坝底作为参考平面，底面积为 S，地面的高度记为 h_0。大坝依赖水所蓄积的势能进行发电。水面的高度就是一个变量，用 h 来表示。在高度 h 发生变化时，我们就可以了解到水电站发电的信息。这就需要知道高度的变化过程中，它的信息量的大小。

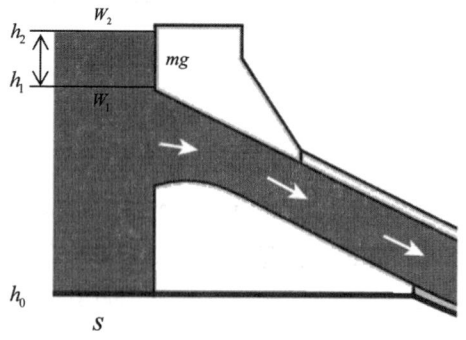

图 31.3 信能过程

显然，高度的变化必然伴随了水势能的变化过程。设高度的初始位置

为 h_1，到达的位置为 h_2。设水的密度为 ρ_m，则根据物理学原理，坝体中水的总势能为

$$W = \rho_m Sgh \qquad (31.20)$$

若水坝的面积 s 是个不随水深高度变化的常数值，则单位高度上水蓄积的势能为

$$\frac{W}{h} = \rho_m gSh \qquad (31.21)$$

则根据这个式子，当水的高度发生微小变化时，水坝输出的能量 dW 为

$$dW = \frac{W}{h} dh \qquad (31.22)$$

对上式进行积分，则可以得到能量的输出变化为

$$\Delta W = W_2 - W_1 = W(\ln h_2 - \ln h_1) \qquad (31.23)$$

根据这个式子，我们得到了能量变化过程和高度变化之间的关系。从这个关系中可以看出，$W\ln h$ 是一个与水体能量状态有关的量，我们称之为水坝的"熵"，也就是"能量状态量"。

$$S^W = W\ln h \qquad (31.24)$$

若把 $\ln h$ 称为"信息熵"，记为 $S^S = \ln h$，它是"信息状态量"，代入上式，则可以得到

$$S^W = WS^S \qquad (31.25)$$

则

$$\begin{aligned}\Delta W &= S_2^W - S_1^W \\ &= W\left(S_2^S - S_1^S\right) \\ &= W\ln\frac{h_2}{h_1}\end{aligned} \qquad (31.26)$$

令

$$\Delta S = \ln\frac{h_2}{h_1} \qquad (31.27)$$

ΔS 称为 "信息量", 也就是信息变化的大小度量。它反映了这个变化过程中, 高度的变化给出的 "信息量" 的大小。

若 $h_2 = h_1$, 高度不变, 无信息。

若 $h_2 > h_1$, 高度增高, 能量增加, 熵增。

若 $h_2 < h_1$, 高度减小, 能量减小, 熵减。

从水电站的信能方程中, 我们可以得出一个基本的事实, 大坝的能量容量 W 的大小决定了大坝对外的输送能力。根据 $\Delta W = W \Delta S$, 一个微小的变化 ΔS, 就可以产生巨大的能量变化 ΔW, ΔW 既可以用于对外输出能量, 也可以用于对外吸收能量。这反映了能量释放的能力。

31.3.2 细胞膜电势

细胞内外电量的扩散形成了电势差。设粒子的数量为 n, 扩散粒子所在系统的宏观温度为 T, 系统的能量可以表示为 $k_B T$, 其中, k_B 为玻尔兹曼常数, 则当电离子从高密度端转移到低密度端时, 能量和信息发生转移。粒子数量对能量进行调谐, 则可以得到以下关系:

$$\mathrm{d}w = \frac{k_B T}{n} \mathrm{d}n \qquad (31.28)$$

对这个式子进行积分, 可以得到

$$\Delta W = k_B T \ln \frac{n_2}{n_1} \qquad (31.29)$$

其中, n_2 为扩散后的粒子数量; n_1 为初状态的粒子数量。设扩散过程中的电压差为 ΔU, 电量为 q, 则可以得到

$$\Delta U = \frac{k_B T}{q} \ln \frac{n_2}{n_1} \qquad (31.30)$$

这就是 Nernst 电势 (Nernst, 1888)。令 $S_q^M = \ln n$, 称为扩散信息熵, 则

$$\Delta S_q^M = S_q^M(2) - S_q^M(1) = \ln n_2 - \ln n_1 \qquad (31.31)$$

则上式就可以修改为

$$\Delta W = q\Delta U = k_B T \Delta S_q^M \qquad (31.32)$$

这就是标准的信能关系式。这是从"信能关系"出发推理出的 Nernst 电势。这是一个非常有趣的现象。信能关系的普适性可以渗透到广域领域。

31.4 系统信能特性

物质系统具有能量转换能力，从而具有对信号区分的能力。这就意味着，在建立了能量和信息关系后，还需要能量和信息变换时，对它的特性进行数理描述，这个问题，我们称为"信能特性"。这就需要在信能关系的基础上建立关于特性描述的基本术语。

31.4.1 信号带宽

对于信号 v_m，它所在系统能够转换的最小值为 v_{min}，最大值为 v_{max}，系统能在这个值域范围进行信号变化，这个值域范围记为 $[v_{min}, v_{max}]$，称为"信号带宽"，表示为

$$B_{vm} = [v_{min}, v_{max}] \qquad (31.33)$$

31.4.2 信息敏感度

当信号发生变化时，信息量也会随之变化，则定义 S_I 为信号敏感度，它的函数表述定位为

$$S_I = \frac{dS^W}{dv_m} = \frac{1}{v_m} \qquad (31.34)$$

它是一个反比例函数曲线，如图 31.4 所示。

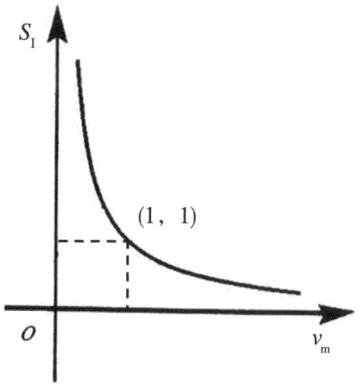

图 31.4　信息敏感度反比例曲线

从这个曲线可以看出，越是 v_m 比较小的情况下，v_m 的微小变化，就可以使信息量有大的变化，对信息也就越敏感。v_m 越大时，v_m 有较大的变化时，信息量有微小的变化，系统对信息越不敏感。

31.4.3　信能敏感度

对于不同的系统，输入和输出信息都需要能量变动。换句话说，信息释放需要消耗能量。由此，我们引入一个新的变量 η_s，也就是信能敏感度。定义如下：

$$\eta_S = \frac{\Delta S^W}{\Delta W} = \frac{1}{W_T} \qquad （31.35）$$

它表示消耗单位能量所释放的信息量的大小。信息效能是反映一个系统在释放能量的过程中，信息量变化相对程度的一个指标，它与能量系统的能量容量直接相关。这个关系具有下述特性：

（1）如果系统的能量容量很大，即 W_T 是一个极大值，η_S 是一个极小值，则消耗掉单位能量时，信息量很小，即它的状态变化很小，这就是一个稳态的系统，并对变化不敏感。

（2）如果系统的能量容量很小，即 W_T 越小，η_S 越大，则消耗掉单位能量时，信息量也越大，因此，系统的状态变化也就越大，对信息变化越敏感。

第 32 章　心物信息变换

信能方程建立了能量、信息和信号之间的数理关系，并建立了信息流通的调制函数。在感觉器和知觉之间，我们就可以通过调制函数建立关于人的信息通道中物理量和心理量之间的信号变换关系。从而使得人的信息变换的底层机理原理得到证实。这一论述涉及心物的 3 类信号变换关系：

（1）能量信号的变换关系。
（2）空间信号的变换关系。
（3）语义信号的变换关系。

32.1　信号调制函数

所有的信号都基于能量，这是由信能方程决定的。在信号的调制过程中，存在不同形式的信号的调制形式。我们将这种普遍性的形式抽提出来，建立关于信号调制的一般性概念。

32.1.1　能量调制函数

能量信号本身也是一种信号，能量的大小本身就可以携带相关的信息，这就是能量对信号的调制。设信号的强度用 I 来表示，它构成了信号输出的能量调制变量。根据信能关系，它的调制函数形式可以表示为

$$f_A(I) = \frac{1}{I} \tag{32.1}$$

由调制函数，则可以得到它的"熵函数"，表示为

$$S = \int \frac{1}{I} dI = \ln I \tag{32.2}$$

这就是能量信号的"信息熵"。

32.1.2 空间调制函数

如果能量信号的输出依赖空间信息量的调制，例如视觉的信号，设在一维情况下，空间量为 x，则它的调制函数为

$$f_A(x) = \frac{1}{x} \tag{32.3}$$

则由调制函数可以得到它的熵函数，表示为

$$S = \int \frac{1}{x} dx = \ln x \tag{32.4}$$

这就是一维空间信号的"信息熵"。

如果是一个面域的信号，设面积量为 a，则它的调制函数为

$$f_A(a) = \frac{1}{a} \tag{32.5}$$

则由调制函数，可以得到由面积进行调制的熵函数：

$$S = \int \frac{1}{a} da = \ln a \tag{32.6}$$

同理，如果一个信息是依赖体积来进行调制，设体积量为 v，则它的调制函数为

$$f_A(v) = \frac{1}{v} \tag{32.7}$$

则由调制函数，可以得到由体积调制的熵函数：

$$S = \int \frac{1}{v} dv = \ln v \tag{32.8}$$

32.1.3 时间调制函数

对于有些能量变换，依赖时间的变化进行信号的调制。设时间周期为 T，则它的调制函数可以表示

$$f_A(T) = \frac{1}{T} \tag{32.9}$$

则由调制函数，可以得到由体积调制的熵函数：

$$S = \int \frac{1}{T} \mathrm{d}T = \ln T \tag{32.10}$$

也就是调频信号的信息熵。

32.1.4 数量调制函数

如果能量的输送靠载体的数量来进行调制，例如微观粒子的能量输送，设数量变量为 n，则它的调制函数为

$$f_A(n) = \frac{1}{n} \tag{32.11}$$

则由调制函数，可以得到由数量调制的熵函数：

$$S = \int \frac{1}{n} \mathrm{d}n = \ln n \tag{32.12}$$

有时也可以用频率的形式来表示，也就是调频信号的信息熵。

32.1.5 概率调制函数

如果能量的输送靠载体的概率来进行调制（例如符号），设载体出现的概率为 p，则它的调制函数为

$$f_A(p) = \frac{1}{p} \tag{32.13}$$

则由调制函数，可以得到由概率调制的熵函数：

$$S = \int \frac{1}{p} \mathrm{d}p = \ln p \tag{32.14}$$

32.2 神经编码信息量

进入到人的神经功能单元中的属性信息，通过某种介质的调制进入到人的神经功能的单元中。在这个过程中，信息流动和能量流动相伴生，并受"能量守恒"条件约束。而事实上，能量本身也构成了一类物质属性，即能量信号，它自然地构成了一类信息。它是所有信息传输中，最为底层的一类信息。

以能量信号为基础，按照某种规则关联在一起，才产生了空间信号、事件结构属性信号等。因此，能量信息是其他信息存在的基础。在后续理论中，我们将逐步建立它们之间的逻辑关系。鉴于这一基础性质，本节中，我们将在神经信息量的基础上讨论能量信号的信息量。

32.2.1 能量变换函数

进入人的神经功能单元的能量大小被称为能量信号。各个神经通路中均传输和表达能量的信号。

根据神经换能方程，单个神经功能单元的信息编码方程满足

$$P_{out} = E_u \left(f_0 + f_{in} \right) \quad （32.15）$$

令 $f_{out} = f_0 + f_{in}$、$T_{out} = 1/f_{out}$，则根据该方程式，可以得到以下形式：

$$P_{out} = \frac{E_u}{T_{out}} \quad （32.16）$$

其中，T_{out} 代表神经发放的周期。根据该方程，我们可以发现，神经根据要释放的能量的大小，通过调整 T_{out} 的大小，来释放电脉冲能量。输出的能量越大，T_{out} 的时间越短；反之，则越长。P_{out} 是要被调制输出的变量，T_{out} 是输出的信号编码变量，或者说是调制变量。

32.2.2 神经信能关系

在调制的范围内，神经功能单元输出的总功率为对所有可能的调制量进行求和。根据信息量的定义，P_{out} 是输出的能量，也是在编码时输入的

能量，以能量为信息流时，信息量的大小的微分形式可以表示为

$$\mathrm{d}P_{\text{out}} = \frac{E_{\text{u}}}{T_{\text{out}}} \mathrm{d}T_{\text{out}} \quad (32.17)$$

对这个式子进行积分，就可以得到

$$P_{t\text{-out}} = -E_{\text{u}} \ln f_{\text{out}} \quad (32.18)$$

其中，$P_{t\text{-out}}$ 表示输出的总功率。这个关系被称为"神经信能关系"。这个式子建立了能量、发放频率和动作电位能量三者之间的数学关系。将 S_{u} 定义为信息量，并令

$$S_{\text{u}} = -\ln f_{\text{out}} \quad (32.19)$$

则代入式（32.18），就可以得到

$$P_{t\text{-out}} = E_{\text{u}} S_{\text{u}} \quad (32.20)$$

32.3 感知信息变换

从感觉到知觉的信号发生过程是所有外界物理信号实时进入感觉器，并被知觉的过程。这个过程也就是现场信号发生过程。而思维过程，则是符号操作的逻辑运算发生过程。在心理物理学中，韦伯定律和费希纳定律是心理学的经典实验发现，它们描述了感觉输入和知觉量之间的数理的定量关系。考虑到"信能方程"的普适性，我们就可以利用信能方程推理出感知觉发生过程中信号的变换关系。使得韦伯定律和韦伯-费希纳公式的数理含义暴露出来，而纳入信息的统一性机制中，成为人的信息加工中统一性的一个推论。

32.3.1 费希纳公式推理

从感觉到知觉的信号加工过程由神经来实现。我们可以对这个过程进行简化，视为由感觉器到知觉器的信号变换过程，如图 32.1 所示。这样，我们就可以利用这个简化过程，并结合"信能方程"，建立感觉到知觉的信息变换过程。

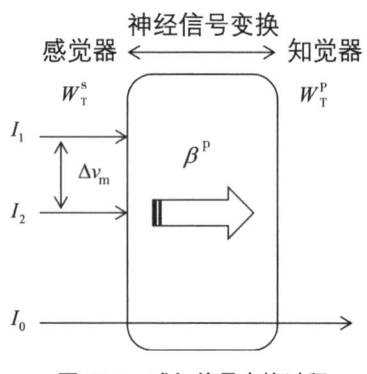

图 32.1 感知信号变换过程

设感觉器的能量存储容量为 W_T^S，知觉解码的能量容量为 W_T^P，则感觉器到知觉阶段的能量是一个传递并放大的过程，设放大系数为 β^P，从感觉器输入的能量为 ΔW^S，知觉解码接收的能量为 ΔW^P，它们之间关系，满足

$$\Delta W^P = \beta^P \Delta W^S \tag{32.21}$$

设刺激强度为 I，根据信能关系方程，可以得到

$$dW^S = \frac{W_T^S}{I} dI \tag{32.22}$$

两边同时积分，可以得到

$$\Delta W^S = W_T^S (\ln I_2 - \ln I_1) \tag{32.23}$$

其中，I_1 和 I_2 分别是始、末态刺激强度。则可以得到能量态函数 W^S 为

$$W^S = W_T^S \ln I \tag{32.24}$$

令

$$S_I = \ln I \tag{32.25}$$

也就是 S_I 为信息熵，则信息量为

$$\Delta S_I = \ln \frac{I_2}{I_1} \tag{32.26}$$

根据信能关系

$$\Delta W^P = \beta^P W_T^S \Delta S_I \tag{32.27}$$

人的知觉量是基于能量，则与物理知觉量等价，设能量知觉量为 P_S^W，可以得到

$$P_S^W = \beta^P W_T^S \ln I \tag{32.28}$$

令 $k^P = \beta^P W_T^S$，则上式可以简化为

$$P_S^W = k^P \ln I \tag{32.29}$$

这样，我们就得到了"费希纳公式"，也就找到了费希纳公式系数的含义 k^P。根据上式，信号之间辨识时形成的信息量就可以表示为

$$\Delta P_S^W = k^P \ln \frac{I_2}{I_1} = k^P \Delta S_I \tag{32.30}$$

32.3.2 感觉记忆能量容量

根据信能公式，我们得到了"费希纳公式"，如图 32.2 所示。在推导过程中，我们也分离出了费希纳公式中常数的基本含义。对于不同神经信息通道，k^P 的值与对应的感觉器的能量容量、放大率 β^P 有关，不同神经信息通道也就存在差异，这是由感觉通道的特异性决定的。这样，费希纳公式中各个量的数理含义也变得清晰起来，而感觉器的能量存储和感觉器的神经发放机制相关。在低级的感觉阶段，传入到大脑的神经是并行的，感觉器是并行的感觉单位。因此，感觉器的能量容量可以用传入神经的能量存储来计算。

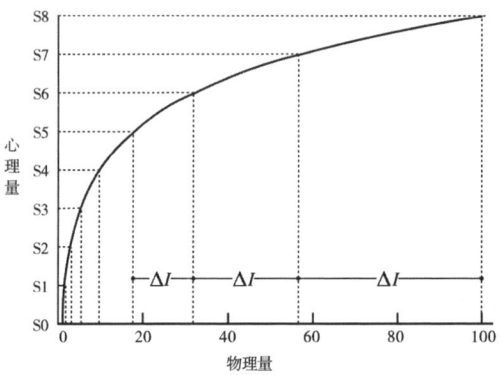

图 32.2 韦伯 - 费希纳定律

设传入神经细胞体的电容为 C_U，传入神经元的放电的最低电位到阈值电位的电压差为 ΔU_T，则电容存储能量为

$$W_T^S = \frac{1}{2} C_U^S \Delta U_{ST}^2 \tag{32.31}$$

我们将这个容量 W_T^S 作为感觉记忆的容量，而传入神经的膜电容记为 C_U^S，也就是"感觉记忆"。

32.3.3 韦伯定律推理

根据神经编码，从输入神经向大脑传输的信号是一份份的，记为 E_u。也就是动作电位的能量。将其作为能量单位，则在神经上传输的能量是量子化。假设它是这个能量的整数倍，可以表示为 E_u，$2E_u$，$3E_u$，…，nE_u。其中，n 为整数。这也意味着在感觉记忆中存入的能量的增加量是按照 E_u 的倍数向上增加的。则人的知觉接收到的神经上的能量也是一份份地存入，设人的感知的最小可觉察的能量为

$$\Delta W_q^P = j_p E_u \tag{32.32}$$

j_p 为一个整数，根据信能公式

$$\Delta W_q^P = W_T^P \frac{\Delta I}{I} = j_p E_u \tag{32.33}$$

该式可以简化为

$$\frac{\Delta I}{I} = \frac{j_p E_u}{W_T^P} = C_W \quad (32.34)$$

这个式子中 C_W 为一个常数，我们称为韦伯常数。这样，就得到了韦伯定律的基本形式，韦伯定律的常数就和神经动作电位编码的能量联系在了一起，韦伯常数的数理含义也就得到了解释。

这也意味着，在人的知觉阶段，神经上存在一个能量存储器，用来存储能量 W_T^P，我们将其称为信号缓冲器。它必然和神经膜电容有关，也就可以表述为同样形式：

$$W_T^P = \frac{1}{2} C_U^P \Delta U_{PT}^2 \quad (32.35)$$

这里的电容和电压差是知觉神经的电容和电压差。

32.3.4 数理意义

通过上述推理，韦伯定律和费希纳定律背后的数理含义和机制也就显现了出来。这一机制的显露，也就使得心理学的原有概念变得具体而具象。

32.3.4.1 感觉记忆能量容量本质

感觉记忆，也就是感觉登记，即把外界能量进行采集并存储的装置。它具有存储信号，并具有衰减信号的特性。在信能关系中，我们分离出了 W_T^S，它显示了感觉器中能量存储的能力，也暴露了感觉记忆的数理本质：在能量的基础上进行信号操作。感觉记忆中的信号和衰减等一系列机制都建立在能量信号基础之上。这也在事实上说明，感觉器的功能之一是对"能量信号"进行变换和存储。这样就使得记忆和信号的关系关联在了一起。

32.3.4.2 费希纳定律本质

费希纳定律的导出，本质是感觉信号强度 I 是一个信号变量，它的变化实现了对能量信号输入的调制。因此 W_T^S/I 也就构成了感觉器的能量调制函数。那么，调制使得信息得以输出，人所接收到的知觉量，也就必然是对数形式。因此，费希纳公式是信息传递过程中的信号调制过程决定的。

32.3.4.3 韦伯定律本质

韦伯定律是一条经验定律，它建立了最小觉察和信号变量的强度关系。通过神经量子假设，我们可以分离出韦伯定律及韦伯分数的大小及其含义。从这个意义上说，韦伯定律背后的本质是由"神经的量子化表征"所决定的。

32.3.4.4 知觉现场存储器

在知觉阶段 W_T^P 的解析暗示了一个基本的数理含义，即在知觉阶段，存在一个能量的存储装置，用于接收来自现场的信息。

Baddely（2000）提出了工作记忆的"情景缓冲器"，我们认为可能与之相对应。这需要对这一机制进行进一步的验证。

韦伯定律和费希纳定律是在没有考虑感觉和知觉之间加工过程的基础上，利用简化方法得到的信号和信息传输的原理。它的展开的机制，我们将在后续进行讨论。

32.3.5 感知空间信息熵

在感知的信号系统中，对于空间信息量的计算。布鲁克斯在阐述人获取信息（情报）过程时，将透视原理——对象的观察长度 Z 与从观察者到被观察对象之间的物理距离 X 成反比，引入情报学，提出了 $Z = \log X$ 的对数假说（Brookes，1980）。通过信能关系，我们显然得到了这一形式，而把空间信息熵命名为"B.C. 布鲁克斯空间熵"。

32.4 符号信息量

符号是由能量信号生成的一类构型信号。在了解了神经对能量信号调制的信息量的基础上，我们就可以根据生成关系建立关于符号信号的信息量的大小的度量。

32.4.1 空间构型符号信能关系

空间符号的构型可以被认为是神经功能单元并行传输的结果,即大量的神经单元并行排列。由于一个神经功能单元的调制函数满足 $P_{\text{out}} = \dfrac{E_{\text{u}}}{T_{\text{out}}}$。它的总功率满足 $\mathrm{d}P_{\text{out}} = \dfrac{E_{\text{u}}}{T_{\text{out}}} \mathrm{d}T_{\text{out}}$。这时,只要对空间中的所有神经并行单位进行求和,就可以得到空间构型的符号的输入的总功率,表示为

$$\mathrm{d}P_{\text{out}} = \dfrac{E_{\text{u}}}{T_{\text{out}}} \mathrm{d}T_{\text{out}} \mathrm{d}S \qquad (32.36)$$

$\mathrm{d}S$ 表示对符号构型所在的面积进行积分。对上式进行积分,则可以得到

$$P_{t\text{-out}} = \iint E_{\text{u}} \mathrm{d}S \dfrac{1}{T_{\text{out}}} \mathrm{d}T_{\text{out}} \qquad (32.37)$$

令 $E_{\text{s}} = \int E_{\text{u}} \mathrm{d}S$,则上式就可以简化为

$$P_{t\text{-out}} = E_{\text{s}} \int \dfrac{1}{T_{\text{out}}} \mathrm{d}T_{\text{out}} \qquad (32.38)$$

其中,$P_{t\text{-out}}$ 表示符号的总功率,化简,就可以得到

$$P_{t\text{-out}} = -E_{\text{s}} \ln f_{\text{out}} \qquad (32.39)$$

令

$$S_{\text{s}} = -\ln f_{\text{out}} \qquad (32.40)$$

也就是符号的信息量 S_{s}。则符号输入过程中的信息量就可以表示为

$$P_{t\text{-out}} = E_{\text{s}} S_{\text{s}} \qquad (32.41)$$

这个关系,我们称为空间符号构型的能量、信息和动作电位能量之间的关系,也称为符号的"信能关系"。

32.4.2 时间构型符号信能关系

符号还会存在一种时间上的构型,例如语音符号。对于这类构型,时间符号的构型是按照时间序列的方式经过神经功能单元的。同样,对于神

经功能单元，仍然满足调制函数 $P_{\text{out}} = \dfrac{E_{\text{u}}}{T_{\text{out}}}$。则总功率是对时间进行积分

$$dP_{\text{out}} = \frac{E_{\text{u}}}{T_{\text{out}}} dT_{\text{out}} dt \tag{32.42}$$

上式，首先对时间进行积分，则可以得到

$$P_{t\text{-out}} = \iint E_{\text{u}} dt \frac{dT_{\text{out}}}{T_{\text{out}}} \tag{32.43}$$

令

$$E_{\text{st}} = \int E_{\text{u}} dt \tag{32.44}$$

则上式就可以表示为

$$P_{t\text{-out}} = -E_{\text{st}} \ln f_{\text{out}} \tag{32.45}$$

令

$$S_{\text{st}} = -\ln f_{\text{out}} \tag{32.46}$$

这个量，我们称为时间构型的信息量。则上式可以转化为

$$P_{t\text{-out}} = E_{\text{st}} S_{\text{st}} \tag{32.47}$$

这样，我们就得到了时间序列的信息和能量之间的关系，这个关系被称为"时间构型符号信能关系"。

32.4.3 香农信息熵

在不考虑时间关系的情况下，而只考虑概率的情况，一个符号出现的概率为 p，则可以得到它的信息熵为 $S = \ln p$，也就是这个符号出现的信息量，这就是信息学中的"自信息熵"。而考虑到一个信息系统的总平均的情况，把所有符号联合在一起，形成的信息熵，则需要对信息量进行平均，则可以得到系统的平均信息熵，可以表示为

$$H = \sum p \ln p \tag{32.48}$$

它是信息学中经常采用的普遍性形式。

第32章 心物信息变换

符号是人的语义系统的载体。它的形成依赖于人的"学习"机制，即环境中出现符号的概率和学习两个机制，决定了人的经验系统中的后验概率。

如图32.3所示，展示了一个人脸向一个少女转换的过渡图。人脸和女人是人的"熟悉度"较高的符号刺激。而中间过渡则是"熟悉很低"的符号信号。它所携带的信息量由概率来调制。这是人的语义系统的工作方式：即由学习习得的符号的惯性来支配的语义信息识别，本质是由熟悉度来支配的识别，也就是概率支配的识别。这也是香农信息熵的本质含义。

图 32.3 概率调节的主观性符号识别

采自 http://www.scholarpedia.org/article/Self-organization_of_brain_function。

综上所述，我们建立了人的信息系统的能量、空间、符号和神经信号的统一性的信号调制关系。信能方程是其背后的根本性机理。

32.4.4 认知熵增原理

高闯在《数理心理学：心理空间几何学》一书中，提出了认知对称性与认知熵增原理（高闯，2021）。在明确了信息量的上述几种表述后，我们可以重新审视这一原理的科学性。

进入到人的认知系统的信号首先是能量信号，然后基于能量信号生成空间信号。人的认知系统依赖调制系统的升级和信号识别系统的不断升级，形成自洽的认知系统。高闯注意到这一点，并给出了所有信号变换为符号信号时，信息用概率表达的形式。下面两个式子分别是当前事件信息熵和未来事件信息熵的两种表述形式（高闯，2021）：

$$s_{ji}(T_{k+1}) = -\sum_{i=1}^{n}\sum_{l=1}^{l_0+m} \log p_{jil}(T_{k+1})$$

$$= -\sum_{i=1}^{n}\sum_{l=1}^{l_0} \log p_{jil}(T_k) - \sum_{i=1}^{n}\sum_{l=l_0}^{l_0+m} \log p_{jil}(T_{k+1}) \quad (32.49)$$

$$= s_{ji}(T_k) + \Delta s_{ji}(T_k)$$

$$\Delta s_{ji}(T_k)_F = -\sum_{i=1}^{n}\sum_{l=l_0}^{l_0+m} \log p_{jil}(T_{k+1})_F \quad (32.50)$$

这是因为人的感觉器以能量信号（功率信号为基础）生成空间信号和时间信号，或者时空信号，从而形成信号的空间构型和时间构型。在生成过程中，满足布尔运算，也就是生成符号的信息量，由它的生成元素的信息量叠加而成，如图32.4所示。这就构成了"认知熵增原理"的信息学根源。即无论生成信号的前期信息量在调制时可能具有多种形式，但是一旦转换为语义信号时，均可以用概率的形式来度量。这就构成了认知熵增原理，统一用概率的形式进行表达的根源。它的具体的数理表述，我们将不再展开论证。

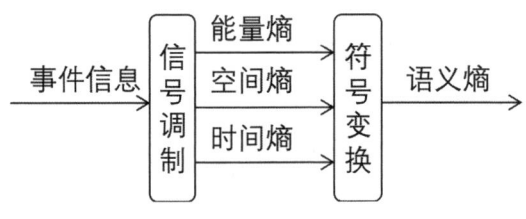

图32.4 认知熵增原理

第33章　心物记忆暂态过程

在前面的各章中，我们讨论的信号过程是"定态过程"，即在没有考虑信号随时间变化的情况下进行的信号加工过程。

然而，在实际情况下，进入人的系统的信号会随着时间而发生变化。这就需要我们在一般的信号机制中，寻找到和暂态过程有关系的信息机制。信能方程恰恰提供了这样一个契机。在这里，我们将从信能方程出发，建立人的认知系统的记忆和动态信号处理的一般性机制，并对人的动态过程中的功能现象进行揭示。

33.1　记忆模型

认知心理学的研究将记忆分为感觉记忆、工作记忆和长时记忆。它的功能是在人的信息加工的不同阶段对信息进行存储。在这里，我们将根据信能方程，将上述的记忆用普适性的方式进行表述。

33.1.1 记忆模型

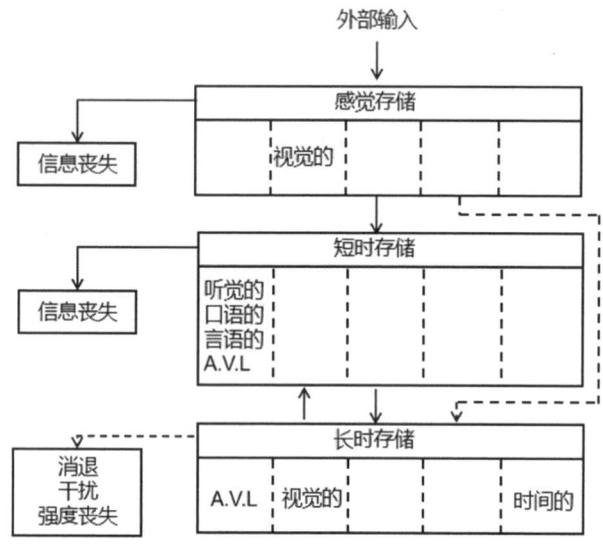

图 33.1　三级记忆加工模型

（Atkinson et al., 1968）

注：A.V.L 单元：鉴于字母、字词的听觉代码和口语代码都是不同形式的言语代码，因此，常将听觉的（Auditory）、口语的（Verbal）、言语的（Languistic）代码联合起来称之为 A.V.L 单元。

根据三级记忆加工模型（Atkinson et al., 1968），任何一级记忆都需要存储信号并将其传递到下一级，见图 33.1。而任何信号都是有能量的，由此，设某个记忆系统的存储信号的总能量为 W_T^M，记忆过程中需要的信息熵为 S^M，则信息转换过程中，传输的能量记为 W^M，根据信能关系，可以表述为

$$W^M = W_T^M S^M \tag{33.1}$$

在这个表达式中，W_T^M 反映的是变换中存储的能量，在人的信息系统中，我们认为它是"记忆"的能力的反映。在这里，引入能量随时间的衰减项，则能量就会随时间发生动态变化。设 λ 为常数，t 表示时间，则上式可以修改为

$$W^M = \left(W_T^M e^{-\lambda t}\right) S^M \qquad (33.2)$$

这就意味着某个记忆系统对信号在时间上具有衰减功能。令

$$M = W_T^M e^{-\lambda t} \qquad (33.3)$$

则这个方程式被称为"记忆方程"。它是信号随时间变化的过程。

33.1.2 记忆衰减机制

对于记忆方程，信能关系描述的信息模型，在数理上描述了所有信号变换中都具有的信号衰减过程。为了区分不同阶段的记忆特性，我们用上标区分不同的记忆，把感觉记忆、工作记忆和长时记忆分别表示为

$$M^S = W_T^{SM} e^{-\lambda^S t} \qquad (33.4)$$

上标 S 表示感觉记忆。

$$M^W = W_T^{WM} e^{-\lambda^W t} \qquad (33.5)$$

上标 M 表示工作记忆。

$$M^L = W_T^{LM} e^{-\lambda^L t} \qquad (33.6)$$

上标 L 表示长时记忆。那么三个记忆系统的"记忆方程"就都得到了。这三个记忆方程就可以解释各个记忆器中的信号衰减问题，从而解决了心理学经典的记忆衰减问题。利用这一机制，我们可以解释动态过程中的信号处理现象。

33.2 掩蔽效应

在感觉阶段，会出现信号的"掩蔽效应"，例如，视觉掩蔽和听觉掩蔽。掩蔽效应并不仅仅是一个实验室效应，它存在于自然界信号传递到感觉器的过程中，并且在前后信号的迅速切换中，是前面的信号被后面的信号所淹没的效应。它具有生态学意义，即前后的信号可以实现平滑的过渡。这便可以借助当前建立的神经的信号关系，确立掩蔽效应的一般性原理。

33.2.1 掩蔽效应

设两个信号，分别记为 $\Delta W_T(x_1,y_1,t_1)$ 和 $\Delta W_T(x_1,y_1,t_2)$，在空间发生叠加，传输到同一感觉信号系统中，若它们在神经系统的加法器中进行能量叠加，则可以满足

$$\Delta W_T(1,2) = \Delta W_T(x_1,y_1,t_1) + \Delta W_T(x_1,y_1,t_2) \qquad (33.7)$$

叠加后，后续传输将产生衰减效应，则根据上述衰减公式，可以得到衰减的信号为

$$\Delta W_T(1,2) = \left[\Delta W_T(x_1,y_1,t_1) + \Delta W_T(x_1,y_1,t_2)\right] e^{-\lambda^S t} \qquad (33.8)$$

如果空间信号出现连续叠加，也就是 $\Delta W_T(x_1,y_1,t_1)$ 是一个时间序列信号，则观察到的信号的能量是一个增加的效应。反之，如果能量信号不是一个空间叠加的信号，投射到感觉器的位置不同，则就不存在能量的叠加效应，而表示为

$$\begin{cases} \Delta W_T(1) = \Delta W_T(x_1,y_1,t_1) e^{-\lambda^S t} \\ \Delta W_T(2) = \Delta W_T(x_2,y_2,t_2) e^{-\lambda^S t} \end{cases} \qquad (33.9)$$

如果后来的能量信号不断持续，也会出现叠加效应而增强，则会出现刺激信号的掩蔽效应。

例如，在图 33.2 的视觉掩蔽的效应中，目标物是一个黑色的刺激。根据物理学原理，按理想情况可以理解为一个不发光的目标物，也就是没有能量。当掩蔽物向上叠加时，白色部分是具有光能的空间物体，以居中的最为典型。Mask（掩蔽物）的出现，在黑色物上亮度刺激的能量在空间持续叠加而增加，则黑色物必然消失。

而黑色框对应部位的被掩蔽物是白色，具有能量，会随着时间传递而衰减，慢慢变为黑色。这样前面的信号将消失，而后面的信号将显现。

33.2.2 掩蔽效应生态学意义

信号掩蔽的本质是人的感觉系统在切换信号时，前后信号的变换机制，

第33章 心物记忆暂态过程

即前后之间如何实现信号的"平滑"过渡。前面的信号"褪色消失",后面的信号"浮现显现",且过渡自然,这是人类信号过渡时,进化出来的一个非常了不起的机制。在视觉和听觉中都观察到了这一效应。根据神经前后连接的相似性,这一关系应该同样发生在其他神经通道。这需要新的实验证据来验证。

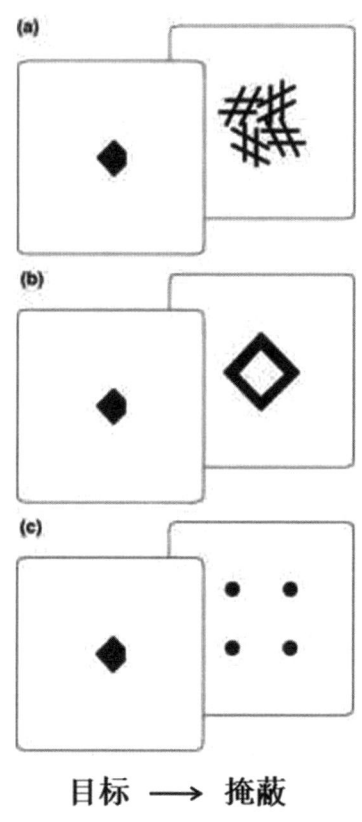

图33.2 视觉掩蔽效应

(Enns et al., 2000)

第九部分

心物神经表征统一性

第34章　人类信息加工架构

到目前为止，我们对人的心理与神经之间的数理逻辑关系，已经在事实上确立了起来。心理功能信号与通信编码之间的逻辑关系也就被关联了起来。这一工作的突破使得神经工作的逻辑底层得以显现。

尽管通往更高级思维的神经机制仍需要得到确认，神经通信模块即皮层的神经连接仍然留待未来的方法学的突破、留待未来的唯象学发现。我们将不得不止步于此。这一工作在整个大脑中仍然是一个微小的部分，但它带来的一种新的尝试令我们欢欣鼓舞：即通过有限的方程、神经通信的逻辑底层、神经结构学等学科的结合，建立物理量、编码量、精神量和结构属性之间的关系事实可行。这在事实上找到了生化、神经环路、神经通信和心理量通信之间的桥梁。

在这里，我们仍然强调的是，上述成果是基于现场的信息加工取得的结果。而离线的思维加工的工作，我们将留待将来。

由此，我们将对现场知觉的功能给予全貌性刻画，即为前述工作给出系统性理解，也就为突破的方向提供了理论参考的基础。我们并不排斥在这个过程中可能出现的逻辑推理错误，而关键点是它能否对科学前进的路途起到关键的推动作用。

34.1 神经事件功能对应性

人的神经的本质是实现人的物质载体的通信与控制,并作为人的高级精神信息的载体,这一性质在事实上应不可动摇。外环境和内环境的信息的本质就是事件的属性和特征信息。在事实上就是事件的结构化信息,以基元的形式表现出来,而进入到人的各个神经通道系统,从而成为神经通信的编码。这样,事件结构式就成为理解人的神经系统数理机制的基本出发点。在视觉神经通道中,视神经功能核团和脑区对事件信息结构处理具有对应性和完备性。

34.1.1 事件结构式

高闯提出了事件结构式(高闯,2021)[114-142],它是进入人的神经系统的信息数理表达形式,包含两个最简约表达:

$$E_{\mathrm{phy}} = w_1 + w_2 + i + e + t + w_3 + c_0 \quad (34.1)$$

$$E_{\mathrm{psy}} = w_1 + w_2 + i + e + t + w_3 + \mathrm{bt} + \mathrm{mt} + c_0 \quad (34.2)$$

式(34.1)是物理事件表达式,式(34.2)是心理与社会事件表达式。其中 w_1、w_2 表示客体;i 表示相互作用介质;e 表示相互作用效应;t 表示相互作用的时间;w_3 表示事件发生的空间位置;c_0 表示初始条件。人的神经系统要处理事件的信息,也就是要处理上述独立的事件要素。在这个关系式中,暗含了3类关系。

34.1.1.1 时空效应

即任何事件的发生信息,必然包含两个基本要素:时间(t)和空间(w_3)。这也意味着人的神经对这两类信息进行基本表征,构成心理的时间和空间。在《数理心理学:心理空间几何学》中,这一问题已经得到基本的论述。

34.1.1.2 运动效应

运动效应,即客体的 e、t、w_3、c_0(这里指 t、w_3 的初始值)四者之间的数理逻辑关系。它是任何物质的相互作用中的物质客体，都会具有的效应，具有普适性和共识性。

34.1.1.3 客体空间

在物理世界中的物质客体往往具有一定的"体积"，而不是物理的"质点"，这就意味着物质客体的载体具有空间的形状，它依赖物理的属性，将"形状"信息传递出来，它是属性在空间 w_3 上表现出来的属性。

34.1.1.4 动力作用

客体和客体依赖介质发生相互作用，也就是 w_1、w_2、i 之间的关系。这类关系也就是动力作用关系。由于动力作用，诱发运动效应，我们才得以观察到动力作用。

34.1.2 神经脑区对应性

人的神经负责处理人的事件的信息，就必然在功能上具有某种对应性，以满足人对事件信息处理的基本功能。在视觉神经通道和皮层区，我们可以看到这种对应性。

34.1.2.1 空间位置存储

人类发生的任何事件都具有时空特性，即具有事件的空间和位置。空间的位置就构成了人类活动常用的认知地图。

心理学和神经科学的关键性证据都指向了对事件结构要素的支撑。托尔曼（Tolman，1948）通过老鼠迷宫实验，提出了"认知地图"这一学术术语。人的海马区被认为是人的认知地图存储的地方。这一事实，我们认为是对"事件结构式"中的位置概念的一个支撑。

34.1.2.2 时空信号调制与解调

在视觉信息系统的调制过程中，我们可以观察到对基础信号的调制：

视觉系统可以对人的"时空"信号进行调制与解调。

人的眼球利用视光学系统对空间三维信号进行调制,并通过 V1 和 V2 区实现三维立体信号的解调。这实现了两个关键功能:

(1)客体的形状。w_1、w_2 三维空间的形状特征被提取了出来。

(2)客体的空间位置。w_3 空间位置要素也被提取了出来。

34.1.2.3 运动效应解调

经 V1 区之后,在 MT 区,客体的运动的朝向和大小就被提取了出来,确切地讲是运动学的特征被提取了出来,也就是事件结构式中的 e、t、w_3、c_0 的关系特征被提取了出来,即运动效应的特征得到了提取。

提取这个效应的结果的证据可以通过"运动盲"的个案来证明(Zihl,1983)。在这个报道中,患者 MP 看不到物体在空间的连续运动,而是看到物体在一个位置出现,然后看到物体在另外一个位置出现。

运动盲实验从一个基本的事实说明了,在人脑的高级功能区,e、t、w_3、c_0 之间的关系,是一项基本的功能。

34.1.2.4 客体属性特征解调

经过光学通道的物体的属性特征包括形状和颜色。在视觉皮层的 V1 区,小细胞通路负责提取客体的颜色和形状特征,也就是客体的光学属性特征,从而 w_1、w_2 的完备性的客体特征被显现。经 V2 区后,建立了它们的三维空间特征。

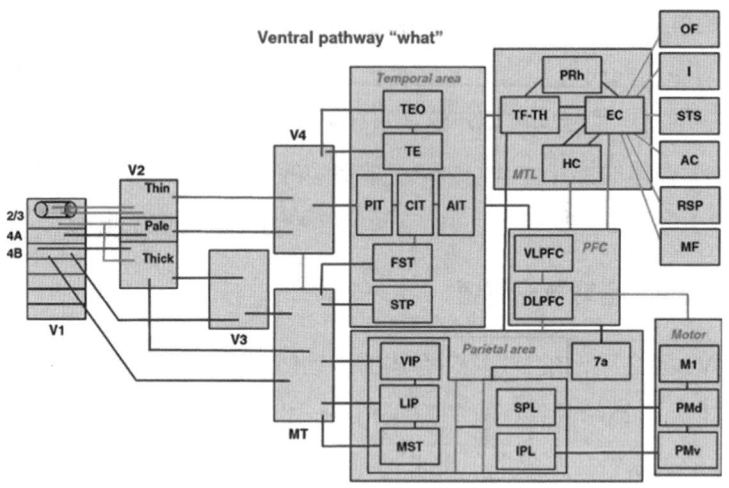

图 34.1 视觉皮层通道

注：视觉通道经 V1 区之后，分化为 what 和 where 两个通道。what 负责事件结构式中物体的提取，where 负责事件结构中运动效应的提取，并不断与客体互动，实现事件的连续追踪（Zafar, 2011）。

34.1.2.5 视觉事件组装

把上述各个效应进行布尔运算求和，就可以得到完整的事件结构式。在视觉通路的 V4 和 MT 区，可以实现上述两个信息的联合，从而形成完整的事件的信息。在人的视觉通道中，从初级皮层之后，神经通路逐步分化为两个通道：what 通路和 where 通路。从事件结构式中，这两个通路的功能关系也就显现了出来。

what 通路主要由 P 细胞来构成，获取关于物质客体的属性特征信息，而 where 通路主要由大细胞通路负责，获取关于物质客体的运动效应。这样，两个通路合并在一起，就形成了事件结构式。

经过这两个通道的处理，我们获取了关于事件中的客体与客体之间的相互作用和效应的两方面信息，从而组装成为"事件"，现场事件的信息得以获得。

34.2 高级阶段神经功能对应性

现场加工得到的"事件信号",除了视觉通道外,其他神经通道也得到了"事件"的信息。这就意味着各个神经通道的信号的处理都遵循了统一性的信号处理原则。高闯在《数理心理学:心理空间几何学》中,提出了各个神经通道之间的信号整合规则(高闯,2021)[450-453],解决了各个神经通道的信号运算规则。现场加工的问题最高原则得以树立。

34.2.1 神经多通道整合

视觉多个通道的属性整合的运算规则,满足事件整合的布尔运算计算式:

$$\begin{cases} E_{\text{phy}} = \sum_{i=1}^{n} w_{1pi} + \sum_{i=1}^{n} i_{pi} + \sum_{i=1}^{n} e_{pi} + \sum_{i=1}^{n} w_{2pi} + \sum_{i=1}^{n} c_{pi} + \sum_{i=1}^{n} t_{pi} + \sum_{i=1}^{n} w_{3pi} \\ E_{\text{phy}} = \sum_{i=1}^{n} w_{1pi} + \sum_{i=1}^{n} i_{pi} + \sum_{i=1}^{n} e_{pi} + \sum_{i=1}^{n} w_{2pi} + \sum_{i=1}^{n} c_{pi} + \sum_{i=1}^{n} t_{pi} + \sum_{i=1}^{n} w_{3pi} + \sum_{i=1}^{n} (\text{bt} + \text{mt})_{pi} \end{cases}$$

(34.3)

在这里,i 表示第 i 个神经通道,加号和求和表示布尔运算。该式为各种通道的属性量被"绑定"在一起的事件的数理表达式。

34.2.2 工作记忆容量

多通道是神经事件的表达式,也清楚地表明了事件结构式蕴涵的基本独立变量的个数。在《数理心理学:心理空间几何学》中,高闯给出了事件结构式中独立信号单元的数量(高闯,2021)[131-138]。在第一个表达式中,包含7个信息项目,在第二个表达式中,包含9个独立项目。如果是单独个体的情况下,上述两个式子中都去除两项:第一个式子变为5项,第二个式子变为7项。这样,就得到了在工作记忆中加工的信息容量的个数 7 ± 2。这个容量是在考虑精神功能的信息编码中得到的基本结构。它也是认知科学中的基本经典发现之一。

而在上述信息结构式中,上述这些项又可以合并为更为基础的信息基元:时元、空元和物元三基元信号。这也意味着在人的信息通道中,基元信号的数量是 3 基元。

34.2.3 语义编码

现场的事件经识别后，就会转换为语义的事件，人的大脑就可以在语义的操作下，进行思维活动。而思维活动的载体是符号，它可以脱离现场而工作。这就意味着思维活动的载体是"语言"。语言的编码结构也必然的是"事件"的结构。乔姆斯基给出了人类语言的基本结构的形式。高闯则利用事件结构式，诠释了事件结构式和语言结构的对应性（高闯，2021）[269]，如表 34.1 所示。关于语言结构的其他问题，我们可能将在未来开辟关于语言学编码逻辑，并进行专题的思维逻辑编码的讨论。这就为我们进入思维科学的研究奠定了数理基础。

表 34.1 事件结构式和语言结构的对应关系

	语言结构	事件结构
1	主语	w_1
2	谓语	i
3	宾语	w_3
4	时间状语	t
5	地点状语	w_3
6	结果状语	e
7	条件状语	c_0
8	目的状语	bt+mt

34.2.4 认知加工基础逻辑

综上所述，我们就得到了认知信息加工的最为基础的信息逻辑底层，包含如下：

（1）人的认知信息加工的本质是对"事件"的信息结构的加工，并满足人的事件信息结构表达式。

（2）人的神经信息系统的加工是以"功率"信号为基础的。它是所有信号变换的基础。

（3）人的神经信息的加工满足"认知对称律""熵增原理"。

（4）认知的对称性导致的直接哲学结论就是"唯物性"。

第35章 心物统一性

心物神经表征信息学在神经通信层次建立了心理精神功能中心物的机制，即建立了从物理量到心理量的神经与信息机制。这个机制直接呼应了数理心理学前期的理论，并在事实上给予了神经机制上的证明，甚至对早期的有些理论进行了丰富的补充和修正，使得数理心理学的理论更加完善。

当这一框架成熟时，我们便可以在更高的统一层面重新考察统一性心理学的基本性问题及其产生的数理框架，并对其重大基础问题进行重新认识。这就构成了"数理心理学"立足的根本。

35.1 心理学统一性数学

心理学要进入数理体系就需要建立对应的数学模型，或者说是描述心理与功能机制相对应的基础数学。这涉及心理学的本质。

35.1.1 精神本质

就人而言，其精神功能主要是实现人与世界之间的相互互动。而精神功能的实现则依赖人的认知信号驱动。这就使得，对人的精神功能的研究，必然涉及以下三个层次的基本问题：

（1）精神功能因果律。即人与世界互动的因果律。结构主义、机能主义、人本主义、精神动力学、人格心理学、情绪心理等是这一类的

数理心理学：心物神经表征信息学

典型代表。

（2）认知加工因果律。即人的认知信号运作因果律。在认知科学中，把"信息与信息加工"作为其基本公设。格式塔心理学、各类错觉、心理物理学、思维科学等是这类形式的典型代表。

（3）信息编码因果律。即利用神经信号和内分泌系统的通信系统，实现心物信号、心身信号的编码、传输和解码。它是神经、内分泌两大通信系统的因果律。

上述三个层次的因果律在不同层次揭示了精神系统运作的规则，它们合在一起构成了人的精神运作的整体性机制。

35.1.2 心理数学

利用一个什么样的数学方程对人的精神运作机制进行统一性描述，即人的精神行为描述的确切数学方程是什么？

数理心理学及其心物神经表征的机制已经清晰地显现了它的基本性的数学表述，即以信号为变量、为描述基础的代数几何学，已经与心理学合体。这一数学方程，必然涉及心理学描述的三个基本问题：

1. 心理空间几何学

精神运动的本质是信息功能现象。物质属性信号的表征和表示就构成了对心理状态的描述。信号表示的空间也就构成了心理空间，它的子集包括物质属性空间、社会属性空间和符号语义空间，集成了心理物理学、色度学、透视学、语义学、计算语言学和代数学等学科，是描述人的精神状态的几何学方法。从此，心理学具有了描述的几何学和代数学。

2. 行为模式理论

行为即人类生物机械运动系统制动动作，是人类与物质世界互动作用的桥梁。精神价值活动构成了行为制动内因，而行为模式是精神价值的外在物化。行为模式理论集成了人本主义、人格心理、情绪理论、认知评价等，建立价值、行为、评价和场景（即条件）四者之间的数理逻辑关系。从此，人类多样性行为有了数学方程表达，即行为的动力学方程。

3. 心理动力理论

动力学也即因果律,即人的行为场景、行为模式、个体差异和心理动力四者之间的数理逻辑关系。集成刺激驱动力、思维惯力、动机作用力、行为作用力、生理驱动力和心理反馈系统等,确立人的行为动力的完备性揭示。

在这一数理体系下,数理心理学从其表达的"内容""加工原理""因果律""神经通信""电化控制"等层次,开展其逻辑体的构造。这构成了数理心理学的基本任务。

35.2 心理学的统一方程

在作者关于数理心理学的前两部著作中,心理空间几何学和人类动力学给出了心理学统一的总架构。它包含了4个基本方程:事件结构方程、认知对称律、行为模式方程和心理力学方程,构成了关于人的精神功能统摄的总纲领。下面我们将回顾这一总纲领。

35.2.1 事件结构方程

物质世界是相互作用的,客体与客体之间的相互作用构成了事件。按照客体的不同,事件可以划分为物理事件、生物事件、心理事件和社会事件。无论它们如何划分,它的最后的形式都可以用两种形式来表述,也就是

$$\begin{cases} E_{\text{phy}} = w_1 + w_2 + i + e + t + w_3 + c_0 \\ E_{\text{psy}} = w_1 + w_2 + i + e + t + w_3 + \text{bt} + \text{mt} + c_0 \end{cases} \quad (35.1)$$

这一形式既是物质世界的相互作用的总概括,也是对进入到人的认知系统的信息内容的总概括。因此,它联系了物理学、生物学、社会学和心理学的知识内容,同时又作为信息的内容,成为研究人的认知加工的总的逻辑链条。因此,它也就成为心理学统一的一个基本方程。而这个方程也就成为研究人的"信息加工"与"神经信息加工"的基础。

35.2.2 认知操作方程

人的认知的任何一个环节都可以对某种信号进行加工，如果信号用三基元来表示，输入的信号为 $S_i = (p, w_3, t)$，输出的信号用 $S_o = (p', w_3', t')$。信息的操作用一个矩阵变换来表示 T，则它的认知功能关系，可以用矩阵来表示为

$$S_o = TS_i \quad (35.2)$$

这个方程我们称之为"认知操作方程"，或认知操作变换方程，它是一种对称性变换。

随着人的认知操作环节的增加，人所获得的信号变量的维度开始增加，人所获得的信息量也开始增加，这个原理被称为"认知熵增原理"。在心理神经信息学中，这一思想贯穿了神经加工的每一个环节。

35.2.3 行为模式方程

人的所有的行为都是在人的价值观念下驱动的。因此，可以表述为

$$A = V + \Delta V \quad (35.3)$$

其中 A 表示评价量，V 表示价值，ΔV 表示个体价值的差异。

评价量是人类的行为量，即有什么样的评价就有什么样的行为。而评价源于价值观念和场景的差异量，这就构成了人类行为模式的总概括，也就是人类行为的总纲领。

35.2.4 心理动力方程

人类的行为是在人的精神动力驱动下的力学性行为。它包含了两个要素，个体行为模式的差异的度量，既需要区分任何人之间的个体差异，又要区分人与人之间的行为模式的差异。它可表述为心理动力方程。

$$F = PA \quad (35.4)$$

其中，P 表示人格；A 表示评价。这个方程概述了心理学的人格理论、精神动力、行为模式的关系。

35.2.5 心理统一方程的意义

自心理学进入科学领域以来，它的性质是实验唯象学。心理学始终未踏入理论科学，即通过公理化的方程，统一心理学的时期始终未被超越。《数理心理学：心理空间几何学》《数理心理学：人类动力学》两部著作，所公布的"心理学统一方程组"，在事实上统一了心理学。尽管在这个著作中，它可能存在各种形式的错误需要修正。但是它在事实上开辟的基本道路，已经事实可行。它的出现在事实上平息了心理科学各个流派之间的纷争，并在事实上统一了心理学发展的各个流派。

心理学创立至当代，出现了七个流派，提出了不同公设，合理但均遭遇公设困难。

35.2.5.1 心理学 7 学派公设

（1）结构主义公设：心理结构。
（2）机能主义公设：心理功能。
（3）行为主义公设：行为。
（4）人本主义公设：需要。
（5）格式塔的公设：信息组织。
（6）认知主义公设：信息与信息加工。
（7）精神学派公设：精神动力。
（8）操作主义公设：符号操作。

35.2.5.2 公设难题

上述公设，均未回答"自身公设数理表述"，也即"公设悬疑难题"：
（1）结构主义公设困难：什么是结构？
（2）机能主义公设困难：什么是功能？
（3）行为主义公设困难：什么是行为？
（4）人本主义公设困难：什么是需要？

数理心理学：心物神经表征信息学

（5）精神学派公设困难：什么是精神动力？

（6）格式塔的公设困难：什么是信息组织？

（7）操作主义公设困难：什么是信息操作？

（8）认知主义公设困难：什么是信息与信息加工？

当我们把统一性方程组中的变量和运算规则与各学派联系在一起，就可以得到统一方程组如何统一心理学的基本架构。如图35.1所示。

（1）价值即需要度量。

（2）动机即力学矢量。

（3）评价即行为。

（4）信号的布尔运算即格式塔。

（5）属性量即信号，布尔运算即加工，也就是认知主义。

（6）人格即个体差异。

（7）信号的变换操作，即操作主义。

（8）4方程揭示则为结构和功能，也就是结构主义和功能主义。

上述的关系通过图形来表示，则如图35.1所示，即统一性心理学方程组对心理学各流派的统一。

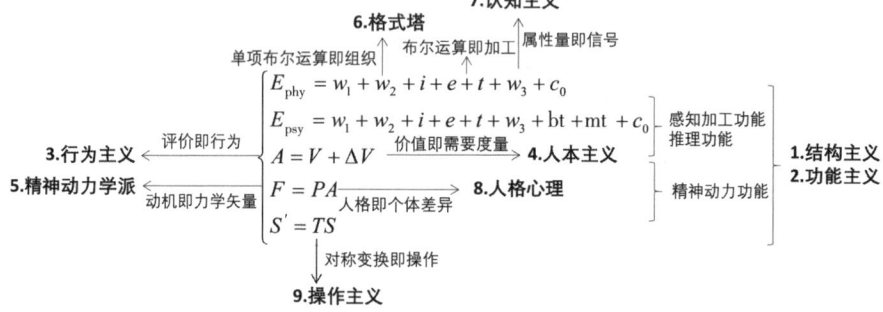

图35.1 心理学统一方程组与心理学各流派关系

注：心理学各个流派公设，本质是心理学方程的各个变量和运算关系。

35.3 神经计算统一方程

心理学的统一性结论延伸到神经科学的领域并非偶然。它的统一性方程所包含的各个变量需要在神经的通信底层上进行运作。这就涉及两个层次的关系：

（1）物质变量进入到人的神经信号系统，这构成了心物关系。它涉及物质科学、心理学、生物学、心理物理学、生物物理学领域。

（2）心理变量进入到人的神经信号系统和身体生化系统，这就构成了"心身关系"，构成了一个控制关系。

因此，在神经通信底层和生化通信底层中，找到人的信息表达的统一性关系，就构成了数理心理学的关键任务。"心理神经信息学"是对第一问题的总回答。第二个问题的回答，则在将来的"心身控制"问题中进行回答。这一逻辑就决定了心理学的统一性方程，必然地与神经科学通联起来。在本书中，我们已经看到了这个力量。在神经层次，同样建立了关于通信的普适律。

35.3.1 神经换能方程

神经是一个换能器件，它的本质是把外界的能量转换为神经传递的信号所传递的能量。根据物理学的公式，可以表述为

$$p_i = p_s + p_u + p_w + p_o + p_{oth} \quad (35.5)$$

该方程是对所有形式的神经功能单位的工作原理的总概括。它是理解神经编码的基础。

35.3.2 神经编码方程

$$p_o = E_u f_u(t) \quad (35.6)$$

神经编码方程是在神经频率发放的基础上，对神经编码机制的总概括。这个方程建立了物质的功率和神经编码的关系，神经脉冲的编码含义也就

被回答了。此处，从这个方程出发，神经的频率获得了数理含义的，"校标标准"。由于心物关系的本质是从物理信号开始的，心理信号的物理属性量（功率）和频率之间建立了数理关系，心理物理关系的能量编码，从此就被建立了起来，神经编码和心理量之间的关系，也就被建立起来了。这是神经层和心理功能层之间的桥梁。生物基理和心理基理之间的数理关系从此就有了连接的桥梁。

35.3.3 心物神经表征方程

神经元接收的信号经过神经乘法器、编码器两级系统加工后，形成输出信号。心物神经表征方程揭示了神经动作电位的量子信号、功率信号和编码之间的数理关系。也即通过这个方程，我们找到了神经所表示的信号。

$$\boldsymbol{S}_o^{CB}\left(P_o^{CB},\ I_o^{CB}\right) = \boldsymbol{F}^{CB}\boldsymbol{A}^{CB}\boldsymbol{S}_i^{CB}\left(E_T^{SY},\ Q_T^{SY}\right) \tag{35.7}$$

35.3.4 神经轴突通信方程

神经元作为一个通信的器件，细胞体承担了"加法器和放大器"作用，轴突承担了通信的作用。突触承担了外部信号输入端口的作用。这就意味着神经元器件根据上述两个方程，就可以得到器件的运算方程。它的形式可以表述为

$$\boldsymbol{S}_o^{AX}\left(P_o^{AX},\ I_o^{AX}\right) = \boldsymbol{T}^{AX}\boldsymbol{F}^{CB}\boldsymbol{A}^{CB}\boldsymbol{S}_i^{CB}\left(E_T^{SY},\ Q_T^{SY}\right) \tag{35.8}$$

35.3.5 神经突触功效方程

前后突触之间依赖突触之间的功效系数联系在一起，并形成功效控制。这个方程也就构成了神经突触功效方程。它是研究学习机制的根本之一。

$$P_{ji}^{PSY} = \alpha_{kpp} P_{ko}^{AX} \tag{35.9}$$

35.3.6 神经控制方程

在神经传递质的控制下,神经实现正负信号的控制与运算,也是逻辑控制的基础。它的方程描述构成了神经逻辑控制方程。

$$\boldsymbol{P}_T^{SY} = f_u^{EP}\boldsymbol{E}_u^{EP} + f_u^{IP}\boldsymbol{E}_u^{IP} \tag{35.10}$$

我们把将上述方程统一作为一个方程组,写为

$$\begin{cases} p_i = p_s + p_u + p_w + p_o + p_{oth} \\ p_o = E_u f_u(t) \\ \boldsymbol{S}_o^{CB}(P_o^{CB}, I_o^{CB}) = \boldsymbol{F}^{CB}\boldsymbol{A}^{CB}\boldsymbol{S}_i^{CB}(E_T^{SY}, Q_T^{SY}) \\ \boldsymbol{S}_o^{AX}(P_o^{AX}, I_o^{AX}) = \boldsymbol{T}^{AX}\boldsymbol{S}_o^{CB}(P_o^{CB}, I_o^{CB}) \\ P_{ji}^{PSY} = \alpha_{kpp} P_{ko}^{AX} \\ \boldsymbol{P}_T^{SY} = f_u^{EP}\boldsymbol{E}_u^{EP} + f_u^{IP}\boldsymbol{E}_u^{IP} \end{cases} \tag{35.11}$$

它统一描述了神经元的信息加工的功能。我们将这组方程统称为"神经表征方程组"。

考虑到在人的高级阶段,人的信息的运算是语义的。而语义量,可以用"语义空间"表征。高闯(2021)在《数理心理学:心理空间几何学》中,修正了语义空间的表征和度规方式,使得语义空间成为了一个标准的矢量空间。设任意一个语义量的维度分量为 S_{lm}。这个量必定在神经上进行加载。而神经的表达是 $p_o = E_u f_u(t)$。由此,假设语义量的表达正比于 p_o。则语义量和神经量之间的关系,就可以表示为

$$S_{lm} = k_{lm} p_o = k_{lm} E_u f_u(t) \tag{35.12}$$

其中 K_{lm} 表示语义系数。则上式简写为

$$S_{lm} = k_{lm} E_u f_u(t) \tag{35.13}$$

这个公式,我们称为"语义神经编码方程"。或者"语义神经编码公设"。它需要再实验中进行验证。这样,神经统一的方程组,就可以修正为

$$\begin{cases} p_i = p_s + p_u + p_w + p_o + p_{oth} \\ p_o = E_u f_u(t) \\ \boldsymbol{S}_{lm} = k_{lm} \boldsymbol{E}_u f_u(t) \\ \boldsymbol{S}_o^{CB}(P_o^{CB}, I_o^{CB}) = \boldsymbol{F}^{CB} \boldsymbol{A}^{CB} \boldsymbol{S}_i^{CB}(E_T^{SY}, Q_T^{SY}) \\ \boldsymbol{S}_o^{AX}(P_o^{AX}, I_o^{AX}) = \boldsymbol{T}^{AX} \boldsymbol{S}_o^{CB}(P_o^{CB}, I_o^{CB}) \\ P_{ji}^{PSY} = \alpha_{kpp} P_{ko}^{AX} \\ \boldsymbol{P}_T^{SY} = f_u^{EP} \boldsymbol{E}_u^{EP} + f_u^{IP} \boldsymbol{E}_u^{IP} \end{cases} \quad (35.14)$$

35.3.7 神经模电方程

神经元的电化学机制揭示的是 HH 方程的结果。在 HH 方程发现之前的过程中，神经元的电化学机制经历了一个漫长的过程。HH 方程通过电路的机制揭示了神经元的电路机制。在这个机制上，才能计算出神经的单脉冲的能量 $E(t)_o$。由此，神经换能编码原理和神经电化学原理被连接在了一起。这是 HH 方程和神经换能编码方程的本质区别。HH 方程的表述形式为

$$C\frac{du}{dt} = -\sum_k I_k(t) + I(t) \quad (35.15)$$

其中，C 表示细胞膜的电容；u 表示膜电容的电压；$\sum_k I_k(t)$ 表示通过膜的所有粒子电流；$I(t)$ 表示输入电流。由此，"心理神经信息学"和"神经计算"的本质也区分了开来。

35.3.8 信能方程

信能方程是所有信息变换过程中信号变量、信息和能量三者之间关系的表述方程。它的出现使得心理学的神经信息、心物信息和语义信息具有了统一的信息表述。

$$W = W_T S^W \quad (35.16)$$

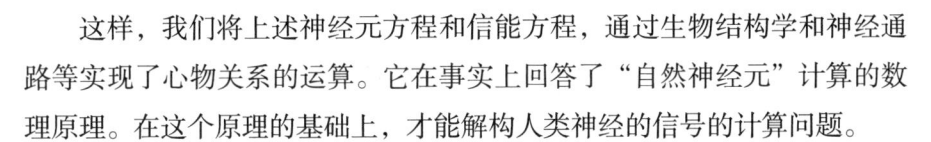

这样，我们将上述神经元方程和信能方程，通过生物结构学和神经通路等实现了心物关系的运算。它在事实上回答了"自然神经元"计算的数理原理。在这个原理的基础上，才能解构人类神经的信号的计算问题。

由于这一机制的建立，物理量、神经编码量和心理量三者之间的关系得以建立。它使得心物神经表征的客体得到了全新的揭示。至此，数理心理学在数理的逻辑底层上解决了心理学统一的两个基础的核心问题：

（1）精神功能层因果律统一。

（2）心物功能表征的因果律统一。

35.4 认知计算统一算理

在上述两个基础上，认知功能的计算所遵循的基本原理就慢慢显露出来。其基本算理即为认知布尔运算。将数学上的布尔运算与神经、心理计算结合在一起，这是一次巨大的进步。也就是从这个原理开始，认知计算获得了一个最为基本的普适性算理。

35.4.1 认知布尔运算

认知布尔运算是涵盖人的信息系统的信号运算的总概括。能量信号、空间信号、时间信号的组织以及事件结构信号的组织都服从这一原理。

由此，我们将人的信号系统中的信号布尔运算称为"认知布尔运算律"。格式塔心理学的本质是认知布尔运算的总反映。

35.4.2 认知布尔运算意义

从整体来看，人的信息加工的几个基本律也就显现了出来。它们之间构成了一个数理的逻辑体。

（1）认知对称操作方程。它是任何一个认知功能环节，输入信号和输出信号关系的功能的总概括。

（2）认知布尔运算律。它则是变换之后的信号，如何实现信号和信号之间的运算操作。

（3）事件结构方程。由于有了上述两种规则，事件结构也同时满足布尔运算，并形成统一性的信息结构，它是人类信息内容的总概括。

基于以上几点，事件方程的数理表述形式也在神经运算的机制中被剥离出来。人类只有客观的认知外部世界才能客观地获取外部信息的内容，它的意义已经延伸至认知哲学。事件结构表述的内容也在事实上证明了人类的进化，转换为"经验内容积累"的知识进化。它将超越原来的生物性进化而转化为"智力进化"。

参考文献

AIRY G B, 1835. On the diffraction of an object-glass with circular aperture [J]. Transactions of the Cambridge Philosophical Society (5): 283.

ATKINSON R C, SHIFFRIN R M, 1968. Human Memory: A Proposed System and its Control Processes [J]. The psychology of Learning and Motivation (2): 89-195.

BALASURIYA L S, SIEBERT J P, 2006. Hierarchical feature extraction using a self-organized retinal receptive field sampling tessellation [J]. Neural Information Processing: Letters and Reviews, 10 (4-6): 83-95.

BARLOW H B, LEVICK W R, 1965. The mechanism of directionally selective units in rabbit's retina [J]. The Journal of Physiology, 178 (3): 477.

BASS M, VAN STRYLAND E W, WILLIAMS D R, et al, 2010. Handbook of optics: volume Ⅲ -vision and vision optics [M]. New York: McGraw-Hill Education.

BOCHNÍCEK Z, 2007. Why can we see visible light? [J]. Physics education, 42 (1): 37.

BOWMAKER J K, DARTNALL H, 1980. Visual pigments of rods and cones in a human retina [J]. The Journal of physiology, 298 (1): 501-511.

BRITTAIN J E, 1990. Thevenin's theorem [J]. Ieee Spectrum, 27 (3):

42.

BROOKES B C, 1980. Measurement in information science: Objective and subjective metrical space [J]. Journal of the American Society for Information Science, 31(4): 248-255.

CAJAL S R, 1906. The structure and connections of neurons [R]. The Nobel Lecture.

CARNEVALE N T, HINES M L, 2006. The NEURON book [M]. New York: Cambridge University Press.

DEVRIES S H, BAYLOR D A, 1997. Mosaic arrangement of ganglion cell receptive fields in rabbit retina [J]. Journal of neurophysiology, 78(4): 2048-2060.

EICHHORN J, 2006. Applications of kernel machines to structured data [D]. Berlin, Techn. Univ., Diss.

EISENBERG B, ORIOLS X, FERRY D K, 2017. Dynamics of Current, Charge and Mass [J]. Computational and Mathematical Biophysics (5): 115-78.

ENNS J T, DI LOLLO V, 2000. What's new in visual masking? [J]. Trends in cognitive sciences, 4(9): 345-352.

FANNJIANG A C, 2009. An Introduction to Propagation, Time Reversal and Imaging in Random Media [J]. Multi-Scale Phenomena in Complex Fluids-Modeling, Analysis and Numerical Simulation, edited by TY Hou, C. Liu and JG Liu, World Scientific: 111-174.

FECHNER G T, HOWES D H, BORING E G, 1966. Elements of psychophysics (Vol.1) [M]. New York: Holt, Rinehart and Winston.

FELLEMAN D J, VAN ESSEN D C, 1991. Distributed hierarchical processing in the primate cerebral cortex [J]. Cerebral cortex (New York, NY: 1991), 1(1): 1-47.

FICK A, 1855. Über Diffusion [J]. Ann. Phys. Chem (94): 59-86.

FOTIOS S, GOODMAN T, 2012. Proposed UK guidance for lighting in residential roads [J]. Lighting Research & Technology (44): 69-83.

GEHRING W J, IKEO K, 1999. Pax 6: mastering eye morphogenesis and eye evolution [J]. Trends in genetics, 15 (9): 371-377.

GEHRING W J, 2005. New perspectives on eye development and the evolution of eyes and photoreceptors [J]. Journal of Heredity, 96 (3): 171-184.

GEORGIEV D, 2002. Photons do collapse in the retina not in the brain cortex: evidence from visual illusions [J]. arXiv preprint quant-ph/0208053.

GESCHEIDER G A, 1997. Psychophysics: The fundamentals, 3rd ed [M]. Mahwah, NJ, US: Lawrence Erlbaum Associates Publishers.

GIBSON J J, 1960. The concept of the stimulus in psychology [J]. American Psychologist, 15 (11): 694-708.

GOLDMAN D E, 1943. Potential, impedance, and rectification in membranes [J]. The Journal of general physiology, 27 (1): 37-60.

GREGORY R L, 2004. The Oxford Companion to the Mind [M]. New York: Oxford University Press.

HERRON J A, KIM J, UPADHYE A, et al, 2015. A general framework for the assessment of solar fuel technologies [J]. Energy Environ. Sci (8): 126-157.

HODGKIN A L, HUXLEY A F, KATZ B, 1952. Measurement of current-voltage relations in the membrane of the giant axon of Loligo [J]. The Journal of physiology, 116 (4): 424.

HODGKIN A L, KATZ B, 1949. The effect of sodium ions on the electrical activity of the giant axon of the squid [J]. The Journal of physiology, 108 (1): 37.

HOWARD I P, ROGERS B J, 1995. Binocular vision and stereopsis [M]. New York: Oxford University Press: 40, 61, 150.

HUBEL D H, WIESEL T N, 1977. Ferrier lecture-Functional architecture of macaque monkey visual cortex [J]. Proceedings of the Royal Society of London. Series B. Biological Sciences, 198 (1130): 1-59.

HUBEL D H, WIESEL T N, 1968. Receptive fields and functional architecture of monkey striate cortex [J]. The Journal of physiology, 195 (1): 215-243.

HUBEL D H, WIESEL T N, 1959. Receptive fields of single neurones in the cat's striate cortex [J]. The Journal of Physiology, 148 (3): 574.

HUBEL D H, WIESEL T N, 1962. Receptive fields, binocular interaction and functional architecture in the cat's visual cortex [J]. The Journal of physiology, 160 (1): 106.

HUBEL D H, 1995. Eye, brain, and vision [M]. Scientific American Library/Scientific American Books: 12, 16-18, 22-23.

HUBLÉ J, 1962. The population density of Great and Blue Tits in two municipal parks (1958—1961) [J]. Gerfaut (52): 344-352.

LAND M F, FERNALD R D, 1992. The evolution of eyes [J]. Annual review of neuroscience, 15 (1): 1-29.

LINDSAY P H, NORMAN D A, 1977. Human information processing: An introduction to psychology [M]. New York: Academic press.

LIU L, SCHOR C M, 1995. Binocular combination of contrast signals from orthogonal orientation channels [J]. Vision Research (35): 2559-2567.

LIVINGSTONE M, HUBEL D, 1988. Segregation of form, color, movement, and depth: anatomy, physiology, and perception [J]. Science, 240 (4853): 740-749.

LUPOVITCH J, WILLIAMS G A, 2006. In the Blink of an Eye [J]. Archives of Ophthalmology, 124 (1): 142.

MARR D, 1982. Vision: A computational investigation into the human representation [M]. San Francisco: W. H. Freeman and company.

MARR D, 2010. Vision: A computational investigation into the human representation [M]. Cambridge: MIT Press. Kindle Edition.

MARR D, HILDRETH E, 1980. Theory of edge detection [J]. Proceedings of the Royal Society of London. Series B. Biological Sciences, 207 (1167): 187-217.

MARTURI N, DEMBÉLÉ S, PIAT N, 2013. Depth and shape estimation from focus in scanning electron microscope for micromanipulation [C]. 2013 International Conference on Control, Automation, Robotics and Embedded Systems (CARE). IEEE: 1-6.

MCCULLOCH W S, PITTS W, 1943. A logical calculus of the ideas immanent in nervous activity [J]. The bulletin of mathematical biophysics (5): 115-133.

MILLER G, 2003. The cognitive revolution: a historical perspective [J]. Trends in Cognitive Sciences (7): 141-144.

MOULDEN B, KINGDOM F, GATLEY L F, 1990. The standard deviation of luminance as a metric for contrast in random-dot images[J]. Perception(19): 79-101.

MÖRTERS P, PERES Y, 2010. Brownian motion (Vol.30) [M]. New York: Cambridge University Press.

NERNST W, 1888. Zur Kinetik der Lösung befindlichen Körper: Theorie der Diffusion [J]. Z. Phys. Chem (2): 613-637.

NILSSON D E, 2013. Eye evolution and its functional basis [J]. Visual neuroscience, 30 (1-2): 5-20.

NYQUIST H, 1928. Thermal agitation of electric charge in conductors [J]. Physical review, 32 (1): 110.

OGLE K N, 1950. Researches in binocular vision [J]. Philadelphia: WB Saunders.

PANUM P L, 1858. Physiologische Untersuchungen über das Sehen mit zwei Augen [M]. Kiel: Schwerssche Buchhandlung.

PARKER A R, 2011. On the origin of optics [J]. Optics & Laser Technology, 43(2): 323-329.

PARKER A, 2003. In the blink of an eye: how vision sparked the big bang of evolution [M]. London: Cambridge Press.

PECERE P, 2020. Soul, Mind and Brain from Descartes to Cognitive Science [M]. Germany: Springer.

PLANCK M, 1900. The theory of heat radiation [M]. New York: American Institute of Physics.

PLANCK M, 1890. Über die Erregung von Electricität und Wärme in Electrolyten [J]. Ann. Phys. Chem. Neue Folge (39): 161-186.

QIAN N, 1997. Binocular Disparity and the Perception of Depth [J]. Neuron (18): 359-368.

RAYLEIGH L, 1879. Investigations in optics, with special reference to the spectroscope [J]. The London, Edinburgh, and Dublin Philosophical Magazine and Journal of Science, 8(49): 261-274.

RODIECK R W, 1965. Quantitative analysis of cat retinal ganglion cell response to visual stimuli [J]. Vision research, 5(12): 583-601.

SHANNON C E, 1948. A Mathematical Theory of Communication [J]. Bell System Technical Journal, 27(3): 379-423.

SHANNON C, WEAVER W, 1948. The Mathematical Theory of Communication [J]. Bell System Technical Journal (27): 379-423, 623-656.

SKINNER B F, 1938. The behavior of organisms: an experimental analysis [M]. Oxford, England: Appleton-Century.

SMITH JR T G, MARKS W B, LANGE G D, et al, 1988. Edge detection in images using Marr-Hildreth filtering techniques [J]. Journal of neuroscience methods, 26（1）: 75-81.

STERRATT D C, GRAHAM B P, GILLIES A, et al, 2012. Principles of Computational Modelling in Neuroscience［M］. Cambridge: Cambridge University Press.

SZCZEPANOWSKA-NOWAK W, HACHOL A, KASPRZAK H, 2004. System for measurement of the consensual pupil light reflex［J］. Optica Applicata, 34（4）: 619-634.

TASAKI I, 2004. On the conduction velocity of nonmyelinated nerve fibers［J］. Journal of Integrative Neuroscience, 3（2）: 115-124.

TITCHENER E B, 1906. A Textbook of Psychology［M］.: 358.

TITCHENER, 1929. Systematic Psychology: Prolegomena［M］. New York: Macmillan: 165.

TOLMAN E C, 1948. Cognitive maps in rats and men［J］. Psychological Review, 55（4）: 189-208.

WIEN W, 1893. Die obere Grenze der Wellenlängen, welche in der Wärmestrahlung fester Körper vorkommen können; Folgerungen aus dem zweiten Hauptsatz der Wärmetheorie［J］. Annalen der Physik, 285（8）: 633-641.

WIENER N, 2019. Cybernetics or Control and Communication in the Animal and the Machine［M］. MIT press.

WIESEL T N, 1982. Postnatal development of the visual cortex and the influence of environment［J］. Nature, 299（5884）: 583-591.

ZAFAR U, 2011. Khan; Elisa Martín-Montañez; Mark G. Baxter. Visual perception and memory systems: from cortex to medial temporal lobe［J］. Cellular and Molecular Life Sciences, 68（10）: 1737-1754.

ZIHL J, VON CRAMON D, MAI N, 1983. Selective disturbance of movement vision after bilateral brain damage［J］. Brain: a journal of neurology（106）: 313-340.

ZURAK N，2013．Border archetype［M］．Zagreb：Medicinska Naklada．

松田英子，2016．Sensation and Perception［J］．International Journal of Psychology（51）：1007-1028．

伯特兰·罗素，2007．哲学问题［M］．北京：商务印书馆．

车文博，2002．西方心理学史［M］．杭州：浙江教育出版社．

高闯，马安然，魏薇，等，2021b．数理心理学第一公设：事件结构式［J］．ChinaXiv：202107．00026．

高闯，2022．数理心理学：人类动力学［M］．长春：吉林大学出版社：84-105，483-512，517-554，588．

高闯，2021．数理心理学：心理空间几何学［M］．长春：吉林大学出版社：114-142，324-339，450-453，504-517．

金奇伟，胡威捷，2006．辐射度、光度与色度及其测量［M］．北京理工大学出版社，36．

李秀林，王于，李淮春，2004．辩证唯物主义和历史唯物主义原理（第5版）［M］．北京：中国人民大学出版社．

马尔，1988．视觉计算理论［M］．北京：科学出版社．

钱令希，1985．中国大百科全书：力学［M］．北京：中国大百科全书出版社．

张东荪，2017．认识论（120年纪念版）［M］．北京：商务印书馆．

结束语

　　《数理心理学：心物神经表征信息学》（以下简称《心物神经表征信息学》）这本分支之学，在不到两年的时间里迅速拉开而快速的成形。它的落笔意味着数理心理学的第三个分支被建立了起来。

　　《心物神经表征信息学》的尝试与前两个分支并不相同。《心理空间几何学》和《人类动力学》两个分支体系一起，构成了对人的精神的因果律的理解。然而，它缺乏一个根本性的支撑，即人的信息系统如何支撑这个体系，并从逻辑上推演出信息运作的体系。这个问题是前两个分支所面临的困扰。从这个意义上讲，《心物神经表征信息学》的诞生，并不是"一时起意"的学科概念，或者说是为了数理心理学体系而特异地树立起的一个分支概念。从本质上，它是在"数理心理学"理论体系发展的过程中，沿着知识链条寻找答案的自然结果。一旦这个问题被解释清楚，这个学科分支产生的原因也就清晰了。而这个分支的建立使得对"心物关系"的理解在事实上又深入了一大步。心物关系将不再是一个语义的哲学词，它将在神经层次上被剥离出来。

　　心物神经表征信息学的整个构造过程，表面上看起来是一夜之间完成的。即从2021年2—3月份左右的一次偶然。在网上阅读了鸟和人类可视光谱的比较而受到启发：人的视觉系统是基于能量和频率的二维编码，它的频段是最优化频段。这一发现恰好与我博士期间对亮度的编码和机制的

数理心理学：心物神经表征信息学

一个猜想相吻合，很有趣的是，竟然找到了当时用于对比的文件，现在来看，这一结果是合理、直接而大胆的，详见前文序言。也就是顺着这一线索，一路推演了心理的神经机制，而有趣的是，这些工作又与前两个分支的工作联系在了一起。前期的工作成果不断指引和推动着这项工作，回顾起来，我自从2004年开始攻读博士学位以来，已经积累了近18年的时间。因此，在2021年2月—2022年6月期间的工作，形成了这部《心物神经表征信息学》的基础，关键性的成果就在这一年迅速暴发。它是自博士以来，在神经科学、生物物理学、信息学、心理学和数学等领域积累的一次小暴发，尽管多学科的积累，仍然力不从心。互联网起到了一个关键作用，使我能够快速查阅、补齐经典理论和实验发现，打破了以往积累知识的速度和方式。在这一个跨度的年份里，有几个关键性的事件需要谨记，在我的内心里，它的本质是"科学事件"，因此极为的"重"。有几个关键科学事件有必要列出：

（1）神经换能方程。这个方程是在2021年3月，我在南湖大楼突然得到的灵感，随意在纸上推导而得。这个方程描述了神经系统的能量转换过程。

（2）神经编码方程。这个方程是解决了眼球和感觉器的问题之后，神经需要向大脑进行通信的问题。神经元的HH方程这一经典成果只是解决了生化问题，而神经换能只是解决了码和物理量关系之间的问题，两边夹击情况下，在2022年，我得到了一个方程。这个结果让我一下子看清了HH方程和换能方程的差异，极度令人讶异。

（3）神经通信方程。这是在考察感觉到皮层投射时心理变量和物理变量操作关系的需要而提出的一个机制，这个机制就显现了对称性变换的神经基理。

（4）认知逻辑运算原理。这个原理与上述基理均不同，它关注的是人类神经系统如何进行信号运算。这个问题在V1区解调机制中一直困扰着我，模拟和解调量的出现揭示了心理量的机制，而心理量又需要进行演算。这就使得逻辑运算的问题凸显出来。这一原理的发现也是一种必然。

（5）信能关系是自心物关系转向心身关系后，再次"复活"的一个问题。在 2022 年春节前后的不断构思中，突然间得到的，它最后的定型则是书中水坝案例的启发下，直接推导出了信能方程。它的获得使得对书稿中心物部分的修正工作能够顺利进行。

回顾这些，只是想给予想进入科学探索的科研工作者一种启示。在科学知识的发现中，寻找背后的逻辑链条是非常关键的。这并不完全取决于个人的智力。以下是一些关于科学发现过程的经验分享，虽然科研界已经反复提及，但一旦面对科学发现，这仍然是非常重要的。

（1）寻找知识逻辑。如果某些知识点成为瓶颈，不妨先暂时避开这个过程，而去寻找新的突破口。新的逻辑往往出现在两个知识交汇处。

（2）试错是主要的。科学发现可能永远是偶然发生的。科学发现的主要过程是试错，并为后来者指明哪些方向可以避免。而发现本身则为后来者提供了建立逻辑的指引。未知是试错，发现是知识链条上的柱。逻辑是串联的知识链。这是我多年从事研究工作中所领悟到的，虽然简单，但需要多年的实践才能真正理解其中的内涵。

（3）科学群体中盲目从众性研究不值得鼓励，非发现之外的动机不值得鼓励。我们每个人都会在科学与世俗中遭受困扰，而信仰坚持才显得难能可贵。

高　闯

2022 年 6 月 12 日

于武汉南湖